Faszination Physik

Katja Bammel, fertigte ihre Diplomarbeit am Max-Planck-Institut für Strömungsphysik in Göttingen an und promovierte an der FU Berlin. Seit 1999 lebt sie mit ihrer Familie in Cagliari (Italien) und arbeitet als freie Wissenschaftsjournalistin. Erste Erfahrungen in diesem Bereich sammelte sie schon zuvor als Autorin für das *Lexikon der Physik*. Seitdem wirkte sie an weiteren Nachschlagewerken wie *Der Brockhaus Naturwissenschaft und Technik* und dem *Lexikon bedeutender Naturwissenschaftler* mit. Neben zahlreichen Erfahrungen als Autorin für verschiedene Online-Wissenschaftsinformationsdienste, verfasste sie auch Artikel für das *Physik Journal*.

Katja Bammel (Hrsg.)

Faszination Physik

Mit Beiträgen von Gerard 't Hooft, Henning Genz u.a.

Bibliografische Information der Deutschen Nationalbibliothek

Die Deutsche Nationalbibliothek verzeichnet diese Publikation in der Deutschen Nationalbibliografie; detaillierte bibliografische Daten sind im Internet über http://dnb.d-nb.de abrufbar.

Springer ist ein Unternehmen von Springer Science+Business Media
springer.de

Nachdruck 2009
© Spektrum Akademischer Verlag Heidelberg 2004
Spektrum Akademischer Verlag ist ein Imprint von Springer

09 10 11 12 13   5 4 3 2

Planung und Lektorat: Dr. Andreas Rüdinger, Stefanie Adam
Redaktion: Katja Bammel
Satz: Konrad Triltsch GmbH, Ochsenfurt
Umschlaggestaltung: SpieszDesign, Neu–Ulm

ISBN 978-3-8274-1420-5

Inhalt

Vorwort Prof. Dr. Henning Genz

Jeder der Autoren, die zu diesem Sammelband beigetragen haben, ist von der Physik fasziniert – von seiner Physik. Eine Umfrage hätte sicher keine Einigkeit darüber ergeben, was dieses Faszinierende sei. Die Physik kann Alltagsphänomene wie das Aufsteigen einer Flüssigkeit im Trinkhalm begreifbar machen, und sie kann durch die schiere Größe von Maschinen, deren Funktionieren auf ihr beruht, faszinieren. Faszinierend ist der Einblick, den sie in die Tiefen des Universums, seine Frühgeschichte und seine weit entfernte Spätzeit eröffnet. Auch hier sind es die Maschinen, die unendlich faszinieren können wie das Hubble-Space-Teleskop, hauptsächlich aber die – im Wortsinn – Ausblicke, die sie ermöglichen. Hernach das Zwischenreich, das sich über die erdgebundene Physik, die Biophysik, die Fullerene bis zu dem gerade noch beherrschbar Kleinen, dem Nanometergebiet, erstreckt, in dem in der Zukunft liegende technische Möglichkeiten mit der Bestätigung von Konsequenzen der Quantenmechanik auf das Glücklichste zusammentreffen. Schließlich kann das Kleinste, dessen letzte Kleinheit wir nicht einmal kennen, durch die größten Maschinen faszinieren, die primär für Forschungszwecke, nämlich für die Physik der Elementarteilchen, gebaut worden sind und hoffentlich weiterhin gebaut werden – die Beschleuniger und ihre Detektoren am DESY in Hamburg und am CERN in Genf als prominenteste europäische Beispiele. Dabei versteht sich, dass sie nur Mittel zu dem Zweck sind, zu der Welt der Elementarteilchen und ihrer Gesetze vorzudringen, die selbst unendlich faszinieren können.

Aus dem Wechselspiel von Theorie und Experiment entspringen Einsichten, welche die Physik bei extremen Bedingungen wie den höchsten und niedrigsten erreichbaren Temperaturen betreffen. Auch Einsteins Relativitätstheorien zur Physik bei Geschwindigkeiten nahe der Lichtgeschwindigkeit und in starken Gravitationsfeldern haben trotz ihres Methusalemalters nichts von ihrer Faszination eingebüßt und werden weiter entwickelt; in Richtung einer Vereinigung namens Quantengravitation der Allgemeinen Relativitätstheorie mit der Quantenmechanik – immer noch eine Jahrhundertaufgabe. Hierher gehören auch die Versionen der Superstringtheorien mit ihren Kompaktifizierungen der ursprünglich – sagen wir – elf Dimensionen des Universums herunter zu den wohlbekannten drei oder vier.

Kein Zweifel, im Universum gelten Naturgesetze, die mathematisch formuliert werden können, und das auch müssen, will man detaillierte Folgerungen aus ihnen ziehen. Aber warum gelten sie? Warum ist das Universum mathematisch beschreibbar? Warum ist es möglich, im Prinzip unendlich lange Protokolle von Orten und Geschwindigkeiten von Pendeln und Planeten aus vergleichsweise kurzen Computerprogrammen zu berechnen, und die Daten, wie in der Wissenschaftstheorie gesagt wird, zu komprimieren? Das Buch demonstriert die Dringlichkeit dieser Frage durch die immer weiter reichenden Erfolge der Mathematik in der Physik. Warum ist die Extraktion endlicher Ergebnisse aus unendlichen Zwischenergebnissen durch die Methode der Renormierung so erfolgreich? Warum regiert nicht der reine Zufall, sondern, wenn überhaupt, nur der durch das deterministische Chaos gezähmte? Wo die Quantenmechanik doch den reinen Zufall allem Geschehen zugrunde legt? Weshalb und woher haben die Naturkonstanten die Werte, die sie haben? Die Verhältnisse sind offenbar so, dass es uns geben kann, vielleicht sogar muss. Unbezweifelbar ist aber auch, dass, wären die Verhältnisse nur ein wenig anders, es kein Leben geben könnte. Die Erklärungsversuche, die unter dem Namen Anthropisches Prinzip bekannt geworden sind, reichen von der Physik bis zur Theologie.

Wir müssen zwischen dem prinzipiellen und dem erfüllbaren Anspruch der Physik unterscheiden. Ihr prinzipieller Anspruch ist, Grundlage von allem und jedem zu sein. Wäre er erfüllbar, müsste es möglich sein, aus einer die Teilchenphysik mit der Quantengravitation vereinigenden Theorie nicht nur die Erscheinungen der Atmosphäre sowie alle anderen Posten unseres Inhaltsverzeichnisses abzuleiten, sondern auch die Gefühle Romeos für Julia. Bedeutet es einen Einwand gegen den prinzipiellen Anspruch der Physik, dass dies, wie jeder weiß, nicht nur unmöglich ist, sondern auch bleiben wird? Ich denke nicht. Der Reduktionismus ist eine Einstellung gegenüber der Natur, kein Forschungsprogramm. Mich fasziniert, dass nicht alles von allem abhängt. Dass Ebenen der Erkenntnis abgegrenzt werden können, auf denen Naturgesetze gelten, die zwar – so der prinzipielle Anspruch – Konsequenzen tiefer liegender Naturgesetze sind, dessen ungeachtet aber mit Konzepten und Größen ihrer eigenen Ebene auskommen. So ist die Chemie zwar ein Abkömmling der Physik, aber sie formuliert mit viel Erfolg Gesetze durch Größen wie Wertigkeiten, ohne deren Ursprung auch nur zu erwähnen. Die Medizin ist sodann ein Abkömmling der

Chemie, und kommt doch weitgehend mit Begriffen wie Hochdruck und Versagen aus, die zwar chemisch erklärt werden können, für die Erfolge der Medizin aber nicht müssen. Es würde dem Ansehen der Physik gut tun, wenn zwischen ihrem prinzipiellen und ihrem erfüllbaren Anspruch stets unterschieden würde. Denn dass die Einsicht in fundamentale Zusammenhänge wie die von Teilchenphysik, Kosmologie und Quantengravitation ein faszinierender Selbstzweck ist, kann erst durch eine solche Unterscheidung klar hervortreten. Niemandem können wir weismachen, dass – um ein jüngstes Beispiel zu nehmen – die Entdeckung der Pentaquark-Resonanz planbaren Nutzen haben wird. Fundamentale Physik wird keine planbaren, wohl aber unvorhersehbare und dadurch um so größere Auswirkungen haben. Wie es um uns bestellt wäre, wenn nicht aus Spielereien mit Magnetsteinen und geriebenen Katzenfellen gänzlich unvorhersehbar die Maxwellschen Gleichungen und alsdann die Beherrschung von Elektrizität und Magnetismus hervorgegangen wären, mag sich jeder selbst ausmalen. Hier ist nicht der Platz, auf den unbestreitbaren Nutzen einzugehen, den die Gesellschaft aus der Forschung auf dem Gebiet der fundamentalen Physik durch Ausbildung und – ja – Förderung der Würde des Menschen als geistiges Wesen erfährt.

Bei einer Umfrage unter den Autoren dieses Buches, was an der Physik sie vor allem fasziniert, hätte ich meine Stimme für die Möglichkeit abgegeben, physikalische Gesetze aus Prinzipien abzuleiten. Ein offensichtliches Beispiel: Der Energiesatz folgt aus dem Prinzip, dass die Naturgesetze zu allen Zeiten dieselben sind. Dieses Theorem, das auf Emmy Noether zurückgeht, ist ein wenn-dann-Satz, keinesfalls eine Ableitung des Energiesatzes aus einer Erkenntnis a priori der Art, dass die Naturgesetze zu allen Zeiten dieselben sein müssten. Aber die Noether-Theoreme erheben Prinzipien aus dem Stand der Metaphysik zu widerlegbaren physikalischen Aussagen, und nur darauf kommt es an. Abstrus, nach erstem Anschein sogar widersprüchlich, dürfen Prinzipien sein, aus denen physikalische Aussagen folgen, wenn sie nur Prinzipien sind. Die offenbar uneingeschränkte Gültigkeit der Quantenmechanik widerlegt Prinzipien, an die zu glauben wir für unabdingbar halten wie Kausalität, Lokalität und den Freien Willen zusammengenommen. Es fasziniert, dass es im Gedankenexperiment möglich ist, aus Prinzipien dieser Art experimentell überprüfbare Aussagen abzuleiten, die sich als falsch erweisen, sodass deren logische Vereinigung nicht zu haben ist. Wer würde es nicht für selbstverständlich halten, dass auch Experimente, die nicht durchgeführt wurden, ein Ergebnis gehabt hätten, egal welches, wären sie nur durchgeführt worden? Wer wird für möglich halten, dass es sich instantan ausbreitende Wirkungen gibt, durch die keine Information übertragen werden kann? Dennoch, beides mit anderem, anscheinend gleichermaßen Unabdingbarem zusammengenommen ist ausgeschlossen. Welch ein Erfolg eines Gedankenexperiments, wir müssen unsere grundsätzlichen Erwartungen revidieren! Spekulation sei erlaubt: Sollte es nicht möglich sein, die Quantenmechanik abzuleiten aus Prinzipien, die jene, deren Gültigkeit wir erwarten, negieren? Etwa so, wie die nichteuklidischen Geometrien aus Negationen der Erwartung entstanden sind, dass es zu jeder Gerade genau eine Parallele gibt? Prinzipien, die, gemessen an unseren Erwartungen, widersprüchlich sind? Nicht tatsächlich, aber einem tatsächlichen Widerspruch so nahe, dass sie mächtige Folgerungen erlauben? Zur Erinnerung: Aus einem Widerspruch folgt nach Auskunft der Logik jede überhaupt sinnvolle Aussage. Wenn also Aussagen an einem Widerspruch geradeso vorbeischrammen, sollten sie dann nicht überaus mächtig sein? Spekulationen, wie gesagt, denn ohne Willkür ist es wohl unmöglich, einen Fast-Widerspruch auch nur zu definieren. Trotzdem weiter: Könnte nicht eine Ableitung der Quantenmechanik aus Prinzipien mit der Forderung beginnen, dass die instantane Übertragung von Wirkungen möglich sein soll, durch die aber keine Information übertragen werden kann? Man sehe nur einmal nach, wie trickreich die real existierende Quantenmechanik dies impliziert.

Diesseits aller Spekulation folgt die experimentell ebenfalls überwältigend bestätigte Spezielle Relativitätstheorie aus zwei Prinzipien, deren jedes für sich allein plausibel ist und Gültigkeit beanspruchen mag, die aber zusammen einem Widerspruch zumindest nahe kommen. Erstens soll es unmöglich sein, in einem geschlossenem Raum ohne Blick aus dem Fenster durch irgendein Experiment zu ermitteln, ob und mit welcher Geschwindigkeit, wenn nur konstant, der Raum sich bewegt. Dies ist dann und nur dann plausibel, wenn es keinen „Äther" gibt, dem gegenüber die Geschwindigkeit überhaupt erst definiert werden könnte und der überall, auch in den bewegten Raum, hineinwirkte (wie Beschleunigungen hineinwirken). Zweitens soll die Geschwindigkeit des Lichtes, die ein Beobachter misst, von jener der Lichtquelle unabhängig sein. Das ist dann und nur dann plausibel, wenn es einen „Äther" gibt, in dem sich die Lichtwelle ausbreitet. Die Relativitätstheorie vereint beide Prinzipien, die einander zumindest im Dunkel der

Anschauung widersprechen, mit den bekannten mächtigen Folgerungen, ebenfalls und wie zu erwarten entgegen der Anschauung. Genug Anlass, durch die Physik fasziniert zu sein. Mich fasziniert vor allem ihre Prinzipientreue im Reich der Unanschaulichkeit. Die Gedankenexperimente zur Quantenmechanik ausgenommen, braucht es die Mathematik, um die Prinzipien so zu formulieren, dass aus ihnen, selbstverständlich mathematisch, experimentell überprüfbare Folgerungen gezogen werden können. Es war die Wissenschaftliche Revolution der Kopernikus, Galilei und Newton, die zuerst diese Möglichkeit eröffnet hat. Denn bis dahin galt, dass zum Reich der Realität nichts gehören könne, das der Anschauung widerspricht. Erfahrung lehrt, dass ein Gebiet der fundamentalen Physik erst dann verstanden ist, wenn es auf Prinzipien, so abstrus sie im Verein auch sein mögen, zurückgeführt werden konnte; die Mathematik für sich allein reicht dafür nicht aus. Prinzipien sind ein Ausdruck unserer Weltanschauung und wirken auf sie zurück. Ihre Bestätigung oder Widerlegung erzwingt Offenheit demgegenüber, dass falsch sein kann, was wir für unabdingbar halten, und richtig, was uns abstrus erscheint. Anders als die Gleichungen der Mathematik, sind Prinzipien für jedermann verständlich und wir können hoffen, dass der allzu langsame Prozess der Kenntnisnahme schlussendlich doch Erfolge zeitigen wird; dass die Erde eine Kugel ist, sich dreht und um die Sonne fliegt, bleibt heute unwidersprochen.

Albert Einstein hat seine Relativitätstheorie durch Prinzipien begründet; seine gewaltige Leistung, diese mathematisch formuliert und aus ihnen experimentell überprüfbare Folgerungen gezogen zu haben, kann und soll dadurch nicht herabgewürdigt werden. Die Eichinvarianz ist unverstanden geblieben, bis sie als Konsequenz des Prinzips der lokalen Symmetrie erkannt wurde. Und so weiter: Die Möglichkeiten, von der Physik fasziniert zu sein, sind so vielfältig wie die Physik selbst.

Es gibt viel mehr Dinge zwischen Himmel und Erde,
als sich unsere Weisheit träumen lässt. (William Shakespeare)

Vorwort der Herausgeberin

Die Idee zu diesem Buch entstand aufgrund der überaus positiven Resonanz auf die im *Lexikon der Physik* erschienenen Essayartikel, die einen integrierenden Überblick über einzelne Fachgebiete und Aspekte der Physik, wie z. B. die Kosmologie, die Allgemeine und Spezielle Relativitätstheorie und die Biophysik liefern, oder sich aktuellen Forschungsgebieten, darunter der Quanteninformatik, den Nanoröhrchen und dem Chaos, widmen. Die für die *Faszination Physik* ausgewählten Essays wurden überarbeitet und aktualisiert, und die Sammlung durch zwei neue Beiträge, nämlich zur Bose-Einstein-Kondensation und zur Teilchenphysik, ergänzt. Die *Faszination Physik* richtet sich an Studierende der Physik und an alle, die sich für Experimente und Erkenntnisse in der Physik begeistern können und will explizit zum Schmökern und ausführlichen Nachlesen einladen. Die Autoren, welche die Texte für den hier vorliegenden Band lieferten, sind:

Prof. Dr Hans Berckhemer, Königstein
Prof. Dr. Gerhard Börner, Garching
Dr. Karl Eberl, Berlin
Dr. Dietrich Einzel, Garching
Prof. Dr. Frank Eisenhaber, Wien
Prof. Dr. Roger Erb, Schwäbisch-Gmünd
Prof. Dr. Tilman Esslinger, Zürich
Dr. Thomas Filk, Freiburg
Prof. Dr. Henning Genz, Karlsruhe
Prof. Dr. Hellmut Haberland, Freiburg
Dr. Dieter Hoffmann, Berlin
Dr. Erich Joos, Schenefeld
Dr. Catherine Journet, Montpellier
Prof. Dr. Claus Kiefer, Köln

Prof. Dr. Uwe Klemradt, Aachen
Prof. Dr. Michael Kobel, Bonn
Dr. Kun Liu, Shanghai
Dr. Rudi Michalak, Stadtbergen
Dr. Andreas Müller, Neustadt
Prof. Dr. Nikolaus Nestle, Darmstadt
Dr. Stefan Odenbach, Bremen
Dr. R. A. Puntigam, München
Dr. Andrea Quintel-Ritzi, Bern
Prof. Dr. Günter Radons, Chemnitz
Dr. Oliver Rattunde, Luxemburg
Max Rauner, Hamburg
Prof. Dr. Hermann Rietschel†, Karlsruhe
Prof. Dr. Siegmar Roth, Stuttgart
Dr. Martin Schön, Konstanz
Dr. Michael Schmid, Stuttgart
Prof. Dr. Heinz Georg Schuster, Kiel
Prof. Dr. Klaus Stierstadt, München
Prof. Dr. Gerard 't Hooft, Utrecht
Dr. Patrick Voss-de Haan, Mainz
Prof. Dr. Jochen Wosnitza, Dresden

Das vorliegende Buch gliedert sich in drei Teile. Zuvor allerdings möchte Sie der Beitrag *Geschichte der Physik* auf die aufregende und oft wechselhafte Entwicklung der Physik über die Jahrtausende hinweg einstimmen. Die Beiträge des ersten Kapitels mit dem Titel *Vom Vakuum zum Kosmos* geben dann einen vertiefenden Einblick in einzelne Fachgebiete wie die Teilchenphysik, die Clusterphysik, die Flüssigkeitsphysik, die Biophysik, die Seismologie und die Kosmologie. Der Beitrag Alltagsphysik zeigt eine beeindruckende Fülle von Phänomenen auf, die wir ohne großen Aufwand wahrnehmen können, aber die deshalb noch lange nicht einfach zu erklären sind.

Im zweiten Teil mit dem Titel *Mathematik und Physik* wird das fruchtbare Wechselspiel zwischen diesen beiden Disziplinen hervorgehoben. Denn oft spielen abstrakte Konzepte der Mathematik eine fundamentale Rolle in der Beschreibung physikalischer Phänomene, und die Mathematik bzw. die auf ihr aufbauenden theoretischen Modelle sind allzuoft der Schlüssel für vertrakte physikalische Probleme. So zeigt z. B. der Beitrag *Fraktale*, dass Strukturen, die durch stetige, aber nicht differenzierbare Funktionen beschrieben werden, allgegenwärtig in der Natur sind und unter anderem Wachstumsstrukturen hervorragend beschreiben können.

Der dritte Teil beinhaltet einige *Leckerbissen* der aktuelleren physikalischen Forschung, darunter natürlich die mehrmals mit einem Nobelpreis ausgezeichnete *Bose-Einstein-Kondensation*, die *Quanteninformatik* mit ihren gar nicht mehr so visionären Vorstellungen und die *Nanoröhrchen*, welche die Zukunftsphantasien vieler Wissenschaftlern beflügeln.

In den einzelnen Essays verweisen Pfeile auf ergänzende bzw. weiterführenden Texte zum gerade betrachteten Thema: ein nach *oben* gerichteter Pfeil (↑) führt zu einem anderen Artikel und ein nach *unten* gerichteter Pfeil (↓) zu einem Unterabschnitt innerhalb des gleichen Artikels.

Dieses Buch kann und will nicht den Anspruch auf Vollkommenheit haben, sondern sein Hauptanliegen ist es, eine Auswahl der im *Lexikon der Physik* erschienen Essays in eine gewisse – zumindest der Herausgeberin einleuchtende – Ordnung zu bringen, und Sie als Leserin und Leser auf Ihrem Weg zu einigen faszinierenden Aspekten der Physik zu begleiten. Da sich die *Faszination Physik* im Wesentlichen auf die im *Lexikon der Physik* erschienen Artikel konzentriert, können natürlich auch nur die dort angesprochenen Facetten der Physik beleuchtet und zum Funkeln gebracht werden.

Danken möchte ich dem Elsevier Spektrum Akademischen Verlag und besonders Frau Marion Winkenbach, Frau Stefanie Adam und Herrn Dr. Andreas Rüdinger für Ihre stete Unterstützung und Anregung. Ein weiterer großer Dank gilt den Autoren für die Durchsicht ihrer Artikel und Paolo Ruggerone, der mir wie immer mit Rat und Tat zur Seite stand.

Cagliari, im Oktober 2003
Katja Bammel

Geschichte der Physik

Dieter Hoffmann

Die frühen griechischen Theoretiker

Die Physik in dem Sinne, wie sie heute verstanden und betrieben wird, ist ein Kind der Neuzeit. Sie begann sich mit dem 17. Jh. und im Rahmen der wissenschaftlichen Revolution herauszubilden. Allerdings lassen sich schon in den babylonischen und altägyptischen Hochkulturen entwickelte Kenntnisse in praktischer Mechanik und angewandter Mathematik, z. B. für astronomische Kalkulationen und die Kalenderberechnung, nachweisen; auch war bereits die Hebelwaage erfunden, und man besaß ein Maß- und Gewichtssystem. Von einer Wissenschaft von der Natur kann man in dieser Zeitepoche aber noch nicht sprechen. Ihre Begründung erfolgte erst in der griechischen Antike, in der die Physik ein Teil der (Natur-)Philosophie war. Diese fragte nach dem Prinzip bzw. den Prinzipien für eine rationale – im Gegensatz zur bis dahin dominierenden mythischen – Erklärung der bestehenden Ordnung in der materiellen Welt und versuchte die natürlichen Ursachen der Entstehung, Entwicklung und des Aufbaus der Welt aufzudecken. Als ihr Stammvater gilt Thales von Milet (um 600 v. Chr.). Auf ihn, dem bereits die Anziehungskraft des natürlichen Magnetsteins, wohl auch des geriebenen Bernsteins bekannt war, geht die Idee zurück, dass allem Physischen ein gemeinsamer Urstoff zugrunde liegt. Für Thales war das Wasser das stoffliche Grundprinzip, der Ursprung aller Dinge. Spätere Naturphilosophen wie Empedokles (um 480 v. Chr.), aber auch Aristoteles (384–322 v. Chr.), legten die vier Elemente Feuer, Wasser, Luft und Erde dem Bau der Welt zugrunde. Für Pythagoras (um 530 v. Chr.) und seine Schule war hingegen die Zahl das Wesen aller Dinge. Damit wurden wichtige Grundlagen für eine Mathematisierung der

Naturerkenntnis gelegt. Im Zusammenhang mit ihrer Musiklehre entwickelten die Pythagoräer eine mathematische Harmonielehre und, darauf aufbauend, das Monochord, eines der ältesten physikalischen Messgeräte. Ein weiterer Erklärungsversuch war der Atomismus, den Leukipp (um 500 v. Chr.) und sein Schüler Demokrit (um 460–370 v. Chr.) in die Wissenschaft eingeführt hatten. Danach wurde die Vielfalt der Stoffe auf eine große, aber endliche Anzahl von winzigen Urbestandteilen, den Atomen (wörtlich den »Unteilbaren«) zurückgeführt. Die Atome sollten sich nur in Gestalt und Größe unterscheiden, absolut undurchdringlich und durch das Leere voneinander getrennt sein.

Aristoteles schuf die umfassendste und einflussreichste Naturlehre der Antike. Auf dessen *physiké akróasis* (Vortrag über die Natur) geht wahrscheinlich auch die Bezeichnung »Physik« zurück. Bei Aristoteles war Physik in erster Linie die philosophische Erörterung von Begriffen wie Raum, Zeit, Bewegung und Kausalität, und bis in das 18. Jh. hinein umfasste sie die naturwissenschaftliche Forschung schlechthin. Für die Physikentwicklung im eigentlichen Sinne war v. a. die aristotelische Bewegungslehre von Bedeutung. Sie unterscheidet zwischen erzwungenen und natürlichen Bewegungen. Bei letzteren streben die Körper nach ihrem natürlichen Ort im Weltall: Erde und Wasser zum Mittelpunkt des geozentrischen Kosmos und Feuer und Luft zur Peripherie der Mondsphäre. Die himmlische Bewegung ist im Gegensatz zur irdischen die vollkommene: sie ist ohne Anfang und Ende und kreisförmig. Erzwungene (irdische) Bewegungen wie der Stoß oder der Fall haben dagegen Anfang und Ende und sind geradlinig oder aus geraden und kreisförmigen Teilen zusammengesetzt. Die Bewegung folgt einem (quasi-dynamischen) Bewegungsprinzip, dass »Alles, was sich bewegt, von einem Beweger bewegt wird.« Zur Erklärung des Wurfes nahm Aristoteles an, dass die horizontale Bewegung eines geworfenen Steines dadurch bewirkt wird, dass die Luft als umgebenes Medium den Stein nach Verlassen der werfenden Hand weitertreibt. Diese Auffassung wurde bereits im frühen Mittelalter in Frage gestellt. Nach Johannes Philoponos (6. Jh. n. Chr.) ist es nicht das umgebende Medium, sondern eine durch den Werfenden mitgeteilte Kraftmenge (impetus), die den Stein weitertreibt; auch kritisierte er die Behauptung der Peripatetiker, dass ein Körper desto schneller falle, je schwerer er ist. Trotz solcher Modifizierungen, an die z. B. die Impetustheorie der mittelalterlichen Scholastik anknüpft, haben Aristoteles physikalische Ansichten als Folge der allgemeinen Dogmatisierung des peripatetischen Weltbildes die Entwicklung der Physik für nahezu 2000 Jahre geprägt. Im 16. und 17. Jh. ging dann im Rahmen der sogenannten wissenschaftlichen Revolution aus Auseinandersetzungen mit der aristotelischen Lehre die klassischen Physik hervor.

Die Blüte der antiken Physik

Im Hellenismus (etwa 300 v. Chr. bis 150 n. Chr.) erlangte die antike Physik ihren Höhepunkt. Charakteristisch für diese Periode war die Mathematisierung physikalischer Sachverhalte, die Öffnung der Physik für die Lösung praktischer Probleme und die beginnende Ausbildung spezieller Fachdisziplinen; auch gab es in Gestalt des Museion in Alexandria ein Zentrum, in dem erstmals Forschung systematisch betrieben und staatlich finanziert wurde. Die bedeutendsten Leistungen wurden in dieser Zeit in der Mechanik erbracht. So mathematisierte Archimedes (287–212 v. Chr.) Statik und Hydrostatik, wobei er im Stile Euklids (4. Jh. v. Chr.) Definitionen, Postulate und Axiome an den Anfang seiner Überlegungen stellte und daraus deduktiv das Hebelgesetz und andere Lehrsätze über Gleichgewichtsbedingungen, den Schwerpunkt oder das spezifische Gewicht ableitete. Dass Archimedes seine rein wissenschaftlichen Studien mit praktischer Tätigkeit zu verbinden wusste, machen seine Konstruktionen von Kränen und Katapulten deutlich; inwieweit allerdings die Erfindung des Potentialflaschenzuges, der Wasserschnecke oder der sogenannten Archimedischen Schraube tatsächlich auf ihn zurückgehen, ist historisch nicht eindeutig zu belegen und zweifelhaft. Euklid selbst schuf mit seiner »Katoptrik« die Grundlage der geometrischen Optik, in der man u. a. eine mathematische Theorie der Spiegelung findet und das Reflexionsgesetz bereits fixiert ist. Durch Claudius Ptolemäus (2. Jh. n. Chr.), den bedeutendsten Systematiker der antiken Astronomie, wurde experimentell die Refraktion gemessen und die Dioptrik gefördert. Trotz solcher Erfolge spielte das Experiment in der antiken Physik, wie in den Wissenschaften überhaupt, kaum eine Rolle. Allerdings lässt sich in der hellenistischen Periode eine wachsende Vielfalt physikalisch-technischer Errungenschaften konstatieren, die mit ihrer langsam steigenden gesellschaftlichen Wertschätzung einher geht. So konstruierte Ktesibios (um 190 v. Chr.) eine Feuerspritze, Luftpumpen sowie eine genaugehende Wasseruhr, sein Schüler Philon von Byzanz (um 250 v. Chr.) entwickelte verschiedene

Hebezeuge, und Heron von Alexandria (1. Jh. n. Chr.) erfand u.a. Wegemesser sowie Apparate mit Luft-, Wasser- bzw. Dampfantrieb, wobei letztere weniger für praktische als für Kultzwecke genutzt wurden. Die wissenschaftliche Erklärung der zugrunde liegenden mechanischen, hydraulischen und pneumatischen Phänomene blieb zumeist weit hinter den praktischen Fertigkeiten der antiken Erfinder zurück.

Stagnation im Mittelalter

Nach dem Untergang des Römischen Reiches, das den antiken Erkenntnisstand zwar bewahrt, doch kaum weiterentwickelt hatte, wurde das physikalische Wissen der Antike über arabische Quellen in das Mittelalter überliefert. Die Araber selbst trugen zur Weiterentwicklung des physikalischen Wissens vornehmlich auf dem Gebiet der Optik bei. Ibn al-Haitham (lat. Alhazen, 965-1040), der bedeutendste islamische Physiker, beschäftigte sich u. a. mit dem Sehvorgang sowie mit den Gesetzen der Lichtausbreitung und -brechung, und er konnte das Reflexionsgesetz verifizieren. Da hierbei technische Geräte zur Überprüfung physikalischer Hypothesen zielgerichtet eingesetzt wurden, markieren diese Versuche den Übergang zur Experimentalphysik der Moderne. Al-Haithams optische Schriften sind u. a. durch die Arbeiten Roger Bacons (1219–1292) und Vitelos (1230–1275) bis in die Renaissance hinein rezipiert worden, einzelne Spuren lassen sich sogar in den optischen Untersuchungen Johannes Keplers (1571–1630) nachweisen. Die wichtigsten Leistungen islamischer Gelehrter in der Mechanik sind mit praktischen Problemen des Wägens und Messens verbunden: So wurde das hydrostatische Gesetz von Archimedes auf Gegenstände in Luft erweitert, und der Erfinder des Pyknometers al Biruni (973–1050) und al Chazini (Mitte 12. Jh.) bauten Präzisionswaagen, mit denen umfangreiche Tabellen zum spezifischen Gewicht verschiedenster Substanzen erstellt wurden. Im Rahmen der Übersetzung und Kommentierung der aristotelischen Schriften beschäftigte man sich auch mit dessen Bewegungstheorie und der Bewegung geworfener Körper. Die dabei u.a. von Ibn Sina (lat. Avicenna, 980–1037) entwickelten Ideen gehören zu den Vorläufern des Trägheitsgesetzes und gingen in die Überlegungen zur Impetustheorie im europäischen Mittelalter ein.

Das physikalische Denken des europäischen Mittelalters ist v.a. durch eine weitere Durchdringung der Idee des Impetus charakterisiert, die u. a. bei William von Ockham (1285–1349), Johannes Buridan (1295–1358) und Nicolaus von Oresme (1320–1382) zu ersten Ansätzen von Begriffen wie gleichförmige und ungleichförmige Bewegung, der Vorstellung von der Proportionalität zwischen Masse und Impuls eines bewegten Körpers und schließlich zu Zweifeln an der Allgemeingültigkeit der aristotelischen Bewegungslehre führten; auch wurde zunehmend die mögliche Existenz eines ↑ Vakuums akzeptiert, das die aristotelische Physik ja grundsätzlich ablehnte. Experimentalphysikalisch orientierte Abhandlungen wie Petrus Pegrinus »Brief über die Magneten« (1269) oder Nicolaus von Cues »Versuche mit der Waage« (1450) trugen zudem zu einer allmählichen Entwicklung und langsam wachsenden Akzeptanz der experimentellen Forschungsmethode im späten Mittelalter bei.

Aufbruch zur klassischen Physik

Die sozialen und weltanschaulichen Umbrüche der Renaissance (etwa 1450 bis 1600) machten schließlich die Bühne frei für die Entstehung der klassischen Physik. Das Wirken solcher Universalgenies wie Leonardo da Vinci (1452–1519) und der sogenannten Künstler-Ingenieure (*Artefici* bzw. *Virtuosi*) führte zu einer zunehmenden Annäherung von handwerklich-praktischer Erfahrung und wissenschaftlicher Erkenntnisgewinnung. Die Aufwertung praktischer Erfahrungen, z. B. bei der Einführung neuer Maschinen, ging einher mit einer wachsenden Wertschätzung des Experiments und der mathematischen Verarbeitung gewonnener Erkenntnisse. Dies ebnete den Weg für ein grundsätzlich neues Wissenschaftsverständnis, das zu einem tiefgreifenden Umschwung der Wissenschaften im 17. Jh. führte. Diese wissenschaftliche Revolution war für die Physik durch eine schrittweise Lösung von den Dogmen der aristotelischen Physik und der Ausbildung der modernen Forschungsmethodik, d. h. einer messenden, experimentierenden und mathematisierten Physik gekennzeichnet. Entscheidende Impulse lieferte dabei die Astronomie. Mit der Einführung des heliozentrischen Weltbildes durch Nikolaus Kopernikus (1473–1543) wurde der Sonderstatus der Erde aufgehoben und eine neue Astronomie begründet. Für diese formulierte Johannes Kepler (1571–1630) – unter Verwendung der präzisen Beobachtungsdaten seines Lehrers Tycho Brahe

(1546–1601) – die für alle Planeten gültigen kinematischen Bewegungsgesetze. Der Übergang von der Kinematik zur Dynamik und damit zugleich die endgültige Aufhebung des Unterschieds zwischen irdischen und kosmischen Bewegungen füllte das gesamte 17. Jh.. Sein krönender Abschluss wurde durch Isaac Newton (1648–1727) und die Aufstellung eines in sich geschlossenen Systems der Mechanik für Himmel und Erde erreicht. Nicht zufällig waren die führenden Physiker dieser Epoche Kopernikaner, denn sobald man nicht nur die mathematische Theorie, sondern auch die physikalische Realität des kopernikanischen Systems akzeptierte, musste eine Neubegründung der gesamten Physik erfolgen. Unter den Begründern der neuen Physik und Propagandisten der kopernikanischen Lehre ragte Galileo Galilei (1564–1642) heraus. Seine wichtigste Leistung war die Formulierung der Fall- und Wurfgesetze. Ausgangspunkt der Galileischen Überlegungen war die mittelalterliche Bewegungslehre, insbesondere die Impetustheorie, die er nicht von vornherein verwarf, sondern analog zur Mathematisierung der Statik durch Archimedes zu formalisieren suchte. Schritt für Schritt gelangte er in diesem Prozess zu einer Kinematik der Fall- und Wurfbewegung und zur richtigen Formulierung des Fallgesetzes. Dieses wurde von ihm keineswegs – wie die Legende vielfach behauptet – durch Experimente ermittelt, sondern zunächst hypothetisch-deduktiv abgeleitet. Erst danach schlossen sich gezielte Beobachtungen bzw. Experimente an, mit denen klar formulierte Hypothesen bestätigt und mögliche Störfaktoren bewusst, z. B. durch die Entwicklung neuer Beobachtungs- und Messinstrumente bzw. Experimentieranordnungen wie die Fallrinne, ausgeschlossen bzw. minimiert wurden. Damit wird der Ausgang eines Experiments und nicht die Meinung von Autoritäten zum Prüfstein der Wahrheit. Galilei kann so als der erste Experimentalphysiker im Sinne der Moderne, ja, als Vater der modernen Naturwissenschaft überhaupt gelten, denn der Aufstieg der mathematisch-experimentellen Methode der Naturwissenschaft wird durch sein Schaffen eingeleitet. Galilei hat seine physikalischen Erkenntnisse wie seine Forschungsmethode in seinem Alterswerk »Discorsi« (1638) dargestellt, das als erstes Lehrbuch der theoretischen Physik gilt. Neben der Bewegungslehre, in derem Rahmen auch das klassische Relativitätsprinzip und erste Überlegungen zur Trägheit eines Körpers entwickelt wurden, wird in den *Discorsi* als zweite neue Wissenschaft die Festigkeitslehre begründet. Über seinen Schüler Evangelista Torricelli (1606–1647), der 1644 das Quecksilberbarometer erfand und erste Experimente zum Vakuum durchführte, hat Galilei auch Einfluss auf die Begründung der Hydrodynamik genommen.

In ganz anderer Weise wurde René Descartes (1596–1650) zum Mitbegründer der naturwissenschaftlichen Moderne. In den »Principia Philosophiae« (1644) begründete er ein Programm der Physik, das die Erscheinungen des Himmels und der Erde auf Bewegungen zurückführte, die von Materiewirbeln, d. h. durch Druck und Stoß, verursacht wurden, und die das gesamte Weltall ausfüllen sollten. Obwohl die Cartesische Physik im Einzelnen wenig durchgebildet war, faszinierte ihr mechanistischer Ansatz die damaligen Naturforscher und prägte die Physikentwicklung für mehr als ein Jahrhundert. Aus der Vollkommenheit Gottes schloss Descartes auf Erhaltungssätze physikalischer Größen, z. B. die Erhaltung der Bewegung beim Stoß, aus der er die Stoßgesetze abzuleiten suchte. Da Descartes den Vektorcharakter des Impulses noch nicht erkannte, vielfach diese Größe auch mit »Kraft« im Sinne von »Arbeit« gleichsetzte, konnte er nur in Ansätzen eine Stoßtheorie liefern. Erst Christiaan Huygens (1629–1695) gelang es, eine gültige Theorie des elastischen Stoßes zu entwickeln. Dabei erkannte er, dass hierbei eine zweite Erhaltungsgröße von Bedeutung ist, nämlich das Produkt aus der Masse und dem Quadrat der Geschwindigkeit eines Körpers, wofür 1686 Gottfried W. Leibniz (1646–1717) den Begriff »lebendige Kraft« einführte. Huygens gelang ebenfalls eine weitere Präzisierung des Relativitäts- und Trägheitsprinzips.

Die klassische Mechanik

Die Arbeiten von Kepler, Galilei, Descartes, Huygens und anderen Physikern des 17. Jhs. bildeten die Grundlage für die Vereinheitlichung von irdischer und Himmelsmechanik durch Isaac Newton (1643–1727). Im Zentrum der Newtonschen Physik stehen das universelle Gravitationsgesetz und die drei Newtonschen Gesetze bzw. Axiome der Mechanik, aus denen sowohl die Physik des Himmels als auch die Bewegungsgesetze der irdischen Körper abgeleitet wurden, wobei jeweils ihre Übereinstimmung mit der (experimentellen) Erfahrung verifiziert wurde. Seine Überlegungen und Ergebnisse zur Schaffung eines konsistenten Systems der Mechanik publizierte Newton 1687 in seinem Hauptwerk »Philosophiae naturalis principia mathematica«, das zum Prototyp des physikalischen Lehrbuchs und zur Bibel der klassischen Physik wurde.

Allerdings war die Anerkennung der Newtonschen Physik zunächst nur in England gesichert, wogegen sie auf dem europäischen Kontinent fast ein halbes Jahrhundert mit dem Cartesischen Weltmodell konkurrieren musste, das den damaligen Physikern sehr viel einleuchtender, weil mechanischer erschien. Danach konnte aber nichts mehr den Siegeszug der Newtonschen Physik aufhalten, und im Laufe des 18. Jhs. zeigte diese u. a. durch die mathematische Durchdringung der Gravitationsprobleme – von der Bewegung der Planeten bis zur Behandlung des Dreikörperproblems – ihre erstaunliche Leistungsfähigkeit. Dabei war von großer Bedeutung, dass die theoretische Physik mit der Erfindung der Infinitesimalrechnung – unabhängig durch Newton und Leibniz zwischen 1665 und 1675 – ein Hilfsmittel erhielt, mit der mechanische Probleme allein durch ein System von Differentialgleichungen beschrieben werden konnten. Leonhard Euler (1707–1783), Daniel Bernoulli (1700–1782), Jean le Rond d'Alembert (1717–1783) und v.a. Joseph L. de Lagrange (1736-1813) mit seiner »Mecanique analytique« (1788) begründeten auf dieser Grundlage im 18. Jh. die analytische Mechanik und machten sie zugleich zu einem Teil der mathematischen Analysis. Im Rahmen ihrer Anwendung auf die Mechanik der Kontinua stellte z. B. Euler die allgemeinen Gleichungen der Hydrodynamik auf, und d'Alembert führte zur Beschreibung des Schwingungsverhaltens einer Saite partielle Differentialgleichungen in die Physik ein. Für mehr als zwei Jahrhunderte wurde die Newtonsche Mechanik zum Modell für die physikalische Erkenntnisgewinnung schlechthin und galt als methodisches Fundament für die gesamte Physik. Allerdings verfügten die anderen Gebiete physikalischer Forschung, in denen qualitative Betrachtungen nach wie vor einen hohen Stellenwert besaßen, für lange Zeit nicht über jene Reife und mathematische Vollkommenheit, die eine Synthese mit der Mechanik möglich gemacht hätte. Hierdurch blieb die Aufspaltung der Physik in separate, mehr oder weniger unabhängig agierende Teilgebiete bis zum 19. Jh. weitgehend erhalten.

Optik – Vom Fernrohr zur Spektralanalyse

Das Zeitalter der Begründung der Mechanik war nicht nur eine Zeit revolutionärer Veränderungen in den theoretischen Grundlagen der Physik, es war auch eine Epoche, in der sich die physikalische Forschung durch die Erfindung solcher Geräte wie des Fernrohrs, des Mikroskops, der Pendeluhr, des Barometers oder der Luftpumpe grundsätzlich neue Erkenntnismöglichkeiten erschloss. Neben der Mechanik war die Optik ein bevorzugter Gegenstand damaliger physikalischer Forschungstätigkeit. Das für die Entwicklung der Optik zentrale Brechungsgesetz wurde bereits um 1620 auf der Grundlage der Brechungstabellen von Vitelo durch Willebrod Snellius (1580–1626) experimentell verifiziert, doch wegen seines frühen Todes findet sich die erste Publikation des Gesetzes erst in Descartes »Dioptrique« (1637); 1662 bewies Pierre Fermat (1601-1665) auf der Grundlage des von ihm selbst entwickelten Extremalprinzips das Prinzip, dass in der Natur alles auf schnellstem Wege geschieht. Lange Zeit umstritten war, ob sich das Licht mit endlicher Geschwindigkeit oder instantan ausbreitet, und erst Ole Rømer (1644–1710) konnte 1676 auf der Grundlage astronomischer Beobachtungen die endliche Ausbreitungsgeschwindigkeit des Lichtes nachweisen.

Das Problem der Farben bildete ein weiteres zentrales Forschungsthema der damaligen Zeit, das eng mit der Frage nach der Natur des Lichtes verknüpft war. Huygens hatte in seinem »Traite de la lumiere« (1678) das Licht als Wellenerscheinung aufgefasst und die Lichtausbreitung mit der des Schalls verglichen. Auf der Grundlage dieser Wellentheorie versuchten u. a. Robert Hooke (1635–1703) und Francesco M. Grimaldi (1618–1663) die Farben dünner Plättchen und andere Brechungs- und Beugungserscheinungen zu erklären. In teilweise scharfer Auseinandersetzung mit diesen Erklärungsversuchen und auf der Grundlage umfangreicher eigener Experimente zur spektralen Zerlegung des Lichtes in Prismen entwickelte Newton eine korpuskulare Lichttheorie, die in den »Opticks« (1704) publiziert wird. Obwohl Newtons Korpuskulartheorie viele optische Phänomene, wie z. B. das 1669 erstmals beschriebene Phänomen der Doppelbrechung oder die durch Huygens enteckte Polarisation, schlecht oder gar nicht erklären konnte, trug der Siegeszug der Newtonschen Mechanik und die daraus resultierende Autorität ihres Schöpfers entscheidend dazu bei, dass die Emissionstheorie des Lichts im 18. Jh. zur dominierenden Lehrmeinung avancierte. Erst zu Beginn des 19. Jhs. wurde die Wellentheorie des Lichts durch Thomas Young (1773–1829) und Antoine Fresnel (1788–1827) neu begründet, und sie trat nun ihrerseits einen beispiellosen Siegeszug an. Zu Youngs wichtigsten Erkenntnissen gehörte das Prinzip der Interferenz, mit dem sich z. B. Erscheinungen wie die Farben dünner Plättchen erklären ließen; auch erkannte er bei der Erklärung der Polarisation die Transversalität des Lichts. An der Wende zum 19. Jh. wurde das Spektrum des Lichts um die Entdeckung der Infrarot-(Friedrich W. Herschel, 1800) und der Ultraviolett-Strahlen (Johann W. Ritter, 1801) erweitert. Anknüpfend an die Entdeckung der sogenannten Fraunhoferschen Linien im Sonnenspektrum (1816), setzt in der zweiten Hälfte des 19. Jhs. mit den Arbeiten Gustav R. Kirchhoffs (1824–1887) und Robert Bunsens (1811–1899) die Entwicklung der Spektralanalyse ein, die zur Jahrhundertwende einen wichtigen Grundstein für die Entwicklung der modernen Atomphysik bildet.

Elektrizität und Magnetismus

Mit der Zunahme der Entdeckungsfahrten und der damit einhergehenden wachsenden Verwendung und Verbreitung des Kompasses erfuhren magnetische Erscheinungen seit dem 16. Jh. eine verstärkte Aufmerksamkeit. In William Gilberts »De Magnete« (1600) fand das Gebiet eine erste zusammenfassende Beschreibung, wobei das Buch zugleich ein Dokument der neuen physikalischen Forschungsmethode ist und zu den klassischen Werken der Physikgeschichte gehört. Obwohl elektrische und magnetische Erscheinungen zunächst häufig miteinander verwechselt wurden, blieben sie bis zum Ende des 18. Jhs. weitgehend unverbundene Erscheinungen. Gefördert durch das breite Bildungsinteresse der Aufklärung, nahm insbesondere die Elektrizitätslehre im Laufe des 17. Jhs. einen gewaltigen Aufschwung und entwickelte sich zu einem eigenständigen Wissenszweig sowie zu einem Beispiel für experimentalphysikalische Forschung par excellence. Die Art und Weise des elektrischen Experimentierens wurde zu einem attraktiven Vorbild auch für andere Bereiche der Physik, und sie gab Anlass für spektakuläre Aufführungen an den Höfen und in der Öffentlichkeit. Einen ersten Abschluss fand die Entwicklung der Elektrizitätslehre und des Magnetismus im ausgehenden 18. Jh. mit der begrifflichen Klärung solcher Grundgrößen wie elektrischer Leitfähigkeit, Ladungsmenge oder Spannung sowie die Formulierung der Gesetze der Elektro- und Magnetostatik durch Henri Cavendish (1731–1810) und Charles A. de Coulomb (1736–1806). Mit den Arbeiten von Simeon Poisson (1781–1840), George Green (1793–1841) und Carl F. Gauß (1777–1855) erreichten Elektro- und Magnetostatik schließlich in der ersten Hälfte des 19. Jhs. hinsichtlich ihrer mathematischen Durchdringung den gleichen Grad der Vollkommenheit wie die Mechanik und erhielten ihre bis heute gültige Form.

Die Entdeckung einer vermeintlichen tierischen Elektrizität durch Luigi Galvani (1737–1798) und die daran anknüpfenden Arbeiten von Alessandro Volta (1745–1827) mit der Erfindung der sogenannten Voltaschen Säule, d. h. des Prototyps einer Batterie, eröffneten der Elektrizitätslehre an der Wende zum 19. Jh. neue Entwicklungsmöglichkeiten, da nun sehr viel leistungsfähigere und auch konstante Stromquellen zur Verfügung standen als die bisher üblichen Elektrisiermaschinen und Entladungsflaschen/Kondensatoren (Leidener Flasche, 1745), sodass nun auch die Gesetzmäßigkeiten dauernd fließender Entladungsströme untersucht werden konnten. Im Jahre 1826 schloss Georg S. Ohm (1789–1854) seine Untersuchungen zur Bestimmung des Widerstandes eines Stromkreises ab und formulierte das nach ihm benannte Gesetz für die Stromleitung. Dieses war sowohl für die Theoriebildung in der Elektrizitätslehre wie für die Entwicklung von Drahttelegrafie, elektrischer Messtechnik und anderer technischer Anwendungen der Elektrizität von grundlegender Bedeutung. Die Ohmsche Theoriebildung wurde von Kirchhoff zu den allgemeinen Gesetzen der Stromverzweigung (1845) weitergeführt.

Elektromagnetismus – Triumph der Feldtheorie

Mit der Entdeckung des Elektromagnetismus (1820) durch Hans C. Ørsted (1777–1851) erfuhr die Entwicklung der Elektrizitätslehre eine völlig neue Richtung. Ørsteds Nachweis der Ablenkung einer Magnetnadel durch den elektrischen Strom nahm André M. Ampère (1775–1836) zum Ausgangspunkt, um die Wechselwirkung von Strömen generell zu untersuchen und hierfür im Jahre 1827 eine mathematische Theorie des Elektromagnetismus zu liefern, deren Vorbild die analytischen (Fernwirkungs-)Theorien der Newtonschen Mechanik und Coulombschen Elektrostatik waren. Die erste Entwicklungsphase der Elektrodynamik wurde durch Michael Faraday (1791–1867) abgeschlossen. Mit seiner Vorstellung von (elektrischen und magnetischen) Kraftlinien entwickelte er nicht nur ein anschauliches Modell des Elektromagnetismus, sondern seine Idee war zugleich der Anfang der Entwicklung physikalischer Feldtheorien, die zur Brechung der Dominanz der Newtonschen Fernwirkungstheorien führten. Sein experimentelles Genie entdeckte zudem 1831 die elektromagnetische Induktion, Grundlage für die Entwicklung von Nachrichten- und Starkstromtechnik, die Gesetze der Elektrolyse (1834) sowie die Drehung der Polarisationsebene des Lichtes im Magnetfeld (1845). Seiner Grundüberzeugung vom inneren Zusammenhang aller Naturkräfte folgend, stellte Faraday auch umfangreiche, aber vergebliche Experimente zur Beeinflussung der Spektralinien durch ein Magnetfeld an. Versuche, die noch weitgehend qualitativen Faradayschen Ideen in eine präzise mathematische Form und konsistente elektrodynamische Theorie zu bringen, mündeten in die Arbeiten von James C. Maxwell (1831–1879). Ihm gelang 1861/62 die Formulierung der Feldgleichungen der Elektrodynamik, aus denen sich als Lösung transversale elektromagnetische Wellen herleiten lassen – mit einer Fortpflanzungsgeschwindigkeit, die mit der des Lichtes identisch ist, sodass man auf den inneren Zusammenhang beider Phänome schloss. Damit verschmolzen Optik und Elektrodynamik, und eine weitere Synthese physikalischer Theorien war erreicht. Der experimentelle Nachweis der postulierten elektromagnetischen Wellen gelang 1887 Heinrich Hertz (1857–1894), der auch 1884 den Maxwellschen Gleichungen ihre heute übliche Form gegeben hat.

Thermodynamik – vom Wärmestoff zur statistischen Mechanik

Völlig neu erschlossen wurde im 17. und 18. Jh. die Wärmelehre, die sich in dieser Zeit v. a. mit ihren begrifflichen Grundlagen beschäftigte. Nachdem die Entwicklung des Thermometers im 17. Jh. das Messen in der Wärmelehre überhaupt erst ermöglicht hatte, führten in der Mitte des 18. Jhs. Untersuchungen Joseph Blacks (1728–1799) über den Wärmeaustausch und die Temperaturerhöhung von Körpern zur Einführung des Begriffs der spezifischen Wärme und damit erstmalig zu einer begrifflichen und messtechnischen Unterscheidung der Größen Temperatur und Wärmemenge. Die Frage nach dem Wesen der Wärme wurde von Black und vielen seiner Zeitgenossen auf der Grundlage eines speziellen Wärmestoffes beantwortet, der beim Wärmeaustausch von den Körpern aufgenommen bzw. abgegeben werden sollte. Eine solche Hypothese wurde zusätzlich dadurch gestützt, dass auch andere Gebiete der Physik – von den magnetischen und elektrischen Fluida bis hin zum Lichtäther – und nicht zuletzt die Phlogistontheorie, die versuchte, alle heute als Oxidation bezeichneten Vorgänge einheitlich zu deuten, mit ähnlichen Inponderabilien operierten. Einen bedeutenden Erfolg, der zugleich die Grenzen ihrer Leistungsfähigkeit zeigte, erzielte die Wärmestofftheorie durch Joseph Fourier (1768–1830), der auf der Grundlage dieser Hypothese seine mathematische Theorie der Wärmeleitung im 1822 erschienenen Buch »Theorie analytique de chaleur« entwickelte; dort findet man im Übrigen auch die seinen Namen tragende Reihenentwicklung. Mit den Versuchen Benjamin Graf von Rumfords (1753–1814) und Humphrey Davys (1778–1829) zur Entstehung von Wärme durch Reibung, v. a. jedoch durch die Abkehr der Chemie von der Phlogistontheorie, wurde an der Wende zum 19. Jh. der allmählichen Lösung von der Stofftheorie und der Hinwendung zur kinetischen Wärmetheorie der Weg bereitet, wobei letztere schon im 17. und 18. Jh. in Robert Boyle (1627–1691), Bernoulli und Euler kompetente Fürsprecher besaß. Um 1800 wurden ebenfalls die allgemeinen Zustandsgleichungen der Gase durch Joseph-Louis Gay-Lussac (1778–1850), John Dalton (1766–1844), Benoit Clapeyron (1799–1864) und andere aufgestellt, nachdem dazu bereits im ausgehenden 17. Jh., im Zusammenhang mit der Entwicklung präziser Gasthermometer, durch Boyle, Edme Mariotte (1620–1684) und Guillaume Amontons (1663–1705), wichtige Vorleistungen erbracht worden waren. Ebenfalls an der Wende zum 19. Jh. führte die Entwicklung und industrielle Nutzung der Dampfmaschine zu einer intensiven Wechselwirkung von Theorie und Praxis in der Wärmelehre, und es wurde dabei die Methode der Beschreibung von Wärmeprozessen mit Hilfe vollständiger Kreisprozesse geschaffen. Ihr Schöpfer war Nicolas L. S. Carnot (1796–1832), dem bei seinem Studium der Arbeitsweise von Wärmekraftmaschinen und der Bestimmung ihres Wirkungsgrades auch die Berechnung des mechanischen Wärmeäquivalentes gelang. Infolge seines frühen Todes blieben seine Resultate zunächst unveröffentlicht und verzögerten die Rezeption seiner revolutionären Ideen für Jahrzehnte. Die Carnotschen Arbeiten bilden nicht nur die Grundlage für die Definition einer absoluten (thermodynamischen) Temperaturskala durch William Thomson (1824–1907, seit 1892 Lord Kelvin of Largs), sie gehören auch zur Vorgeschichte der Entdeckung des Energieprinzips.

Bereits im 18. Jh. hatte sich die Einsicht durchgesetzt, dass es unmöglich ist, ein *perpetuum mobile* mechanisch zu konstruieren. An der Wende zum 19. Jh. wurden weitere Bereiche der Physik und Technik, namentlich Wärmelehre und Dampfmaschinenentwicklung, in energetische Betrachtungen einbezogen, und es entwickelte sich langsam die Überzeugung, dass auch andere Energieformen äquivalent ineinander überführbar seien. Neben Carnot kamen Forscher wie Faraday der Formulierung eines allgemeinen Energiesatzes sehr nah. Der letzte und entscheidende Schritt wurde in den vierziger Jahren v. a. durch Julius R. Mayer (1814–1878), James P. Joule (1818–1889) und Hermann von Helmholtz (1821–1894) vollzogen. Ausgehend von physiologischen Beobachtungen gelangte Mayer im Jahre 1842 als erster zur expliziten Formulierung eines universell gültigen Energieerhaltungssatzes; im gleichen Jahr gelang ihm auch die richtige Berechnung des mechanischen Wärmeäquivalentes. Joules Verdienst ist es, ab 1843 in einem großangelegten Programm systematisch die verschiedenen Wärmeäquivalente experimentell bestimmt und daraus das Energieprinzip gefolgert zu haben. Helmholtz gab dem Prinzip schließlich 1847 eine mathematisch durchgearbeitete und allgemeine Form und analysierte damit die Gesamtheit der physikalischen, chemischen und physiologischen Erscheinungen. Diese Forscher, die ihre Überlegungen weitgehend unabhängig voneinander angestellt hatten, stießen mit ihren Resultaten zunächst bei ihren Kollegen auf Ablehnung bzw. Ignoranz. Erst in den fünfziger Jahren änderte sich die Situation, und die Physik beschäftigte sich zunehmend mit der Verallgemeinerung des Prinzips und machte es zu einem zentralen Bestandteil von Naturwissenschaft und Technik. Im Rahmen dieser Beschäftigung wurde sehr schnell klar, dass man mit dem Energiesatz keine Aussage über die Richtung der Wärmeprozesse treffen kann. Diese Lücke in der theoretischen Fundierung der Wärmelehre wurde 1850 bzw. 1851 unabhängig voneinander durch Rudolf Clausius (1822–1888) und Thomson mit der Formulierung des sogenannten zweiten Hauptsatzes der Wärmelehre geschlossen. 1865 prägte Clausius für die Zustandsfunktion dieses Hauptsatzes den Begriff Entropie. Die Entdeckung des Energieprinzips führte auch zu einer Wiederbelebung der kinetischen Gastheorie und damit zur Forderung, die zunächst phänomenologisch entwickelte Thermodynamik auf den Grundlagen der statistischen Mechanik, d. h. mit Hilfe der Prinzipien der Mechanik, zu begründen. August Krönig (1822–1879), Clausius, Maxwell und Ludwig Boltzmann (1844–1906) leisteten dies in der zweiten Hälfte des 19. Jhs. und gaben der kinetischen Gastheorie ihre moderne und mathematisch durchgebildete Form.

Abschluss der klassischen Physik und Institutionalisierung

Mit der Entdeckung des Energieprinzips, der Entwicklung der Thermodynamik zu einer kinetischen Theorie der Materie sowie der Faraday-Maxwellschen Elektrodynamik hatte die Physik im ausgehenden 19. Jh. ihre klassische Form gefunden und eine Vereinheitlichung erfahren, die die ursprünglich voneinander getrennten Teilgebiete der Physik zusammenschloss. Je nachdem, welcher Disziplin man den Status einer Leitdisziplin zubilligte, war man davon überzeugt, dass es prinzipiell möglich sein sollte, das gesamte Naturgeschehen auf mechanischer Grundlage, im Rahmen eines elektromagnetischen Weltbildes oder des Energetismus zu konstruieren.

Man war der Überzeugung, dass sich auch alle künftigen Erfahrungen und Erkenntnisse ohne größere Probleme und Änderungen in den Grundlagen der Physik in diesen Rahmen würden einordnen lassen. Die Physik schien – ähnlich der Geometrie – eine voll ausgereifte und abgeschlossene Wissenschaft zu sein, sodass man die Zukunft der Physik nicht in der Suche nach grundsätzlich Neuem, sondern in der Verfeinerung der theoretischen und experimentellen Methoden, in der Messung der n-ten Dezimalen der einschlägigen physikalischen Größen sah. Die Klassizität und Omnipotenz der Physik wurde zusätzlich dadurch unterstrichen, dass sie zunehmend zu einer Leitdisziplin für die gesamte Naturwissenschaft wurde und ihre Ergebnisse und Methoden wachsende Anwendung in anderen Gebieten der Naturwissenschaften und Technik fanden, was zur Herausbildung neuer, interdisziplinärer Fachrichtungen wie der Astro-, Geo- und ↑ Biophysik, der physikalischen Chemie, aber auch von Elektrotechnik und Elektronik führte.

Quantentheorie – von der Hohlraumstrahlung zur Quantenelektrodynamik

Mit einer Reihe experimenteller Entdeckungen findet das Zeitalter der klassischen Physik an der Wende zum 20. Jh. seinen Ausklang, und der Weg zur modernen Physik wird eröffnet. Die Entdeckung der Röntgenstrahlen (1895), des Zeeman-Effektes (1896), der Radioaktivität (1896) und des Elektrons (1897), die alle nicht mit den Hilfmitteln der klassischen Physik zu erklären waren, mehrten die Zweifel zeitgenössischer Physiker, ob die Physik tatsächlich eine in ihren Grundlagen abgeschlossene Wissenschaft sei. Parallel zu diesen experimentellen Forschungen und Entdeckungen wies auch die theoretische Physik auf Lücken und Widersprüche im so festgefügt scheinenenden Weltbild der klassischen Physik hin. Beim Versuch, aus Messungen zur spektralen Energieverteilung der Hohlraumstrahlung ein gültiges Strahlungsgesetz abzuleiten, wird Max Planck (1858–1947) im Herbst 1900 zum Schluss geführt, dass die Strahlungsenergie nicht kontinuierlich, sondern nur in diskreten Portionen emittiert bzw. absorbiert wird. Obwohl dies die Geburtsstunde der Quantentheorie war, haben weder Planck noch seine Zeitgenossen sofort die revolutionäre Tragweite der Energiequantenhypothese erkannt. 1905 ist es Albert Einstein (1879–1955), der als erster die Plancksche Idee verallgemeinert und mit seiner Lichtquantenhypothese den nächsten Schritt wagt. Erst ab 1911 rückte eine systematische Suche nach weiteren Quantenphänomenen in den Vordergrund der physikalischen Forschung. Den endgültigen Durchbruch brachte im Jahre 1913 die Atomtheorie von Niels Bohr (1885–1962), der das Kernmodell des Atoms von Ernest Rutherford (1871–1937) aufgriff und mit dem Planckschen Wirkungsquantum verknüpfte. Um den Preis gravierender Widersprüche zur Newtonschen Mechanik und Maxwellschen Elektrodynamik lieferte die Bohrsche Theorie nicht nur eine Erklärung für die Stabilität des Atoms, auch konnten mit Hilfe des Modells die Balmer-Serie und die Rydberg-Konstante berechnet und damit erstmals eine theoretische Grundlage im Wirrwar der spektroskopischen Daten gefunden werden. 1915/16 wird die Bohrsche Theorie durch Arnold Sommerfeld (1868–1951) verfeinert, sodass die Feinstruktur des Wasserstoffspektrums sowie der Zeeman- und Stark-Effekt erklärt werden können. Der Höhepunkt in der Entwicklung der Bohrschen Atomtheorie wird 1922 mit Bohrs Versuch einer physikalischen Deutung des Periodensystems der Elemente erreicht; eine endgültige Erklärung gelingt aber erst mit der Entdeckung des Ausschließungsprinzips (Wolfgang Pauli, 1924) und des Elektronenspins (Samuel A. Goudsmit, George E. Uhlenbeck, 1925). Trotz der Erfolge der Bohrschen Theorie befriedigte ihre Vermischung klassischer und quantentheoretischer Prinzipien immer weniger, wurden auch die Grenzen ihrer Leistungsfähigkeit immer deutlicher, sodass insbesondere von der jüngeren Physikergeneration ein grundsätzlich neuer Ansatz zur Lösung des Dilemmas gesucht wurde. Eine Verschärfung des Bohrschen

Ansatzes brachte schließlich im Jahre 1925 die Matrizenmechanik von Werner Heisenberg (1901–1976), die nur »prinzipiell beobachtbare Größen« zur Grundlage einer Atommechanik machte; gemeinsam mit Max Born (1882–1970) und Pasqual Jordan (1902–1980) wurde noch im selben Jahr eine geschlossene mathematische Beschreibung der Theorie geliefert. Ein zweiter Entwicklungsstrang der Quantentheorie, der fast gleichzeitig ebenfalls eine Lösung für das Quantenrätsel lieferte, ging von Einsteins Lichtquantenhypothese aus. Einstein selbst hatte zwar seine Hypothese schon 1916 zu einer Quantentheorie der Strahlung weitergeführt und auf die Fundamentalität des Welle-Teilchen-Dualismus des Lichtes hingewiesen, doch folgten ihm seine Physikerkollegen nur zögernd. Ein grundsätzlicher Wandel bahnte sich nach der Entdeckung des Compton-Effektes (1922) an, dessen Erklärung nur mit Hilfe der Einsteinschen Lichtquantenhypothese möglich war. Den entscheidenden Durchbruch vollzog aber Louis de Broglie (1892–1987), der in seiner Dissertationschrift (1924) die Dualität des Lichtes auf die gesamte Materie verallgemeinerte. Eine glänzende Bestätigung erfuhr die De Brogliesche Idee der Materiewellen durch die Beugungsexperimente mit Elektronen (Clinton J. Davisson, Lester H. Germer, George P. Thomson, 1927), v. a. aber durch die Wellenmechanik von Erwin Schrödinger (1887–1961). Letztere lieferte 1926 eine unabhängige Lösung für die Rätsel der Atommechanik, wobei Schrödinger selbst sehr schnell deren mathematische Äquivalenz zur Heisenbergschen Matrizenmechanik nachweisen konnte. Born schlug schließlich 1926 eine wahrscheinlichkeitstheoretische Deutung der Wellenfunktion der Schrödinger-Gleichung vor. Zusammen mit der Heisenbergschen Unschärferelation, die an die Stelle des klassischen Determinismus trat, sowie dem Bohrschen Komplementaritätsprinzip, das die Gleichberechtigung sich gegenseitig ausschließender Betrachtungsweisen wie z. B. Welle und Teilchen herausstellt, waren nun die wichtigsten theoretischen Grundlagen für ein Verständnis all jener atomaren Phänome geschaffen worden, die im ersten Viertel unseres Jahrhunderts die Physiker so bewegt hatten: die Herausbildungsphase der Quantenmechanik fand damit faktisch ihren Abschluss und ihren bis heute gültigen, wenn auch nicht unwidersprochenen Interpretationsrahmen (↑ Messprozesse in der Quantenmechanik). Parallel zu diesen Entwicklungen begann man, die Quantenmechanik auch auf die elektromagnetische Strahlung anzuwenden und die Quantenfeldtheorie zu entwickeln. Der erste Abschnitt in der Entwicklung der Quantenelektrodynamik wird durch Arbeiten von Paul A. M. Dirac, Ernst P. Jordan, Wolfgang Pauli, Oskar B. Klein, Wladimir A. Fock und Boris Podolsky geprägt und fand zu Beginn der dreißiger Jahre ihren ersten Abschluss; ein zweiter Schritt in Richtung einer konsistenten Theorie wurde in den vierziger Jahren unabhängig voneinander durch Shin-Ichiro Tomonaga (1906–1979), Julian Schwinger (1918–1994), Richard Feynman (1918–1988) und Freeman Dyson (geb. 1923) vollzogen.

Quantentheorie – Anwendungen nach 1930

Ausgang der zwanziger Jahre setzte auf breiter Front eine Ausdehnung des Anwendungsbereichs der quantenmechanischen Methoden ein, die von der Berechnung des Heliumatoms über die theoretische Deutung von Magnetismus, chemischer Bindung und der Rolle der Elektronen im festen Körper bis hin zur Erklärung der Vorgänge im Innern der Sterne reichte. Darüber hinaus wurden sehr bald auch Teile der Biologie sowie Gebiete wie die Supraleitung (↑ Hochtemperatursupraleitung) und die Kernphysik in den Gültigkeitsbereich der Quantentheorie einbezogen. Die Supraleitung wurde im Jahre 1911 durch Heike Kamerlingh-Onnes (1853–1926) entdeckt und hatte sich trotz weiterer großer experimenteller Erfolge bei der Erzeugung immer tieferer Temperaturen, dem Nachweis supraleitender Stoffe und der Entdeckung wichtiger Effekte (Meißner-Ochsenfeld-Effekt, 1933) lange einer konsistenten theoretischen Erklärung entzogen. 1935 stellten Fritz und Heinz London eine phänomenologische Theorie auf, und erst 1957 liefern John Bardeen, Leon Cooper und John R. Schrieffer eine gültige mikroskopische Theorie der Supraleitung. Die seit den vierziger Jahren erfolgende Etablierung der Festkörperphysik als einer speziellen Querschnittsdisziplin, zu der auch die Supraleitungsforschung gehört, war einerseits durch die Entwicklung der theoretischen Grundlagen, z.B. des Wilsonschen Bändermodells (1931), aber mehr noch durch die Entwicklung neuer Untersuchungsmethoden (z.B. Elektronenmikroskopie seit den dreißiger Jahren), neuartiger, hochreiner Materialien sowie durch Erfindungen geprägt, unter denen der Transitor (William B. Shockley, J. Bardeen, Walter H. Brattain, 1947) und der Laser (Theodore H. Maiman, 1960) herausragen, weil sie den Ausgangspunkt von moderner Mikroelektronik und Lasertechnik mit ihren vielfältigen Anwendungsmöglichkeiten markieren.

Vom Atomkern zu den Elementarteilchen – Quark-Modell und Atombombe

Die Kernphysik ging aus der Erforschung radioaktiver Phänomene hervor. Ihr großer Pionier war Rutherford, und ihm und seiner Schule verdankt das Gebiet die wichtigsten Entdeckungen: vom Rutherfordschen Atommodell über effektive Nachweismethoden für radioaktive Teilchen (Geiger-Zähler, 1908 ff; Wilson-Kammer, 1912; Astonscher Massenspektrograph, 1919) bis hin zum Isotopiebegriff (Frederick Soddy, 1913) und der ersten künstlichen Kernreaktion (Rutherford, 1920). Auch jene Entdeckung, die für die Etablierung der Kernphysik als eigenständige Wissenschaftsdisziplin konstitutiv werden sollte, geht auf einen Schüler Rutherfords zurück – die Entdeckung des Neutrons durch James Chadwick (1891–1974) im Jahre 1932. Mit der Entdeckung des Neutrons ergab sich nicht nur eine neues Konzept des Kernaufbaus (Heisenberg, Dmitrij D. Iwanenko, 1932), zugleich war damit eine »Sonde« für das Studium der Vorgänge im Atomkern gefunden. Andere wichtige kernphysikalische Entdeckungen in dieser Zeit waren der Nachweis der künstlichen Radioaktivität (Jean F. und Irene Joliot-Curie, 1934), die Neutrino-Hypothese (Pauli, 1931) und die Theorie des Betazerfalls (Enrico Fermi, 1934). Letztere war auch Anlass für die Hypothese einer neuen Wechselwirkungsart, der sogenannten schwachen Wechselwirkung, deren ungewöhnlichste Eigenschaft die Paritätsverletzung (Chen Ning Yang, Tsung Dao Lee, 1955) ist. Die Theorie der schwachen Wechselwirkung war für Hideki Yukawa (1907–1981) der Anlass, 1935 eine Theorie der starken Wechselwirkung, Ursache für die Stabilät des Atomkerns, zu entwickeln. Diese Arbeiten führten bereits in das Gebiet der ↑ Teilchenphysik, das sich in den vierziger Jahren von der Kernphysik abzuspalten begann. Voraussetzung hierfür war, dass man mit der Entwicklung immer leistungsfähigerer Beschleuniger und empfindlicher Detektoren, wie z. B. des Zyklotrons oder der Blasen-kammer, künstliche Quellen zur Erzeugung hochenergetischer Teilchen für die Forschung einsetzen und sich so von der Untersuchung der Höhenstrahlung unabhängig machen konnte. Sehr schnell stieg ab den vierziger Jahren die Zahl neu entdeckter Elementarteilchen an, und es wurde nötig, sie nach einem Ordnungsschema zu klassifizieren. Die in diesem Zusammenhang 1961 entwickelte Theorie der Quarks durch Yuval Ne'eman und Murray Gell-Mann bildet eine Grundlage für das heute gültige Standardmodell der Elementarteilchenphysik. Ein anderes wichtiges Ergebnis unseres physikalischen Verständnisses des Aufbaus der Welt waren die Fortschritte, die seit den sechziger Jahren bei der Vereinheitlichung der verschiedenen Wechselwirkungsarten gemacht wurden (u. a. Steven Weinberg, Abdus Salam, Sheldon L. Glashow). Ganz in den Bereich der klassischen Kernphysik fällt der Nachweis und die theoretische Deutung der Uran-Kernspaltung (Otto Hahn, Friedrich W. Straßmann, Lise Meitner, Otto R. Frisch, 1938), welche die Grundlage für die Entwicklung der Atombombe im Rahmen des amerikanischen Manhattan-Projektes war. Der Abwurf der ersten Atombomben auf Hiroshima und Nagasaki im August 1945 markiert den Sündenfall der modernen Physik und rückte die Physik ins Blickfeld einer breiten Öffentlichkeit. Aus der Atombombenentwicklung hat sich nach dem zweiten Weltkrieg auch die friedliche Nutzung der Kernenergie entwickelt. Sie ist einerseits durch die Entwicklung immer leistungsfähigerer Reaktortypen, aber auch durch eine immer kritischer werdende öffentliche Diskussion um die Gefahren der Kernenergie geprägt.

Die Relativitätstheorie

Die zweite Rahmentheorie der modernen Physik, die Relativitätstheorie, entstand wie die Quantentheorie um die Jahrhundertwende. Ihr Ausgangspunkt waren Widersprüche und offene Fragen, die sich im Rahmen der Maxwellschen Elektrodynamik ergeben hatten. Eine besondere Schwierigkeit war, die Existenz eines Äthers, der ja der Träger des Lichtes und aller anderen elektromagnetischen Erscheinungen sein sollte, zu rechtfertigen, da er mit keinerlei Experimenten (z. B. Michelson-Morley-Versuch) nachzuweisen war. Um eine theoretische Begründung dieses Faktums hatte sich im ausgehenden 19. Jh. u. a. Hendrik A. Lorentz (1853–1928) bemüht, der zur Lösung des Dilemmas in der Maxwellschen Elektrodynamik die klassische Galilei-Transformation durch die sogenannte Lorentz-Transformation ersetzte und damit das negative Ergebnis des Michelson Versuchs, die Konstanz der Lichtgeschwindigkeit in allen Bezugssystemen, berücksichtigt hatte. Einstein beließ es nun nicht bei einer Beschränkung auf Maxwellsche Elektrodynamik und Lorentzsche Elektronentheorie, sondern verknüpfte in seiner Abhandlung »Zur Elektrodynamik bewegter Körper« (1905) die Ersetzung der Transformationsgruppen mit der Einführung neuer Begriffe von Raum und Zeit, insbesondere eines neuen Begriffs der

Gleichzeitigkeit. Dies ermöglichte ihm die Ausdehnung des Galileischen Relativitätsprinzips der Mechanik auf die gesamte Physik und begründete die ↑ Spezielle Relativitätstheorie, die Hermann Minkowski
zum Ausgangspunkt für die Entwicklung eines vierdimensionalen
Raum-Zeit-Kontinuums (1908) nahm. Die Spezielle Relativitätstheorie
war auf Inertialsysteme beschränkt, doch bemühte sich Einstein seit
1907 um eine Verallgemeinerung und suchte die Grundlagen für eine
relativistische Gravitationstheorie zu legen. Ausgehend von der empirisch gesicherten Gleichheit von träger und schwerer Masse, war seine
Leitidee das sogenannte Äquivalenzprinzip, nach dem ein gleichför-
mig beschleunigtes Bezugssystem und ein Inertialsystem mit einem
homogenen statischen Gravitationsfeld als äquivalent angesehen werden können. Auf dieser Grundlage konnte Einstein bereits 1912/13 mit
Hilfe seines Freundes Marcel Grossmann die im Wesentlichen korrek-
ten Feldgleichungen der Gravitation ableiten, die er jedoch zunächst
wieder verwarf, weil ihm ihre physikalische Interpretation nicht gelang.
1915 kehrte er zu ihnen zurück und vollendete die Formulierung der
↑ Allgemeinen Relativitätstheorie. In dieser ergibt sich das Newtonsche
Gravitationsgesetz als erste Näherung eines umfassenderen Gesetzes,
das eine quantitative Erklärung der Periheldrehung des Merkur lieferte,
die den Astronomen schon lange ein Rätsel aufgeben hatte. Darüber
hinaus macht die Einsteinsche Gravitationstheorie Vorhersagen zu anderen nichtklassischen Effekten, wie der spektralen Rotverschiebung
im Gravitationsfeld oder der Lichtablenkung im Schwerefeld der
Sonne. Sie konnten durch Beobachtungen im Wesentlichen bestätigt
werden, sodass man von der grundsätzlichen Richtigkeit der Allgemeinen Relativitätstheorie ausgehen kann. Die Einsteinsche Theorie wurde
auch auf kosmologische Fragen angewendet, und 1922 wies Aleksandr
A. Friedmann (1888–1925) auf die Möglichkeiten eines expandierenden Kosmos hin. Edwin P. Hubble (1889–1953) beobachtete daraufhin
die Fluchtbewegung von Galaxien (1929), und überhaupt lässt sich feststellen, dass sich auf dieser Grundlage Beobachtungen wie die kosmische Hintergrundstrahlung oder die kosmologische Rotverschiebung
plausibel erklären lassen (↑ Kosmologie). Ausgehend von der Allgemeinen Relativitätstheorie haben Einstein, Schrödinger und andere
Physiker des 20. Jhs. nach einer einheitlichen Feldtheorie gesucht, die
die Gravitationstheorie mit der Elektrodynamik verknüpfen soll.
Diese Bemühungen, wie auch die Suche der zeitgenössischen Physik
nach einer Theorie, die die Gravitation mit den drei anderen Feldern

vereinigt, sind bisher ohne durchschlagenden Erfolg geblieben, da es u.a. nicht gelang, Quantenmechanik und Allgemeine Relativitätstheorie widerspruchsfrei zu verknüpfen. Die Verwirklichung des uralten Traums der Physiker, alle Naturgesetze zu vereinheitlichen und somit auf eine »Weltformel« zu reduzieren, steht weiterhin auf der Tagesordnung der aktuellen physikalischen Forschung. Letztere ist aber nicht nur durch das Streben nach einer Vereinheitlichung der Physik gekennzeichnet, sondern in ihrer Breite v. a. durch eine immer stärker werdende Dominanz von angewandter bzw. industrienaher Forschung sowie durch einen immer breiter und tiefer werdenden Anwendungsbezug physikalischer Theorien und Methoden, wodurch zunehmend auch Gebiete zum Gegenstand physikalischer Erkenntnisgewinnung werden, die durch eine starke Abweichung vom physikalischen »Idealzustand« bzw. hohe Komplexität gekennzeichnet sind – von den dissipativen Strukturen über das Studium flüssiger Kristalle bis hin zu den rheologischen Eigenschaften der Materie.

[1] A. C. Crombie: Von Augustinus bis Galilei, Köln 1959.

[2] E. J. Dijksterhuis: Die Mechanisierung des Weltbildes, Berlin 1956.

[3] A. Hermann.: Lexikon der Geschichte der Physik, Köln 1972.

[4] A. Hermann: Weltreich der Physik, Esslingen 1980.

[5] F. Hund: Geschichte der physikalischen Begriffe, Mannheim 1975.

[6] Ch. Jungnickel, R. McCormmach: Intellectual mastery of nature, Chicago 1986.

[7] W. Schreier (Hrsgb.): Geschichte der Physik, Berlin 1988.

[8] E. Segrè: Die großen Physiker und ihre Entdeckungen, München 1996.

[9] K. Simonyi: Kulturgeschichte der Physik, Leipzig, Jena, Berlin 1990.

[10] R. Stichweh: Zur Entstehung des modernen Systems wissenschaftlicher Disziplinen. Physik in Deutschland 1740-1890, Frankfurt/M. 1984.

[11] I. Szabo: Geschichte der mechanischen Prinzipien, Basel 1987.

[12] E. Whittacker: A History of the Theory of Aether and Electricity, New York 1960.

Vom Vakuum zum Kosmos

Vakuum

Henning Genz

Eine der ältesten naturwissennschaftlichen Fragen, die noch heute die Physik beschäftigen, ist die nach dem leeren Raum. Ist der Raum mit einer Bühne vergleichbar, auf der Dinge auftreten können, aber nicht müssen? Und kann der Raum, unbeeinflusst von den Dingen, die in ihm auftreten, immer derselbe sein? Die Antwort der Physik auf beide Fragen ist ein klares Nein. Die Quantenmechanik lässt einen im Wortsinn leeren Raum nicht zu, und nach Auskunft der ↑ Allgemeinen Relativitätstheorie wird der Raum durch die in ihn eingebrachten Dinge beeinflusst, nämlich gekrümmt. Die endgültige Antwort auf die Frage nach der Natur eines Raumes, der so leer ist wie mit den Naturgesetzen vereinbar, steht aber noch aus. Denn diese Antwort kann nur eine Theorie geben, die Quantenmechanik und Allgemeine Relativitätstheorie vereinigt – und eine solche, sowohl konsistente, als auch experimentell im Detail überprüfte Theorie gibt es bis heute nicht.

Historisches

Von den Vorsokratikern zur Wissenschaftlichen Revolution

Die Frage nach der Möglichkeit eines leeren Raumes haben sich im Abendland zuerst die griechischen Philosophen vor Sokrates gestellt. Ihr Ausgangspunkt war noch nicht die naturwissenschaftliche Frage nach dem leeren Raum, sondern die allgemeinere philosophische nach dem Nichts – ob es gedacht werden kann. Vor demselben philosophischen Hintergrund haben sich dann Empedokles (um 433 v. Chr.) und

Leukipp (um 450 bis etwa 420 v. Chr.) sowie Demokrit (um 460 bis etwa 370 v. Chr.) der Frage nach dem leeren Raum zugewandt. Zu deren Positionen sollte in den Auseinandersetzungen um das Leere jahrtausendelang keine grundsätzlich neue hinzutreten. Mit Empedokles werden die Plenisten behaupten, dass es »überhaupt keinen leeren Raum gäbe«, und Empedokles drückt es in eigenen Worten so aus: »Im All gibt es nirgends einen leeren Raum, noch einen, der übervoll wäre«.

Nahezu zeitgleich mit Empedokles haben die Atomisten Leukipp und Demokrit ihre der seinen entgegengesetzte These des Atomismus verkündet. Wie später Isaac Newton für die Bewegungen seiner Himmelskörper, so brauchten auch die Atomisten den leeren Raum für die Bewegungen ihrer Atome. Für uns bilden die Bewegungen im leeren Raum die einfachste vorstellbare Form einer Bewegung. Sieht man aber von zeitlich und räumlich eng begrenzten Zwischenspielen ab, wurde die Idee einer Bewegung im leeren Raum zusammen mit der des leeren Raumes selbst nach der Zeit der griechischen Atomisten für nahezu 1500 Jahre verworfen. Hauptgrund war, dass das System des Aristoteles die Existenz eines leeren Raumes nicht zuließ. Dieses System und mit ihm die Leugnung des Leeren, hat die Naturphilosophie des Abendlandes bis zur Wissenschaftlichen Revolution, die um 1550 begann, beherrscht (↑ Geschichte der Physik). Aber natürlich nicht ohne Auseinandersetzungen. Im 13. Jh. hat die Kirche die Doktrin des Aristoteles übernommen, dass es keinen leeren Raum geben könne. Diese durch Thomas von Aquin wesentlich mitbestimmte Neuorientierung entsprang (auch) der Auffassung, dass leerer Raum nutzlos sei, und dass Gott keine nutzlosen Werke erschaffen habe. Am Ende dieser Form der Auseinandersetzungen um das Leere stand die Kontroverse zwischen Newton und Gottfried W. Leibniz, in der Newton die Behälter-, Leibniz die Lagerungsqualität des Raumes vertrat.

Die Frage nach dem leeren Raum hatte nicht nur philosophische, sondern auch experimentelle Aspekte: Warum z.B. steigt die Flüssigkeit im Trinkhalm nach oben? Als Antwort hat sich die Bezeichnung *horror vacui* eingebürgert, nämlich die Abscheu der Natur vor dem Leeren. Demnach erlaubt es die Natur nicht, dass ein leerer Raum – also ein Vakuum – entsteht, und verhindert dies, obwohl unbedingt, mit den mildesten ihr jeweils zur Verfügung stehenden Mitteln: anstatt dass der Trinkhalm zerbricht, steigt das Getränk in ihm in die Höhe. Wie es tatsächlich ist, muss ich Ihnen nicht erklären.

Aufschwung der Naturwissenschaften durch die Anerkennung des Leeren

Wir wissen heute, dass es keinen im Wortsinn leeren Raum geben kann. Der Aufschwung der Naturwissenschaften in der Wissenschaftlichen Revolution beruhte aber auch darauf, dass diese an sich richtige Idee beiseite gelegt wurde. Denn die Prozesse, die überhaupt Gegenstand einer naturwissenschaftlichen Erklärung durch die Forscher der Wissenschaftlichen Revolution bis spät ins 19. Jh. hinein sein konnten, laufen unabhängig davon ab, ob der Raum, in dem sie sich ereignen, absolut leer oder nur so leer ist, wie es die heutige Physik erlaubt. Das Beiseitelegen war einer der folgenreichsten Schritte der Wissenschaftlichen Revolution. Erst durch ihn ist es nach dem Vorbild der frühen Atomisten und Vertreter des Leeren wieder denkbar geworden, dass sich Körper wie die Himmelskörper Newtons oder die Atome des modernen Atomismus von James C. Maxwell und Ludwig Boltzmann frei im Raum bewegen. Ermöglicht haben den Schritt die experimentellen Ergebnisse von Evangelista Torricelli, Blaise Pascal und Otto von Guericke. Letzterer ist für seinen im Jahr 1654 durchgeführten Versuch mit den Magdeburger Halbkugeln auf dem Reichstag in Regensburg noch heute berühmt: zwei zusammengesetzte, luftleer gepumpte Halbkugeln konnten von 16 Pferden – auf jeder Seite acht – nicht auseinandergezogen werden. Erst durch Lufteinlass ließen sich die Halbkugeln ohne nennenswerten Kraftaufwand voneinander trennen. Nach den Experimenten Torricellis, Pascals und von Guerickes konnte keiner mehr behaupten, dass etwas anderes als der äußere Luftdruck (und die Ausdehnung des Wassers beim Gefrieren) für die Phänomene verantwortlich ist, die auf dem *horror vacui* beruhen sollten.

Der Raum mochte leer sein können oder eine feine, alles durchdringende Substanz namens Äther enthalten – merkliche mechanische Wirkungen konnte diese Substanz nicht besitzen. Ersonnen wurden Substanzen wie der Äther, um Räume zu füllen, die ohne sie leer wären. Pneuma nannten die Stoiker eine derartige Substanz, die allgegenwärtig sein und dadurch die weit von einander entfernten Welten, an deren Existenz sie glaubten, zusammenhalten sollte. Diejenigen, die viel später entgegen Newton und mit Christiaan Huygens an die Wellennatur des Lichtes glaubten, wiesen dem Äther als physikalische Hauptaufgabe zu, Träger der Lichtwellen zu sein. Seine Verdichtungen und Verdünnungen wurden auch für die Erscheinungen der Elektrizität verantwortlich gemacht. Mit den wachsenden naturwissenschaftlichen Kenntnissen wuchsen natürlich auch die Anforderungen an den Äther. Konnten elektromagnetische Wellen, die sich mit Lichtgeschwindigkeit ausbreiten, Schwingungen eines Äthers sein, der den Bewegungen der Himmelskörper und Atome keinen bemerkbaren Widerstand entgegensetzt? Behielt man die von Substanzen wie Luft oder Wasser bekannten Zusammenhänge zwischen Dichte, Elastizität und Ausbreitungsgeschwindigkeit von Wellen bei, so musste der Äther erstaunliche Eigenschaften besitzen.

Es ist heute schwer vorstellbar, welch einen großen Schritt die Elimination des Äthers aus der Vorstellungswelt der Physiker um 1900 bedeutete. Experimentell abgeschafft wurde der Äther im späten 19. Jh. durch die Messungen der Lichtgeschwindigkeit durch Albert A. Michelson und Edward W. Morley. Ohne die Vorstellung vom Äther kam die Theorie 1905 durch Albert Einsteins ↑ Spezielle Relativitätstheorie wieder ins Lot.

Grundzustände – die Vakua der Physik

Raumerfüllung durch Materie oder Felder

Die – sozusagen – Materie der Materie füllt höchstens einen winzigen Bruchteil des Raumes, den sie einzunehmen scheint, aus. Der Bohrsche Radius eines Wasserstoffatoms, also dessen Radius im Grundzustand, beträgt $0,6 \cdot 10^{-10}$ m und die Avogadrosche Zahl ist $6 \cdot 10^{23}$ Moleküle pro mol. Da 1 mol eines idealen Gases $22 \cdot 10^{-3}$ m^3 einnimmt, steht folglich jedem Wasserstoffatom eines idealen einatomigen Wasserstoffgases unter Normalbedingungen das 40fache seines eigenen Volumens im Gas als »leerer« Raum zur Verfügung. Den ganzen Raum scheint das Gas nur deshalb auszufüllen, weil seine Atome ungeordnet hin- und herflitzen und dadurch Druck auf die Wände des Behälters ausüben.

Aber auch die Atome erfüllen den Raum, den sie einzunehmen scheinen, nur zu einem winzigen Bruchteil. Die Atome einer massiven Probe grenzen mit ihren Atomhüllen aneinander. Die Teilchen der Hüllen sind Elektronen, und diese sind so klein, dass bisher nicht gesagt werden kann, ob sie überhaupt eine Ausdehnung besitzen: Sie sind höchstens 10^{-18} m groß, können also auch Punktteilchen sein. Die

Kerne der Atome, in denen nahezu ihre ganze Masse versammelt ist, sind um etwa den Faktor 10^5 kleiner als die Atomhüllen. Sind nun wenigstens die Kerne so massiv erfüllt, wie es scheint? Nein, denn die Protonen und Neutronen der Kerne – ihre Abmessungen stimmen ungenau genommen mit denen der Kerne überein – mögen noch so eng gepackt sein, wichtig ist am Ende nur, dass auch ihre massiven Bestandteile, die Quarks, Teilchen sind, für deren Abmessungen wir, wie für die Elektronen, nur Obergrenzen kennen, und die verglichen mit dem Radius des Kerns winzig sind.

Berücksichtigt man also nur die massiven Teilchen, so erscheint die massive Materie zumindest nahezu leer. Ihre Ausdehnung verdankt sie also nicht den massiven Teilchen, sondern deren Feldern: die Atomhülle den elektromagnetischen Feldern und die Elementarteilchen und Atomkerne den gluonischen Feldern. Die Quantenmechanik fügt zu dieser im Wesentlichen klassischen Betrachtung den Aspekt hinzu, dass auch die Wellenfunktionen der Teilchen des Atoms sowie des Kerns die ihnen zugänglichen Raumbereiche ausfüllen.

Das Vakuum der Chemie

Prinzipiell spricht nichts dagegen, dass aus einem makroskopischen Raumbereich alle Atome – und damit auch alle Moleküle – entfernt werden. Ist das erreicht, wollen wir vom »Vakuum der Chemie« sprechen. Ein solches Vakuum herrscht im interstellaren Raum in der Scheibe der Milchstraße. Dort ist jedes Molekül von seinem nächsten Nachbarn eine makroskopische Distanz, im Mittel etwa einen Zentimeter, entfernt. In unseren makroskopischen Bereichen befinden sich mit einigen Zehnerpotenzen mehr oder weniger stets um die 10^{23} Moleküle und am Boden sind es $5 \cdot 10^{19}$ Moleküle pro Kubikzentimeter. Kein Wunder also, dass es ausnehmend schwer ist, durch technische Mittel einen Raum herzustellen, der nicht mehr als 10^3 Moleküle pro Kubikzentimeter (Druck: 10^{-13} Millibar) enthält. Das aber ist gelungen; und darum geht es uns nicht.

Seien also aus einem Raumbereich alle Moleküle entfernt. Ist er bereits deshalb leer, also ein physikalisches, statt nur ein chemisches Vakuum? Natürlich nicht. Denn unabwendbar enthält er jene Plancksche Wärmestrahlung, die seiner Temperatur entspricht. Diese Strahlung definiert die Temperatur des Hohlraums, sodass von einem Raum, der so

leer ist wie mit den Naturgesetzen vereinbar, erst in dem Grenzfall gesprochen werden kann, in dem die Temperatur des Raumbereichs auf
die (unerreichbare) Temperatur absolut null – minus 273 Grad Celsius
– abgesenkt wurde. Was bei dieser Temperatur bleibt, ist der leerste
Raum, den die Naturgesetze zulassen – und der ist im Wortsinn keinesfalls leer.

Für diese Rest- oder Nullpunktstrahlung in einem Hohlraum gibt es
auch experimentelle Beweise. So kann z. B. die Van-der-Waals-Anzie-
hung von Atomen auf sie zurückgeführt werden. Ein zweiter experimenteller Beweis ist der ↓ Casimir-Effekt. Die elektromagnetische Nullpunktstrahlung erzwingt auch die Existenz von geladenen Teilchen im
Vakuum, nämlich von Teilchen-Antiteilchen-Paaren, die insgesamt die
Ladung null tragen. Exotischere Beiträge bringen Quarks und Gluonen
sowie möglicherweise geordnete Strukturen, unter ihnen die Higgs-Fel-
der.

Casimir-Effekt

Die Existenz dieses Effektes wurde bereits 1948 von Hendrik B. G.
Casimir vorausgesagt und zehn Jahre später, wenn auch mit großen
Fehlern, durch M. J. Sparnaay experimentell gezeigt. Erst 1997 gelang
ein überzeugender Nachweis.

Die Idee hinter dem Casimir-Effekt ist, dass der unbegrenzte »leere«
Raum auch bei der Temperatur $T = 0$ durch Schwankungen des elektromagnetischen Feldes mit kontinuierlich vielen Wellenlängen zwischen Null und Unendlich erfüllt ist. In elektrische Leiter können elektromagnetische Wellen nicht eindringen: Sie werden von den Oberflächen reflektiert und üben deshalb Druck auf sie aus. Stehen sich nun
im ansonsten »leeren« Raum zwei elektrisch neutrale leitende Wände
gegenüber, so erfahren diese durch die elektromagnetischen Wellen einen Rückstoß und zwischen ihnen können nur jene Nullpunktsschwingungen auftreten, deren Wellenlängen dem Abstand der Wände
angepasst sind. Von außen aber fallen Nullpunktsschwingungen mit
beliebigen Wellenlängen auf die Platten und da diese zahlreicher sind,
üben sie einen größeren Druck aus als die Schwingungen zwischen den
Platten. Folglich werden die Platten aufeinander zugetrieben.

Bemerkt sei, dass diese anschauliche Argumentation mit Vorsicht
verwendet werden muss, da man zwei *unendliche* Größen, nämlich den

Innen- vom Außendruck, die bei kurzen Wellenlängen divergieren, voneinander abzieht. Dass die Komplikation, die das Unendliche bringt, bei der Reflexion elektromagnetischer Wellen an Oberflächen ernst genommen werden muss, zeigt bereits die Tatsache, dass bei einigen komplizierteren Geometrien als der hier beschriebenen der Gesamtdruck der elektromagnetischen Wellen zur Abstoßung und nicht zur Anziehung führt. Tatsächliche Berechnungen der Kraft zwischen leitenden Körpern im vermeintlich leeren Raum verwenden deshalb auch statt der Impulse der Wellen ihre Energiedichten. Auch hierbei sind zwei gegenläufige, im Einzelnen unendliche Effekte voneinander abzuziehen. Erstens wird die Energie bei einer Verminderung des Plattenabstandes dadurch erhöht, dass Innenraum durch energiereicheren Außenraum ersetzt wird. Zweitens sinkt dabei die Energiedichte im Innenraum, da wiederum weniger Wellenlängen in ihn hineinpassen. Die Endformel für die Kraft $F(r)$, mit der sich zwei im Abstand r parallel stehende, ungeladene elektrisch leitende Platten pro Querschnittsfläche A anziehen, ist dennoch bemerkenswert einfach:

$$F(r)/A = \pi^2 c \hbar / 240\, r^4 .$$

Neben reinen Zahlen enthält sie nur die Naturkonstanten c und $\hbar$. Deren Auftreten zeigt, dass Quantenmechanik und Relativität zusammen für die Anziehung verantwortlich sind.

Alles voll Gewimmels

Unser Wissen von dem Raum, der so leer ist wie mit den Naturgesetzen vereinbar, beruht auf der Speziellen Relativitätstheorie und der Quantenmechanik (↑ Messprozesse in der Quantenmechanik). Die Quantenmechanik für sich allein liefert die Unschärferelationen als die wohl wichtigsten Ingredienzen unseres Wissens um den leeren Raum und die Spezielle Relativitätstheorie die Äquivalenz von Energie und Masse $E = mc^2$. Aus beiden zusammen folgt das Theorem der Antimaterie, nämlich dass es zu jedem Teilchen ein Antiteilchen gibt. Ein Teilchen und sein Antiteilchen sind entgegengesetzt gleich geladen, sodass sie zusammen genommen genau die Eigenschaften des leeren Raumes besitzen können – die Energie allerdings ausgenommen. Da aber nach Auskunft der Unschärferelation zwischen Energie und Zeit die Energie fluktuiert, können Teilchen-Antiteilchen-Paare für kurze Zeiten aus dem Raum zugleich an derselben Stelle auftauchen, ein Stück fliegen, wieder zusammen kommen und dadurch, dass sie sich gegenseitig vernichten, wieder in ihm verschwinden.

Analoges gilt für die notwendigen Schwankungen des Impulses in begrenzten Gebieten. Damit auch der Impuls zusammen mit der Energie schwanken kann, muss es »etwas« als deren Träger geben – seien es nun Paare massiver Elektronen und Positronen oder masselose Photonen und Felder. Bereits deshalb kann es keinen im Wortsinn leeren Raum geben. In dem leersten Raum, den die Physik kennt, tummeln sich also nicht nur elektromagnetische Strahlen, sondern auch virtuelle Teilchen zusammen mit ihren Antiteilchen.

Fluktuationen

In räumlichen Gebieten, die durch Δx in einer Dimension begrenzt sind, schwankt der Impuls mindestens so um Δp, dass die Unschärferelation $\Delta x \cdot \Delta p \geq \hbar$ zwischen Ort und Impuls erfüllt ist. Analoges gilt für Zeitspannen Δt und die Schwankungen der Energie ΔE, nämlich $\Delta t \cdot \Delta E \geq \hbar$. Größere Schwankungen als die durch die Unschärferelation erforderlichen sind zwar möglich, ihre Wahrscheinlichkeit nimmt aber mit ihrer Größe so ab, dass die Unschärferelationen faktisch auch als $\Delta x \cdot \Delta p \approx \hbar$ und $\Delta t \cdot \Delta E \approx \hbar$ geschrieben werden können.

Die Unschärferelation zwischen Energie und Zeit wird häufig passend so umschrieben, dass das Vakuum Energie »verleiht« und zwar viel für lange und wenig für kurze Zeit. Den Gesamtwert der elektrischen Ladung und anderer Ladungen können die Schwankungen nicht ändern, sodass Teilchen, die nicht wie die Photonen mit ihren Antiteilchen identisch sind, nur als Teilchen-Antiteilchen-Paare in Fluktuationen auftreten können. Das aber können und müssen sie auch. Je größer die Masse eines Teilchens ist, desto mehr Energie erfordert seine Existenz. Folglich sind die Fluktuationen, die es enthalten, umso kurzlebiger.

Den im Vakuum fluktuierenden Teilchen fehlt nichts als Energie, die sie nicht wieder hergeben müssen, um zu realen Teilchen zu werden. Diese stellen die Maschinen der ↑ Teilchenphysik, wie z. B. die Beschleuniger, zur Verfügung. In einem einfachen Fall trifft ein energiereiches Photon auf ein im Vakuum verborgenes »virtuelles« Elektron-

Positron-Paar, überträgt seine Energie auf dieses und erhebt es dadurch zu einem Paar real existierender Teilchen. Beschleuniger, in denen Teilchen auf Antiteilchen geschossen werden, kehren die Vakuumfluktuationen um, denn Teilchen und Antiteilchen vernichten einander zunächst gegenseitig zu einem Kuddelmuddel aus reiner Energie, die dann den im Vakuum fluktuierenden Teilchen zu realer Existenz verhilft.

Vakuumpolarisation

Bringt man in den vermeintlich leeren Raum, in dem elektrisch geladene Teilchen und ihre Antiteilchen mit der Gesamtladung Null herumschwirren, eine reale elektrische, z. B. positive, Ladung ein, so ordnen sich unter deren Einfluss die sich im Vakuum verborgenen Ladungen neu an. Die eingebrachte positive Ladung zieht die negativen Ladungen des Vakuums an und stößt die positiven ab. Innerhalb einer Kugelschale um die zentrale positive Ladung befinden sich also immer mehr negative als positive Ladungen, sodass das Feld des polarisierten Vakuums das Feld der eingebrachten, positiven Ladung schwächt. Diese selbst ist größer als die in einigem Abstand beobachtete: Je näher wir der Ladung in der Mitte kommen, desto größer ist die Ladung, die wir beobachten.

Der Effekt tritt auf, weil sich die virtuellen Ladungen im Vakuum während ihrer Existenz bewegen können. Nun sind die Lebensdauern und die Bewegungsmöglichkeiten schwerer virtueller Teilchen in einer Fluktuation geringer als die leichter Teilchen, sodass Elektronen und Positronen als leichteste geladene Teilchen eine in das Vakuum eingebrachte Ladung am stärksten abschirmen werden. Schwere Teilchen, die in einer Fluktuation mit bestimmter Energie auftreten, können deshalb weniger weit fliegen als leichte, da ihre Existenz erstens mehr Energie erfordert, die ihnen als kinetische Energie nicht zur Verfügung steht, und sie sich zweitens bei derselben kinetischen Energie langsamer bewegen.

Was wir landläufig die Ladung eines Protons nennen und in das Coulomb-Gesetz eintragen, ist die vollständig durch virtuelle Paare abgeschirmte Ladung in der Entfernung unendlich. Die Abnahme der Abschirmung bei Annäherung an das Proton wirkt sich z. B. auf die Elektron-Proton-Streuung aus, und das umso mehr, je näher sich Elektron und Proton kommen. Gäbe es die virtuellen Paare geladener Teilchen und ihrer Antiteilchen nicht, müssten nur die virtuellen Photonen bei der Berechnung der Streuung berücksichtigt werden. Aufgrund der Vakuumpolarisation durch elektrisch geladene Teilchen nimmt die Stärke der elektrischen – allgemeiner der elektroschwachen – Wechselwirkungen mit abnehmendem Abstand, also wachsender Energie, zu. Bei der starken »Farb«-Wechselwirkung ist es umgekehrt: Ihre virtuellen Teilchen, die Quarks und Gluonen, polarisieren das Vakuum so, dass ihre Stärke zunimmt, wenn der Abstand größer, also die Energie kleiner wird. Hierauf beruht sowohl die asymptotische Freiheit der starken Wechselwirkung, die bei großen Energien Störungsrechnung ermöglicht, als auch deren »infrarote Sklaverei«, die den Zusammenhalt von Quarks und Gluonen in Elementarteilchen, die keine Farbe tragen, bewirkt. Die qualitativen Unterschiede der elektroschwachen und der starken Wechselwirkung beruhen v. a. darauf, dass die Austauschteilchen der elektroschwachen Wechselwirkungen die Ladungen, an denen sie angreifen – bei den Photonen sind das die elektrischen Ladungen – nicht selbst tragen. Die Farbladungen aber, an denen die Austauschteilchen der starken Wechselwirkung, die Gluonen, angreifen, tragen auch diese selbst.

Insgesamt kennt die Physik zahlreiche Effekte, zu deren Berechnung mit hoher Genauigkeit die Beiträge der virtuellen Teilchen sowohl erforderlich sind als auch ausreichen. Zu nennen sind hier insbesondere die Eigenschaften von Elektronen als einzelne Teilchen oder als Bestandteile von Atomen. Spektakulär ist der Erfolg der Berechnung des anomalen magnetischen Moments des Elektrons: Das theoretische Ergebnis stimmt mit einer Genauigkeit von mehr als 11 signifikanten Stellen innerhalb der Fehler mit dem experimentellen überein. Das magnetische Moment des Myons ist experimentell etwas weniger genau bekannt und es sei erwähnt als Beispiel für die Abhängigkeit der Größe von Vakuumbeiträgen von der Masse der beitragenden virtuellen Teilchen.

Zu den bisher experimentell nicht nachgewiesenen Effekten, welche die Existenz virtueller Elektron-Positron-Paare ermöglicht, gehört die Paarbildung in starken Feldern. Träte sie auf, wäre sie, wie bereits das Higgs-Phänomen, ein Beispiel dafür, dass die spontane Entstehung von »Etwas« aus »Nichts« mit Energiegewinn einhergehen kann. Anders als beim Higgs-Phänomen ist bei der Paarbildung in starken Feldern von vornherein klar, woher die freigesetzte Energie kommt, nämlich aus den starken Feldern, in denen die Paare entstehen und die durch sie abgebaut werden. Jedenfalls wäre der Nachweis eines Prozesses, bei dem ein Teilchen-Antiteilchen-Paar spontan aus dem physikalischen Vakuum entstünde, eine weitere schöne Illustration dafür, dass das Vakuum nicht leer, sondern mit fluktuierenden Teilchen angefüllt ist.

Die Räume der Allgemeinen Relativitätstheorie

Grundzustand heißt der Zustand eines physikalischen Systems, in dem dessen Energie so niedrig ist wie möglich. Was aber ist ein physikalisches System? Das kann erst die Theorie entscheiden. Betrachten wir zwei Protonen. Sie bilden nach Auskunft sowohl der klassischen Physik als auch der nichtrelativistischen Quantenmechanik ein System, das verschiedene Zustände annehmen kann. Ihnen allen ist gemeinsam, dass es genau zwei Teilchen – eben die beiden Protonen – gibt. Der Grundzustand dieses Systems ist demnach der, in dem die Gesamtenergie der Protonen so niedrig wie möglich ist. In der Quantenfeldtheorie treten die beiden Protonen als Zustände eines von einer Lagrange-Funktion beschriebenen Systems, das beliebig viele Protonen und andere Elementarteilchen enthalten kann, auf. Der Grundzustand dieses Systems ist also einer, in dem es keine realen, sondern nur virtuelle Teilchen gibt – der Vakuumzustand, in dem alle Ladungen verschwinden.

Nun zu dem Versuch der Übertragung dieser Begriffsbildungen auf den Raum, der so leer ist wie im Einklang mit den Naturgesetzen möglich. Nach Auskunft der ↑ Allgemeinen Relativitätstheorie krümmen Massen den Raum und der Raum wirkt auf Massen dadurch zurück, dass er ihre Bewegungen beeinflusst. Wenn wir von lokalen Effekten dieser Art absehen, bleibt nur das Universum insgesamt als Gegenstand unserer Betrachtungen übrig. Angenommen sei, dass das Universum im Mittel homogen und isotrop ist, es also keinen Ort und keine Richtung vor anderen auszeichnet. Ob aber Universen dieser Art spezielle Zustände eines einzigen Systems namens Universum sind, oder gar jedes von ihnen ein spezielles System darstellt, kann erst nach Vorgabe eines theoretischen Rahmens entschieden werden, und bleibt hier offen. Alle Universen dieser Art können durch die Robertson-Walker-Metrik (RWM) beschrieben werden. Bis auf eine Konstante, die üblicherweise k heißt und die Werte $-1, 0, +1$ annehmen kann und eine positive Funktion $R(t)$ der Zeit t, ist die RWM durch die an sie gestellten Forderungen der Homogenität und Isotropie festgelegt. Der Wert von k und die Funktion $R(t)$ können erst durch Eigenschaften des beobachtbaren Universums sowie die Einstein-Gleichungen festgelegt werden – selbstverständlich unter der in die vorausgesetzte Homogenität eingehende Annahme, dass das beobachtbare Universum für das ganze repräsentativ ist.

Wenn die von Einstein eingeführte und alsbald verworfene kosmologische Konstante Λ verschwindet, entscheidet der Zahlenwert von k sowohl über das künftige Schicksal des Universums, nämlich ob es für immer expandieren wird ($k = -1$ oder 0) oder ob es schlussendlich zusammenstürzen wird, als auch über seine Krümmung: Bei $k = -1$ ist die Krümmung des Universums wie die eines Sattels in zwei Dimensionen negativ, bei $k = 0$ ist es euklidisch und flach und bei $k = 1$ besitzt es wie die Oberfläche einer Kugel in zwei Dimensionen eine positive Krümmung. Was auch immer Λ sei, beschreibt $R(t)$ die Ausmaße des Universums, z. B. durch den Abstand zweier ausgewählter Galaxien(haufen) als Funktion der kosmischen Zeit t.

Festhalten wollen wir an dieser Stelle, dass »der Raum« der Allgemeinen Relativitätstheorie keinesfalls ein eigenschaftsloses Nichts ist, in den Körper eingebracht oder aus dem Körper entnommen werden können, ohne ihn zu ändern, sondern dass er selbst Eigenschaften besitzt.

Für die Beschreibung eines homogenen und isotropen Raumes zu einer Zeit – der Gegenwart t_0 – sind mindestens zwei Zahlen erforderlich, nämlich die Werte von k und $R(t_0)$. Sie aber reichen nicht aus, um das zukünftige (und frühere!) Schicksal des Universums festzulegen. Der Druck $p(t)$ und die Materiedichte $\varrho(t)$ als Funktionen der Zeit, die kosmologische Konstante Λ sowie die gegenwärtige relative Expansionsgeschwindigkeit – die Hubble-Zahl $H_0 = \dot{R}(t_0)/R(t_0)$ – müssen hinzukommen.

Die kosmologische Konstante beschreibt den Beitrag des »leeren« Raumes zu Druck und Energiedichte des Universums. Sie fasst unabhängig von deren Ursprung alle zur Metrik $g_{\mu\nu}$ proportionalen Beiträge zum Energie-Impuls-Tensor $T_{\mu\nu}$ des Universums zusammen. Ein Beitrag zu ihr ist Einsteins ursprüngliche kosmologische Konstante. Diese tritt, ohne Auskunft über ihren Ursprung zu geben, als nur empirisch zu bestimmender Parameter in seinen Gleichungen auf. Aber auch die Elementarteilchen, die in der Lagrange-Funktion des Universums verzeichnet stehen, liefern Beiträge zur Energiedichte des Vakuums und damit zu Λ. Hier geht es wohlgemerkt nicht um jene Elementarteilchen wie die Photonen der Hintergrundstrahlung, die Neutrinos der Sonne oder die Quarks der Galaxien, die das Universum ausmachen und die durch $p(t)$ und $\varrho(t)$ beschrieben werden, sondern um jene *Typen* von Elementarteilchen, die es nach Auskunft der Naturgesetze geben kann.

Nach Auskunft der Theorie der Inflation hat es in der Frühgeschichte des Universums eine Epoche gegeben, in der dessen Entwicklung durch eine große, auf den Eigenschaften der Elementarteilchen beruhende positive kosmologische Konstante Λ dominiert wurde. Und zwar als die Temperatur des expandierenden Universums so niedrig geworden war, dass sich ein Higgs-Feld ausbilden konnte, sich aber noch keines ausgebildet hatte. Gibt es das Higgs-Feld, so nimmt dieses einen geordneten Zustand an, und in ihm ist die Gesamtenergie kleiner als sie es ohne das Higgs-Feld ist: Der Übergang vom Nichts zum Etwas zahlt sich in diesem Fall energetisch aus. Dass mit dem Übergang von Unordnung zu Ordnung eine Energieabgabe stattfinden kann, ist von der Kristallisationswärme bekannt. Besteht also die Möglichkeit für ein Higgs-Feld, aber ist dieses nicht vorhanden, so ist die niedrigste mögliche Energie des Universums kleiner als die tatsächliche. Diese kann deshalb als Energie des Vakuums interpretiert werden, sodass sie zur exponentiellen Expansion führt. Diese Expansion endet, wenn sich das Higgs-Feld tatsächlich ausbildet: Damit und dadurch geht das Universum in einen Zustand niedrigerer Energie über. Die positive Vakuumenergie wird bei diesem Prozess, der nicht durch die Einsteinschen Gleichungen beschrieben werden kann, in manifeste Energie überführt: Das Universum, das bei der inflationären Expansion gegen den Widerstand der Schwerkraft kalt geworden war, heizt sich wieder auf, und sein weiteres Schicksal kann durch das Bild vom heißen Urknall beschrieben werden. Bei der Umwandlung von Vakuumenergie in manifeste Energie ändert sich natürlich abrupt deren Einfluss auf die Entwicklung des Universums und aus der (durch den negativen Druck der Vakuumenergie bewirkten) Abstoßung wird »normaler« Druck sowie normale gravitative Anziehung.

Die übergroßen Beiträge der Vakuumenergie der Elementarteilchen zur effektiven kosmologischen Konstanten

Jedes System, das mit einer Frequenz ω schwingen kann, besitzt in seinem Zustand niedrigster Energie die Energie $\hbar\omega/2$. Damit der Zustand niedrigster Energie Lorentz-invariant sei, sind die hieraus folgenden Beiträge zu dem Energie-Impuls-Tensor $T_{\mu\nu}$ zur Metrik $g_{\mu\nu}$ proportional und tragen deshalb zur kosmologischen Konstanten Λ bei. Tatsächlich liefert das $T_{\mu\nu}$ eines jeden Elementarteilchens einen abschätzbaren Beitrag zu Λ. Der Beitrag der Bosonen zur kosmologischen Konstanten Λ ist positiv, der von Fermionen negativ, und es sei erwähnt, dass in der ungebrochenen Supersymmetrie, in der Bosonen und Fermionen gepaart auftreten, die Summe der Beiträge aller Teilchen zu Λ null ist. Weil aber in der wirklichen Welt die ungebrochene Supersymmetrie nicht gilt, sind wir mit der Tatsache konfrontiert, dass es viele Beiträge zu Λ gibt, die – sozusagen – nichts voneinander wissen. Die Abschätzungen ergeben, dass der Betrag eines jeden von ihnen die experimentelle Obergrenze für den Betrag von Λ um etwa 120 Größenordnungen übersteigt.

Auf den ersten Blick ist das nicht weiter schlimm, weil Einsteins eigentliche kosmologische Konstante so gewählt werden kann, dass sie die Summe dieser Beiträge aufhebt. Zu Bedenken gibt aber die Tatsache, dass hierzu eine Feinabstimmung zahlreicher, nach heutigem Verständnis unabhängiger Beiträge erforderlich ist, die 120 Stellen weit reicht. Etwas derartiges kennt die Physik nicht, und deshalb liegt der Schluss nahe, dass eine noch unbekannte »Neue Physik« einen kleinen Wert der gesamten kosmologischen Konstanten erzwingt.

Ausblick

Endgültiges über den Raum, der so leer ist wie mit den Naturgesetzen vereinbar, wird sich erst sagen lassen, wenn wir über die heute noch unbekannte vereinigte Theorie von Allgemeiner Relativität und Quantenmechanik verfügen. Denn die von der Quantenmechanik geforderten Schwankungen von Energie und Impuls müssen nicht nur für Objekte in Raum und Zeit gelten, sondern auch für Raum und Zeit selbst. Um das einzusehen, brauchen wir uns nur zu vergegenwärtigen, dass die

Krümmungen von Raum und Zeit von der Energieverteilung abhängen und folglich mit ihr fluktuieren. Also liefern auch sie, wie bereits die Elementarteilchen und ihre Felder, Beiträge zur effektiven kosmologischen Konstanten der Allgemeinen Relativitätstheorie, wobei eine noch unbekannte tiefliegende Symmetrie Verknüpfungen zwischen den einzelnen Beiträgen herstellen muss. Denn es wäre gar zu seltsam, wenn die erforderliche gegenseitige Aufhebung nur auf einem grandiosen Zufall beruhte.

Einsteins eigentliche kosmologische Konstante bleibt als Rest, wenn die Beiträge aller Teilchen herausgerechnet wurden. Sie hängt von dem möglichen Inhalt des Universums in keiner Weise ab, weil sie sozusagen mit dem Universum geboren wurde: Wie die Lichtgeschwindigkeit c, das Wirkungsquantum $\hbar$ und die Gravitationskonstante G ist Einsteins eigentliche kosmologische Konstante eine Naturkonstante in dem Sinn, dass sie bereits in den Naturgesetzen auftritt. Denkbar ist natürlich, dass zwischen den vier Größen eine gesetzmäßige Beziehung besteht, allerdings gehört die Aufdeckung solcher Beziehungen seit jeher zum Heiligen Gral der Physik.

[1] I. J. R. Aitchison, Nothing's plenty – the vacuum in modern quantum field theory, Contemp. Phys., 26(4):333, 1985.

[2] M. Berry, Kosmologie und Gravitation, Teubner, Stuttgart, 1990.

[3] E. J. Dijksterhuis, Die Mechanisierung des Weltbildes, Springer, Berlin, 1956.

[4] P. Duhem, Ziel und Struktur der physikalischen Theorien, Felix Meiner, Hamburg, 1998.

[5] H. Genz, Die Entdeckung des Nichts, Carl Hanser, München, 1994.

[6] H. Genz, Grundzustände – die Vacua der Physik, Wiley/VCH, Berlin, in Vorbereitung.

[7] E. Grant, Much ado about nothing, Cambridge University Press, Cambridge, 1981.

[8] W. Greiner, The physics of strong fields, Plenum, 1986, New York.

[9] A. Zichichi (Hrsg.), Vacuum and Vacua – The Physics of Nothing, World Scientific, Singapore, 1996.

[10] T. Y. Cao (Hrsg.), Conceptual Foundations of Quantum Field Theory, Cambridge University Press, Cambridge, 1999.

[11] M. Jammer, Das Problem des Raumes, Wissenschaftliche Buchgemeinschaft, Darmstadt, 1960.

[12] A. Koyre, Von der geschlossenen Welt zum unendlichen Universum, Suhrkamp, Frankfurt/Main, 1980.

[13] P. W. Milonni, The Quantum Vacuum – An Introduction to Quantum Electrodynamics, Academic Press, San Diego, 1994.

[14] J. Rafelski und B. Müller, Die Struktur des Vakuums – Ein Dialog über das Nichts, Verlag Harri Deutsch, Thun, 1985.

[15] S. Saunders und H. R. Brown (Hrsg.), The Philosophy of Vacuum, Clarendon Press, Oxford, 1991.

[16] S. Weinberg, The cosmological constant problem, Rev. Mod. Phys., 61(1):1, 1989.

Teilchenphysik

Michael Kobel

Einleitung

Die Teilchenphysik erforscht die innerste Struktur von Materie, Raum und Zeit, sowie die fundamentalen Kräfte im Universum. Hervorgegangen aus der Atom- und Kernphysik entwickelte sie sich mit dem Bau großer Teilchenbeschleuniger in der zweiten Hälfte des 20. Jhs. zu einem eigenständigen Forschungsgebiet. Durch ihre enge Verbindung zur ↑ Kosmologie hat die Erforschung der elementaren Bausteine der Materie und der fundamentalen Kräfte im Universum das Wissen um den Anfang, den Aufbau und die Zukunft unserer Welt auf revolutionäre Weise erweitert.

Historie

Das heutige Verständnis des Aufbaus der uns umgebenden Materie im sogenannten *Standardmodell der Teilchenphysik* basiert im Wesentlichen auf drei Annahmen:

i.) der Existenz kleinster unteilbarer Bausteine, der *Elementarteilchen,*

ii.) dem Wirken weniger Urkräfte zwischen ihnen, den *fundamentalen Wechselwirkungen,* und

iii.) der Begründung ihres Zusammenspiels in gemeinsamen *Symmetrieprinzipien.*

Zu ganz ähnlichen Annahmen waren bereits die griechischen Philosophen durch pures Nachdenken – ohne jede Möglichkeit des Experimentierens – gekommen. So stellte sich Empedokles (500–430 v. Chr.) das Universum aus den vier Elementen Erde, Wasser, Luft und Feuer gebildet vor. Auf diese vier Bausteine wirken die beiden Urkräfte Liebe und Hass und geben ihnen Gestalt. Die Idee der kleinsten Bausteine stammt von Demokrit (460–371 v. Chr), für den das Universum aus leerem Raum und einer riesigen Zahl unteilbarer Teilchen, den Atomen, die sich unvergänglich zu immer neuen und anderen geometrischen Figuren verbinden, bestand. Die Idee der Symmetrie brachte schließlich Platon (427–347 v. Chr.) ins Spiel, der vermutete, dass sich die Unterschiede der Elemente auf verschiedene Symmetrien (Platonische Körper) zurückführen lassen, und der Schönheit als ein wichtiges Kriterium für Naturgesetze ansah.

Es sollte mehr als 2100 Jahre dauern, bis der Chemiker J. Dalton im Jahre 1803 Atome wirklich nachweisen konnte, für die sich allerdings im Laufe desselben Jahrhunderts herausstellte, dass sie doch aus noch kleineren Bausteinen bestanden. Der deutlichste Hinweis darauf war die regelmäßige Anordnung der verschiedenen Atomarten im Periodensystem der Elemente durch Mendelejew und Meyer, die eine Unterstruktur der Atome nahe legte. Das erste Elementarteilchen war entdeckt, als J. J. Thomson im Jahre 1897 in Cambridge die lange rätselhaften, eigentümlich leuchtenden Kathodenstrahlen durch elektrisch geladene Teilchen erklärte, die er *Elektronen* nannte.

Im Standardmodell bilden heute 6 *Leptonen* (u. a. das Elektron) und 6 *Quarks* die elementaren *Materieteilchen*. Ähnlich zum Periodensystem der Elemente fanden M. Gell-Mann und G. Zweig erste Hinweise auf die Existenz der Quarks durch Regelmäßigkeiten bei geeigneter Anordnung einer Vielzahl scheinbarer Elementarteilchen, die in den 1950er und 1960er Jahren in Laborversuchen und in der Höhenstrahlung entdeckten worden waren. Die jeweils letzten Mitglieder der Quark- und Lepton-Familien wurden 1994 mit dem Top-Quark und 2000 mit dem Tau-Neutrino experimentell nachgewiesen. Die Materieteilchen wechselwirken mit Hilfe von *Kraftteilchen* über drei fundamentale Urkräfte und die – für Elementarteilchen völlig vernachlässigbare – Gravitation. Der experimentelle Nachweis der Kraftteilchen für die drei Urkräfte war mit der Entdeckung der W- und Z-Bosonen bereits im Jahr 1983 abgeschlossen.

Trotz der immensen Fortschritte im Verständnis des Aufbaus der Materie im letzten Jahrhundert sind wesentliche Fragen der Teilchenphysik noch nicht beantwortet. Offen sind insbesondere der Ursprung der Teilchenmassen und ihres riesigen Wertebereichs, die Existenz einer einheitlichen Urkraft aus der sich die drei fundamentalen Wechselwirkungen ableiten lassen, die Struktur der Raumzeit auf kleinsten Dimensionen, aus der sich die Rolle der Gravitation ersehen lassen würde, sowie die Natur der Dunklen Materie und Dunklen Energie im Universum.

Eigenschaften von Elementarteilchen

Elementarteilchen nennt man fundamentale Objekte, die (nach heutigem Stand der Forschung) unteilbar sind, also nicht aus noch fundamentaleren Objekten zusammengesetzt sind. Sie verhalten sich nach den Gesetzen der Quantenphysik, zu denen es keine Entsprechung in unserem makroskopischen Alltag gibt. Zur Beschreibung behilft man sich daher oft mit Bildern wie dem Welle-Teilchen Dualismus. Tatsächlich aber verhalten sich Elementarteilchen nicht manchmal wie Wellen und manchmal wie Teilchen, sondern als Quantenobjekte immer nach denselben Gesetzen der Quantenmechanik. Sie werden durch wenige *Quantenzahlen*, charakteristische Eigenschaften wie ihren Spin oder ihre Ladungen, beschrieben.

Der *Spin* oder »innerer Drehimpuls« ist dabei· ebenfalls eine quantenmechanische Größe, die einem Eigendrehimpuls sehr ähnlich ist. Sie kommt nur in ganz- oder halbzahligen Vielfachen des Planckschen Wirkungsquantums $\hbar$ vor. Während *Fermionen* (Teilchen mit halbzahligem Spin $\hbar/2$, $3\hbar/2$, ...) niemals im gleichen Zustand wie andere gleichartige Fermionen sein dürfen, können gleichartige *Bosonen* (Teilchen mit ganzzahligem Spin $n \cdot \hbar$, $n = 0,1,2,...$) in sehr großer Anzahl beliebig nahe beieinander sein.

Zu jeder der drei für Elementarteilchen relevanten fundamentalen Wechselwirkungen existiert eine entsprechende *Ladung*: Die elektrische Ladung für die elektromagnetische Wechselwirkung, die schwache Ladung (oder »schwacher Isospin«) für die schwache Wechselwirkung und die starke Ladung (oder »Farbladung«) für die starke Wechselwirkung. Elementarteilchen, die eine dieser Ladungen nicht besitzen, nehmen an der entsprechenden Wechselwirkung nicht teil.

Ladungen werden durch ein Produkt aus einer Ladungsstärke und einer Ladungsmenge beschrieben. Die *Ladungsstärke* der elektrischen Ladung wird üblicherweise mit e bezeichnet. Gemessen in SI Einheiten beträgt sie $e = 1,6 \cdot 10^{-19}$ C, während sie in natürlichen Einheiten eine reine Zahl wird, die man aus $e/\sqrt{\varepsilon_0 \hbar c} = 0,303$ erhält. *Ladungsmengen* lassen sich mit Hilfe mathematischer Objekte beschreiben. Dies sind für die elektromagnetische Wechselwirkung die Zahl Q, für die schwache Wechselwirkung der Vektor $\vec{I} = (I_1, I_2, I_3)$ in einem abstrakten »Isospin«-Raum, und für die starke Wechselwirkung noch kompliziertere Objekte. Ein Elektron hat z. B. eine elektrische Ladungsmenge von $Q = -1$ (d. h. eine Ladung von $Q_e = -1,6 \cdot 10^{-19}$ C), ein Heliumkern hat $Q = +2$. Ladungen sind quantisiert, d. h. es gibt eine kleinste Ladungsmenge. Alle in der Natur vorkommenden Ladungen bestehen aus Vielfachen dieser kleinsten Einheiten. Die kleinste elektrische Ladungsmenge ist $Q = 1/3$. Ladungsmengen sind additiv nach den jeweiligen mathematischen Regeln für Zahlen oder Vektoren, wobei der Vektor der schwachen Ladung den quantenmechanischen Gesetzen von Spins gehorcht und daher nur sein Betrag $\vec{I}$ und seine dritte Komponente I_3 gleichzeitig messbar sind. Für die elektrische Ladung eines Systems zweier Teilchen a und b erhält man durch einfache Addition $Q(a + b) = Q(a) + Q(b)$. Bei allen Wechselwirkungsprozessen gilt der *Ladungserhaltungssatz*, d. h. die Summe aller Ladungen vor einer Wechselwirkung ist gleich der Summe aller Ladungen nach einer Wechselwirkung.

Materieteilchen

Alle Materieteilchen sind Fermionen mit Spin $\hbar/2$. Sie werden in zwei Gruppen eingeteilt: Leptonen und Quarks. Diese unterscheiden sich vor allem darin, dass Leptonen keine starke Ladung tragen und daher nicht an der starken Wechselwirkung teilnehmen. Sie ordnen sich nach steigender Masse in drei Familien an. Die erste Familie umfasst in der Gruppe der Leptonen das Elektron e, und seinen Partner, das Elektron-Neutrino v_e. Zur ersten Familie gehören außerdem das Up-Quark u und das Down-Quark d. Die paarweise Anordnung in jeder Familie symbolisiert, dass sich die beiden Partner nur in der schwachen und der elektrischen Ladungsmenge unterscheiden und ansonsten identische Teilchen sind, ebenso wie sich z. B. die verschiedenfarbigen Quarks einer Quarksorte nur in ihrer starken Ladung unterscheiden.

So erhält man das Elektron-Neutrino mit der schwachen Ladungsmenge $\vec{I} = 1/2$, $I_3 = +1/2$ durch Umdrehen des schwachen Ladungsvektors $\vec{I} = 1/2$, $I_3 = -1/2$ des Elektrons. Damit einher geht eine

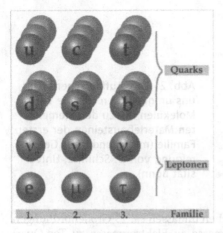

Abb. 1: Quarks und Leptonen, die Bausteine der Materie, bilden drei Familien. Die Quarks in jeder Familie existieren in drei verschiedenen starken Ladungszuständen, die man bildlich als »Farbladung« bezeichnet (mit freundlicher Genehmigung von DESY Zeuthen).

Erhöhung von Q um +1, sodass das Neutrino die elektrische Ladungsmenge $Q = 0$ besitzt. Wegen ihrer fehlenden starken und elektrischen Ladung sind Neutrinos weder stark noch elektromagnetisch an Atomkerne gebunden und bewegen sich frei in großen Mengen (mehrere 100 v/cm^3) durch das Universum.

Analog erhält man das u-Quark mit der elektrischen Ladungszahl $Q = +2/3$ durch Umdrehen des schwachen Ladungsvektors des d-Quarks, das mit $Q = -1/3$ die kleinste Menge an elektrischer Ladung besitzt. Up- und Down-Quark sind die Grundbausteine der Protonen und Neutronen, aus denen wiederum die Atomkerne zusammengesetzt sind. Dabei besteht das Proton mit der elektrischen Ladungszahl $Q = +1$ aus zwei u-Quarks und einem d-Quark, während sich im Neutron die elektrischen Ladungen von einem u-Quark und zwei d-Quarks zu null addieren. Zusammen mit den Elektronen aus der Atomhülle sind die Up- und Down-Quarks die Bausteine, aus denen wir und die uns umgebende Materie bestehen, wie Abb. 2 zeigt.

Das Schema der ersten Familie der Materieteilchen wiederholt sich noch zweimal mit höheren Teilchenmassen. Die zweite Familie setzt sich bei den Leptonen aus dem Myon μ und dem Myon-Neutrino v_μ, sowie dem Charm-Quark c und dem Strange-Quark s zusammen. Eine dritte Familie umfasst, wie Tabelle 1 zeigt, das Tauon τ und das Tauon-Neutrino v_τ, sowie das Top-Quark t und das Bottom-Quark b.

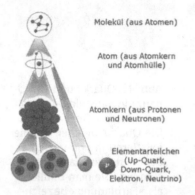

Molekül (aus Atomen)

Atom (aus Atomkern und Atomhülle)

Atomkern (aus Protonen und Neutronen)

Elementarteilchen (Up-Quark, Down-Quark, Elektron, Neutrino)

Abb. 2: Das Aufbauschema der uns umgebenden Materie von Molekülen bis zu den elementaren Materiebausteinen der ersten Familie (mit freundlicher Genehmigung von D. Schmitz, Universität Bonn).

Die Massen der Materieteilchen umfassen ca. 13 Größenordnungen. Das Verhältnis von Neutrinomasse zu Elektronmasse zu Top-Quark Masse entspricht ungefähr dem Massenverhältnis von Senfkorn zu Mensch zu Ozeandampfer, dies allerdings bei (im Rahmen der Messgenauigkeit von 10^{-19} m) punktförmiger Größe aller Elementarteilchen. Durch welchen Mechanismus eine solch unvorstellbare Spanne von Teilchenmassen hervorgerufen wird, ist eines der ungelösten Rätsel des Standardmodells. Genau genommen sind die beobachtbaren Teilchen mit definierter Masse (quantenmechanisch »Masseneigenzustände«) sogar andere Quantenobjekte als die Teilchen mit definierter Familie und schwacher Ladung (»Eigenzustände der schwachen Wechselwirkung«), nämlich Mischungen aus diesen. Daher besitzen die Masseneigenzustände keine definierte schwache Ladung mehr, und der Erhaltungssatz der schwachen Ladung ist auf sie nicht anwendbar. Außerdem lassen sie sich streng genommen nicht mehr paarweise in Familien anordnen. Dies führt dazu, dass stabile Teilchen (u, e, ν_e) nur in der ersten Familie vorkommen, und alle elektrisch geladenen Leptonen und Quarks der zweiten und dritten Familie sich in wenigen Bruchteilen einer Sekunde über die schwache Wechselwirkung in die leichteren Teilchen der ersten Familie umwandeln.

Zu jedem der Materieteilchen existieren Antimaterieteilchen, die sich von ihnen nur durch das entgegengesetzte Vorzeichen aller Ladungen unterscheiden, sonst aber völlig gleiche Eigenschaften besitzen. Eine Ausnahme bilden die Neutrinos, bei denen noch unklar ist, ob sie selbst ihre eigenen Antiteilchen sind. Ein weiteres ungelöstes

Tabelle 1: Übersicht der Ladungen und Massen der Materieteilchen. Ein Gigaelektronvolt (GeV) ist die kinetische Energie eines Elektrons nach Durchlaufen einer Spannung von 10^9 V. Daraus leitet sich die gebräuchliche Masseneinheit der Teilchenphysik ab. So beträgt die Masse eines Protons 0,94 GeV/c². Die Massen der Neutrinos sind Obergrenzen. Messungen ihrer quadratischen Massendifferenzen deuten auf Massen von ca. 10^{-12}–10^{-10} GeV/c² hin.

Materieteilchen		Masse in GeV/c²	Elektrische Ladungszahl Q	Schwacher Ladungsvektor $|\vec{I}|$, I_3	Starke Ladung
Quarks					
1.Familie	Up u	0,003	+2/3	1/2, +1/2	Rot, blau, grün
	Down d	0,006	−1/3	1/2, −1/2	Rot, blau, grün
2.Familie	Charm c	1,3	+2/3	1/2, +1/2	Rot, blau, grün
	Strange s	0,1	−1/3	1/2, −1/2	Rot, blau, grün
3.Familie	Top t	174,0	+2/3	1/2, +1/2	Rot, blau, grün
	Bottom b	4,2	−1/3	1/2, −1/2	Rot, blau, grün
Leptonen					
1.Familie	Elektron-Neutrino ν_e	$< 2 \cdot 10^{-9}$	0	1/2, +1/2	−
	Elektron e	0,0005	1	1/2, −1/2	−
2.Familie	Myon-Neutrino ν_μ	<0,0002	0	1/2, +1/2	−
	Myon μ	0,1	1	1/2, −1/2	−
3.Familie	Tauon-Neutrino ν_τ	<0,02	0	1/2, +1/2	−
	Tauon τ	1,8	1	1/2, −1/2	−

Rätsel des Standardmodells ist die Tatsache, dass unser Universum nur aus Materie und nicht aus Antimaterie aufgebaut zu sein scheint, obwohl diese zu gleichen Teilen während des Urknalls entstanden sein müssten. Wie es kurz nach dem Urknall zu einem leichten Materieüberschuss im Verhältnis von 1,000000001 zu 1 kam, kann im Rahmen des Standardmodells nicht erklärt werden. Während sich danach die weitaus meiste Materie mit der Antimaterie vernichtete, entstanden aus dem kleinen Überschuss von 10^{-9} Sterne, Galaxien und schließlich auch das Leben.

Wechselwirkungen

Bei Kraftwirkungen zwischen Elementarteilchen wird wie Abb. 3 zeigt Energie und Impuls mittels Abstrahlung und Einfang von Kraftteilchen übertragen. Zwei weitere, in Raum und Zeit gedrehte fundamentale Vertizes beschreiben die Vernichtung von Teilchen und Antiteilchen in ein Kraftteilchen, sowie umgekehrt die Erzeugung von Teilchen-Antiteilchen Paaren. Diese vier Vorgänge werden im Begriff *Wechselwirkung* zusammengefasst. Alle Prozesse der Teilchenphysik lassen sich durch Kombinationen von mehreren solchen Vertizes beschreiben. An den Vertizes gelten Energie- und Impulserhaltung sowie für die Eigenzustände der jeweiligen Wechselwirkung die Ladungserhaltung. Alle drei Wechselwirkungen (stark, schwach, elektromagnetisch), die in der Teilchenphysik eine Rolle spielen, lassen sich als Kopplung von Kraftteilchen an Materieteilchen, welche die zugehörige Ladung tragen, beschreiben. Die Kopplungsstärken sind dabei durch die jeweiligen Ladungsstärken gegeben und von ähnlicher Größenordnung. Sie reichen bei Impulsüberträgen q : 100 GeV/c von $e = 0{,}312$ für die elektromagnetische Wechselwirkung bis zu $g_s = 1{,}22$ für die starke Wechselwirkung. Durch Quantenfluktuationen erhalten diese Kopplungen eine

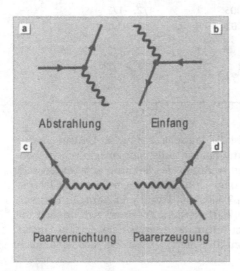

Abb. 3: Die vier Grundprozesse bei Teilchenwechselwirkungen in Form von »Vertizes«. Die Materieteilchen sind als Pfeile dargestellt, die Kraftteilchen als blaue Wellenlinie. Die räumlichen Koordinaten sind vertikal, die zeitlichen horizontal aufgetragen. Antiteilchen sind durch in der Zeit rückwärts gerichtete Pfeile symbolisiert.

Abhängigkeit vom Impulsübertrag q. So erfährt bei größeren Impulsüberträgen einerseits die elektromagnetische Kopplung einen leichten Anstieg und andererseits die starke Kopplung einen deutlichen Abfall. Die Kopplungen aller drei Wechselwirkungen nähern sich also für hohe Energien noch mehr aneinander an, was die Vermutung stützt, dass sie möglicherweise auf eine einzige zugrunde liegende Urkraft zurückzuführen sind.

Kraftteilchen

Kraftteilchen sind Bosonen mit ganzzahligem Spin und bilden neben den Materieteilchen eine zweite Sorte von Elementarteilchen. Ihre Eigenschaften sind in Tabelle 2 zusammengefasst. Während die Kraftteil-

Tabelle 2: Übersicht über die Kraftteilchen. Die durchgestrichenen Symbole bei der starken Farbladung symbolisieren die Antifarbe. Das Z-Boson und das Photon haben genau genommen keinen definierten schwachen Ladungsvektor, weil sie aus einer Mischung der Bosonen W^0 mit $g_W = 0,63$ und $(I, I_3) = (1, 0)$ und B^0 mit $g_B = 0,35$ und $(I, I_3) = (0, 0)$ bestehen.

Kraft-teilchen	Kopplung bei $q = 91$ GeV/c	Masse in GeV/c^2	Elektrische Ladungs-zahl Q	Schwacher Ladungs-vektor $|\vec{I}|$, I_3	Starke Ladung
Starke Wechselwirkung					
8 Gluonen $g_1, ..., g_8$	$g_s = 1,22$	0	0	0, 0	r͟g, r͟b, b͟g, b͟r, g͟b, g͟r, r͟r − b͟b, r͟r + b͟b − 2g͟g
Schwache Wechselwirkung					
W-Boson W^+	$g_w = 0,63$	80,4	+1	1, +1	−
Z-Boson Z^0	$g_Z = 0,72$	91,2	0	(1, 0)	−
W-Boson W^-	$g_w = 0,63$	80,4	−1	1, −1	−
Elektromagnetische Wechselwirkung					
Photon γ	$E = 0,31$	0	0	(0, 0)	−

chen der elektromagnetischen und der starken Wechselwirkung, das Photon γ und die Gluonen g, masselos sind, besitzen die Überträger der schwachen Wechselwirkung, das W- und das Z-Boson, sehr große Massen von m_W = 80,4 GeV/c^2 und m_Z = 91,2 GeV/c^2, und damit fast das Hundertfache der Proton- oder Neutronmasse. Prozesse der schwachen Wechselwirkung, z. B. der Neutron-Zerfall n → p + e$^-$ + ν_e oder Neutrino-Streuungen in Materie mit $q \approx 10^{-3}$ GeV/c, sind bei niedrigen Impulsüberträgen $q \ll m_W$ nach den Regeln der Quantenmechanik durch einen Faktor $q^4/(m_W c)^4 \cdot 10^{-20}$ unterdrückt. Dies verursacht eine sehr lange Lebensdauer des freien Neutrons von ca. 15 Minuten und die riesige freie Flugstrecke der solaren Neutrinos von ca. 1 Lichtjahr in Materie, und hat zur Bezeichnung schwache Wechselwirkung geführt. Bei den Energien heutiger Teilchenbeschleuniger mit q > 100 GeV/c liegt die schwache Wechselwirkung jedoch entsprechend ihrer Kopplungsstärke zwischen der elektromagnetischen und der starken Wechselwirkung. Die Reichweite der schwachen Wechselwirkung ist durch die Massen der Kraftteilchen auf $l = \hbar/m_W c : 10^{-17}$ m, d.h. nur auf ein 1/100 eines Protondurchmessers, beschränkt.

Während alle Ladungen des Photons γ null sind, besitzen sowohl die Gluonen als auch die W-Bosonen Ladungen der jeweiligen Wechselwirkung. Daher existieren, zusätzlich zu den Vertizes mit Materieteilchen aus Abb. 3, für diese Kraftteilchen Selbstkopplungen in Vertizes von drei oder vier Bosonen. Diese führen bei der starken Wechselwirkung dazu, dass die Kraft zwischen Quarks durch die Selbstwechselwirkung der Gluonen bei großen Abständen nicht auf null, sondern auf einen konstanten Betrag abfällt. Beim Versuch, Quarks voneinander zu trennen, übersteigt die dazu nötige Arbeit bei einem Abstand von ca. 10^{-15} m die Energie, die ausreicht Quark-Antiquark Paare aus dem Vakuum zu erzeugen. Die Quarks und Antiquarks gehen schließlich untereinander gebundene Zustände ein, bei denen sich die Farbladungen zu null addieren. Solche »farblosen« Zustände können als *Mesonen* aus Quark und Antiquark mit Farbe und Antifarbe oder als *Baryonen* (z. B. p oder n) aus drei Quarks mit unterschiedlichen Farben auftreten. Dieser als *Confinement* bekannte Effekt verhindert prinzipiell die Beobachtung freier Quarks, und hat in den 1960er Jahren die Teilchenphysiker zunächst an der wirklichen Existenz von Quarks zweifeln lassen.

Weil sich die Reichweiten der schwachen und der starken Wechselwirkung auf nukleare Abstände beschränken, sind Kraftwirkungen über makroskopische Abstände – außer für die Gravitation – nur bei der elektromagnetischen Wechselwirkung beobachtbar, und die starke und schwache Kraft entziehen sich unserer alltäglichen Erfahrung.

Symmetrien

Schon in der klassischen Physik haben Symmetrien, d. h. Invarianzen von Größen oder Gleichungen unter bestimmten örtlichen oder zeitlichen Transformationen, eine fundamentale Bedeutung. So folgt z. B. aus den Noetherschen Theoremen, dass der Drehimpuls genau dann erhalten ist, wenn die Bewegungsgleichungen symmetrisch unter Drehungen des Raumes sind.

In der Teilchenphysik sind alle drei relevanten fundamentalen Wechselwirkungen und ihre Eigenschaften in ganz ähnlicher Weise auf Symmetrien zurückzuführen. Es handelt sich dabei um sogenannte *Weylsche Eichsymmetrien*, bei denen lokal, d. h. sich ständig ändernd in Ort und Zeit, physikalische Größen wie Ladung oder Phase neu festgelegt werden. Aus der Forderung der Invarianz der Bewegungsgleichungen unter solch drastischen Eingriffen ergibt sich die Notwendigkeit der Einführung von Eich-Bosonen, die jedes Mal den ursprünglichen Zustand wieder herstellen und dabei neben Ladung oder Phase auch Energie und Impuls übertragen. Sie sind identisch mit den oben beschriebenen Kraftteilchen.

Die Wirkung dieses Prinzips lässt sich beispielsweise an der Struktur der Farbladung der starken Wechselwirkung erkennen, wie sie in Abb. 4 dargestellt ist. Dreht man die Farbdefinition um 120° im Uhrzeigersinn, d. h. nennt man ein »rotes« Quark nun »grün«, so muss dieses Quark, um den alten Zustand »rot« wiederherzustellen, entweder ein rot-antigrünes Gluon r$\bar{\mathrm{g}}$ einfangen, oder ein grün-antirotes Gluon g$\bar{\mathrm{r}}$ abstrahlen. Die Forderung nach »lokaler Eichsymmetrie« erzwingt somit die Existenz von Wechselwirkungen. Aus der Struktur der Eichsymmetrie (»Eichgruppe«) ergibt sich, ob die Eich-Bosonen selbst (wie die Photonen) keine, (wie die W-Bosonen) eine, oder (wie die Gluonen) zwei Ladungen der jeweiligen Wechselwirkung tragen. Anschaulich entspricht in diesem Bild die Ladungsstärke der Häufigkeit der Umeichungen und die Ladungsmenge der Empfindlichkeit der Teilchen für die jeweilige Umeichung. Die relevanten Eichgruppen für die gemeinsame Beschreibung der schwachen und elektromagnetischen Wechsel-

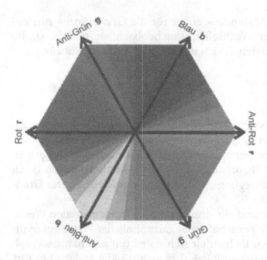

Abb. 4: Die Ladungen der starken Wechselwirkungen. Die schwarzen Pfeile symbolisieren die Definition der mathematischen Objekte »Farbladung«. Die unterlegten Farben verdeutlichen nur die Analogie mit der optischen Farblehre (mit freundlicher Genehmigung von Sascha Schmeling, CERN).

wirkung wurden 1961 von Glashow vorgeschlagen, die der starken Wechselwirkung 1965 von Han und Nambu. Es dauerte jedoch noch bis 1973 bevor durch Arbeiten einer Reihe weiterer Theoretiker (Higgs, Kibble, Salam, Weinberg, Veltmann, t'Hooft, Fritzsch, Gell-Mann, Gross, Politzer, Wilczek, Kobayashi, Maskawa, u.v.a.) das heutige Standardmodell der Teilchenphysik vollständig und dessen Konsistenz bewiesen war.

Tragen die Kraftteilchen selber Ladung, so ändert sich wegen der Ladungserhaltung bei der Wechselwirkung auch die Ladung der beteiligten Materieteilchen. Die Aussendung eines grün-antiroten Gluons $g_r^{\bar{g}}$ ändert die Farbladung des abstrahlenden Quarks von grün nach rot, die Quark-Sorte (u, d, c, s, t, b) ändert sich jedoch nicht. Ebenso dreht die Abstrahlung eines W^+-Bosons den schwachen Ladungsvektor eines Neutrinos (als Eigenzustand der schwachen Wechselwirkung) in den des zugehörigen geladenen Leptons, die Familie bleibt jedoch gleich. Erst die Mischung der Familien zu Masseneigenzuständen ermöglicht die Umwandlung in Mitglieder einer anderen Familie, wie z.B. bei *Neutrino-Oszillationen*, die bei masselosen Neutrinos nicht auftreten würden.

Die Existenz der Teilchenmassen zerstört aber auf der anderen Seite auch die gerade geforderte Eichsymmetrie der schwachen Ladung, da

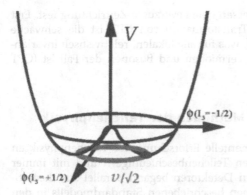

Abb. 5: Der um die V-Achse eichsymmetrische Verlauf der potenziellen Energie des Higgs Feldes φ und der diese Symmetrie brechende Grundzustand (roter Punkt).

die jeweiligen Partner (Neutrino und Lepton, u-Quark und d-Quark, usw.) unterschiedliche Massen besitzen. Ähnliche Effekte haben die Massen der W- und Z-Bosonen. Als vielversprechendster Ausweg aus diesem Dilemma gilt die Idee des Higgs Mechanismus. Ein überall im Universum vorhandenes Hintergrundfeld φ mit der in Abb. 5 dargestellten potenziellen Energie in Form eines Champagnerflaschenbodens erhält die Eichsymmetrie der Bewegungsgleichungen in Form einer Rotationssymmetrie um die V-Achse. Der Grundzustand des Feldes muss sich jedoch (ähnlich wie beim Ferromagneten) in eine feste Richtung einstellen, und so die Rotationssymmetrie brechen. Die Massen der Teilchen entsprechen in diesem Bild anschaulich einer zusätzlichen Trägheit durch Wechselwirkung mit diesem Hintergrundfeld, und lassen sich so ohne Verletzung der ursprünglichen Eichsymmetrie (»spontane Symmetriebrechung«) in der Theorie unterbringen. Anregungen des Hintergrundfeldes sollten als Higgs-Bosonen H beobachtbar sein.

Neben den kontinuierlichen Eichsymmetrien, die der Theorie der Kräfte zugrunde liegen, gibt es auch diskrete Symmetrien. Dazu gehören Spiegelungen in Raum (P) und Zeit (T), und die Vertauschung aller Teilchen mit ihren entsprechenden Antiteilchen (C). Prozesse der starken und elektromagnetischen Wechselwirkung sind unter allen drei Transformationen invariant, die der schwachen Wechselwirkung jedoch nicht. Die P-Verletzung der schwachen Wechselwirkung erlaubt die Unterscheidung zwischen links und rechts, die CP-Verletzung unterscheidet Welten aus Materie und Antimaterie, und die T-Verletzung legt bei elementaren Prozessen eine bevorzugte Zeitrichtung fest. Erst unter der kombinierten Transformation von CPT ist die schwache Wechselwirkung invariant, was für alle lokalen, relativistisch invarianten Quantentheorien aus Fermionen und Bosonen der Fall ist (CPT Theorem).

Die experimentellen Methoden der Teilchenphysik

Die systematische experimentelle Erforschung der Teilchenphysik an immer hochenergetischeren Teilchenbeschleunigern und mit immer präziseren und schnelleren Detektoren begann parallel zur theoretischen Entwicklung des oben beschriebenen Standardmodells in den 1960er und 1970er Jahren. Hochfrequente elektrische Wechselfelder von mehreren Millionen Volt pro Meter in einmal oder mehrmals durchlaufenen Beschleunigungsstrecken bringen geladene Teilchen dabei auf Energien, die das 10^3 bis 10^5-fache ihrer Massenenergie betragen können. In Speicherringen wie der seit 1991 am DESY in Hamburg betriebenen »Hadron-Elektron Ring Anlage« HERA (Abb. 6) stehen diese hochenergetischen Teilchen dann mehrere Stunden den Experimenten zur Verfügung. Dabei lässt man die Strahlen entweder miteinander kollidieren oder leitet sie auf ein ruhendes Ziel.

Um den Wechselwirkungspunkt der Strahlen herum sind riesige Detektoren angebracht, die »Augen« der Teilchenphysik. In zwiebelschalenförmigem Aufbau liefern sie unterschiedliche Signale für die bei der Wechselwirkung entstehenden Reaktionsprodukte, und messen so nicht nur deren Energie und Impuls, sondern auch deren Art.

In einem Technologietransfer zu anderen Fachgebieten finden Teilchenstrahlen und Teilchendetektoren inzwischen auch verbreitete Anwendung in der Medizin, wie bei der Krebstherapie oder bei verschiedenen bildgebenden Verfahren (z.B. Positron-Emission Tomographie PET oder Single-Photon-Emission Computer Tomographie SPECT).

In der Teilchenphysik werden Beschleuniger zu zweierlei, nicht immer völlig voneinander trennbaren Zielen eingesetzt: Eines ist das Prinzip der Materieuntersuchung, ganz ähnlich zu dem eines optischen Mikroskops. Statt sichtbarer Photonen, deren Auflösungsvermögen durch ihre Wellenlänge von etwas unter 1 µm begrenzt ist, dienen die hochenergetischen Teilchen als Projektile, aus deren Ablenkung man Rückschlüsse auf die Struktur der Materie ziehen kann. Den dazu nöti-

Abb. 6: Dipolmagnete zur Bahnführung der Protonen (oben) und Elektronen (unten) im HERA Speicherring am DESY in Hamburg. Wegen der 30-fach größeren Energie des Protonstrahls haben dessen Magnete mit 4,7 T ein 30-mal stärkeres Feld als die des Elektronstrahls, das mit Hilfe von in Kühltanks eingeschlossenen supraleitenden Spulen erzeugt wird (mit freundlicher Genehmigung von DESY Hamburg).

gen Mindestimpuls, um eine Struktur der Größe Δx auflösen zu können, erhält man aus der Heisenbergschen Unschärferelation $p > \hbar/\Delta x$. Im Jahre 1970 konnten J. I. Friedman, H. W. Kendall und R. E. Taylor am Elektron Linearbeschleuniger SLAC in Kalifornien erstmals das Vorhandensein von punktförmigen Objekten im Proton durch Beschuss mit Elektronen von einigen GeV/c zeigen.

Bei HERA prallen derzeit Elektronen einer Energie von 30 GeV auf Protonen mit einer Energie von 920 GeV. So kann HERA Vorgänge im Mikrokosmos bei Abständen bis hinunter zu $5 \cdot 10^{-19}$ m untersuchen, und Strukturen sichtbar machen, die noch 2 000 Mal kleiner sind als das Proton selbst. Dabei reicht die Energie des Elektrons aus, ein einzelnes Quark aus dem Proton herauszustoßen und direkt zu beobachten. Allerdings verwandelt es sich dabei aufgrund des oben beschrie-

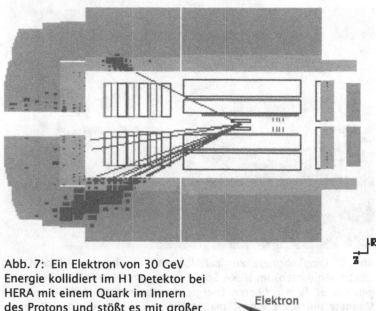

Abb. 7: Ein Elektron von 30 GeV Energie kollidiert im H1 Detektor bei HERA mit einem Quark im Innern des Protons und stößt es mit großer Wucht heraus. Das Quark wird als Teilchenjet sichtbar, das Elektron wird mit ca. 10-facher Energie zurückgeschleudert (mit freundlicher Genehmigung von DESY Hamburg).

benen Confinements in einen Strom farbloser Teilchen, der gebündelt wie ein Jet die Bahn des Quarks markiert und im Detektor sichtbar wird (Abb. 7).

Das andere Haupteinsatzfeld von Teilchenbeschleunigern ist die Erzeugung neuer Teilchen durch Proton-Antiproton oder Elektron-Positron Kollisionen. Dabei vernichten sich nach Abb. 3c Materie und Antimaterie in Kraftteilchen der jeweiligen Wechselwirkung, woraus dann nach Abb. 3d wiederum neue, möglicherweise sogar bisher unbekannte Teilchen gebildet werden können. Am Large Electron Positron Collider LEP am CERN in Genf konnten so von 1989 bis 1995 mehr als 20 Millionen Z-Bosonen erzeugt und deren vom Standard-

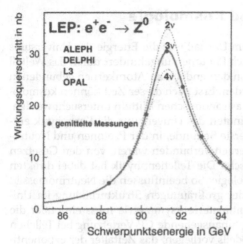

Abb. 8: Die bei LEP gemessene Rate der Z-Erzeugung als Funktion der Elektron-Positron Schwerpunktsenergie zeigt die Existenz von genau drei verschiedenen leichten Neutrino-Sorten (mit freundlicher Genehmigung des CERN, Genf).

modell vorhergesagte Eigenschaften mit einer Präzision von besser als einem Promill bestätigt werden. Die Rate der bei LEP nachgewiesenen Z-Bosonen hängt von der Anzahl der verschiedenen Neutrino-Antineutrino Paare ab, in die das Z-Boson zerfallen kann. Auf diese Weise wurde nachgewiesen, dass sich die Anzahl der Materieteilchen-Familien mit leichten Neutrinos im Standardmodell auf genau drei beschränkt (Abb. 8).

Seit den 1990er Jahren haben Experimente, die keine Beschleuniger benötigen, zunehmend an Bedeutung gewonnen. Als Teilchenquellen dienen die Sonne, explodierende Sterne, kosmische Strahlung, Kernreaktoren oder Kernzerfälle. Das Spektrum der Fragestellungen reicht von Protonzerfalls- und Neutrinoexperimenten bis zur Suche nach Art und Quellen der hochenergetischen kosmischen Strahlung oder dem Ursprung der Dunklen Materie. Die niedrige Signalrate macht es oft nötig, diese Experimente zur Untergrundunterdrückung tief unter Erde, Wasser oder Eis zu verbergen. So konnte die untere Grenze für die Lebensdauer freier Protonen auf 10^{32} Jahre verbessert werden, 22 Größenordnungen länger als das Alter des Universums.

Teilchenphysik und Kosmologie

Erst 370 000 Jahre nach dem Urknall war die Energie des Universums
soweit abgesunken, dass sich Photonen ungehindert durch das Weltall
bewegen konnten, ohne von den endlich an Atomkernen gebundenen
Elektronen gestreut zu werden. Erst nach dieser Zeit können kosmologische Fragestellungen mit astronomischen Mitteln untersucht werden.
Während für die ersten Minuten des Universums die Kernphysik entscheidend war, wurde die erste Sekunde, in der Protonen und Neutronen noch nicht zu Atomkernen verbunden waren, von den Gesetzen
der Teilchenphysik beherrscht. Die Teilchenphysik hat dabei direkten
Bezug zu Fragen der Kosmologie: So beeinflussen die Neutrinomassen
die Anfangsbedingungen der großräumigen Strukturbildung im Universum, für die Materie-Antimaterie-Asymmetrie muss eine über die
schwache Wechselwirkung hinausgehende CP-Verletzung bei Teilchen
außerhalb des Standardmodells vorliegen, das Zeitalter der exponentiellen Ausdehnung (Inflation) des Universums wurde womöglich durch
spontane Symmetriebrechung eines Higgs-artigen Hintergrundfeldes
verursacht, und Theorien jenseits des Standardmodells liefern mögli-

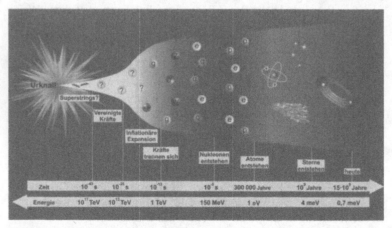

Abb. 9: Die Entwicklung des Universums vom Urknall bis zur heutigen Zeit. Immer frühere Zeiten entsprechen immer höheren Energien
(mit freundlicher Genehmigung von DESY Zeuthen).

che Kandidaten für die Dunkle Materie im Universum. Die Experimente an derzeitigen Teilchenbeschleunigern studieren Prozesse, wie sie 10^{-13} s nach dem Urknall statt gefunden haben und verbinden so die Struktur und Entwicklung des Universums mit den Naturgesetzen des Mikrokosmos (Abb. 9).

Offene Fragen der aktuellen Forschung

100 Jahre Teilchenphysikforschung in Zusammenarbeit von Experiment und Theorie haben zu tiefen Einsichten in den Aufbau der uns umgebenden Materie geführt. Die Erkenntnis, dass sich alle drei fundamentalen Wechselwirkungen von Elementarteilchen in ähnlicher Weise durch Eichsymmetrien beschreiben lassen, gehört zu den bedeutendsten Errungenschaften der Physik des 20. Jhs.. Dem Standardmodell der Teilchenphysik als grundlegende Theorie kommt daher eine ähnliche Bedeutung zu wie der Maxwellschen Theorie der Elektrodynamik oder der Relativitätstheorie Einsteins.

Trotz seines herausragenden Erfolges in vielfältigen, präzisen experimentellen Tests lässt das Standardmodell grundlegende Fragen nach der Herkunft seiner Parameter und Symmetriestrukturen offen. Der 2007 in Betrieb gehende Proton-Proton Collider LHC am CERN in Genf wird die abschließende Suche nach dem Higgs-Boson als letztem noch nicht nachgewiesenem Teilchen des Standardmodells durchführen. Ein komplementärer Elektron-Positron Linearbeschleuniger soll mit Präzisionsmessungen die Frage beantworten, ob der Higgs-Mechanismus in seiner einfachsten Form ausreicht, den Ursprung der Masse zu erklären. Mögliche zusätzliche Dimensionen der Raumzeit könnten an beiden Maschinen entdeckt werden. Experimente ohne Beschleuniger werden insbesondere im Bereich des Proton-Zerfalls und der Neutrino-Physik die Gelegenheit haben, indirekt Informationen über Energieskalen weit oberhalb der heute verfügbaren Beschleunigerenergien zu erhalten.

Schließlich steht bei vielen derzeitigen und zukünftigen Experimenten die Suche nach supersymmetrischen Partnern der Teilchen des Standardmodells im Vordergrund. Eine solche Symmetrie, die jedem Fermion ein supersymmetrisches Boson zuordnet und umgekehrt, würde einige offene theoretische Probleme des Standardmodells elegant beheben, und zusätzlich Teilchen als Kandidaten für die Dunkle Materie liefern. Weitere Unterstützung erfährt sie durch die Beobach-

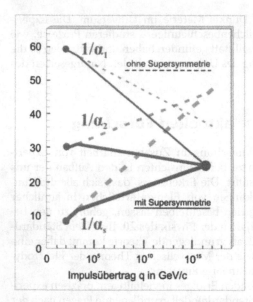

Abb. 10: Die Energieabhängigkeit der Kopplungsparameter $\alpha_1 \sim g_B^2/4\pi$, $\alpha_2 = g_W^2/4\pi$ und $\alpha_s = g_S^2/4\pi$ mit und ohne den Beitrag von supersymmetrischen Teilchen zu Quantenfluktuationen (mit freundlicher Genehmigung von DESY Zeuthen).

tung, dass sich, wie Abb. 10 zeigt, die Kopplungsparameter der drei fundamentalen Wechselwirkungen bei hohen Energien erst dann genau treffen, wenn supersymmetrische Teilchen bei ca. 1 000 GeV existieren, die man mit der nächsten Generation von Teilchenbeschleunigern entdecken sollte. Schließlich liefert die Supersymmetrie in ähnlicher Weise eine Begründung für die Existenz der Gravitation, wie es die Eichsymmetrie für die drei anderen Wechselwirkungen tut.

Ob die Vereinigung aller Wechselwirkungen zu einer einzigen Urkraft in dieser oder einer anderen Weise verstanden werden kann, ist wohl die fundamentalste Frage der Teilchenphysik. Die bereits entdeckten Ähnlichkeiten der drei fundamentalen Wechselwirkungen des Standardmodells deuten stark auf ein tieferes, dem Standardmodell zugrunde liegendes Urprinzip hin. Mit der nächsten Generation an Experimenten und der theoretischen Interpretation ihrer Ergebnisse wollen die Teilchenphysiker der Aufdeckung dieses Prinzips noch ein beträchtliches Stück näher kommen.

[1] R. P. Feynman: QED. Die seltsame Theorie des Lichts und der Materie, Piper.

[2] P.Waloschek: Besuch im Teilchenzoo. Vom Kristall zum Quark, 1996, Rowohlt.

[3] www.teilchenphysik.org: Eine Sammlung von Online Materialien zur Teilchenphysik.

[4] Verständliche Forschung: Teilchen, Felder, Symmetrien (Spektrum der Wissenschaft).

[5] Komitee für Elementarteilchenphysik: Teilchenphysik in Deutschland (DESY-HS).

[6] H. Müller-Krumbhaar und H. F. Wagner: Was die Welt zusammenhält, 2001, Wiley-VCH.

[7] H.Hilscher: Elementare Teilchenphysik, 1996, Vieweg.

Tieftemperaturphysik

Rudi Michalak

Die Temperatur, unterhalb der man von der Physik tiefer Temperaturen spricht, ist nicht klar definiert. Einerseits kann man die Verwendung kryogener Gase, die zur Erzeugung der tiefen Temperaturen verwendet werden, als Kriterium heranziehen; dann können die Siedepunkte des flüssigen Sauerstoffs (90,15 K) und Stickstoffs (77,35 K) oder von ^{4}He (4,2 K) und ^{3}He (3,2 K) benutzt werden. Andererseits kann man die charakteristischen Phänomene, die beim Abkühlen von Materialien immer dann auftreten, wenn die Energie der thermischen Zufallsbewegung der zu einer Ordnung führenden Wechselwirkungsenergie vergleichbar wird, als Definition heranziehen.

Die Physik tiefer Temperaturen beschäftigt sich mit den physikalischen Eigenschaften von Materie bei tiefen Temperaturen, bei denen die thermischen Fluktuationen weitgehend reduziert sind, sodass Wechselwirkungen auf quantenmechanischem Niveau beobachtet werden können. Die bei der Abkühlung einsetzende räumliche Ordnung oder Bewegungsordnung führt zum Auftreten von makroskopischen Quanteneffekten. Diese Phänomene umfassen ↓ Supraleitung und ↓ Suprafluidität, ↓ niedrigdimensionale Systeme und Effekte, wie z. B. den Quanten-Hall-Effekt.

Die Physik tiefer Temperaturen bildet die Grundlage, auf der alle Bereiche der Kryotechnik gründen. Die Umwandlungen zwischen den Aggregatzuständen gasförmig-fest-flüssig finden oberhalb von 1 K statt. Im mK-Bereich tritt die magnetische Ordnung paramagnetischer Salze wie CMN (Cermagnesiumnitrat) und im Mikrokelvin-Bereich die magnetische Ordnung der Kernmomente auf.

Geschichte der Physik tiefer Temperaturen

Nachdem 1877 die Verflüssigung von Sauerstoff und Stickstoff und 1899 die von Wasserstoff gelungen war, erschloss 1908 die Verflüssigung des Heliums den Temperaturbereich bis 4,2 K. Es dauerte danach bis in die Mitte der 1920er Jahre, bis flüssiges Helium in mehreren Laboratorien (Leiden, Berlin und Toronto) zur Verfügung stand. 1933 wurden mit Hilfe der adiabatischen Entmagnetisierung 0,1 K erreicht. In einem ersten Schritt bringt man dabei eine paramagnetische Substanz unter den Einfluss eines Magnetfeldes, sodass die Elementarmagnete in diesem Feld ausgerichtet werden. In einem zweiten Schritt, der eigentlichen adiabatischen Entmagnetisierung, wird nach thermischer Isolierung der Substanz das Magnetfeld langsam abgeschaltet. Infolgedessen sind die Elementarmagnete bestrebt, wieder die statistische Unordnung anzunehmen. Da aber die Entropie bei der adiabatischen Zustandsänderung konstant bleibt, ist die Erniedrigung des Ordnungsgrades, die an sich einer Entropieerhöhung entsprechen würde, mit einer Verringerung der Temperatur der Substanz verbunden. Für paramagnetische Substanzen, die dem Curie-Gesetz folgen, gilt: $\Delta T = (H/c)\,\Delta m$. Hier ist T ist die absolute Temperatur, H das Magnetfeld, c die spezifische molare Wärme und m das molare magnetische Dipolmoment. Wenn sich die Temperaturen dem absoluten Nullpunkt nähern, nimmt die spezifische Wärme gemäß dem T^3-Gesetz ab, und die Suszeptibilität nimmt zu. Der Effekt, der bei Zimmertemperatur sehr gering ist, gewinnt in der Nähe des Nullpunktes Bedeutung zur Erzeugung tiefer Temperaturen bis zu 10^{-6} K. Die maximal erreichbare Kühlung wird begrenzt durch die stets vorhandene Dipolwechselwirkung der Elektronenspins und einer sehr schwachen Austauschwechselwirkung, die auch ohne äußeres Magnetfeld zu einer gewissen Ausrichtung der Spins führen. Erst 1956 gelang es, die Kernmomente von Kupfer zu entmagnetisieren und Temperaturen im mK-Bereich zu realisieren.

Ab 1965 ließen sich auch nichtmagnetisch Temperaturen unterhalb von 1 K mit Hilfe der ^{3}He-^{4}He-Entmischungskühlung erzeugen. Das aus einem Neutron und zwei Protonen bestehende ^{3}He ist das leichtere stabile Isotop des Heliums, während das häufiger vorkommende, ebenfalls stabile Isotop ^{4}He, das aus zwei Neutronen und zwei Protonen besteht, über eine abgeschlossene Elektronenhülle verfügt. Die Entmischungskühlung, das verbreitetste nichtmagnetische Verfahren zur Erzeugung tiefer Temperaturen zwischen 2 mK und 0,5 K, beruht auf der »Quasi-Verdampfungskühlung« von in ^{4}He gelösten ^{3}He-Atomen, die von einer konzentrierten Lösung (Quasiflüssigkeit) in eine verdünnte Lösung (Quasigas) übertreten. Die Trennung in diese beiden Phasen geschieht im ^{3}He-^{4}He-Gemisch automatisch bei Temperaturen unter 0,87 K: die normalflüssige, konzentrierte ^{3}He-Phase besteht bei 0,2 K zu etwa 96% aus ^{3}He-Isotopen, während die supraflüssige ^{4}He-Phase im Gleichgewicht noch etwa 6,4% ^{3}He enthält und deshalb auch ver- dünnte Phase genannt wird. Da die Fermi-Temperatur des ^{3}He in der verdünnten ^{4}He-Phase viel niedriger ist als in der konzentrierten Phase, ist dessen Wärmekapazität pro Atom entsprechend höher. Tritt nun ^{3}He von der konzentrierten in die verdünnte Phase über, so kön- nen die Isotope dort viel mehr Wärme aufnehmen und sich, wenn keine Wärme von außen zugeführt wird, abkühlen. Dieses Kühlungs- prinzip nutzt die ^{3}He-^{4}He-Entmischungskühlung: Durch kontinuierli- ches Absaugen des ^{3}He aus dem Gemisch wird an der Grenzfläche zwi- schen verdünnter und konzentrierter Phase ^{3}He in die verdünnte Phase hinein verdampft. Die dazu erforderliche Energie wird der konzen- trierten ^{3}He-Phase entzogen und dies führt zu einer Temperaturer- niedrigung.

Nichtmagnetisch können noch geringere Temperaturen zwischen 1 bis 30 mK durch Pomerantschuk-Kühlung erzeugt werden. Nach Vor- kühlung mit ^{3}He auf unter 0,32 K bzw. mit ^{3}He-^{4}He-Entmischungs- kühlung auf ca. 25 mK lassen sich durch kontinuierliche adiabatische Verfestigung der Flüssigphase Temperaturen bis zu 2 mK erzielen.

Mit dem Erreichen immer tieferer Temperaturen schritten die appa- rative Entwicklung und die Entdeckungen in der Physik rasch voran: 1882 wurde das Dewar-Gefäß entwickelt, 1908 die Suprafluidität und 1913 die Supraleitung entdeckt, 1957 wurden beide Phänomene mit der BCS-Theorie theoretisch erklärt. 1979 wurden die Schwerfermionsu- praleiter, 1980 der Quanten-Hall-Effekt, 1981 der fraktionierte Quan- ten-Hall-Effekt und schließlich 1986 die ↑ Hochtemperatur-Supraleiter entdeckt. Für die zahlreichen Arbeiten auf dem Gebiet der Physik tie- fer Temperaturen wurden wiederholt Nobelpreise für Physik verliehen, zuerst 1913 an Heike Kamerlingh Onnes für die Entdeckung der Su- praleitung und allein in den 1990er Jahren dreimal: 1996 an David M. Lee, Douglas D. Osheroff und Robert C. Richardson für die Ent- deckung der Suprafluidität in ^{3}He, 1997 an Steven Chu, Claude Cohen- Tannoudji und William D. Phillips für die Entwicklung der Kühlung und des Einfangens von Atomen mittels Lasern und 1998 an Robert B. Laughlin, Horst L. Störmer und Daniel C. Tsui für die Entdeckung einer neuen Form einer Quantenflüssigkeit mit fraktionierter Ladungsanregung. Im Jahr 2001 wurden schließlich Eric A. Cornell, Wolfgang Ketterle und Carl E. Wieman für die Realisierung von Bose-Einstein-Kondensaten aus schweren Atome ausgezeichnet.

Materialeigenschaften bei tiefen Temperaturen

Durch Abkühlung wird in einem Material nach den Erkenntnissen der Thermodynamik die Ordnung erhöht bzw. die Entropie erniedrigt. Wenn ein Material unter Raumtemperatur gekühlt wird, finden viele Veränderungen in ihm statt. Es kommt bei kritischen Temperaturen zu Phasenübergängen zwischen den Aggregatzuständen und in Festkörpern und darüber hinaus zu strukturellen Phasenübergängen und Ordnungserscheinungen, wie den diversen Phänomenen des Magnetismus (↑ Phasenübergänge und kritische Phänomene). Im p-T-Diagramm einer Substanz erkennt man, dass bei Abkühlung Gase, die bei Raumtemperatur existieren, verflüssigen, Flüssigkeiten gefrieren und fast alle Stoffe schließlich zu Festkörpern kristallisieren. Diese Zustandsänderungen können als Verlangsamung der atomaren und molekularen Bewegungen verstanden werden. Wenn die Kühlrate sehr hoch ist, kann sich anstatt eines regelmäßigen Kristallgitters auch ein amorphes Glas ausbilden. Eine Ausnahme von diesem Verhalten bildet nur Helium, das bei Normaldruck bis 0 K flüssig bleibt.

Bei Temperaturen unterhalb von 1 K sind in den meisten Materialien die Vibrationen vernachlässigbar. Die Eigenschaften der Materie werden dann von den Spin-Spin-Wechselwirkungen bestimmt, und bei noch tieferen Temperaturen im mK-Bereich wird das magnetische Kernmoment bedeutend. Bei sehr leichten Elementen treten in diesem Temperaturbereich makroskopische Quanteneffekte auf, da der Beitrag der quantenmechanischen Nullpunktsenergie wahrnehmbar wird.

Es besteht der generelle Trend, dass Festkörper bei der Abkühlung steifer und brüchiger werden. Der Trend zu größerer Härte und Brüchigkeit ist in Polymeren besonders ungünstig, und die meisten Plastikmaterialien sind bei tiefen Temperaturen nutzlos. Teflon bildet eine Ausnahme und kann auch noch bei 4,2 K als Isolationsmaterial verwendet werden. Im Gegensatz zu den Polymeren verlieren Metalle kaum an Elastizität: so bleiben Metalle mit fcc-Struktur duktil, d. h. plastisch verformbar, während hcp- und bcc-Metalle brüchiger werden. Die thermische Kontraktion beträgt bei Metallen bis zu ca. 1 Vol-% und ist bis ca. 77 K praktisch vollzogen. Plastik schrumpft dagegen um bis zu 30 %, und die Änderungen finden bis hinab zu 4,2 K statt. In der Kältetechnik stellt dies ein Problem dar, da Kleber mehr schrumpfen als die Metalle, die sie verbinden sollen.

Mit sinkender Temperatur verringert sich die *spezifische Wärmekapazität*, und dies macht das Erreichen tiefer Temperaturen im Prinzip erst möglich. Am absoluten Nullpunkt fällt sie auf null – dies kann weder in Gasen (interne Energie aus Freiheitsgraden) noch in Festkörpern (interne Energie aus Phononen und freiem Elektronengas) klassisch erklärt werden. Für Festkörper findet die Debyesche Theorie der Wärmekapazität, dass die Gitterschwingungen bei tiefen Temperaturen als quantenmechanische Oszillatoren in einem elastischen Kontinuum betrachtet werden müssen. Als Bosonen folgen die Phononen bei der Annäherung an tiefe Temperaturen dem Boltzmann-Faktor, verringern also die spezifische Wärmekapazität für $T \to 0$ auf null. In Metallen liefert das freie Leitungselektronengas einen zusätzlichen Beitrag zur thermischen Leitfähigkeit, der bei tiefen Temperaturen dominiert: Die Elektronen an der Fermi-Kante mit einer Energie kT/E_F tragen zu je $3k/2$ zur spezifischen Wärmekapazität $c_{el} = 3nk^2T/2E_F$ bei (n: Zahl der freien Elektronen pro Mol, E_F: Fermi-Energie, k: Boltzmann-Konstante). Insgesamt gilt also $c_{ges} = AT + BT^3$, wobei A und B entsprechende Konstanten sind. Der Elektronenbeitrag zur spezifischen Wärmekapazität ist in Halbleitern geringer, weil die Leitungselektronendichte in ihnen viel kleiner ist als in Metallen. Andererseits können in ihnen die *thermoelektrischen Effekte* sehr groß sein, sodass der Peltier-Effekt in Halbleiter-Verbindungen als Basis zur lokalen Kühlung genutzt wird. Thermoelektrische Effekte in metallischen Leitern und Halbleitern äußern sich im Auftreten von elektrischen Spannungen oder Strömen, welche, für genügend kleine Temperaturdifferenzen, proportional zu diesen sind. Die beiden wichtigsten thermoelektrischen Effekte sind der Seebeck- und der Peltier-Effekt. Die thermoelektrische Kraft, aus der die Temperaturabhängigkeit der thermoelektrischen Effekte folgt, hängt stark von der Beschaffenheit eines Materials ab. Sie geht gegen null für $T \to 0$. In einigen Materialien nimmt sie unterhalb von 50 K ein Maximum an, das auf den sog. Phononen-Drag, also das Mitreißen der Elektronen durch die Phononen, zurückzuführen ist.

Die *Wärmeleitfähigkeit*, die bestimmt, wie sich ein System abkühlen lässt, zeigt bei tiefer Temperaturen – je nach Wechselwirkungsprozess und Defektart – ein temperaturabhängiges Verhalten. Zur Wärmeleitfähigkeit von Festkörpern tragen verschiedene Wechselwirkungsprozesse bei. Für Isolatoren, die eine geringere Wärmeleitfähigkeit als Metalle besitzen, sind dies insbesondere Streuprozesse der Phononen untereinander und an Störstellen. Mit dem Modell des Phononengas kann die Wärmeleitfähigkeit näherungsweise analog wie beim idealen Gas bestimmt werden: Die Zahl der Phononen ist dabei stark temperaturabhängig und bei tiefen Temperaturen proportional zu T^3. Zu höheren Temperaturen hin verringert sich der Exponent, da die Phononen zunehmend Streuprozessen unterliegen.

Die *elektrische Leitfähigkeit* ϱ von Metallen sinkt bis ca. 10 K proportional $1/T$. Unterhalb der sog. Debye-Temperatur sinkt sie langsamer, da die Phononen-Populationen, die die Leitfähigkeit begrenzen, mit T^3 abfallen und ihre Fähigkeit zur Elektronenstreuung vermindert ist. Allerdings fällt in den meisten Metallen der elektrische Widerstand nicht auf null, sondern erreicht einen Endwert, der von den Verunreinigungen V und Phononen P abhängt: $\varrho = \varrho_V + \varrho_P$. Materialien, die elektrisch nichtleitend sind, bleiben dies auch bei tiefen Temperaturen. Metalle und Halbleiter zeigen dagegen bei tiefen Temperaturen interessante Phänomene, die auf das Verhalten des freien Elektronengases zurückgehen. Diese besonderen elektrischen Eigenschaften werden z. B. zur Temperaturmessung benutzt. In Halbleitern nimmt der *elektrische Widerstand* zu tiefen Temperaturen hin gemäß einem Exponentialgesetz ab, wenn Hüpf-Leitung vorliegt. Hierbei werden die Ladungsträger in einer Probe nur in die lokalisierten Bandzustände angeregt; die Beweglichkeit der Elektronen ist reduziert, sie können nur noch von einem lokalisierten Zustand in einen benachbarten springen.

Unterhalb einer kritischen Temperatur, der sog. Sprungtemperatur T_c, werden viele Metalle und Legierungen supraleitend, d. h. der elektrische Widerstand wird null.

Supraleitung

Eines der hervorstechendsten Tieftemperaturphänomene, das zugleich auch die erfolgversprechendsten Anwendungsmöglichkeiten in sich birgt, ist die Supraleitung. Zu den »Anwendungshoffnungen« zählen nicht nur die verlustfreie Stromführung, sondern auch die Miniaturisierung von Bauteilen, Supercomputer, Höchstfeldmagnete, Magnetschwebebahnen oder Anwendungen im Bereich der Kernfusion. Bei einer Sprungtemperatur T_c werden einige Metalle supraleitend, d. h. sie verlieren sprunghaft ihren elektrischen Widerstand und sind in der Lage, ein angelegtes Magnetfeld vollständig aus ihrem Inneren zu verdrängen (Meißner-Ochsenfeld-Effekt). Die Supraleitung kann als eine Manifestation der ↓ Suprafluidität gesehen werden, wobei die Leitungselektronen des Metalls die »Flüssigkeit« bilden. Die derzeit höchsten erreichten Sprungtemperaturen liegen für konventionelle Supraleiter bei 23,2 K in Nb_3Ge und für Hochtemperatur-Supraleiter bei 137 K (–136 °C) für Hg-1223. Die meisten anderen exotischen Supraleiter wie Schwerfermionsupraleiter, ↑ organische Supraleiter und ↑ Fullerene weisen relativ niedrige Sprungtemperaturen auf. Der wesentliche Fortschritt, der in den höheren Sprungtemperaturen liegt, ist, dass sie über der Temperatur siedenden Stickstoffs (77,4 K) liegen und damit technologisch sehr viel einfacher zu handhaben sind.

Suprafluidität

Bei der Suprafluidität handelt es sich um einen flüssigen Aggregatzustand, der sich in seinen Eigenschaften grundlegend von jeder normalen Flüssigkeit unterscheidet, denn suprafluide Flüssigkeiten strömen nicht nur aufgrund des Verlustes der Viskosität reibungsfrei durch enge Kapillaren, sondern tragen in ringförmigen geometrischen Anordnungen Dauerströme, die über lange Zeit aufrechterhalten werden können. Gleichzeitig nimmt die Wärmeleitfähigkeit solcher Flüssigkeiten sehr große Werte an und ist z. B. um den Faktor 10^3 größer als die von Kupfer bei Raumtemperatur.

Die Suprafluidität ist ein reiner Quanteneffekt, der auf der Eigenschaft von Teilchen mit Bose-Einstein-Statistik wie ^4He beruht, im Grundzustand (am absoluten Nullpunkt) den gleichen Quantenzustand tiefster Energie einzunehmen. Supraflüssigkeit ist bisher nur in Helium beobachtet worden. Der Grund für dieses Verhalten liegt in seinen großen Nullpunktsenergien, die makroskopische Quanteneffekte sichtbar werden lassen. Flüssiges ^4He tritt in zwei verschiedenen Modifikationen auf: oberhalb des Lambdapunktes von 2,184 K als normalflüssiges He I und unterhalb als supraflüssiges He II. ^{3}He zeigt Suprafluidität erst unterhalb von 2,7 mK.

Suprafluide zeigen auch ungewöhnliche Schall- und Transporteigenschaften und ein merkwürdiges Filmfluss-Verhalten: Wird ein leeres Gefäß mit der Öffnung nach oben in He II getaucht, so fließt das Helium solange außen am Gefäß hoch und schließlich hinein, bis die Flüssigkeitspegel außen und innen angeglichen sind. Dabei werden Fließgeschwindigkeiten von 20 cm pro Sekunde erreicht.

Das ideale Bose-Gas stellt eine gute Näherung für die Beschreibung der Eigenschaften des flüssigen ^{4}He dar: Unterhalb einer kritischen, durch die λ-Linie definierten Temperatur T_l ist der niedrigste Energiezustand des idealen Bose-Gases durch einen großen Teil der Teilchen bevölkert, die anderen befinden sich in angeregten Zuständen. Bei $T = 0$ sind schließlich alle Teilchen im niedrigsten Energiezustand (↑ Bose-Einstein-Kondensation). Eine mikroskopische Theorie der Suprafluidität muss zudem Wechselwirkungen zwischen den Teilchen zulassen. Dies wird in dem generaliserten Zweiflüssigkeitsmodell berücksichtigt.

Im Gegensatz zu ^{4}He ist ^{3}He ein Fermion und unterliegt der Fermi-Dirac-Statistik. Dennoch ist auch bei diesem leichten Teilchen die Nullpunktsenergie relevant, sodass sich bei $T \to 0$ keine feste Phase bilden kann und makroskopische Quanteneffekte auftreten. Die suprafluide Phase des ^{3}He weist drei verschiedene Subphasen auf, die sich aus der hier auftretenden magnetischen und unmagnetischen Triplettpaarung erklären lassen.

Wenn man einen starken Druck von ca. 30 atm anlegt, wird die Barriere, die die Nullpunktsenergie bildet, überwunden, und es bilden sich auch in Helium feste Phasen. Auch in diesen Quantenkristallen sind die Nullpunktsbewegungen besonders groß. Die Konsequenz dieser Vibrationen ist ein Überlapp der Wellenfunktionen mit denen der benachbarten Gitterplätzen und eine damit verbundene erhöhte quantenmechanische Tunnelwahrscheinlichkeit, d.h. die Atome werden quantenmechanisch delokalisiert. Der Effekt ist in ^{3}He am stärksten ausgeprägt und maßgeblich für den ungewöhnlichen Kernmagnetismus des Isotops mit Ordnungstemperaturen um 1 mK, einer ungewöhnlich hohen Temperatur. Spin-Diffusionsmessungen mit NMR und Messungen der magnetischen Suszeptibilität haben diese Interpretation bestätigt. In ^{3}He wird bei ca. 1 mK eine Ordnungstemperatur mit einem Übergang in eine feste Phase mit antiferromagnetischer Ordnung gefunden, die auch diesen Vielteilchen-Wechselwirkungen zugewiesen wird.

Niedrigdimensionalität

Wenn man die Dimensionalität einer Stoffgruppe reduziert, z. B. bei Kohlenstoffverbindungen von Diamant (3-dimensional) über Graphit (2-dimensional) und verschiedenen 1-dimensionalen Kettensubstanzen zu Fullerenen (0-dimensional), so treten Wechselwirkungen zutage, die in den höherdimensionalen Systemen nicht sichtbar werden. In der Praxis lassen sich diese Systeme oft nicht realisieren, sondern man muss von quasi-zweidimensionalen oder quasi-eindimensionalen sprechen, d. h. es liegen schwache Zwischenketten- oder Zwischenschichtkopplungen vor, die den reinen Charakter des Systems verfälschen.

Niedrigdimensionale Systeme sind aufgrund ihrer mathematisch einfachen Struktur theoretisch sehr interessant und erlauben eine effektive Beschreibung vieler Phänomene im Bereich der Festkörperphysik oder der Fluiddynamik: Dazu zählen der Quanten-Hall-Effekt, Modelle zur Beschreibung der Hochtemperatur-Supraleitung und zum fest-flüssig-Phasenübergang von magnetischen Flusslinien in Supraleitern oder auch Turbulenzen. Wegen der meist langreichweitigeren Korrelationen werden makroskopische Quanteneffekte in niedrigdimensionalen Systemen häufiger beobachtet. Darüber hinaus gibt es eine Reihe von hochinteressanten Anwendungsmöglichkeiten, die sich mit niedrigdimensionalen Systemen verwirklichen lassen.

Das Phänomen des niedrigdimensionalen Magnetismus beobachtet man in Systemen, die meist aus schwach gekoppelten Ketten oder Flächen von Spins bestehen. Theoretische Arbeiten an eindimensionalen sog. Ising-Magneten, die später um die 2d-Ising-Magnet-Modelle erweitert wurden, gibt es bereits seit den 1920er Jahren. Oft findet man, dass das für die isolierte Kette vorhergesagte Verhalten im realen System zu einem erstaunlich hohen Grad bestätigt wird.

Zu den niedrigdimensionalen Systemen zählen auch die Spinleitern und Spinketten, die ein modernes Forschungsgebiet darstellen und deren Fragestellungen mit dem Gebiet der Hochtemperatur-Supraleiter verknüpft sind. Unter einer Spinkette versteht man dabei ein eindimensionales Modellsystem bestehend aus gleichartigen und in gleichen Abständen angeordneten Spins, das häufig zur theoretischen Behand-

lung von Spinwellen benutzt wird. Durch Nebeneinanderlegen der
Spinketten ergibt sich die Spinleiter. Man erreicht durch dieses Vorgehen den Übergang von quasi-langreichweitig geordneten Ketten antiferromagnetisch gekoppelter $S = 1/2$-Spins zu echter langreichweitiger
Ordnung in Ebenen.

Andere Phänomene

In diese Gruppe gehören Effekte, die oft erst bei tiefen Temperaturen
bemerkbar werden, wie z. B. der Kondo-Effekt (bei hochleitfähigen Metallen, die eine geringe Menge magnetischer Verunreinigungen aufweisen, beobachtet man ein Minimum des elektrischen Widerstandes und
damit eine Abweichung vom normalen T^6-Verhalten), der Jahn-Teller-
Effekt (Verzerrung der Symmetrie eines Gitters in der Umgebung einer
Störstelle in einem Kristall, sodass durch Aufhebung der Entartung von
Elektronenzuständen der Störstelle die Energie des Gesamtsystems erniedrigt wird), die Peierls-Instabilität, der Spin-Peierls-Übergang und
der ganzzahlige und fraktionierte Quanten-Hall-Effekt.

Materialien wie die Schweren Fermionen, Verbindungen die meistens aus leichten Lanthanoiden oder Actinoiden, wie z. B. Cer oder
Uran bestehen, zeigen bei tiefen Temperaturen ein ungewöhnliches
Verhalten: Sie sind dadurch charakterisiert, dass sie bei tiefen Temperaturen Elektronenbeiträge zur spezifischen Wärme haben, die um einige hundert Mal über dem Beitrag liegen, der nach Einelektron-Band-
theorierechnungen für die Bandelektronzustandsdichte an der Fermi-
Kante gilt. Die Versuche, das Phänomen zu erklären, reichen von Theorien einer Fermi-Flüssigkeit bis hin zu solchen, bei denen die Existenz
einer messbaren Fermi-Fläche bestritten wird. Die Natur der Supraleitung, die in einigen Schwerfermionsystemen auftritt, ist ebenfalls stark
an das Verhalten an der Fermi-Kante gebunden, sodass die schweren
Fermionen zu den exotischen Supraleitern gezählt werden können.

Ausblick

Mit dem Erreichen immer tieferer Temperaturen lässt sich aus Sicht der
Grundlagenforschung der Natur immer besser in die Karten sehen,
und die Vielzahl der Nobelpreise, die in den Bereich der Tieftempera-

turphysik vergeben wurden, belegen eindrucksvoll das Potential dieses Gebietes. Die Technologien, die sich in Zukunft z. B. mit supraleitenden und niedrigdimensionalen Stoffen realisieren lassen, können die Welt, wie wir sie heute kennen, grundlegend verändern.

[1] C. Enss und S. Hunklinger, Tieftemperaturphysik, Springer 2000

[2] F. Pobell: Matter and Methods at Low Temperatures, Springer 1996

[3] G. K. White: Experimental Techniques in Low-Temperature Physics, Clarendon Press, Oxford 1959.

[4] C. F. Squire: Low Temperature Physics, McGraw-Hill, London 1953.

[5] H. Frey und R. A. Haefer: Tieftemperaturtechnologie, VDI-Verlag, Düsseldorf 1981.

[6] J. Wilks and D. S. Betts: An Introduction into Liquid Helium, Oxford Science Publications, Oxford, 1987.

[7] D. R. Tilley and J. Tilley, Suprafluidity and Superconductivity, Graduate student series in Physics, D. F. Brewer ed., Adam Hilger ltd., 1986.

[8] D. Vollhardt und P. Wölfle, The Superfluid Phases of Helium 3, Taylor & Francis, New York 1990.

[9] T. Tsuneto, Superconductivity and Superfluidity, Cambridge University Press, Cambridge 1998.

Hochtemperatur-Supraleiter

Hermann Rietschel † und Dietrich Einzel

Einleitung

Im Jahre 1911 studierte Heike Kamerlingh Onnes Quecksilber im Temperaturbereich zwischen 1 und 5 K (↑ Tieftemperaturphysik). Er kam zu dem überraschenden Resultat, dass der elektrische Widerstand, der in normalen Metallen auf der Streuung der Leitungselektronen an thermischen Gitterschwingungen und an Gitterfehlern (Verunreinigungen, Fehlstellen, Versetzungen, Korngrenzen, etc.) beruht, anstatt stetig auf den Restwiderstandswert abzusinken, bei einer kritischen Temperatur T_c = 4,2 K verschwand. Dieses Phänomen wird seitdem Supraleitung genannt. Die wohl beeindruckendste Konsequenz des Supraleitungsphänomens demonstrierte Kamerlingh Onnes, indem er einen Strom in einem supraleitenden Bleiring bei 4 K in Gang setzte, die Stromquelle abschaltete und einen Dauerstrom über ein ganzes Jahr ohne messbare Reduktion beobachten konnte. Kamerlingh Onnes' Entdeckung wurde im Jahre 1913 mit dem Physik-Nobelpreis gewürdigt.

Dass das Phänomen der Supraleitung noch mehr beinhaltet als das bloße Verschwinden des elektrischen Widerstandes unterhalb einer Sprungtemperatur T_c, zeigten Walther Meißner und Robert Ochsenfeld im Jahre 1933. Sie entdeckten, dass Supraleiter Magnetfelder reversibel aus ihrem Inneren verdrängen oder abschirmen, und zwar unabhängig davon, ob man den Supraleiter im Magnetfeld abkühlt oder erst unterhalb der Sprungtemperatur T_c ein Magnetfeld anlegt. Der Supraleiter verhält sich somit wie ein idealer Diamagnet. Diese Feldverdrängungseigenschaft der Supraleiter ist nach ihren Entdeckern Meißner-Ochsenfeld-Effekt benannt geworden.

Parallel zu dieser Entdeckung entwickelten die Brüder Fritz und Heinz London, aber auch Max von Laue, die phänomenologische sog. London-Laue-Theorie der Supraleitung (1935–1938). Obwohl diese Theorie nichts über den Mechanismus, der zur Supraleitung führt, aussagt, betrachtete sie die Supraleitung erstmals als makroskopisches Quantenphänomen und kann Dauerströme, Magnetfeldabschirmung, charakterisiert durch die sog. Londonsche Magnetfeldeindringtiefe, sowie die sehr viel später entdeckte Flußquantisierung vorhersagen.

Im Jahre 1961 gelang Robert Doll und Martin Näbauer (unabhängig davon aber auch Deaver und Fairbanks) schließlich der experimentelle Beweis dafür, dass das (Fluss-)Integral über die Querschittsfläche eines supraleitenden Hohlzylinders quantisiert ist. Das experimentell bestimmte Flussquantum ließ den Schluss zu, dass beim Ladungstransport in Supraleitern nicht, wie in der London-Theorie angenommen, einzelne Elektronen, sondern Paare von Elektronen mit der doppelten Elementarladung beteiligt sind.

1957 veröffentlichten John Bardeen, Leon Cooper und Robert Schrieffer ihre mikroskopische Theorie der Supraleitung. Im Gegensatz zu den bis dahin entwickelten phänomenologischen Beschreibungen ist die Bardeen-Cooper-Schrieffer (BCS)-Theorie eine auf der Quantenmechanik aufgebaute Vielteilchentheorie und basiert auf der Paarhypothese: Unter dem Einfluss einer attraktiven Wechselwirkung werden je zwei Leitungselektronen entgegengesetzten Impulses und Spins zu einem Cooper-Paar gebunden. Durch die für Fermionen geforderte Antisymmetrie der zugehörigen Wellenfunktion gegenüber Teilchenvertauschung werden diese Paare zu einer starren Paargesamtheit korreliert, in der die Elektronen ihre individuellen Freiheitsgrade verlieren. Die BCS-Theorie ist nicht auf den Elektron-Phonon-Mechanismus der Supraleitung beschränkt, sondern kann auch andere Kopplungsmechanismen behandeln, wie z. B. Kopplungen über Plasmonen oder über Spinfluktuationen. Wegen ihrer universellen Anwendbarkeit wurde die BCS-Theorie im Jahre 1972 mit dem Physik-Nobelpreis gewürdigt.

In die siebziger und achtziger Jahre fiel die Entdeckung neuer, exotischer Supraleiter. Dazu gehören ↑ organische Supraleiter und Supraleiter mit sog. schweren Fermionen. Alex Müller und Georg Bednorz entdeckten 1986 schließlich die Hochtemperatur-Supraleiter (HTSL) und wurden dafür ein Jahr später mit dem Nobelpreis für Physik ausgezeichnet. Sie fanden in der oxidischen Verbindung $La_{1,8}Ba_{0,2}CuO_4$ Supraleitung unterhalb einer Sprungtemperatur T_c von etwa 30 K.

Aber erst nach der Bestätigung durch eine japanische Gruppe und dem darauf folgenden Nachweis der Supraleitung unterhalb einem T_c von etwa 38 K in der nahe verwandten Verbindung $La_{1,85}Sr_{0,15}CuO_4$ fand ihre Entdeckung allgemeine Beachtung. Der wirkliche Durchbruch kam dann zum Jahreswechsel 1996/1997, als eine amerikanische Gruppe in der Verbindung $YBa_2Cu_3O_7$ (kurz: Y-123), also wieder in einem Cuprat, Supraleitung unterhalb T_c = 92 K entdeckte. Damit konnte erstmals Supraleitung durch Kühlung mit flüssigem Stickstoff (Siedepunkt bei Normaldruck: 77 K) erreicht und über längere Zeit stabil gehalten werden. Die sich hierdurch eröffnenden technischen Perspektiven initiierten weltweit eine beispiellos stürmische Entwicklung, in deren Verlauf weitere HTSL mit zum Teil noch höheren Sprungtemperaturen gefunden wurden.

Klassische Supraleiter

Wie schon in der Einleitung erwähnt, zeichnen sich klassische Supraleiter dadurch aus, dass beim Übergäng in die supraleitende Phase ein (nicht zu großes) Magnetfeld vollständig aus dem Inneren verdrängt werden kann. Dieser von Meißner und Ochsenfeld entdeckte Effekt lässt sich mit Hilfe eines kleinen Permanentmagneten demonstrieren, der auf einen Supraleiter gelegt wird. Wird der Supraleiter abgekühlt, so wird beim Übergang in den supraleitenden Zustand das Magnetfeld aus seinem Inneren verdrängt und der Magnet in einen Schwebezustand versetzt. Oberhalb eines kritischen Magnetfeldes bricht dann die Supraleitung zusammen, das bedeutet, dass sich trotz eines Widerstandes von null nicht beliebig hohe Ströme transportieren lassen.

Grundsätzlich unterscheidet man zwischen Supraleitern 1. und 2. Art: Während Supraleiter 1. Art – dazu zählen alle reinen Metalle mit Ausnahme von Niob und Vanadium – nur bis zu einer kritischen Feldstärke H_1 supraleitend sind und bei höheren Feldstärken normalleitend werden, zeigen Supraleiter 2. Art auch bei höheren Feldstärken $H_2 \gg H_1$ noch Supraleitung. Allerdings ist zwischen H_1 und H_2 die Verdrängung des Magnetfeldes aus dem Inneren nicht mehr vollständig (Schubnikow-Phase). Aufgrund der für den magnetischen Fluss geltenden Quantenbedingung dringt das Magnetfeld in Form von normalleitenden magnetischen Flusswirbeln bzw. Flussschläuchen ein. Fließt durch einen solchen Supraleiter ein Strom, so übt dieser eine

Kraft auf die Flussschläuche aus. Die dabei geleistete Arbeit tritt in Form von Wärme auf und der elektrische Strom fließt im Supraleiter nicht mehr ohne Verlust. In der Praxis muss diese die Supraleitung störende Wärmeentwicklung unterbunden werden, d.h. die Flussschläuche müssen örtlich fixiert bzw. verankert werden (harte Supraleiter). Wird ein Elektromagnet mit solchem supraleitendem Material umwickelt und mit Helium auf 4 K abgekühlt, so fließt in ihm nach Erregung praktisch widerstandslos ein Dauerstrom, der das Magnetfeld aufrecht erhält. Diese supraleitenden Magneten finden z.B. in Beschleunigern oder Kernspintomographen Einsatz. Die Verbindung Nb_3Sn ist ein solcher harter Supraleiter, der noch in sehr starken Magnetfeldern (20 Tesla bei 4,2 K) starke Ströme mit Stromdichten von bis zu 10^5 A/cm^2 transportieren kann.

Zu den klassischen Supraleitern wird auch die vor wenigen Jahren für einigen Wirbel sorgende Verbindung Magnesiumdibromid (MgB_2) gezählt, deren Sprungtemperatur bei lediglich 39 K liegt.

Hochtemperatur-Supraleiter

Hochtemperatur-Supraleiter, abgekürzt HTSL, auch heiße Supraleiter, keramische Supraleiter, Kupferoxid-Supraleiter oder oxidische Supraleiter genannt, sind eine Klasse von Supraleitern, deren Sprungtemperaturen T_c mehr als 100 K betragen können und damit im Vergleich zu denen sämtlicher sonst bekannter Supraleiter als »hoch« bezeichnet werden müssen. Der oft verwendete Begriff keramische Supraleiter rührt daher, dass die ersten HTSL durch Sintern von Presskörpern aus Metalloxidgemischen hergestellt wurden und als keramikähnliche, äußerst spröde und harte Materialien vorlagen. Für einkristalline HTSL, ob in massiver Form oder als epitaktisch gewachsene Filme, ist dieser Begriff unangebracht.

Sämtliche HTSL sind in ihrer Kristallstruktur dem Mineral Perowskit ($CaTiO_3$) verwandt. Wichtigste Bausteine sind CuO_6-Oktaeder, die durch Sauerstoff-Fehlstellen zu CuO_5-Pyramiden oder CuO_4-Quadraten reduziert sein können. Eine flächenartige Vernetzung von CuO_4-Quadraten führt zu einer ausgeprägt anisotropen Struktur mit zweidimensionalem Charakter, in der CuO_2-Ebenen entweder einzeln oder zu Zweier- oder Dreierschichten zusammengefasst durch ein von den restlichen Atomen gebildetes Gerüst voneinander getrennt und stabil ge-

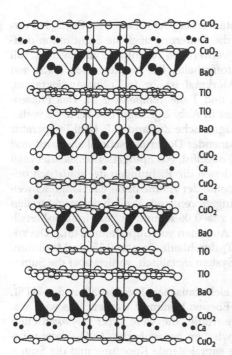

CuO₂
Ca
CuO₂
BaO
TlO
TlO
BaO
CuO₂
Ca
CuO₂
Ca
CuO₂
BaO
TlO
TlO
BaO
CuO₂
Ca
CuO₂

Abb. 1: Kristallstruktur des HTSL Tl-2223 (Tc ≫ 125 K). Die der Übersichtlichkeit halber weggelassenen Cu-Atome befinden sich in der Mitte der Pyramidenbasen bzw. Quadrate.

halten werden, wie es Abb. 1 zeigt. Gleichzeitig dient dieses Gerüst als Ladungsreservoir, das die ursprünglich isolierenden CuO_2-Ebenen meist durch Elektronenentzug (p-Dotierung), in selteneren Fällen durch zusätzliche Elektronen (n-Dotierung) in einen metallischen Zustand versetzt.

Zu jedem HTSL existiert eine Mutterverbindung, die isolierend und antiferromagnetisch ist, und aus der er durch n- oder p-Dotierung hervorgeht. Es gibt einen optimalen Dotierungsgrad x_0, für den die Sprungtemperatur T_c ein Maximum annimmt. HTSL mit $x < x_0$ bezeichnet man als unterdotiert, solche mit $x > x_0$ als überdotiert. n-dotierte HTSL (Beispiel: $Nd_{1,85}Ce_{0,15}CuO_4$ mit $T_c \gg 25$ K) haben wesentlich niedrigere Sprungtemperaturen als p-dotierte und sind technisch bedeutungslos. Zwei prominente Beispiele optimal p-dotierter HTSL sind $La_{1,85}Sr_{0,15}CuO_4$ mit $T_c \approx 38$ K und $YBa_2Cu_3O_7$ (Y-123) mit $T_c =$

92 K, die aus den Muttersubstanzen La_2CuO_4 bzw. $YBa_2Cu_3O_6$ hervorgehen. Im ersten Fall erfolgt die Dotierung über die Substitution dreiwertigen Lanthans durch zweiwertiges Strontium, im zweiten Fall durch Erhöhung des Sauerstoffgehalts. Ein zweites, allen HTSL auf Cupratbasis gemeinsames Merkmal ist ihr (x,T)-Phasendiagramm, wobei x der Dotierungsgrad und T die Temperatur ist. Das Phasendiagramm für $La_{2-x}Sr_xCuO_4$ ist in Abb. 2 gezeigt. Der bei $x = 0$ vorliegende isolierende antiferromagnetische Zustand (AF, Néel-Temperatur $T_N \gg 240$ K) wird bei zunehmender Dotierung schnell abgebaut und durch Spinglasverhalten (SG) abgelöst. Als Spingläser bezeichnet man magnetische Materialien, in denen die Richtungen der statistisch orientierten magnetischen Momente der Atome ohne eine langreichweitige magnetische Ordnung eingefroren sind, ähnlich der strukturellen Unordnung von Gläsern. Bei $x \gg 0,06$ kommt es zum Isolator-Metall-Übergang bei gleichzeitigem Auftreten von Supraleitung (SL). Die zugehörige Sprungtemperatur T_c durchläuft für $x \gg 0,15$ ein Maximum. Oberhalb $x \gg 0,3$ bleibt das System metallisch, verliert aber die Supraleitung.

Es ist gesichert, dass die elektronischen Eigenschaften der HTSL maßgeblich durch die CuO_2-Ebenen bestimmt werden. Das wird v. a. durch die ausgeprägte Anisotropie, die viele ihrer physikalischen Größen aufweisen, belegt. Zwischen benachbarten CuO_2-Ebenen besteht lediglich eine schwache supraleitende Kopplung und die Supraleitung hat einen quasi-zweidimensionalen Charakter: So kann der im normalleitenden Zustand gemessene, spezifische elektrische Widerstand für Stromfluss senkrecht zu den Ebenen um Größenordnungen über dem für Stromfluss in den Ebenen liegen, und auch viele supraleitende Kenngrößen weisen eine starke Richtungsabhängigkeit auf.

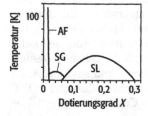

Abb. 2: (x,T)-Phasendiagramm für $La_{2-x}Sr_xCuO_4$ (Erläuterungen siehe Text).

Das physikalische Grundverständnis der Hochtemperatur-Supraleitung ist bis heute lückenhaft geblieben. Zwar konnten auch für die HTSL mit der Flussquantisierung und den Josephson-Effekten grundlegende Aussagen der für die klassischen Supraleiter gültigen BCS-Theorie experimentell bestätigt und damit ein makroskopischer Quantenzustand mit Spin-Singulett-Paarung als supraleitender Grundzustand nachgewiesen werden, doch ist die zur Paarung der Elektronen erforderliche Wechselwirkung nicht aufgeklärt. Gewichtige Argumente sprechen gegen den klassischen Elektron-Phonon-Mechanismus der Supraleitung, wie z. B. das Fehlen eines Isotopeneffekts bei der Substitution von ^{16}O durch ^{18}O oder die lineare Temperaturabhängigkeit des spezifischen Widerstands oberhalb T_c, wie sie in optimal dotierten HTSL beobachtet werden (siehe Abb. 3). Auffällig ist das nahezu lineare Verhalten oberhalb T_c, das allgemein für optimal dotierte HTSL charakteristisch ist. Die Verrundung des Phasenübergangs am Sprungpunkt beruht auf Fluktuationen, die durch die quasi-zweidimensionale Struktur des HTSL begünstigt werden. Propagiert werden dagegen magnetische Wechselwirkungen, die in ausgeprägten Korrelationseffekten der Elektronen ihre Ursache haben und auch mit der v. a. in phasensensitiven Tunnelexperimenten nachgewiesenen d-Wellen-Symmetrie der Paarwellenfunktion vereinbar sind.

Im Gegensatz zu den klassischen Supraleitern, in denen sich die Flussschläuche über viele Elementarzellen des Kristallgitters erstrecken, sind in den HTSL deren Abmessungen etwa hundertmal kleiner. Dies hat seine Ursache in der schwachen Kopplung zwischen be-

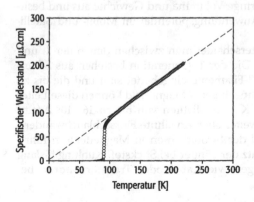

Abb. 3: Spezifischer Widerstand des HTSL $YBa_2Cu_3O_7$ als Funktion der Temperatur.

nachbarten CuO_2-Ebenen, die dafür verantwortlich ist, dass die Fluss-schläuche in zweidimensionale Flusswirbel oder pancake vortices (engl. Pfannkuchen-Wirbel) zerfallen.

Anwendungen

Für einen technischen Einsatz, z. B. in Kabel oder Spulen, müssen HTSL in Form von Drähten oder Bändern mit Längen von bis zu mehreren 100 m hergestellt werden. Da alle HTSL-Verbindungen sehr spröde sind und deren Anisotropien in Kombination mit ihren sehr geringen Kohärenzlängen (etwa 2–3 nm parallel zu den CuO_2-Ebenen und etwa 0,3 nm senkrecht dazu) zu einer starken Reduktion der kritischen Stromdichte an Großwinkelkorngrenzen führen, erfordert die Herstellung von Kabeln usw. einiges Geschick.

Technisch interessante Stromdichten erfordern einkristalline oder zumindest stark texturierte HTSL, wobei der Stromfluss in den CuO_2-Ebenen erfolgen muss. Dies erreicht man heute vornehmlich mit Y-123-Filmen, die epitaktisch auf einkristallinen Unterlagen, z. B. Korundscheiben, aufgewachsen sind, oder mit den sog. Bandleitern. Im Fall der aufgewachsenen Y-123-Filme erreicht man bei Kühlung mit flüssigem Stickstoff kritische Stromdichten bis etwa $5 \cdot 10^6$ A/cm^2. Diese Filme finden vorrangig in der Sensorik, in der Elektronik und in der Mikrowellentechnik Verwendung, wobei ihrem Einsatz in der Kommunikationstechnik besondere Bedeutung zukommt: Filtereinheiten und adaptive Antennensysteme auf der Basis von HTSL-Filmen zeichnen sich durch hohe Güten und geringe Volumina und Gewichte aus und besitzen ein herausragendes Anwendungspotential im Mobil- und Satellitenfunk.

Bei den Bandleitern unterscheidet man zwischen denen der 1. und denen der 2. Generation. Die der 1. Generation bestehen aus Silberbändern, in denen Bi-2223-Filamente eingebettet sind und die bis zu 1 km lang sein können. Ohne äußeres Magnetfeld können diese Leiter bei Temperaturen von 77 K Stromdichten von bis zu $16 \cdot 10^3$ A/cm^2 verlustlos tragen. Da das weiter oben erwähnte Flussschlauchwandern zu einem schnellen Abfall der Stromdichten in Magnetfeldern führt, bleibt der technische Einsatz der Bänder bei Stickstoff-Kühlung bislang auf Niederfeldanwendungen wie Kabel oder Transformatoren beschränkt.

Eine aussichtsreiche Alternative stellt die Verbindung $YBa_2Cu_3O_{7-x}$ (YBCO) dar, deren Eigenschaften deutlich weniger richtungsabhängig sind und in denen folglich der magnetische Fluss besser verankert werden kann, sodass die Flussschlauchwanderung unterbunden werden kann. YBCO wird bei der Herstellung von Bandleitern der zweiten Generation eingesetzt. Auf ein Metallband, das in den meisten Fällen aus orientiertem Nickel besteht, werden mittels Laser-Ablation oder durch thermisches Verdampfen Pufferschichten aufgebracht, welche die Unterschiede in den Gitterkonstanten von Ni und YBCO ausgleichen. Abschliessend wächst darauf epitaktisch eine YBCO-Schicht auf. Obwohl diese Bandleiter erst mit Längen von bis zu 1 m hergestellt werden können, sind sie aufgrund ihrer höheren kritischen Stromdichte den Bandleitern aus Silber bei Temperaturen von 77 K überlegen.

[1] R. P. Hübener, Magnetic Structure in Superconductors, Springer-Verlag, 1979.

[2] W. Buckel, Einführung in die Supraleitung, VCH Weinheim, 1995.

[3] J. R. Waldram, Superconductivity of Metals and Cuprates, Institute of Physics Publishing, 1996.

[4] V. V. Schmidt, The Physics of Superconductors (P. Müller, A. Ustinov, Hrsg.), Springer Verlag, 1997.

[5] M. Tinkham, Introduction to Superconductivity, Mc Graw Hill, New York, 1996.

[6] T. P. Sheathen, Introduction to High Temperature Superconductivity, Plenum Press, new York, 1994.

[7] M. Aquarone, High Temperature Super Conductivity, World Scientific, 1996.

Clusterphysik

Oliver Rattunde und Hellmut Haberland

Bis vor wenigen Jahren gab es kaum Berührungspunkte zwischen der Physik der Atome und Moleküle und der Physik der kondensierten Materie. Erst in den späten 1970er Jahren begann, was heute als Clusterphysik bezeichnet wird: die systematische Untersuchung einer Ansammlung von einigen wenigen (N = 4, 5, 6,...) bis hin zu mehreren zehntausend Atomen bzw. Molekülen, den sogenannten Clustern. Damit konnte eine Brücke zwischen den bisher getrennten Gebieten geschlagen werden.

Im Prinzip versucht die Clusterphysik, alle relevanten physikalischen und chemischen Eigenschaften der Materie als Funktion der Clustergröße, d. h. der Anzahl der Atome in einem Cluster, zu beschreiben. Typische Fragestellungen sind: Wie fängt ein Kristall an zu wachsen? Wie entwickelt sich aus der Ionisierungsenergie des Atoms oder Moleküls die Austrittsarbeit des Festkörpers? Ab welcher Clustergröße tritt Ferromagnetismus auf? Wie entwickelt sich aus dem magnetischen Moment des Atoms der Magnetismus des Festkörpers? Was bedeutet eigentlich Temperatur oder Schmelzen bei endlichen Systemen? Wie sind die katalytischen Eigenschaften? Diese Liste ließe sich beliebig verlängern.

Bei diesen Untersuchungen stellte es sich heraus, dass alle physikalischen und chemischen Eigenschaften von der Clustergröße abhängen. Das macht das Gebiet einerseits wissenschaftlich sehr interessant, andererseits ergeben sich Anwendungen in der Nanotechnologie, da man mit der Clustergröße einen Parameter in der Hand hat, mit dem man physikalische oder chemische Eigenschaften kontrolliert einstellen kann.

Erste Experimente mit Clustern wurden schon vor 3500 Jahren in Ägypten durchgeführt, als man lernte, durch Zugabe von Metalloxiden Gläser oder Glasuren von Keramiken zu färben. Beim Erhitzen beginnen die Metallatome im Glas zu diffundieren und sich zu Clustern zusammen zu lagern. Je nach Temperatur und Länge der Wärmebehandlung entstehen so unterschiedlich große Metallcluster. Mit Silber z.B. kann Glas von gelb über rot, violett, blau bis grau-grün gefärbt werden, wenn sich die Größe der Silbercluster von 0,1 bis 1,3 mm verändert. Dieses Phänomen kann im Rahmen der klassischen Mie-Theorie durch eine größenabhängige Plasmonresonanz der Metallelektronen erklärt werden. Dieses Beispiel zeigt anschaulich, wie über die Größe eine physikalische Eigenschaft – hier die Farbe – eingestellt werden kann.

Eine grobe Einteilung der Cluster wird in der Regel anhand ihrer Größe vorgenommen:

- **sehr klein**: Die Anzahl der Atome pro Cluster ist N = 3 bis 10 oder 13. Für $N \leq 12$ sind noch alle Atome an der Oberfläche. Die Konzepte und Methoden der Molekülphysik sind anwendbar und die physikalische Eigenschaften ändern sich oft sprunghaft mit N.
- **klein**: N = 10 oder 13 bis etwa 100. Es existieren viele isomere Strukturen mit ähnlicher Bindungsenergie; die molekularen Konzepte verlieren ihre Brauchbarkeit.
- **mittel**: N = 100 bis etwa 1 000 oder 10 000. Einige, aber nicht alle, Eigenschaften streben langsam gegen ihren asymptotischen Wert.
- **groß**: N größer als etwa 10 000. Man spricht auch von kleinen Teilchen oder Mikrokristallen. Die Eigenschaften entwickeln sich gleichmäßig zu denen des Festkörpers.

Man kann die Untersuchungen an Clustern grob in zwei Gruppen einteilen: 1) Untersuchungen an freien Clustern, bei denen Eigenschaften von Clustern im Vakuum untersucht werden, und 2) Studien an Clustern auf Oberflächen bzw. von Clustern, die mit Oberflächen wechselwirken (z.B. an ihnen gestreut werden) oder in andere Materialien eingelagert werden. Bei den ersteren handelt es sich fast immer um grundlegende Untersuchungen, während im letzteren Fall oft Anwendungen im Vordergrund stehen.

Untersuchungen an freien Clustern

Das Schema einer einfachen Apparatur zur experimentellen Untersuchung von Clustern zeigt Abb. 1. In einer Clusterquelle werden die

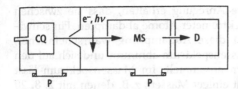

Cluster erzeugt und treten durch eine konische Blende in eine separat bepumpte Kammer. Dort können sie durch Elektronen- oder Photonenbeschuss ionisiert, in einem Massenspektrometer nach Massen getrennt und in einem Detektor nachgewiesen werden. Zwei Pumpen sorgen für ein ausreichendes Vakuum. Unter der Vielzahl von Clusterquellen ist die Laserverdampfungsquelle besonders populär geworden. Mit einer derartigen Quelle wurde z. B. das in Abb. 2 dargestellte Massenspektrum von Kohlenstoff-Clustern erzeugt. Das Clusterwachstum kann durch Variation der Bedingungen in der Clusterquelle so beeinflusst werden, dass fast ausschließlich C_{60}^+ zu sehen ist. Dessen fussballähnliche Struktur, auch Bucky Ball genannt, war zu Anfang heftig umstritten, wurde aber in einer Vielzahl von Experimenten und Rechnungen bestätigt. Es gibt eine ganze Reihe ähnlicher, hohler Kohlenstoffcluster (C_{60}, C_{70}, usw.), die sogenannten ↑ Fullerene. Für ihre Entdeckung und Untersuchung wurden Richard E. Smalley, Robert F. Curl und Harold W. Kroto 1996 mit dem Nobelpreis für Chemie ausgezeichnet.

Mit einer Apparatur wie in Abb. 1 dargestellt können aber auch andere interessante physikalische Ergebnisse, z. B. an heißen Natrium-Clustern, erzielt werden. Diese Cluster haben durch den Produktions-

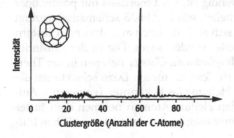

prozess eine so hohe innere Anregung erhalten, dass sie zwischen Clusterquelle und Massenspektrometer Atome abdampfen. Für schwächer gebundene Cluster ist diese Abdampfung wahrscheinlicher, sodass ihre Intensität im Massenspektrum abnimmt und sich auf den stärker gebundenen Clustern ansammelt. Im Massenspektrum lässt sich aus der hohen Intensität einiger Massen, z. B. denen mit 2, 8, 20 oder 40 Atomen pro Cluster, auf ihre höhere Stabilität gegenüber dem Abdampfen von Atomen und damit auch auf eine höhere atomare Bindungsenergie schließen. Für diese hat sich der Begriff *magische Cluster* eingebürgert.

Das Massenspektrum von heißen Natrim-Clustern war der erste experimentelle Hinweis auf ein Modell, das nicht nur für Alkali-Cluster, sondern auch für alle Metalle von großer Bedeutung ist: nämlich das Modell des quasifreien Elektronengases, auch Jellium-Modell genannt. Das Modell ist verblüffend erfolgreich, wenn man bedenkt, mit welcher einfachen Annahme es auskommt: Die Coulomb-Wechselwirkung zwischen Elektronen und Kernen wird gleichmäßig (wie Marmelade, amerikanisch: jelly) ausgestrichen. Nur die Coulomb-Wechselwirkung der Elektronen untereinander wird vollständig berücksichtigt.

Es gab verschiedene Versuche, die optische Absorption mit einer Apparatur wie in Abb. 1 zu messen. Dies ist heute aber fast ganz aufgegeben worden, da es zu einer charakteristischen Schwierigkeit kommt: denn bei der Photoabsorption und der nachfolgenden, zum Nachweis notwendigen Ionisation bleibt der Cluster nur ganz selten intakt. Meist dampft er einige Atome oder auch größere Bruchstücke ab. Dieser auch Fragmentation genannte Prozess führt dazu, dass mit der eingangs beschriebenen Apparatur die gemessenen Signale im Massenspektrum nicht eindeutig einer definierten Clustergröße zugeordnet werden können. Man benötigt also vor der Wechselwirkung mit den Photonen eine weitere Massenanalyse. Da die Massentrennung neutraler Cluster schwierig und apparativ aufwendig ist, wird meistens mit positiv oder negativ geladenen Ionen gearbeitet, wie in Abb. 3 schematisch gezeigt ist. Diese Apparatur zeichnet sich auch dadurch aus, dass mit Clustern definierter Temperatur gearbeitet werden kann. Die in der Clusterionenquelle erzeugten elektrisch geladenen Cluster nehmen in der Thermalisierungsstufe eine definierte Temperatur an. Dazu schickt man die Cluster durch ein verdünntes Helium-Gas bekannter Temperatur. Aufgrund der vielen Stöße mit den Helium-Atomen nehmen die Cluster eine kanonische Temperaturverteilung an, bei der sie im zeitlichen Mit-

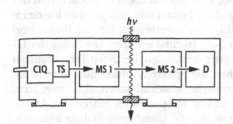

tel mit dem Gas keine Energie austauschen. Im ersten Massenspektrometer wird dann eine einzige Clustergröße selektiert, anschließend mit Licht aus einem Laser bestrahlt und die Photoprodukte in einem zweiten Massenspektrometer getrennt.

Abb. 4 zeigt Photoabsorptionsquerschnitte und relevante geometrische Strukturen für feste und flüssige Na_9^+- und Na_{11}^+-Cluster. Diese haben 8 bzw. 10 Valenzelektronen, und da es im Jellium-Modell nur auf die Anzahl der Elektronen ankommt, ist Na_9^+ ebenso wie Na_8 und Na_7^- ein kugelsymmetrischer magischer Cluster und Na_{11}^+ nicht. Daher sollte man für Na_9^+ eine und für Na_{11}^+ zwei oder drei intensive Absorptionslinien erwarten. Diese sieht man auch, aber nur bei so hohen Tempe-

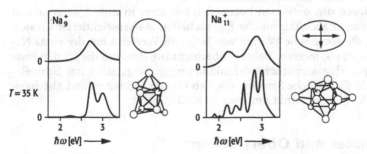

Abb. 4: Optisches Absorptionsspektrum für feste und flüssige Na_9^+- bzw. Na_{11}^+-Cluster. Aufgetragen ist der Absorptionsquerschnitt pro Valenzelektron gegen die Photonenenergie in Elektronenvolt. Die Geometrie der festen Cluster und des entsprechenden Jellium-Tropfens ist rechts gezeichnet.

raturen, dass die Cluster flüssig sind (jeweils die oberen Kurven in der Abb. 4). Die energetische Lage der Maxima lässt sich gut durch eine im Jellium-Modell kugelförmige Elektronenverteilung für Na_9^+ (links) und ein asphärische Verteilung für Na_{11}^+ (rechts) erklären. Die Breite der Linien ist allerdings noch nicht ganz verstanden. Bei tiefen Temperaturen von 35 K (untere Kurven) sehen die Spektren anders aus: Man beobachtet nicht aufgelöste elektronische Molekülbanden, d.h. zwei bzw. fünf schmalere Maxima. Bei diesen Temperaturen führen die Atome nur noch kleine Schwingungen um die Gleichgewichtslage aus, d.h. der Cluster verhält sich wie ein großes Molekül mit einer festen geometrischen Struktur. Entsprechend interpretiert man die Linien als nicht aufgelöste elektronische Übergänge in einem kalten Na_{11}^+-Molekül.

Bei der Beschreibung der optischen Spektren ändert sich also mit der Temperatur die Art des physikalischen Konzeptes. Bei tiefen Temperaturen, wenn die Atome im Cluster noch nicht beweglich sind, verwendet man Konzepte der Molekülphysik, bei hohen Temperaturen findet das aus der Festkörperphysik stammende Jellium-Modell seine Anwendungen. Es sind heute Bestrebungen im Gange, das Jellium-Modell so zu erweitern, dass es auch gestattet, die kleinen, kalten Cluster zu berechnen. Genauso werden zur Zeit die ersten molekülphysikalischen Rechnungen für heiße Cluster gemacht. Durch diesen doppelten Zugang hat sich eine Breite der theoretischen Beschreibung ergeben, die zu tieferen Einsichten geführt hat.

Neben den optischen lassen sich mit einer in Abb. 3 dargestellten Apparatur auch thermische Eigenschaften massenselektierter Cluster, z.B. die spezifische Wärme von Na_{139}^+ im Vergleich mit der eines Na-Festkörpers, messen. Dabei beobachtet man, dass sich die für den Festkörper charakteristische δ-funktionsartige Singularität am Schmelzpunkt für endliche Systeme wie den Cluster verbreitet und gleichzeitig der Schmelzpunkt um etwa 20 bis 30% sinkt.

Cluster und Oberflächen

Bei einem typischen Experiment zur Untersuchung der Wechselwirkung von Clustern mit Oberflächen wird ein Clusterstrahl auf eine Oberfläche gerichtet und entweder die Streuung der Cluster an der Oberfläche oder häufiger die Eigenschaften der deponierten Cluster

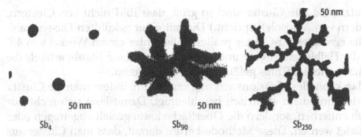

Abb. 5: Strukturen von Antimon-Inseln auf einer Graphitoberfläche in Abhängigkeit der Größe der deponierten Cluster.

auf der Oberfläche studiert. Wichtig ist, wie bei vielen Experimenten der Oberflächenphysik, dass der Zustand der Oberfläche genau bekannt ist. Deshalb werden diese Experimente oft im Ultrahochvakuum durchgeführt. Aus der Vielfalt der Experimente soll hier nur eines diskutiert werden, bei dem die Oberflächendiffusion als Funktion der Clustergröße untersucht wurde. Abb. 5 zeigt Transmissionselektronen-mikroskopie-Aufnahmen von Antimon (Sb)-Inseln auf Graphit. Dazu wurden neutrale Sb-Cluster mit einer mittleren Größe von 4, 90 bzw. 240 Atomen pro Cluster mit geringer kinetischer Energie auf einer Graphit-Oberfläche ($T = 300$ K) deponiert. Sb-Cluster aller drei Größen sind bei Zimmertemperatur auf Graphit sehr beweglich und lagern sich zu unterschiedlich strukturierten Inseln zusammen. Man erkennt, dass sich kleine Cluster mit $N = 4$ zu größeren Inseln mit kompakter Struktur zusammenlagern, wie dies auch bei der Oberflächendiffusion einzelner Atome beobachtet wird. In allen drei Fällen wurde die gleiche Menge Atome – jeweils eine Monolage – deponiert. Mit zunehmender Größe der auftreffenden Cluster ändert sich dieses Verhalten, und es entstehen neue, fraktale Strukturen auf der Oberfläche (↑ Fraktale).

Anwendungen

Eine der Faszinationen der Clusterphysik besteht darin, dass sich aus grundlegenden Untersuchungen interessante Anwendungen ergeben können: So entwickelte die Firma IBM ein Verfahren, bei dem ein Strahl sehr großer Argon-Cluster zum Reinigen von Halbleiterwafern benutzt wird (die Cluster sind so groß, dass IBM nicht von Clustern, sondern von Aerosolen spricht.) Die mit einer gekühlten Düsenstrahlquelle erzeugten Ar-Cluster prallen dabei unter einem Winkel von 45° auf die Halbleiterstruktur und entfernen so kleine Staubpartikel, die hochintegrierten Chips gefährlich werden können.

Man kann diese Erosionswirkung verstärken, indem man die Cluster ionisiert und dann elektrisch beschleunigt. Damit lässt sich nicht nur Staub entfernen, sondern die Oberfläche kann gezielt abgetragen oder geglättet werden. Diese Methode beruht darauf, dass man Cluster aus Materialien verwendet, die bei Zimmertemperatur gasförmig sind. Bei der Clusterbeschichtung dagegen richtet man einen Strahl aus metallischen Clustern auf eine Oberfläche, sodass sich diese beim Aufprall mit der Oberfläche verbinden. Bei hoher Auftreffenergie der Cluster können auf diese Weise extrem glatte und gut haftende Schichten hergestellt werden.

Ein weiteres wichtiges Anwendungsgebiet ist die Katalyse, also die Aktivierung oder Beschleunigung chemischer Prozesse. Fast alle industriell eingesetzten Katalysatoren sind feinst verteilte Pulver auf einer chemisch inerten Unterlage. Da die Adsorptionswahrscheinlichkeit eines Moleküls auf einem Partikel (also der erste katalytische Schritt) stark von dessen Größe abhängt, ergeben sich vielfältige Möglichkeiten für Katalysatoren, die aus oder mit Clustern gefertigt werden.

Der berühmte theoretische Physiker Richard Feynman hat einmal geschrieben: »There is plenty of room at the bottom«, wobei er meinte, dass man vieles noch viel kleiner bauen und konstruieren könnte. Diese Worte sind zum Motto der Nanotechnologie geworden. In diesem Wettlauf hin zu immer kleineren Strukturen wird die Clusterphysik eine wichtige Rolle spielen, sobald die Nanotechnologie in Größenbereiche vorstößt, bei denen sich physikalische oder chemische Eigenschaften der Materie als Funktion der Anzahl der verwendeten Atome oder Moleküle verändern.

[1] T. Arai, K. Mihama, K. Yamamoto (ed.), Mesoscopic Materials and Clusters: Their Physical and Chemical Properties, Springer Series in Cluster Physics 1999. XVI.

[2] P. G. Reinhard, E. Suraud, An Introduction to Cluster Dynamics, Wiley-VCH, Weinheim, 2003.

Fullerene

Siegmar Roth und Kun Liu

Fullerene sind fußballartige Kohlenstoffgebilde. Wichtig ist, dass es sich hierbei um graphitartigen Kohlenstoff handelt, während die klassischen Kohlenstoffmodifikationen Diamant und Graphit sind. Diamant ist vierbindig (»sp³-hybridisiert«), und jedes Kohlenstoffatom ist von vier nächsten Nachbarn umgeben. Diamant ist somit ein Verwandter des Germaniums und Siliciums, nämlich ein Halbleiter (und zwar ein Halbleiter mit einer so großen Energielücke, dass er zur Klasse der Isolatoren gehört). Graphit ist schichtartig aufgebaut, und die Kohlenstoffatome in einer Schicht sind nur von drei Nachbarn umgeben, sodass der Kohlenstoff hier nur dreibindig ist (»sp²-hybridisiert«). Das vierte Elektron ist über die ganze Schicht »delokalisiert« und steht für eine metallähnliche elektrische Leitfähigkeit zur Verfügung.

In grober Näherung kann man sich die Fulleren-Bälle als Graphitkugeln vorstellen. Das bienenwabenartige Kristallgitter einer Graphit-Schicht besteht aus lauter aneinandergereihten Sechsecken. Wenn sie nur Sechsecke enthält, ist eine Schicht eben, doch wenn man einige Sechsecke durch Fünfecke ersetzt, beginnt sie sich zu wölben. Es stellt sich heraus, dass man 12 Fünfecke braucht, um eine geschlossene Struktur zu erhalten. Der kleinste und regelmäßigste Fulleren-Ball besteht aus 12 Fünfecken und 20 Sechsecken. Er enthält insgesamt 60 Kohlenstoffatome und bildet das Molekül C_{60}. Die Struktur des Fulleren-Moleküls C_{60} ist in Abb. 1 dargestellt. Das Gebilde ist fast kugelartig mit einem Durchmesser von ungefähr 10 Å. Wenn man die Kohlenstoff-Atome durch Kugeln mit dem Van-der-Waals-Radius darstellt, bleibt im Innern ein Hohlraum von etwa 7 Å Durchmesser. Wegen der Krümmung und wegen der geringen Abmessungen ist Fulleren nicht ganz so metallisch wie Graphit, aber auch nicht so isolierend wie Diamant.

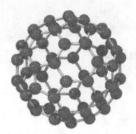

Abb. 1: Struktur des Fulleren-Moleküles C_{60}.

Für die Synthese dieses hitzebeständigen Moleküls, dessen Name *Buckminster-Fulleren* bzw. *bucky ball* an den Architekten Richard Buckminster Fuller erinnern soll, der ähnliche Polyederkonstruktionen für seine Kuppelbauten verwandte, erhielten R. F. Curl, H. W. Kroto und R. E. Smalley 1996 den Nobelpreis für Chemie [1].

Herstellung und Eigenschaften

Ein Fulleren-Herstellungsverfahren besonderer Art ergab sich bei den Bemühungen, Substanzen mit ähnlichen Absorptionslinien zu erzeugen, wie sie in der interstellaren Materie beobachtet werden. Dabei haben W. Krätschmer und Mitarbeiter die Fulleren-Synthese in der Bogenlampe entwickelt [2], die es erlaubt, mit einfachen Mitteln verhältnismäßig große Mengen von Fulleren zu erzeugen. Bei diesem sog. Krätschmer-Verfahren brennt zwischen zwei Graphitelektroden ein stark rußender elektrischer Entladungsbogen, wobei eine inerte Atmosphäre den Ruß vor Oxidation schützt. Im Ruß befinden sich neben anderen Kohlenstoffpartikeln verschiedene Fullerene. Diese können mit organischen Lösungsmitteln extrahiert und anschließend chromatographisch getrennt werden.

Ein Molekül aus 60 Atomen ist bereits ein kleiner Festkörper. Genau genommen ist es ein Cluster, ein Gebilde, das zwischen Molekül und Festkörper steht (↑ Clusterphysik). Im C_{60}-Molekül – da es eine Hohlkugel ist, sollte man vielleicht besser sagen: *Auf* dem C_{60}-Molekül kann man Festkörperphysik betreiben, d.h. Energiebänder, Energielücken, Exzitonen, Korrelationsenergien u.v.a.m. berechnen. Die Moleküle können aber auch zu einem geordneten Molekülkristall zusammenfügt werden, und so entsteht aus lauter Minifestkörpern ein großer Festkörper. Natürlich sind die Wechselwirkungen innerhalb der Minifestkörper, d. h. die intramolekularen Wechselwirkungen, viel größer als die zwischen den Minifestkörpern, also den intermolekularen Wechselwirkungen. Chemisch gesprochen handelt es sich in einem Fall um kovalente Bindungen, im anderen um Van-der-Waals-Bindungen.

Diese unterschiedliche Stärke der Wechselwirkungen führt auch zu unterschiedlichen Energieskalen. Elektronische Energien innerhalb des Minifestkörpers liegen im Bereich von einigen 10 eV, im Molekülkristall betragen sie nur einige Zehntel eV. Das bedeutet, dass die Energiebänder im Molekülkristall sehr schmal sind. Die Minifestkörper sind Halbleiter und auch der Molekülkristall ist ein Halbleiter. Aber den Molekülkristall kann man dotieren, und zwar so stark, dass er zum Metall und sogar zum Supraleiter wird.

Dotierte Fullerene

Geeignete Dotiermittel für den Molekülkristall sind z. B. die Alkalimetalle. Diese diffundieren in die Lücken zwischen den C_{60}-Molekülen, und in der Halbleiter-Terminologie würde man von interstitiellem Dotieren sprechen. Ähnlich wie bei leitenden Polymeren und bei Graphit-Einlagerungsverbindungen wird auch der Ausdruck Interkalieren verwendet. 1991 konnte erstmals Supraleitung in kaliumdotiertem Fulleren beobachtet werden. Beim Abkühlen der Probe verschwindet der elektrische Widerstand bei etwa 12 oder 13 K. Inzwischen hat man in Fullerenen bereits supraleitende Sprungtemperaturen von fast 40 K und im Jahr 2001 an der Oberfläche spezieller »loch-dotierter« Fullerenkristalle sogar eine Temperatur von 117 K erreicht. Wenn K. A. Müller und J. G. Bednorz 1986 nicht die ↑ Hochtemperatur-Supraleitung in Perowskiten entdeckt hätten, bei denen heute T_c bereits wesentlich über 100 K liegt, hätte man auch für die Supraleitung in Fullerenen einen Nobelpreis vergeben können.

Normalerweise gibt es nur die schwachen Van-der-Waals-Bindungen zwischen den C_{60}-Molekülen im Fulleren-Kristall. Durch besondere Behandlung (Druck, Dotieren, Lichteinstrahlung) kann man Fulleren aber auch polymerisieren. Dann bilden sich kovalente Bindungen zwischen den Molekülen aus [4], die zur Kettenbildung führen. Solche Ketten entstehen gelegentlich in alkalidotiertem Fulleren und zeigen dann ähnliche elektrische und magnetische Anomalien wie andere eindimensionale Leiter. So gibt es z. B. Hinweise für Ladungs- und Spindichtewellen.

Da die Fulleren-Bälle Hohlkugeln sind, liegt es nahe, Atome oder Moleküle in den Hohlraum einzubringen. Als *endohedrale Fullerene* bezeichnet man dann Fullerene, die ein oder mehrere Atome in ihrem Inneren einschließen. Zur Beschreibung dieser ungewöhnlichen Klasse wurde eine neue Nomenklatur eingeführt, die das Formelzeichen @ enthält: So bedeutet $La@C_{82}$, dass ein Lanthanatom im C_{82} eingebaut ist. Mit Hilfe dieser Fullerene konnte nachgewiesen werden, dass alle geradzahligen Kohlenstoffcluster von C_{32} bis mindestens C_{600} hohle Käfige, also Fullerene sind. In C_{60} kann man v. a. Stickstoff oder Lithium unterbringen. Bei den höheren Fullerenen gibt es eine ganze Reihe von endohedralen Verbindungen: $Sc@C_{82}$, $La@C_{82}$, $Y@C_{82}$ usw..

In der organischen Chemie spielt das Benzol eine große Rolle. Benzol ist ein geschlossener Ring aus dreibindigem Kohlenstoff. Es liegt nun nahe, eine analoge Chemie auf Kohlenstoff-Kugeln aufzubauen, etwa indem man eine Bindung auf der Kugel öffnet und daran andere organische Komponenten anhängt. In der Tat gibt es heute bereits eine Vielzahl von Fulleren-Derivaten (die Datenbanken verzeichnen mehr als 10 000 sog. Fulleren-Spezies).

Neben dem C_{60}-Fulleren, das die höchste Symmetrie besitzt, gibt es zahlreiche größere Fullerene wie C_{70}, C_{82}, C_{84}, ..., C_{240}, ... Abb. 2 zeigt das eiförmige C_{70}, das nicht wie ein europäischer, sondern eher wie ein amerikanischer Fußball aussieht. Man kann in Gedanken – und auch in der Realität – die Ellipsoide immer länger und länger machen und gelangt so schließlich zu den Kohlenstoff-Nanoröhrchen, welche bei Durchmessern von nur einigen Nanometern mehrere Mikrometer oder gar Zentimeter lang werden (↑ Nanoröhrchen).

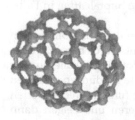

Abb. 2: C_{70}, ein Fulleren, das nicht wie ein europäischer, sondern eher wie ein amerikanischer Fußball aussieht.

Ausblick

Während endohedrale Fullerene wie $K_3@C_{60}$, $Cs_3@C_{60}$, $Rb_3@C_{60}$, $Cs_2Rb@C_{60}$ und $Cs_3Rb@C_{60}$ mit Sprungtemperaturen zwischen 20 und 47 K als Supraleiter in der Mikroelektronik Anwendung finden könnten, zeigen Fullerenen wie das Teflonfulleren $C_{60}F_{60}$ Eigenschaften, die sie als Schmiermittel für Präzisionsmaschinen qualifizieren.

Fullerene könnten aber auch in Photodetektoren eingesetzt werden: Extrem dünne Schichten, in denen Fullerene und Kunststoffe vermischt sind, werden mit Licht bestrahlt und setzen in den Kunststoffen Elektronen frei, die von den Fullerenen einfangen und an eine Elektrode abtransportiert werden. Ein anderes Entwicklungsgebiet betrifft die Entwicklung organischer Solarzellen. Obwohl die Leistungseffizienz dieser Fulleren-Solarzellen kleiner ist als die von herkömmlichen Silizium-Solarzellen, haben diese doch zwei wichtige Vorteile: zum einen sind sie deutlich billiger und können zum anderen auf biegsame und beliebig große Träger aufgebracht werden.

[1] H. W. Kroto, J. R. Heath, S. C. O'Brien, R. F. Curl, R. E. Smalley: Nature 318, 162 (1985).

[2] W. Krätschmer, L. D. Lamb, K. Fostiropoulous, D. Huffmann: Nature 347, 354 (1990).

[3] P. W. Stephens, G. Bortel, G. Faigel, M. Tegze, A. Janossy, S. Pekker, G. Oszlanyi, L. Forro: Nature 370, 636 (1994).

[4] Kuzmany, J. Fink, M. Mehring und S. Roth, (Hrsgb.): Electronic Properties of Fullerenes, Springer, Heidelberg 1993.

[5] H. Kuzmany, J. Fink, M. Mehring und S. Roth, (Hrsgb.): Progress in Fullerene Research, World Scientific, Singapore 1994.

[6] H. Kuzmany, J. Fink, M. Mehring und S. Roth, (Hrsgb.): Physics and Chemistry of Fullerenes and Derivatives, World Scientific, Singapore 1995.

[7] H. Kuzmany, J. Fink, M. Mehring und S. Roth, (Hrsgb.): Fullerenes and Fullerene Nanostructures, World Scientific, Singapore 1996.

[8] H. Kuzmany, J. Fink, M. Mehring und S. Roth, (Hrsgb.): Molecular Nanostructures, World Scientific, Singapore 1998.

Phasenübergänge
und kritische Phänomene

Uwe Klemradt

Die große Vielfalt von Erscheinungen und Formen, die wir in unserer Umwelt beobachten, sowie ihr ständiger Wandel scheinen in merkwürdiger Weise mit den abstrakten Prinzipien der Physik zu kontrastieren, in denen v. a. die Unveränderlichkeit bestimmter Größen wie Energie, Masse oder Impuls betont werden. Doch die physikalischen Gesetze stellen lediglich Rahmenbedingungen dar, innerhalb derer die Materie ihren Zustand und damit ihre Eigenschaften sehr stark wandeln kann. Für die Vielfalt der Natur sind zum einen offene Systeme verantwortlich (wie sie z. B. für die Biologie charakteristisch sind), die durch ständige Energiezufuhr und Entropieerzeugung einen thermodynamischen Nichtgleichgewichtszustand aufrechterhalten und dabei sehr komplexe Muster erzeugen können. Zum anderen spielen Umwandlungen zwischen verschiedenen (Aggregat-)Zuständen der Materie eine große Rolle, die dem thermodynamischen Gleichgewicht folgen.

Im Gegensatz zu vielen anderen physikalischen Phänomenen stellen Phasenumwandlungen einen Teil unserer Alltagserfahrung dar. Dies gilt v. a. für Wasser und spiegelt sich beispielsweise in der Definition der Celsius-Temperaturskala wider, die dem schmelzenden Eis 0 °C und dem siedenden Wasser 100 °C zuordnet. Doch dies ist nur beim Standard-Atmosphärendruck von 1013,25 hPa richtig, der wiederum nur dadurch ausgezeichnet ist, dass er die Umwelt des Menschen charakterisiert. Einen Überblick über die Zustände von Wasser in einem weitem Druck- und Temperaturbereich gibt das in Abb. 1 dargestellte sogenannte Phasendiagramm. Die feste, flüssige und gasförmige Phase sind durch Grenzlinien voneinander getrennt; beim Überschreiten einer solchen Linie (z. B. durch Temperaturerhöhung) findet ein Phasenübergang statt. Ein solches Phasendiagramm setzt thermodynamisches

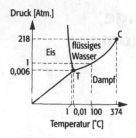

Abb. 1: Phasendiagramm von Wasser. Die Skalen sind in der Nähe des Tripelpunktes T zur Verdeutlichung gedehnt; der Druck ist in Vielfachen des Standard-Atmosphärendrucks angegeben.

Gleichgewicht voraus, d. h. es enthält nur Information über den Endzustand bei vorgegebenem Druck und Temperatur – wie lange es dauert, bis das System diesen Zustand erreicht, ist eine Frage der Kinetik und geht aus dem Phasendiagramm nicht hervor.

Von besonderer Bedeutung sind die Grenzlinien zwischen den einzelnen Phasen, da sie gleichzeitig auch Koexistenzlinien sind. Stellt man Druck p und Temperatur T so ein, dass sie auf einer solchen Linie liegen, so können die benachbarten Phasen gleichzeitig im Gleichgewicht existieren. Alle drei Koexistenzlinien schneiden sich im wichtigen Tripelpunkt, an dem folglich die feste, flüssige und gasförmige Phase gleichzeitig im Gleichgewicht vorliegen. Es ist daher nicht überraschend, dass dieser Punkt besonders ausgezeichnet ist und eine wichtige, materialspezifische Kenngröße darstellt. Der Tripelpunkt von Wasser liegt bei T_T = 273,16 K und p_T = 610,5 Pa. Ebenfalls ausgezeichnet ist der Endpunkt der Koexistenzlinie von Flüssigkeit und Dampf, der für Wasser bei T_C = 647,4 K und p_C = 22,1 MPa liegt. Dieser Punkt heißt auch »kritischer Punkt«; in seiner Nähe treten die berühmten »kritischen Phänomene« auf. Obwohl der Bereich um den kritischen Punkt nur einen kleinen Teil des Phasendiagramms ausmacht, hat er die Physik in diesem Jahrhundert stark beschäftigt, da dort (weitgehend) universelles Verhalten auftritt, das unabhängig vom jeweiligen Material ist.

Thermodynamische Phasen und ihre Zustandsdiagramme

In der thermodynamischen Betrachtung eines Vielteilchensystems sieht man von der mikroskopischen Struktur der Systeme völlig ab und arbeitet nur mit phänomenologischen Größen. Eine thermodynamische Phase wird daher definiert als eine makroskopische Stoffmenge mit homogenem Aufbau, die sich im Gleichgewicht mit ihrer Umgebung befindet. Falls mehrere Phasen koexistieren, sind sie durch eindeutige Grenzflächen voneinander getrennt, an denen sich makroskopische Größen wie Dichte, Kompressibilität, Brechungszahl etc. sprunghaft ändern.

Jede Phase kann formal als ein eigenes System aufgefasst werden, dessen Energie sich durch ein zugehöriges thermodynamisches Potential beschreiben lässt und für das jeweils eine eigene Zustandsgleichung gilt, d. h. eine Verknüpfungsfunktion der relevanten Zustandsgrößen wie Druck, Temperatur, Volumen etc.. Verschiedene Phasen müssen nicht notwendigerweise mit verschiedenen Aggregatzuständen verbunden sein: Besitzt ein Material mehrere feste Modifikationen mit unterschiedlicher Kristallstruktur, so stellen diese verschiedene thermodynamische Phasen dar. Häufig werden verschiedene feste Phasen bei hohen Drücken beobachtet; dies ist z. B. bei Eis der Fall, das bei Drücken oberhalb von 200 MPa etliche Hochdruckphasen ausbildet. Von Helium sind auch zwei flüssige Phasen bekannt: Helium-I, das sich wie eine gewöhnliche viskose Flüssigkeit verhält, und unterhalb von 2,2 K das superfluide Helium-II.

Koexistierende Phasen befinden sich nur im Gleichgewicht, wenn gewisse thermodynamische Beziehungen erfüllt sind. Können z. B. zwei Phasen A und B untereinander Energie austauschen, so muss im Gleichgewicht die Temperatur der beiden Phasen gleich sein:

$$T_A = T_B .$$

Bei Volumenaustausch, d. h. eine Phase kann sich auf Kosten der anderen ausdehnen, muss entsprechend der Druck identisch sein:

$$p_A = p_B .$$

Ist die Anzahl der Teilchen in jeder Phase nicht konstant, weil Moleküle ausgetauscht werden, so muss im Gleichgewicht das chemische Potential für jede Molekülsorte i in beiden Phasen übereinstimmen:

$$\mu_A^{(i)} = \mu_B^{(i)} .$$

Falls mehr als zwei Phasen vorliegen, gelten diese Gleichungen für jedes beliebige Paar von ihnen. Durch Abzählen solcher Gleichungen und Vergleich mit der Anzahl der thermodynamischen Variablen konnte Josiah W. Gibbs 1878 ganz allgemein bestimmen, wie viele Phasen maximal im Gleichgewicht koexistieren können. Die »Gibbssche Phasenregel«

$$P + F = K + 2$$

begrenzt daher die Komplexität beliebiger Phasendiagramme erheblich. P steht hier für die Anzahl der koexistierenden Phasen und F für die Anzahl der thermodynamischen Freiheitsgrade, also die Anzahl der Zustandsvariablen, welche unabhängig voneinander variiert werden können, ohne dass eine Phase verschwindet oder hinzukommt. K ist die Anzahl der Komponenten, aus denen das System aufgebaut ist.

Bei einkomponentigen Systemen wie z. B. Wasser kann es nur Zwei- und Dreiphasengleichgewichte geben. Im Einphasenbereich, z. B. Wasserdampf, ist $P = 1$, sodass dort $F = 2$ Freiheitsgrade vorliegen. Daher ist das Einphasengebiet im p-T-Diagramm eine Fläche, und sowohl Temperatur als auch Druck können unabhängig verändert werden, ohne dass ein Phasenübergang stattfindet. Falls zwei Phasen koexistieren, ergibt sich nur noch ein Freiheitsgrad und damit eine Koexistenzlinie. Für die Koexistenz aller drei Phasen ergibt sich $F = 0$, d. h. keine Zustandsvariable ist mehr frei wählbar, und das System ist nur an einem ausgezeichneten Punkt – dem Tripelpunkt – thermodynamisch stabil.

Die Phasendiagramme einkomponentiger Stoffe werden typischerweise in Abhängigkeit vom Gleichgewichtsdruck p und der Temperatur T dargestellt. Die Linien der Zweiphasen-Koexistenz heißen Dampfdruckkurve (gasförmig-flüssig), Sublimations(druck)kurve (gasförmig-fest) und Schmelz(druck)kurve (flüssig-fest). Bei binären Mischungen wird wegen $P = 2$ die Zusammensetzung als weiterer Freiheitsgrad zur vollständigen Beschreibung benötigt. Mehrkomponentige Systeme zeigen eine reiche Vielfalt von Zustandsdiagrammen aufgrund des stark temperatur- und zusammensetzungsabhängigen Mischungsverhaltens der Komponenten.

Die thermodynamische Behandlung von Phasenübergängen erlaubt es, Umwandlungen in äußerlich sehr unterschiedlichen Systemen auf eine einheitliche Grundlage zu stellen und Parallelen aufzuzeigen. Beispielsweise kann bei Supraleitern der Übergang vom normalleitenden Zustand in den supraleitenden Zustand als Phasenübergang aufgefasst werden, wobei auf den Achsen des zugehörigen Phasendiagramms das äußere Magnetfeld H und die Temperatur aufgetragen sind (↑ Hochtemperatur-Supraleiter, ↑ Organische Supraleiter). Ein weiteres, wichtiges Beispiel sind magnetische Phasenübergänge, da das Auftreten einer spontanen Magnetisierung unterhalb einer gewissen Ordnungstemperatur nicht nur experimentell gut zugänglich ist, sondern auch theoretische Beschreibungen wie das Ising-Modell oder Heisenberg-Modell inspiriert hat, die heute von paradigmatischer Bedeutung für die Physik der Phasenübergänge sind. Das Phasendiagramm des Ising-Modells ist in Abb. 2 gezeigt; es gilt allgemein für einen Ferromagneten, dessen Magnetisierung ausschließlich parallel zu einer ausgezeichneten (»leichten«) Kristallachse erfolgen kann. In diesem Fall gibt es nur zwei ferromagnetische Phasen, deren Magnetisierungen entweder parallel oder antiparallel zu dieser Achse verlaufen. Wenn ein äußeres Magnetfeld H anliegt, existiert je nach Richtung von H nur eine der beiden Phasen. Falls $H = 0$ ist, koexistieren beide Magnetisierungen in Form von Domänen. Die horizontale Koexistenzlinie in Abb. 2 stellt daher das Analogon zur Dampfdruckkurve in Abb. 1 dar, wobei das äußere Magnetfeld H dem Druck p entspricht. Beide Kurven enden in einem kritischen Punkt. In Abb. 1 existiert bei Temperaturen oberhalb der kritischen Temperatur T_C nur noch eine einzige, fluide Phase, da Flüssigkeit und Dampf ununterscheidbar geworden sind; dem entspricht in Abb. 2 der paramagnetische Kristallzustand.

Die wichtigsten Modellsysteme zur Untersuchung von Phasenübergängen sind Magnete und Fluide, die viele weitreichende Analogien aufweisen. Von großer Bedeutung für theoretische Betrachtungen ist die Verknüpfung der (makroskopischen) Thermodynamik mit dem (mikroskopischen) Ansatz der statistischen Mechanik. In letzterer spielt die Zustandssumme

$$Z = \sum_i \exp(-\beta E_i)$$

Abb. 2: Phasendiagramm eines Ferromagneten mit nur zwei Einstellmöglichkeiten der Magnetisierung. Die horizontale Linie bei $H = 0$ stellt die Koexistenzlinie der beiden Phasen mit entgegengesetzter Magnetisierung dar.

eine zentrale Rolle, wobei die Summe über alle möglichen Konfigurationen des Systems mit der jeweiligen Energie E_i verläuft. Der Anschluss an die Thermodynamik geschieht über die Helmholtzsche freie Energie $F = U - TS = -kT \ln Z$. Hierbei ist S die Entropie, k der Boltzmann-Faktor und $\beta = 1/kT$.

Für Fluide nimmt der erste Hauptsatz der Thermodynamik in differentieller Schreibweise die Form $dU = TdS - pdV$ an. Das magnetische Analogon lautet $dU = TdS - MdH$, wobei das Volumen V als konstant angesehen wird und die im von außen angelegten Magnetfeld gespeicherte Energie nicht zur inneren Energie U gezählt wird. (Zur Vereinfachung der Notation ist die Magnetisierung M hier als extensive Größe definiert, d. h. sie ist proportional zum Volumen und besitzt die Einheit Am^2. Das äußere Magnetfeld H enthält bereits die Konstante μ_0 und besitzt die Einheit Tesla.) Aus der Kenntnis des thermodynamischen Potentials gewinnt man durch Ableiten die thermodynamischen Zustandsfunktionen; die zweiten Ableitungen ergeben die charakteristischen Antwortfunktionen des Systems (»Responsefunktionen«). Ist die Zustandssumme bekannt, kann die innere Energie U aus ihr ebenfalls durch Differentiation berechnet werden.

Diskontinuierliche und kontinuierliche Umwandlungen

Verschiedene Phasen einer Substanz lassen sich durch Veränderung äußerer Parameter ineinander umwandeln, wenn dabei im Phasendiagramm die Koexistenzkurve gekreuzt wird. Der zugehörige Phasenübergang ist – außer am kritischen Punkt – diskontinuierlich. Diese Bezeichnung spiegelt die mit der Umwandlung einhergehende, sprunghafte Veränderung thermodynamischer Zustandsfunktionen wider. Beispielsweise ändert sich beim Verdampfen von Wasser sprunghaft die Dichte, wenn Flüssigkeit in Dampf umgewandelt wird. Auch die Entropie ändert sich unstetig, da während der Zweiphasen-Koexistenz bei konstanter Temperatur T ständig Wärme zugeführt werden muss, um die Flüssigkeit nach und nach in Dampf zu überführen. Der Entropiesprung ΔS ist also direkt mit der Umwandlungswärme $L = T\Delta S$ (»latente Wärme«) verbunden. Beide Diskontinuitäten hängen über die Clausius-Clapeyron-Gleichung mit der Steigung der Koexistenzlinie zusammen:

$$\frac{dp}{dT} = \frac{S_B - S_A}{V_B - V_A} = \frac{L}{T\Delta S},$$

wobei S, L und das Volumen V sich jeweils auf ein Mol der Phasen A und B beziehen.

Die Clausius-Clapeyron-Gleichung gilt auch für die Schmelz- und Sublimationskurve. Da das Verdampfen, Schmelzen und Sublimieren Umwandlungen in einen weniger geordneten Zustand darstellen, sind die zugehörigen latenten Wärmen stets positiv. Die Übergänge fest $\rightarrow$ gasförmig und flüssig $\rightarrow$ gasförmig sind mit positiven Volumenänderungen verbunden, sodass die Sublimations- und Dampfdruckkurven immer eine positive Steigung besitzen. Die molaren Volumina eines Festkörpers und einer Flüssigkeit sind jedoch vergleichbar, sodass das Vorzeichen der Volumenänderung beim Schmelzen auch negativ sein kann. Wasser ist einer der wenigen Fälle, in denen die Flüssigkeit dichter als der Festkörper ist, daher weist die Schmelzkurve in Abb. 1 eine negative Steigung auf.

Bei diskontinuierlichen Phasenübergängen sind Überhitzung und Unterkühlung möglich, wenn die Keimbildung erschwert ist. Grenzflächeneffekte spielen dabei aufgrund der Koexistenz zweier unterschiedlicher Phasen eine wichtige Rolle.

Ganz anders liegen die Verhältnisse bei einem Phasenübergang am kritischen Punkt: dort unterscheiden sich die Phasen nur noch infinitesimal wenig, sodass ihre physikalischen Eigenschaften identisch sind. Umwandlungen am kritischen Punkt werden daher kontinuierlich genannt. Eine unmittelbare Konsequenz ist, dass mit ihnen kein Entropiesprung verbunden ist und somit keine latente Wärme auftritt. In der Nähe des kritischen Punktes können Keime der einen Phase sich in der jeweils anderen Phase praktisch ohne energetischen Aufwand ausbreiten, da die aufzubringende Grenzflächenenergie oder Ausdehnungsarbeit zu vernachlässigen ist. Am Umwandlungspunkt erfolgt die gesamte Umwandlung schlagartig – weder Überhitzung noch Unterkühlung sind möglich.

Bei Temperaturen unterhalb der kritischen Temperatur T_C koexistieren, z. B. bei einkomponentigen Substanzen, Flüssigkeit und Dampf mit verschiedenen Dichten. An der wohldefinierten Grenzfläche zwischen beiden Phasen tritt ein Dichtesprung auf, der entlang der Dampfdruckkurve immer kleiner wird und am kritischen Endpunkt ganz verschwindet. Da es jenseits des kritischen Punktes keinen Unterschied mehr zwischen der flüssigen und der gasförmigen Phase gibt, ist es daher durch eine entsprechende Prozessführung möglich, eine Flüssigkeit reversibel zu verdampfen, ohne eine Koexistenzlinie zu kreuzen. Andererseits ist es nur für Temperaturen unterhalb des kritischen Punktes möglich, ohne Kühlen allein durch Erhöhung des Drucks die Dampfphase zu verflüssigen. Dies ist von großer praktischer Bedeutung, da Substanzen mit niedrigen kritischen Temperaturen, wie z.B. He mit $T_C = 5{,}2$ K, somit schwer verflüssigbar sind.

Bei Annäherung an den kritischen Punkt kann bei ansonsten durchsichtigen Substanzen das interessante Phänomen der kritischen Opaleszenz beobachtet werden. Dabei erzeugen thermische Fluktuationen überall unbeständige flüssigkeits- und dampfartige Bereiche, die groß genug sind, um Licht zu streuen. Die Substanz erscheint dann milchig und trüb. Am kritischen Punkt sind diese Fluktuationen so stark angewachsen, dass die Grenzfläche zwischen Flüssigkeit und Dampf verschwindet.

Ein früher Versuch der systematischen Klassifikation von Phasenübergängen wurde 1925 von Paul Ehrenfest unternommen, der ein Ordnungsschema vorschlug, in dem zwischen Phasenübergängen erster, zweiter, dritter etc. Ordnung unterschieden wurde. Dieses Schema ist heute überholt, soll aber trotzdem erwähnt werden, weil es den Sprachgebrauch bei Phasenumwandlungen nachhaltig geprägt hat. Die Ehrenfestsche Klassifikation stellt eine Verallgemeinerung der Eigenschaften diskontinuierlicher Phasenübergänge dar, die dort Phasenübergänge erster Ordnung heißen. Die Bezeichnungsweise rührt daher, dass bei diesen Umwandlungen die freie Energie zwar stetig verläuft, jedoch am Umwandlungspunkt einen Knick aufweist, sodass die ersten Ableitungen der freien Energie unstetig sind. Die latente Wärme ergibt sich dann beispielsweise aus dem Sprung in der Entropie etc.. Um auch Umwandlungen ohne latente Wärme beschreiben zu können, wurde deshalb ein Phasenübergang n-ter Ordnung so definiert, dass im Umwandlungspunkt die freie Energie und ihre Ableitungen bis zur $(n-1)$-ten Ordnung stetig sind, während die n-te Ableitung unstetig ist. Bei Phasenübergängen zweiter Ordnung würde man also erwarten, dass die Entropie sich stetig verhält, während die spezifische Wärme einen endlichen Sprung aufweist. Es hat sich jedoch experimentell herausgestellt, dass bei kontinuierlichen Umwandlungen die spezifische Wärme um so größer wird, je näher man an den kritischen Punkt kommt. Abb. 3 zeigt ein typisches Beispiel. Man beachte, dass die spe-

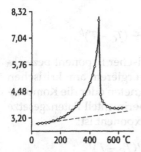

Abb. 3: Singularität in der spezifischen Wärme von ^{4}He. Die spezifische Wärme ist in Vielfachen der Boltzmann-Konstanten angegeben.

zifische Wärme schon weit vor dem eigentlichen Phasenübergang ansteigen beginnt. Auf Grund der Kurvenform, die an den griechischen Buchstaben λ erinnert, heißen solche Phasenumwandlungen in der älteren Literatur auch λ-Übergänge. Derartige Singularitäten sind charakteristisch für kontinuierliche Umwandlungen.

Da Phasenübergänge dritter und höherer Ordnung nie beobachtet wurden, unterscheidet man heute nur noch zwischen diskontinuierlichen und kontinuierlichen Phasenumwandlungen. Die Ausdrucksweise »Phasenübergang von erster (bzw. zweiter) Ordnung« ist jedoch fest eingebürgert und wird mittlerweile synonym für diskontinuierliche (bzw. kontinuierliche) Umwandlungen benutzt.

Kritische Phänomene

Phasenübergänge am kritischen Punkt können auch unter dem Aspekt betrachtet werden, dass sich unterhalb der kritischen Temperatur T_C spontan eine gewisse makroskopische Ordnung ausbildet. Diese Ordnung wird dann durch einen Ordnungsparameter beschrieben, dessen thermodynamischer Mittelwert oberhalb von T_C null ist, unterhalb von T_C dagegen endliche Werte annimmt. Die Identifizierung des richtigen Ordnungsparameters ist nicht immer trivial; bei Ferromagneten ist es jedoch nicht überraschend, dass die Magnetisierung M die Rolle des Ordnungsparameters spielt. Bei Fluiden wird die Differenz der Dichten ϱ von Flüssigkeit und Dampf zur Definition eines Ordnungsparameters herangezogen. Bei Annäherung an den kritischen Punkt geht der Ordnungsparameter stetig gegen null und folgt dabei einem Potenzgesetz

$(T \leq T_C)$:

$$M \sim (T_C - T)^\beta \quad \text{bzw.} \quad \varrho_F - \varrho_D \sim (T_C - T)^\beta.$$

Die dimensionslose Zahl β wird auch als kritischer Exponent bezeichnet. Verschiedene Materialkonstanten divergieren am kritischen Punkt, z. B. die Suszeptibilität χ von Ferromagneten oder die Kompressibilität κ von Fluiden. Auch hier werden experimentell Potenzgesetze beobachtet, wobei γ ebenfalls ein kritischer Exponent ist:

$$\chi \sim 1/(T_C - T)^\gamma \quad \text{bzw.} \quad \kappa \sim 1/(T_C - T)^\gamma.$$

Das Auftreten von Potenzgesetzen im Zusammenhang mit Phasenübergängen ist schon lange bekannt. Johannes D. van der Waals gab in seiner Dissertation erstmals die nach ihm benannte Zustandsgleichung an, mit der sich die Kondensation eines Gases beschreiben lässt. Aus dieser Theorie lässt sich $\beta = 1/2$ und $\gamma = 1$ ableiten. Dieselben Werte für β und γ erhält man aus der Weiss'schen Theorie des Ferromagnetismus. Wie Lew D. Landau 1937 gezeigt hat, ist dies kein Zufall, da van der Waals wie auch Weiss von der Annahme ausgegangen sind, dass jedes Molekül bzw. jeder Elementarmagnet eine Umgebung mit gleicher mittlerer Dichte bzw. Magnetisierung »sieht«. Derartige Theorien beschreiben also ein wechselwirkendes Vielteilchensystem durch ein mittleres, effektives Feld (»mean field theory« oder »Molekularfeldtheorie«), das auf ein beliebig herausgegriffenes Teilchen wirkt, und ignorieren lokale Fluktuationen.

Experimentell findet man für Fluide statt der obigen »Molekularfeld-Exponenten« jedoch $\beta \approx 1/3$ und $\gamma \approx 4/3$. Kritische Exponenten wurden an sehr vielen kontinuierlichen Phasenübergängen experimentell bestimmt. Es hat sich dabei herausgestellt, dass diese Exponenten weitgehend universellen, d. h. nicht materialspezifischen Charakter besitzen. Der Begriff der Universalität bezieht sich aber nicht nur auf Phasenübergänge desselben Typs in verschiedenen Substanzen, sondern umfasst auch ganz verschiedene Formen von Phasenumwandlungen. Beispielsweise werden dieselben kritischen Exponenten für Fluide, einachsige Ferro- und Antiferromagnete sowie Ordnungs/Unordnungs-Übergänge in binären Legierungen (z. B. CuZn) gemessen. Kritische Exponenten sind jedoch nicht völlig universell. Es hat sich herausgestellt, dass für die Werte der Exponenten zwei Parameter relevant sind: die räumliche Dimension d des betrachteten Systems und die Zahl n

der Freiheitsgrade des Ordnungsparameters. Alle kontinuierlichen Phasenübergänge werden entsprechend den Werten von d und n in sogenannte Universalitätsklassen eingeteilt. Dies erklärt die Übereinstimmung der kritischen Exponenten für dreidimensionale Magnete mit nur zwei Einstellmöglichkeiten der Magnetisierung und Fluide: mit $d = 3$ und $n = 1$ gehören beide zur Universalitätsklasse des dreidimensionalen Ising-Modells. Man kann mathematisch zeigen, dass sich die »Molekularfeld-Exponenten« erst oberhalb von $d = 4$ ergeben.

Die theoretische Berechnung kritischer Exponenten zählt zu den schwierigsten Aufgaben der Physik und wurde erst mit der Entwicklung der Renormierungsgruppentheorie durch Kenneth G. Wilson systematisch möglich (↑ Renormierung). Renormierungsverfahren lassen sich immer dann anwenden, wenn das betrachtete Problem die Eigenschaft der Selbstähnlichkeit besitzt, d. h. es sieht auf unterschiedlichen Skalen qualitativ gleich aus. Bei kritischen Phänomenen ist diese Skaleninvarianz am kritischen Punkt wegen der divergierenden Korrelationslänge der statistischen Fluktuationen gegeben. Bei magnetischen Systemen gibt es dann korrelierte Cluster jeder Magnetisierungsrichtung auf allen Längenskalen; bei fluiden Systemen findet man entsprechend Gasblasen und Flüssigkeitströpfchen jeder Größe. Der kritische Punkt ist also durch eine zusätzliche Symmetrieeigenschaft, die Invarianz gegenüber Skalentransformationen, ausgezeichnet.

[1] H. E. Stanley, Introduction to phase transitions and critical phenomena, Oxford University Press, Oxford, 1971.

[2] C. Domb und M. S. Green (Hrsg.), Phase transitions and critical phenomena, Vol. 1-6, Academic Press, London 1972-1976.

[3] C. Domb und J. L. Lebowitz (Hrsg.), Phase transitions and critical phenomena, Vol. 7- , Academic Press, London 1983.

[4] J. M. Yeomans, Statistical mechanics of phase transitions, Oxford University Press, Oxford, 1992.

Flüssigkeitsphysik

Stefan Odenbach

Flüssigkeiten – die jedem aus dem alltäglichen Leben selbstverständlich bekannt sind – stellen vom Standpunkt der physikalischen Beschreibung ein nicht unerhebliches Problem dar, da sie weder die langreichweitige periodische Ordnung von Kristallen noch die statistisch gut beschreibbare Unordnung von verdünnten Systemen – also Gasen – aufweisen. Nichtsdestoweniger sind die Beschreibung und das Verständnis des Aufbaus und des Verhaltens dieses Zustands der Materie von außerordentlicher Bedeutung: Im Erdinneren, in den Meeren, in lebenden Zellen und zahlreichen technischen Prozessen spielen Flüssigkeiten eine entscheidende Rolle.

Mikroskopische Eigenschaften einer Flüssigkeit

Der Zustand »Flüssigkeit« lässt sich am ehesten über die Betrachtung des Phasendiagramms in Abb. 1 definieren. In einem engeren Sinne kann man von Flüssigkeiten nur in einem Temperaturintervall zwischen der Temperatur T_t des Tripelpunkts und der Temperatur T_c des kritischen Punkts sprechen. Unterhalb des Tripelpunkts können nur noch Gasphase und Festkörper koexistieren, während oberhalb des kritischen Punkts keine Unterscheidung zwischen Gas und Flüssigkeit mehr möglich ist. In erweiterter Form bezeichnet man häufig gasförmige und flüssige Phase gemeinsam als fluide Phasen oder einfach als Fluide, wobei die Unterscheidung unterhalb des kritischen Punkts durch die Kompressibilität gegeben ist.

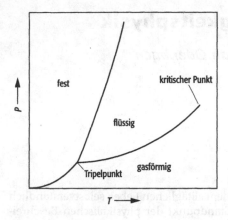

Abb. 1: Das Phasendiagramm einer einfachen Flüssigkeit.

Um eine mikroskopische Beschreibung der makroskopischen Eigenschaften einer Flüssigkeit möglich zu machen, benötigt man zuerst Informationen über das Wechselwirkungspotential zwischen den Molekülen. Im Gegensatz zu den Gasen, bei denen die kinetische Energie die potentielle wesentlich übertrifft, sodass letztere nur als Korrekturterm zur Theorie idealer Gase hinzugefügt werden muss, überwiegt bei Flüssigkeiten der potentielle Anteil deutlich gegenüber dem kinetischen. Für einfache Flüssigkeiten kann die intermolekulare Wechselwirkung Φ (r) über das Lennard-Jones-Potential

$$\Phi = 4\,\Phi_0 \left[\left(\frac{r_0}{r} \right)^{12} - \left(\frac{r_0}{r} \right)^{6} \right]$$

beschrieben werden, wobei Φ_0 einen Energieparameter und r_0 eine charakteristische Länge darstellen. Der Term proportional zu r^{-12} beschreibt die bei kurzen Abständen auftretende repulsive Wechselwirkung, während der zu r^{-6} proportionale Term die langreichweitigen anziehenden Effekte berücksichtigt. Um Aussagen über das Verhalten einer Flüssigkeit machen zu können, benötigt man nun eigentlich eine Berechnung der potentiellen Energie zwischen allen ihren Molekülen. Angesichts des bereits erwähnten Fehlens einer langreichweitigen Ordnung ist dies im Allgemeinen nicht möglich. Allerdings zeigen Flüs-

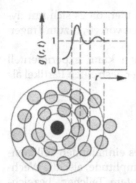

Abb. 2: Zur Paarkorrelationsfunktion: Bestimmt wird die Zahl der Teilchen, die sich in einem bestimmten Abstandsbereich von einem ausgezeichneten Teilchen (schwarz) zu einem Zeitpunkt t befinden.

sigkeiten aufgrund der räumlichen Ausdehnung der Moleküle eine Nahordnung, die zu ihrer Beschreibung herangezogen werden kann (Abb. 2).

Man definiert die Korrelationsfunktion $g(r, t)$, welche die Wahrscheinlichkeit beschreibt, dass am Ort r zur Zeit t ein Molekül gefunden wird, unter der Voraussetzung, dass am Ort $r = 0$ zur Zeit $t = 0$ eines war. Soll das Teilchen, das am Ort r zur Zeit t gefunden wird, das gleiche Teilchen sein, welches zur Zeit $t = 0$ am Ort $r = 0$ war, so handelt es sich um die Autokorrelationsfunktion. Handelt es sich um ein anderes Teilchen, so erhält man die Paarkorrelationsfunktion. Unter Verwendung der Paarkorrelationsfunktion $g_P(r, 0)$ lässt sich die potentielle Energie in der Form

$$U_{pot} = \frac{N^2}{2V} \int \Phi(r)\, g_P(r, 0)\, d^3 r$$

schreiben (N: Anzahl der Teilchen, V: Volumen). Damit wird klar, dass die Kenntnis der Paarkorrelationsfunktion – bei vorhandenem Modell für die intermolekulare Wechselwirkung $\Phi(r)$ – den Zugang zur Beschreibung der inneren Energie der Flüssigkeit darstellt. Über die bekannten thermodynamischen Beziehungen kann man aus dieser makroskopische Größen wie Wärmekapazität, thermische Ausdehnung etc. bestimmen. Auch Transportkoeffizienten wie der Diffusionskoeffizient oder die Viskosität der Flüssigkeit können über die Korrelationsfunktionen beschrieben werden, wobei hier, da es sich um dynamische Prozesse handelt, die Zeitabhängigkeit von $g(r, t)$ zum Tragen kommt.

Die Bestimmung der Korrelationsfunktionen kann experimentell durch Streuverfahren erfolgen. Die Intensität der gestreuten Partikel als Funktion des Streuvektors q kann in der Form

$$I(q) \sim I_0 |a|^2 N S(q)$$

geschrieben werden, wobei I_0 die Intensität des einfallenden Teilchenstrahls, N die Zahl der Streuer und a die Streuamplitude, also die Wechselwirkung zwischen streuendem und gestreutem Teilchen, bezeichnen. Die Größe $S(q)$ wird als Strukturfaktor bezeichnet und ist die Fourier-Transformierte der Korrelationsfunktion. Die Bestimmung des Strukturfaktors über eine Messung der Streuintensität lässt daher die Ermittlung der Korrelationsfunktion einer realen Flüssigkeit zu. Die Wahl der zu streuenden Partikel hängt im Prinzip nur von der Größe der streuenden Einheiten in der Flüssigkeit ab. So werden kolloidale Suspensionen bevorzugt mit Streuung sichtbaren Lichts, Flüssigkeiten mit kleineren Streuern mit Röntgenstrahlung, Neutronen oder Elektronen untersucht. Neben der Wahl der geeigneten Wellenlänge der Strahlung ist man zudem bemüht, die Strahlung so zu wählen, dass die Absorption in der Flüssigkeit klein und die Streuung stark ist.

Makroskopische Eigenschaften

Nachdem wir somit die Möglichkeiten der mikroskopischen Beschreibung von Flüssigkeiten betrachtet haben, sollen im Weiteren ihre charakteristischen makroskopischen Eigenschaften erörtert werden. Dazu ist es zweckmäßig, die Flüssigkeiten in verschiedene Klassen zu unterteilen. Zuvor war bereits von einfachen Flüssigkeiten die Rede, wobei dort implizit angenommen wurde, dass dies Flüssigkeiten mit einer einfachen, d.h. nur vom Abstand zwischen den Molekülen abhängigen Wechselwirkung sind. Dies trifft für Systeme wie flüssiges Argon, in guter Näherung auch für niedermolekulare Flüssigkeiten und bei Betrachtung einiger Eigenschaften auch für Wasser zu. Als Gegenstück zu den einfachen Flüssigkeiten definiert man die komplexen Flüssigkeiten als hochmolekulare Systeme mit komplexen Wechselwirkungen, also z. B. Polymere, die größere räumliche Strukturen ausbilden.

Neben dieser Klassifizierung ist es häufig auch nützlich, Flüssigkeiten nach ihrem Fließverhalten einzuteilen. Dabei dient zur Klassifizierung die Abhängigkeit der *Zähigkeit* oder *Viskosität* vom aufgeprägten Geschwindigkeitsgradienten, der sogenannten Scherrate. Im einfachsten Fall hängt die Viskosität η, die nach dem Newtonschen Reibungsansatz über den Zusammenhang zwischen Schubspannung τ und Scherrate $\dot{\gamma}$ gemäß $\tau = -\eta\,\dot{\gamma}$ definiert ist, nicht von der Scherrate ab. In diesem Falle bezeichnet man die Flüssigkeit als newtonsch. Ändert sich die Viskosität mit steigender Scherrate, so spricht man von nicht-newtonschen Flüssigkeiten. Es gibt hierbei scherverdünnende oder scherverdickende Flüssigkeiten, bei denen die Viskosität mit steigender Scherrate ab- bzw. zunimmt (Abb. 3). Zudem gibt es Flüssigkeiten, bei denen der Zusammenhang zwischen Schubspannung und Scherung neben dem bereits erwähnten Newtonschen Reibungsterm einen Hookeschen, elastischen Anteil enthält. In diesem Falle, der z. B. bei Klebstofflösungen experimentell leicht zu beobachten ist, spricht man von viskoelastischen Flüssigkeiten.

Zur Untersuchung der viskosen Eigenschaften von Flüssigkeiten bedient man sich unterschiedlicher Vorrichtungen, die grundsätzlich hinsichtlich der Variabilität der Scherrate unterschieden werden können. Für newtonsche Flüssigkeiten werden bevorzugt Viskosimeter verwendet, bei denen die Scherrate nicht variiert werden kann, beispielsweise Kapillarviskosimeter. Bei nicht-newtonschen Flüssigkeiten kommen Rheometer zum Einsatz, bei denen die Flüssigkeit zwischen Platten variabler Rotationsgeschwindigkeit gehalten wird. Die Variation der Rotationsgeschwindigkeit erlaubt die Änderung der Scherrate.

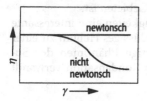

Abb. 3: Die Scherratenabhängigkeit der Viskosität für eine newtonsche und eine scherverdünnende, nicht-newtonsche Flüssigkeit.

Neben den isotropen Flüssigkeiten, also solchen Systemen, die sich makroskopisch im thermischen Gleichgewicht wie Flüssigkeiten aus sphärischen Teilchen verhalten, haben in den letzten Jahren anisotrope Flüssigkeiten zunehmendes Interesse gefunden. Solche Flüssigkeiten zeigen auch im thermodynamischen Gleichgewicht richtungsabhängige Eigenschaften, wie man sie bei Festkörpern gewohnt ist. In kolloidalen Suspensionen können diese Richtungsabhängigkeiten häufig durch den Einfluss äußerer Felder gesteuert werden, was z. B. im Falle der Ferrofluide oder ↑ magnetischen Flüssigkeiten zu erheblichen technischen Anwendungsmöglichkeiten geführt hat.

Die zweite charakteristische Eigenschaft einer Flüssigkeit neben der schon erwähnten Zähigkeit ist ihre *Oberflächenspannung*. An einer freien Oberfläche einer Flüssigkeit treten ins Innere der Flüssigkeit gerichtete Kräfte auf, die darauf beruhen, dass die Oberflächenmoleküle nur in Richtung des Flüssigkeitsinneren mit anderen Flüssigkeitsmolekülen wechselwirken können. Im Falle einer freien Flüssigkeitsmenge wird die Oberflächenspannung zu einer Minimierung der Flüssigkeitsoberfläche führen, indem sie dafür sorgt, dass das Flüssigkeitsvolumen Kugelform annimmt. Befindet sich die Flüssigkeit in Kontakt mit Wänden und einer Gasphase, so treten Kapillarkräfte auf, die z. B. beim Transport von Treibstoffen in Satellitentanks von großer technischer Bedeutung für eine wichtige Zukunftstechnologie sind.

Die makroskopische Bewegung von Flüssigkeiten wird im Rahmen der Hydrodynamik und Strömungsmechanik beschrieben. Die dort untersuchten Transportphänomene und die damit verbundenen Strömungsinstabilitäten verbinden die Gebiete Flüssigkeitsphysik und Hydrodynamik mit der Erforschung von Turbulenz und ↑ Chaos. Dies zeigt in besonderer Weise, dass die Flüssigkeitsphysik ein interdisziplinäres Feld am Schnittpunkt der Physik der kondensierten Materie mit Thermodynamik, Strömungsmechanik, Chaosforschung, technischer Anwendung und zahlreichen anderen Gebieten ist.

Auch in der Quantentheorie spielen Flüssigkeiten eine interessante Rolle: bei extrem tiefen Temperaturen wird flüssiges Helium zu einer Quantenflüssigkeit und zeigt das einzigartige Phänomen der Suprafluidität, das eng mit der ↑ Bose-Einstein-Kondensation verwandt ist.

[1] K. Stierstadt: Physik der Materie, VCH Verlagsgesellschaft, Weinheim 1989;

[2] Bergmann-Schaefer Lehrbuch der Experimentalphysik Band 5: Vielteilchen-Systeme, de Gruyter, Berlin, 1992.

Biophysik

Frank Eisenhaber

Die Biophysik (neuerdings auch häufiger: biologische Physik) ist ein relativ junges Wissenschaftsgebiet an der Grenze zwischen Physik, Chemie und Biologie. Der Forschungsgegenstand sind physikalische und physiko-chemische Erscheinungen in biologischen (lebenden) Systemen. Das Ziel ist die Aufklärung fundamentaler Prozesse, welche die Grundlage des Lebens bilden, mit Hilfe physikalischer Konzepte und Methoden.

Die Biophysik ist ein Beispiel für die Integrationstendenzen in der modernen Wissenschaft. Fortschritte in der Biophysik sind einerseits untrennbar mit der Entwicklung der Biochemie, der Molekularbiologie und anderer Forschungsrichtungen, beispielsweise in der Biomedizin, verbunden. Andererseits stimulieren biophysikalische Fragestellungen durch ihre Komplexität die Entwicklung der Physik und die Erfindung neuer Gerätetechnik und Technologien.

Die Biophysik als Wissenschaft basiert auf dem Postulat, dass alle Erscheinungen, darunter auch die biologischen, den fundamentalen physikalischen Gesetzmäßigkeiten unterliegen und keine weiteren Annahmen immaterieller Faktoren zu deren Erklärung notwendig sind. Von diesem Standpunkt aus sind physikalisch-chemische Gesetzmäßigkeiten Einschränkungen der Entwicklungsmöglichkeiten lebender Systeme.

Geschichte

Die Anfänge biophysikalischen Denkens wurzeln in der Renaissance, als die auf Erfahrung und Experiment beruhenden Methoden der Erkenntnisgewinnung auch auf biologische Erscheinungen ausgedehnt wurden. Starke Impulse gingen von der Entdeckung des Effektes ionisierender Strahlen auf biologische Objekte zu Beginn des 20. Jhs. aus. Die weltweit erste biophysikalische Gesellschaft war die 1943 gegründete Deutsche Gesellschaft für Biophysik e.V.. Die systematische Untersuchung biophysikalischer Phänomene setzte erst in der Mitte des 20. Jhs. ein, als mit dem Computer das adäquate Forschungsinstrument für sehr komplexe Aufgaben erfunden worden war. Die Analyse der Hodgkin-Huxley-Gleichungen zur Weiterleitung des Nervenimpulses war wohl die erste zivile Computeranwendung überhaupt.

Während in den Anfangsjahren der Biophysik das wissenschaftliche Interesse mehr auf eine mögliche Reduktion biologischer Erscheinungen auf physikalische und chemische Gesetzmäßigkeiten in einer für alle Lebewesen einheitlichen Art und Weise gerichtet war, nimmt seit den 1980er Jahren die Untersuchung taxonspezifischer (u. a. artspezifischer) Unterschiede großen Raum ein. Mit diesem Umschwung ging eine rasante Entwicklung biophysikalischer, biochemischer und molekularbiologischer Untersuchungstechniken einher, welche zunehmend automatisiert wurden und mit immer kleineren Probenmengen und mit um Größenordnungen verringertem Zeit- und Kostenaufwand auskamen.

Die große wissenschaftliche und gesellschaftliche Bedeutung der Biophysik zeigt sich auch in der Verleihung von Preisen für herausragende Leistungen. Der erste Nobelpreis für Physik (1901) wurde für ein aus heutiger Sicht eng mit der Biophysik verknüpftes Thema verliehen: Wilhelm C. Röntgen wurde damit für die Entdeckung der Röntgenstrahlen und ihre medizinische Anwendung ausgezeichnet. Chemie-Nobelpreise für biophysikalische Arbeiten erhielten z. B. 1962 John C. Kendrew und Max F. Perutz für die erste Röntgenstrukturanalyse eines Proteins, 1967 Manfred Eigen, Ronald G. W. Norrish und George Porter für Verfahren zur Analyse schneller Kinetiken, 1977 Ilya Prigogine für die Nichtgleichgewichtsthermodynamik und 1980 Paul Berg, Walter Gilbert und Frederick Sanger für effiziente Techniken zur Sequenzierung von DNS. Nobelpreise für Physiologie und Medizin gingen für biophysikalische Leistungen z. B. an Francis H. C. Crick, James D. Watson und Maurice H. F. Wilkins (1962, Doppelspiralstruktur der DNS und deren Bedeutung für die Replikation), an Alan L. Hodgkin und Andrew F. Huxley (1963, Potentialveränderungen an Axonen) und an Erwin Neher und Bert Sakmann (1991, Funktion von Einzelionenkanälen in Zellen).

Die biophysikalische Methode

Die Forschungsmethode der Biophysik hat zwei Aspekte: (1) die biophysikalische Theoriebildung mit Hilfe strenger mathematisch-physikalischer Methoden (Sicht auf lebende Wesen als materielle Systeme in Raum und Zeit, welche sich von der unbelebten Natur durch einen höheren Grad an Komplexität unterscheiden) und (2) die Anwendung experimenteller physikalischer Untersuchungsmethoden und -techniken auf biologische Objekte. Die direkte Anwendung traditioneller physikalischer Messmethoden und erprobter Approximationen in physikalischen Modellvorstellungen ist in der Regel wenig erfolgreich. Das spezifische Merkmal biologischer Systeme besteht u. a. in Folgendem:

- dem Erwerb von Information im Evolutionsprozess,
- ihrer Speicherung im Genom und
- in der Realisierung dieser Information in einer inhomogenen und hierarchisch organisierten äußerst komplexen Struktur, welche sich weit entfernt vom thermodynamischen Gleichgewicht befindet und die zur Ausübung bestimmter Funktionen befähigt ist. Lediglich ein Teil der hohen Zahl von physikalischen Freiheitsgraden eines biologischen Systems ist für die biologische Funktion von Belang.

Eine Vorstellung von den räumlichen, zeitlichen und energetischen Größenordnungen in biologischen Systemen vermitteln die Beispiele in den folgenden Tabellen. Ein Faktor von mehr als 10^{10} liegt zwischen der molekularen Struktur biologischer Systeme und dem Organisationsniveau von Organismen, Populationen, und schließlich der Biosphäre. Zur Überbrückung dieses Unterschieds existieren viele Organisationsebenen, z. B. die von makromolekularen Komplexen, Organellen, Zellen, Geweben und Organen. Die moderne biophysikalische Forschung beschreitet deshalb einen anderen Weg:

a) Analyse der realen Struktur, Dynamik und Funktion biologischer Objekte, Entwicklung geeigneter Modifikationen physikalischer experimenteller Methoden,

b) Konstruktion eines physikalischen Modells,

c) Studium dieses Modells unter Ausnutzung bekannter physikalischer Gesetzmäßigkeiten,

d) experimentelle Überprüfung der Schlussfolgerungen am realen biologischen Objekt.

Tabelle 1: räumliche Größenordnungen in biologischen Systemen.

Abmessung [m]	Biomakromoleküle	makromolekulare Komplexe	Organellen	Zellen	multizelluläre Organismen
10^1					Baum (10 m)
10^0					Mensch (2 m)
10^{-1}					Maus (10 cm)
10^{-2}	DNS Molekül (1 cm)			gigantische Algenzelle (5 mm)	Biene (1 cm)
10^{-3}				Dicke des Tintfischaxons (1 mm)	Milbe (1 mm)
10^{-4}				Amöbe (100 μm)	typischer Pilz (50 μm)
10^{-5}	RNS-Molekül (10 μm)	bakterielle Flagelle (8 μm)	Chloroplast (10 μm) Zellkern (5 μm)	eukaryotische Zelle (20 μm)	
10^{-6}		großer Virus (3 μm)	Mitochondrium (2 μm)	prokaryotische Zelle (2 μm)	
10^{-7}	Kollagen (0,3 μm)	Chromosom (0,2 μm) Ribosom (25 nm)		kleinstes Bakterium (0,2 μm)	
10^{-8}	tRNS (8 nm) Hämoglobin (6 nm)	kleinster Virus (20 nm) Dicke der Bilipidmembran (8 nm)			
10^{-9}	kleinstes Protein (4 nm) Aminosäure (0,5 nm)				
10^{-10}	Kohlenstoffatom (0,3 nm)				

Tabelle 2: zeitliche Größenordnungen in biologischen Systemen.

Zeit [s]	Biomakromoleküle	makromolekulare Komplexe	Organellen	Zellen	multizelluläre Organismen
10^{14}					Entstehung und Aussterben von Arten (10^6 Jahre)
10^{12}					Lebensdauer des Menschen (80 Jahre)
10^{10}					
10^8				Lebensdauer von Erythrozyten (120 Tage)	
			meiotische Kernteilung (10 Tage)	Produktion von Antikörpern (7 Tage)	
10^6					Eintagsfliegen (als Imagines) (1 Tag)
10^4					Schlaf (Primaten) (8 h)
			mitotische Kernteilung (10 min)	Teilung von Bakterien (20 min)	
10^2		Formierung der bakt. Flagelle (2 min)			
10^0	Proteinfaltung (1 min – 1 ms)	ribosomale Proteinsynthese (1 s)			
10^{-2}		Aktionspotential (Zellmembran) (1 ms)			
10^{-4}	Katalyse von $H_2CO_3 \leftrightarrow H_2O + CO_2$ durch das Enzym Karboanhydrase (10 ms)				
10^{-6}					
10^{-8}	Fluktuationen der makromolekularen Konformation (1 ns – 1 fs)				
10^{-10}					
10^{-12}					

Tabelle 3: energetische Größenordnungen in biologischen Systemen.

Energie [kJ pro Mol]	
10^7	Teilung einer Bakterienzelle ($7 \cdot 10^7$)
10^6	
10^5	
10^4	Synthese eines Proteins (45.000)
10^3	
10^2	Synthese einer Peptidbindung am Ribosom (100) Energie im Pyrophosphat des ATP (30)
10^1	Stabilität eines Proteins (20) Wasserstoffbrücke (15)
10^0	
10^{-1}	Nichtkovalente Wechselwirkung (0,6)

Klassifikation in Teilgebiete

Die Biophysik kann sowohl aus physikalischer als auch aus biologischer Sicht in Teilgebiete unterteilt werden. Eine physikalisch motivierte Unterteilung würde z. B. folgende Punkte enthalten:

1. (klassische) Mechanik, z. B.
   - molekulare Mechanik (Konformationsanalyse von Biomakromolekülen),
   - Mechanik von Biomembranen,
   - Biomechanik von Knochen-Muskel-Systemen (Gang, Sprung, Flug).
2. Strömungsmechanik, z. B.
   - Ultrazentrifugierung von Biomakromolekülen,
   - Viskosität von Zellplasma,
   - Rheologie, z. B. Hämodynamik,

- Hydrodynamik von Schwimmern,
- Aerodynamik des Fluges (Insekten, Vögel), usw.

Diese Auflistung zeigt schon, dass eine solche methodenorientierte Systematik die Besonderheiten des Forschungsobjektes nicht berücksichtigt und deshalb zusammenhangslos bleibt. Nur eine Klassifizierung der Biophysik nach den biologischen Organisationsniveaus macht grundlegende Aspekte der Konstruktion biologischer Systeme deutlich. Danach unterscheidet man:

1. Die molekulare Biophysik

Die molekulare Biophysik ist die Lehre von der Struktur, Dynamik, Wechselwirkung und Funktion von Biomakromolekülen, Proteinen, Nukleinsäuren, Lipiden und Polysacchariden, als auch von den Methoden zu deren Untersuchung. Hierzu gehören v. a. die Strukturaufklärung von Biomakromolekülen bis hin zur atomaren Auflösung sowie die Analyse von Prozessen der Energieumwandlung und -dissipation in biologischen Systemen. Während Nukleinsäuren v. a. zur Speicherung und Weitergabe der genetischen Information dienen, bilden Proteine eine komplizierte Maschinerie zur Realisierung des genetischen Programms in Abhängigkeit und in Reaktion auf die wechselnden Umweltbedingungen. Lipide und Kohlenhydrate dienen als strukturelle Bausteine bzw. als Speicher für chemische Energie.

Die molekulare Biophysik ist die Grundlage für alle anderen Teilbereiche der Biophysik. Das Verhalten kleiner Moleküle ist durch die Eigenschaften der enthaltenen Atome bestimmt. Erwartungsgemäß sollte die Kenntnis fundamentaler physikalischer und chemischer Gesetze ausreichen, um die Eigenschaften von Biomakromolekülen vorherzusagen. Da lebende Systeme letztendlich makromolekulare Assoziate sind, können mit den Mitteln der molekularen Biophysik die Einschränkungen für die Evolution auf höheren Organisationsebenen bestimmt werden.

Ein neues Teilgebiet der molekularen Biophysik, die molekulare Bioinformatik, befasst sich mit der Analyse und Interpretation von biologischen Sequenzen, in welchen die genetische Information gespeichert ist. Ein großer Schritt in diese Richtung gelang 1995 mit der Aufklärung des kompletten Genoms des Bakteriums Haemophilus influenzae. Zu Beginn des 21. Jhs. wurden bzw. werden die Nukleinsäuresequenzen der Genome des Menschen, der Nutztiere und -pflanzen, der Krankheitserreger sowie vieler weiterer Organismen bekannt sein. Das zentrale und zum größten Teil noch ungelöste Problem der molekularen Biophysik besteht in der Vorhersage der Raumstruktur und der Funktion von Proteinen, von denen bisher nur die Aminosäuresequenz bekannt ist.

2. Die Biophysik der Membranen, biomakromolekularen Aggregate und Organellen

In biologischen Systemen muss eine Vielzahl von teilweise gegensätzlichen Prozessen gleichzeitig ablaufen und unter Berücksichtigung mannigfaltiger Faktoren geregelt werden. Dieses Problem lösen lebende Systeme durch die Bildung von makromolekularen Komplexen und durch Kompartimentierung. Effektormoleküle wie z. B. Enzyme werden in ihrer Aktivität von einer Vielzahl anderer Proteine moduliert, mit denen sie große Aggregate formieren. Biologische Membranen unterteilen lebende Systeme in Kompartimente, also räumliche Abschnitte, denen spezielle Aufgaben in der Lebenstätigkeit zugeordnet sind.

Dieser Teilbereich der Biophysik beinhaltet das Studium der Konstruktion biologischer Membranen, von Transportprozessen durch Membranen, der Genese des Membranpotentials, der synaptischen Vorgänge, der membranständigen enzymatischen Prozesse wie Photosynthese, Photorezeption und der Mechanochemie kontraktiler molekularer Aggregate etc. Die untersuchten Systeme sind in der Regel von solcher Komplexität, dass eine atomare Auflösung der untersuchten Struktur nicht mehr möglich ist.

3. Die Zellbiophysik und die Biophysik der Gewebe, Organe und einzelner Organismen

Die Zelle ist der Grundbaustein biologischer Systeme. Es gibt kein Leben ohne zelluläre Organisation auf der Erde. Im einfachsten Fall besteht ein Organismus aus einer einzigen Zelle (Einzeller). Wichtige Fragestellungen in diesem Teilgebiet der Biophysik betreffen die Thermodynamik lebender Systeme, Biomechanik und Biostatik, die Wirkung extremer physikalischer Faktoren auf biologische Systeme. Neben der Strahlenbiophysik und den biophysikalischen Aspekten der Ontogenese (u. a. des Alterns) spielen dabei v. a. die durch Schwerkraft, Druck, Temperatur und osmotisch-aktive Substanzen (Antifreeze-Proteine, Eisnukleations-Proteine, Thermophilie, Halophilie) hervorgerufenen Effekte eine Rolle.

4. Die Biophysik von Populationen

Dieser Teilbereich wird auch oft die Biophysik komplexer Systeme genannt. Zu seinen Aufgaben zählt die Beschreibung von biologischen Evolutionsprozessen (u. a. auch der Phylogenese und der Entstehung des Lebens) und das Studium der Steuerung und der Informationsverarbeitung biologischer Systeme vom molekularen bis zum ökologischen Niveau. Typischerweise läuft eine biophysikalische Modellierung von Evolutionsprozessen auf die Analyse komplizierter partieller Differentialgleichungen hinaus, welche den Status von Populationen in Abhängigkeit von der Zeit beschreiben.

Anwendungen

Die Ergebnisse biophysikalischer Forschung haben im Zusammenhang mit den Erfolgen benachbarter Wissenschaftsrichtungen sowohl die Medizin als auch die Biotechnologie revolutioniert. Einige wenige Beispiele mögen dies illustrieren: Ohne bildgebende Verfahren und nichtinvasive diagnostische Techniken wie Röntgendiagnostik, Sonographie, Szintigraphie oder Elektrokardiographie ist die moderne Medizin nicht vorstellbar. Neue Einsichten ergeben sich durch Schnittbilder oder Volumendarstellungen, welche mit computertomographischen Verfahren von inneren Organen und Geweben erzeugt werden können. Gleichzeitig ist es heute möglich, die genetische Information ganzer Genome zu lesen und zielgerichtet zu verändern. Zum ersten Mal eröffnet sich die Möglichkeit etiologischer Eingriffe in genetische Krankheiten und die genetische Manipulation biologischer Systeme für Produktionszwecke. Mit Methoden des Protein-Engineering und des Protein-Design werden maßgeschneiderte Eiweiße mit gewünschten Eigenschaften erzeugt, welche in dieser Form in der Natur nicht vorkommen. Die Entdeckung von pharmakologisch aktiven Stoffen war bisher von zufälligen Beobachtungen und einem aufwendigen, meist erfolglosen experimentellen Screening tausender Varianten organischer

Verbindungen abhängig. Computergestützte Modellierungsmethoden des Drug Design gestalten diesen Suchprozeß um Größenordnungen in Zeit- und Kostenaufwand effizienter. Einsichten in den Aufbau und die Funktionsweise von Lebewesen werden bei der Konstruktion von neuen Computern und technischen Bauteilen (z. B. Biosensoren) sowie in der Architektur angewandt (Bionik, Biotechnik).

Möglicherweise bringt die Anwendung biotechnischer Verfahren einen ähnlichen Innovationsschub verbunden mit Auswirkungen auf alle Bereiche der Gesellschaft wie es bei der Mikroelektronik und Informationstechnik der Fall war. Wie in allen menschlichen Tätigkeitsbereichen erfordern die gewaltigen neuen Möglichkeiten durch die modernen Biowissenschaften ein hohes Maß an Verantwortungsbewusstsein beim Umgang mit ihnen. Nur so lässt sich der Missbrauch verhindern und gleichzeitig das darin liegende Potential zur Lösung von existentiellen Problemen der Menschheit nutzen.

[1] W. Hoppe, W. Lohmann, H. Markl, H. Ziegler, Biophysik, Springer, Heidelberg-New York 1982.

[2] C. R. Cantor, P. R. Schimmel, Biophysical Chemistry, Freeman, New York 1980.

[3] R. Glaser, Biophysics, Springer, Berlin, 2001.

[4] H. Flyvbjerg, F. Julicher, P.Ormos und F. David (Hrsg.), Physics of Bio-Molecules and Cells, Springer, Berlin, 2002.

[5] M. Danne, W. J. Duffin and D. Blow, Molecular Biophysics: Structures in Motion, Oxford University Press, Oxford, 1999.

[6] D. Boal, Mechanics of the Cell, Cambridge University Press, Cambridge, 2002.

Alltagsphysik

Andreas Müller

Wie fliegen Vögel und wie schwimmen Fische? Warum rauscht ein Bach? Wie rieselt Sand? Warum kennen wir nicht das Wetter von übermorgen? Warum hat die Erde ein magnetisches Feld? Wann klebt Reis? Wie schmiert Öl? Wie entsteht Rost und wie verhindert man ihn? Ein Kind kann in wenigen Minuten mehr solcher Fragen stellen, als ein Nobelpreisträger in seinem ganzem Leben beantworten kann.

Diese Probleme haben mehrere Charakteristika gemeinsam, deren erstes und wichtigstes ist, dass wir sie in unserem alltäglichen Leben wahrnehmen können, ohne dazu mehr zu brauchen als wache Sinne oder einfache Beobachtungsmittel wie Stoppuhr, Lupe und Kompass. Die meisten solcher Fragestellungen haben außerdem gemeinsam, dass sie offensichtlich naturwissenschaftlichen Charakter besitzen, aber nicht in die Abgrenzungen der herkömmlichen Disziplinen passen: Bei dem Erdmagnetfeld etwa spielen (mindestens) die Mechanik der Drehbewegung, Strömungslehre, Elektrodynamik und Physik der kondensierten Materie zusammen, und ein Verständnis der bis heute nicht vollständig erklärten Kleb- und Schmiervorgänge ist nur durch intensive Zusammenarbeit von Physikern, Chemikern und Ingenieuren der Verfahrenstechnik möglich. Der Nobelpreis 1991 an Pierre-Gilles de Gennes wurde u. a. für seine Beiträge zu einem theoretischen Verständnis von Grenzflächenvorgängen vergeben, und er selbst äußert trotz seiner eigenen Erfolge sehr deutlich die Begrenztheit unseres Wissens auf diesem Gebiet. Ein Bereich, in dem de Gennes zur theoretischen Klärung hat beitragen können, sind Benetzungsphänomene, z. B. die Kontaktwinkelhysterese: Ein Flüssigkeitstropfen auf einer festen Unterlage nimmt keineswegs immer den durch die Energiebetrachtung festgelegten Randwinkel θ_0 der Young-Laplace-Gleichung an. Vielmehr

kann der Randwinkel, wie sich bei dem Voranschreiten einer Regen-
spur am Fenster oder durch Neigen einer mit Wassertropfen besetzten
Oberfläche leicht feststellen lässt, in einem weiten Bereich liegen, und
zwar $\theta_- < \theta_0 < \theta_+$, wobei $\theta_\pm$ der Randwinkel bei Vergrößerung bzw.
Verkleinerung der benetzten Oberfläche ist und $\cos\theta_0$ gegeben ist
durch σ_h/σ_{g-fl} mit der Haftspannung $\sigma_h = \sigma_{g-fe} - \sigma_{fl-fe}$ (σ: Grenz-
flächenspannung; fe: feste, fl: flüssige, g: gasförmige Phase).

Der Effekt ist im Wesentlichen auf die Rauhigkeit und/oder Verunreinigungen der festen Oberfläche zurückzuführen und wird beschrieben durch die statistische Mechanik der Wechselwirkung auf Zufalls-
flächen mit geometrischen oder chemischen Defekten. Ein erstes interessantes Ergebnis ist, dass für kleine Störungen, also unter der Voraussetzung $(\theta_+ - \theta_-)/\theta_0 \ll 1$, chemisches und geometrisches Problem
identisch werden, wenn man die Gleichsetzung

$$-\Delta\sigma_h = \sigma_{g-fl} \cdot \sin(\theta_0) \, \partial f(x)/\partial(x)$$

vornimmt, wobei $\Delta\sigma_h$ die Schwankungen der Haftspannung um den
Mittelwert aufgrund von Verunreinigungen und $f(x)$ die Schwankungen des Oberflächenprofils aufgrund von Rauhigkeit bedeuten; x ist die
Richtung senkrecht zur Kontaktlinie. Das Beispiel zeigt die Verbindung
von einem zunächst banal erscheinenden Alltagsphänomen und an-
spruchsvoller Theorie, die auf dem Niveau des Gesamtwerkes von de
Gennes schließlich sogar mit dem Nobelpreises ausgezeichnet wurde.

Neben diesen Zusammenhängen mit offenen Fragen in der aktuellen
Forschungsarbeit bieten viele Phänomene der Alltagsphysik auch die
Möglichkeit, sich fundamentalen Fragestellungen der Physik in einer
sehr anschaulichen Weise zu nähern. Als Beispiel hierfür können die
bereits erwähnten Grenzflächenvorgänge gelten: Wer hätte noch nicht
gesehen, wie sich Öl auf einer Wasseroberfläche verbreitet, und wer
hätte nicht zumindest gehört, dass man so die Wogen glätten kann?
Benjamin Franklin hat bereits um 1770 beobachtet, wie groß bei einem
gegebenen Volumen Olivenöl (»a teaspoon«, $V \approx 2\ cm^3$) die geglättete
Wasseroberfläche ist (»half an acre«, $A \approx 2000\ m^2$). Lord Rayleigh
schloss hieraus 100 Jahre später auf die Existenz und die Dimensionen
von kleinsten Bausteine der Materie: Der Quotient V/A liefert die Dicke
des Ölfilmes, nämlich etwa 10 Angström – wie man heute weiß, gerade
die Größenordnung der Länge der Ölmoleküle!

Klassifizierung der Alltagsphysik

Anhand der obigen Beispiele wird auch ein weiteres Charakteristikum deutlich, das wesensmäßig zur Alltagsphysik gehört, nämlich die Schwierigkeit, den von ihr umfassten Stoff auf sinnvolle Weise einzuteilen. Zum einen liegt dies in der schon genannten Interdisziplinarität von Alltagsphänomen begründet, zum andern aber darin, dass uns diese Phänomene in einer Vielzahl von Situationen begegnen, die mit wissenschaftlichen Begriffen und Einteilungen überhaupt inkompatibel sind. Deshalb sind Integrationsstichworte für die Alltagsphysik besonders wichtige Beiträge, deren Sinn sich aus folgender grober Einteilung der Phänomene der Alltagsphysik ergibt:

a) Zum einen kann man physikalische Alltagsphänomene vom Standpunkt wissenschaftlicher Teildisziplinen aus betrachten. Für eine Teildisziplin mit Bezug zur Alltagsphysik können als Beispiele Strömungsmechanik oder etwa Physikalische Chemie der Grenzflächen genannt werden.

b) Zum anderen lassen sich Ordnungsschemata gemäß Phänomenoder auch Erlebnisbereiche entwickeln. Beispiele für Phänomenbereiche der Alltagsphysik sind Farben und Farberscheinungen oder Geräusche und Töne; Beispiele für Erlebensbereiche der Alltagsphysik sind Haushaltsphänomene und Sport.

c) Schließlich gibt es noch Mischformen physikalischer Alltagsphänomene, die man so auffassen kann, dass sich um bestimmte Phänomen- und Erlebnisbereiche herum (zum Teil recht neue) Teildisziplinen gebildet haben, wie etwa Geo- und Atmosphärenphysik oder Verkehrsphysik.

a) Gruppierung nach Teildisziplinen

Strömungs- und Grenzflächenphänomene

Ein Beispiel für zwei große Bereiche der Alltagssphysik sind Strömungs- und Grenzflächenphänomene. Dies zeigen bereits die in der Einleitung erwähnten Beispiele, die entweder etwas mit Strömungen oder mit Grenzflächen zu tun haben. Strömungsphänomene mit großer Bedeutung für den Alltag sind insbesondere der Bernoulli-,

Coanda- und Magnus-Effekt sowie die Turbulenz. Beispielsweise müssen die Kapitäne bei Parallelkurs zwischen zwei Schiffen (etwa beim Betanken oder Umladen) einen Mindestabstand wahren, damit es nicht wegen des Bernoulli-Effektes zu einer Kollision kommt. Ein anderes Beispiel sind die Blutstromgeräusche, die der Arzt bei der Blutdruckmessung mit Manschette abhört und die durch die turbulente Strömung in der verengten Arterie entstehen; die Reynolds-Zahl $Re = v\,r/v$ ist proportional zum Radius r und zur Strömungsgeschwindigkeit v. Der Term v ist die kinematische Viskosität. Die Strömungsgeschwindigkeit ist – solange der Blutstrom einigermaßen konstant bleibt – proportional zu r^{-2}. Insgesamt steigt also die Reynolds-Zahl mit fallendem Radius und kann den für Blut kritischen Wert von ca. 10^3 überschreiten.

In den Bereich der Grenzflächenerscheinungen gehören etwa Kapillarität, Kolloidalität und Osmose, die wiederum eine Vielzahl von Alltagsbezügen aufweisen. So müssen z. B. Frühgeborene u. a. deswegen beatmet werden, weil sie eine lebensnotwendige Substanz noch nicht bilden können, die im Innern (also auf der Luftseite) der Lungenbläschen die große Oberflächenspannung der dort immer vorhandenen Wasserschicht auf ein mit der Kraft der Atemmuskulatur verträgliches Maß herabsetzt. Ein anderes Beispiel ist der hohe Binnendruck von harten Früchten und Wurzelknollen wie Äpfeln, Kartoffeln und Rüben, der durch Osmose entsteht und bis zu 50 bar betragen kann.

Biophysik

Was könnte alltäglicher sein als das Leben? Entsprechend gibt es zwischen Biophysik, Physiologie und medizinischer Physik einerseits und Alltagsphysik andererseits eine besonders starke Verbindung; Beispiele medizinischer Art wurden mit der Oberflächenspannung in den Lungenbläschen und dem turbulenten Umschlag bei den Herztönen bereits genannt. Als Beispiele biologisch-physiologischer Art bzw. Gruppen von solchen sind besonders hervorzuheben:

1.) **Die Bewegungsleistungen von Lebewesen**: Bei Fischen etwa ist eine erhebliche Verringerung des Reibungswiderstandes auf die turbulenzdämpfende Wirkung des viskosen Fischschleimes bzw. der viskoelastischen Fischhaut zurückzuführen; man erinnere sich daran, dass Turbulenz einsetzt, wenn die Reynolds-Zahl groß ist: Diese ist aber entsprechend der weiter oben aufgeführten Gleichung klein, wenn die Viskosität groß ist. Bemerkenswert ist, dass man durch Nachahmen dieser Tricks der Natur bei Bootskörpern eine Verringerung des Reibungswiderstand um einen Faktor zwei und mehr erzielt hat.

2.) **Energiebilanz und Stoffwechsel von Lebewesen**: Für die Körpertemperatur von Säugetieren etwa ist die Verdunstung von Wasser ein wichtiger Faktor; da Hunde keine Schweißdrüsen haben, ist bei ihnen das Schwitzen durch das Hecheln ersetzt.

3.) **Die Sinnesleistungen von Lebewesen**: Zunächst ist hier interessant, dass Spitzenleistungen der Sinnesorgane bei vielen Lebewesen die physikalischen Grenzen weitgehend ausschöpfen. Die Hörschwelle des Menschen von $I_{min} \approx 4 \cdot 10^{-17}$ W/cm^2 bei der Eigenfrequenz des Gehörgangs $v_0 \approx 3$ kHz entspricht für eine Periode und dem Trommelfellquerschnitt von $A \approx 0,3$ cm^2 einer Schwellenleistung von $P_{min} = I_{min} \cdot A \approx 3 \cdot 10^{-17}$ W und einer Schwellenenergie von $E_{min} = P_{min}/v_0 \approx 0,025$ eV. Letztere liegt also gerade bei dem thermischen Rauschen mit $E_{th} \approx 0,025$ eV. Für andere Lebewesen ($P_{min} \approx 10^{-18}$ W bei der Katze) wird diskutiert, ob diese nicht (unter Einsatz raffinierter Detektionsverfahren) sogar die Grenze zum Quantenrauschen erreichen. Ähnlich können manche Nachttiere Lichtsignale mit einigen wenigen Photonen wahrnehmen, und bei bestimmten Faltern können die Männchen ein einzelnes Molekül des vom Weibchen abgegebenen Sexuallockstoffes riechen. Darüber hinaus stellt man bei immer mehr Lebewesen, wie z. B. Brieftauben und Zugvögeln, einen magnetischen Sinn fest. Ähnliches gilt für den elektrischen Sinn: so können Haie Felder von wenigen nV/m und damit potentielle Beutetiere durch ihre Aktionspotentiale spüren – eine geradezu an Telepathie grenzende Wahrnehmungsfähigkeit!

4.) **Kommunikations- und Orientierungsleistungen von Lebewesen**: Diese hängen natürlich eng mit den Sinnesleistungen zusammen, bieten aber noch andere physikalische Aspekte. Hier stellen Bienen ein sehr bekanntes Beispiel dar: Ihre Wahrnehmungsfähigkeit für polarisiertes Licht wird erst zusammen mit innerer Verrechnung u. a. der Flugzeit zu einer Möglichkeit, sich auf dem Weg zu Futterplätzen oder Bienenstock orientieren zu können; darüber hinaus haben Bienen bekanntlich auch einen Code motorischer Art, den sog. »Schwänzeltanz«, um Positionsangaben von Futterplätzen kommunizieren zu können. Solche Kommunikationscodes gibt es auch bei Singvögeln (akustisch) und, zur Partnerfindung, bei Glühwürmchen (optisch).

Nichtlineare Dynamik

Eine andere, recht junge Disziplin mit sehr intensiven und aktuellen Verbindungen zur Alltagsphysik ist die nichtlineare Dynamik, womit hier der (nicht fest etablierte) Überbegriff für den Gegenstandsbereich zwischen folgenden Forschungsgebieten gemeint ist:

1.) **Theorie des deterministischen Chaos**: Der bekannte Schmetterlingseffekt, dem zufolge der Flügelschlag eines Schmetterlings in Südamerika einen Wetterumschlag in Berlin verursachen kann, beantwortet wenigstens eine der eingangs gestellten Fragen: die nach der Unvorhersehbarkeit des Wetters. Ein anderes Beispiel in der freien Natur ist das steingewordene Ergebnis der sog. Bäcker-Abbildung, d. h. vom wiederholten Dehnen und Falten ähnlich dem Kneten von Teig. Dies ist eine der Grundformen chaotischer Dynamik, die anfänglich nahe benachbarte Punkte in unvorhersehbarer Weise auseinandertreibt, und die Mischung zäher Flüssigkeiten wie Magma ist eine Anwendung.

2.) **Theorie kritischer Phänomene**: Hierzu gehören insbesondere die Phasenübergänge mit ihren alltäglichen Erscheinungsformen wie Schmelzen/Gefrieren und Verdampfen/Kondensieren (↑ Phasenübergänge und kritische Phänomene). Weitere Beispiele sind die Koagulation, etwa das Stocken von Eiweiß bei einer gewissen Grenztemperatur (deswegen darf die Körpertemperatur beim Menschen auch nicht über 42 °C steigen) und die kritische Opaleszenz, d. h. der Übergang von durchsichtig nach trübe.

3.) **Synergetik**: Viele bekannte Ergebnisse betreffen hier die Musterbildung in unserer alltäglichen Umgebung, beispielsweise die Entstehung von Wolkenstraßen, die sich als walzenförmige Konvektionszellen verstehen lassen, wie sie im Bénard-System auftreten. Für ein vollständiges Verständnis müssen allerdings noch weitere Faktoren berücksichtigt werden, denn die Zellen im Laborexperiment sind etwa von quadratischem Querschnitt, während sie in der Atmosphäre um einen Faktor bis 50 gestaucht sind. Ein interessanter Ansatz, den u. a. Hermann Haken in den letzten Jahren verfolgt hat, besteht darin, von Prozessen zur Bildung von Mustern etwas über die Erkennung von Mustern bei der Wahrnehmung zu lernen (und ggf. umgekehrt). In der Tat führt der Ansatz »Mustererkennung ist Musterbildung« zu fruchtbaren Analogien, z. B. zwischen dem aus der Wahrnehmung bekannten Mechanismus der lateralen Inhibition und dem Gierer-Meinhardt-Modell für die Musterbildung bei Muscheln und anderen Lebewesen. Das beiden gemeinsame Prinzip ist der Antagonismus zwischen einer kurzreichweitigen Anregung und einer langreichweitigen Hemmung, wie er z. B. bei der Entstehung einer Düne auftritt: Im Windschatten eines kleinen Hindernisses kommt es zur Ablagerung von Sand (kurzreichweitige Anregung), was in größerer Entfernung davon zunächst zu einer Verarmung des Sandgehaltes in der Luftströmung führt (langreichweitige Hemmung); erst wenn vom Boden wieder ausreichend Sand mitgerissen wurde, kann es zur Bildung einer neuen Düne kommen.

Mathematik

Schon durch die vorangehenden Beispiele erscheint es vielleicht nicht mehr so überraschend, dass es auch interessante Verbindungen zwischen Alltagsphysik und Mathematik gibt. Höchst alltäglich ist z. B. die Normalverteilung. Man findet sie durch einfaches Zählen für die Größenverteilungen von Lebewesen, Werkstücken und Messergebnissen, und bei der immensen Bedeutung dieser Verteilung sollte der Grund für deren Allgegenwart – der zentrale Grenzwertsatz der Statistik – jedem Physiker geläufig sein. Zahlentheorie, Katastrophentheorie und Knotentheorie sind weitere Beispiele mathematischer Teildisziplinen mit alltagsphysikalischen Anwendungen.

Daneben gibt es noch eine ganz andere Weise, wie auf der Ebene von Alltagsbeobachtungen erhellende Verbindungen zwischen Mathematik und Physik hergestellt werden können, nämlich zur Veranschaulichung von abstrakten Sachverhalten durch die Analogie zu einfachen Phänomenen. Abb. 1 zeigt, wie Sie z. B. die Nichtkommutativität von Operatoren konkret nachvollziehen können.

Ein weiteres Beispiel betrifft die geometrischen Phasen: Lassen Sie Ihren Arm frei hängen und richten Sie den Daumen nach vorne.

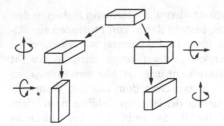

Abb. 1: Nichtkommutativität: Unterschiedliche Reihenfolge von Drehungen bewirkt unterschiedliches Endergebnis.

Führen sie dann mit dem Arm folgende Abfolge von Bewegungen durch, ohne die Hand dabei zu verdrehen: erst seitlich bis auf Schulterhöhe heben; dann auf der gleichen Höhe bis vor die Augen bewegen; schließlich zurück in die Ausgangsposition senken. Schauen Sie nun auf Ihren Daumen: er deutet jetzt zum Bein, während er doch anfangs nach vorne wies. Der Daumen und mit ihm die Hand haben sich also um 90° gedreht, obwohl Sie zu jedem Zeitpunkt darauf geachtet hatten, dass sie sich nicht drehen. Die festgestellte Drehung ist gerade so groß wie der von dem Weg ihrer Hand umschlossene Raumwinkel. Der Effekt beruht auf der Abweichung der Winkelsumme von Dreiecken auf der Kugel von 180°, und das gefundene Ergebnis lässt sich auf allgemeinem Wege auf der Kugel verallgemeinern. Die geometrischen Phasen der Quantenphysik sind genau in demselben Sinne und aus demselben Grunde »geometrisch« wie der eben besprochene Winkel auf der Kugeloberfläche; für Zwei-Zustands-Systeme lässt sich dies direkt und im allgemeinen Fall per Analogieschluss zeigen.

b) Gruppierung nach Phänomenbereichen

Optische Erscheinungen

Buchstäblich allgegenwärtig sind die durch unsere Sinne wahrgenommenen Phänomene, und Farben und Farberscheinungen spielen hier, im Hinblick auf die Tatsache, dass ein großer Teil aller Informationen auf optischem Weg ins Gehirn gelangen, eine besondere Rolle. Wer hätte z.B. noch nicht beobachtet, dass viele poröse Materialien wie Erde, Holz, Textilien dunkler erscheinen, wenn sie feucht sind? Wenn die Zwischenräume der Poren mit Wasser gefüllt sind, wird das Licht

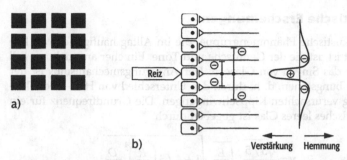

Abb. 2: a) Machsche Flecken und b) Prinzip der lateralen Inhibition.

weniger gestreut, denn die Brechzahl von Wasser ist höher als diejenige von Luft und liegt daher näher bei der Brechzahl der festen Grenzflächen. Kleinere Unterschiede in der Brechzahl aber bedeuten weniger Streuung und das Licht dringt tiefer in das Material ein. Größere Eindringtiefe bedingt nun wiederum gemäß dem Lambert-Beerschen Gesetz exponentiell größere Absorptionsverluste, d.h. das Material erscheint dunkler.

Ein anderes sehr schönes Beispiel für eine optische Phänomengruppe liefern die Interferenzfarben, die eine gemeinsame Grundlage für die schillernde Vielfalt der Farberscheinungen von Ölfilmen, Seifenblasen, Insektenpanzern, Schmetterlingsflügeln, Vogelfedern, Perlmutt und Opalen bilden.

Eine weitere Gruppe von besonders faszinierenden optischen Alltagsphänomenen sind optische Täuschungen. Abb. 2a zeigt die Machschen Flecken, dunkle Stellen in den Kreuzungen der hellen Steifen, die man wie folgt erklärt: Fällt Licht auf einen Punkt der Netzhaut, so umgibt den kurzreichweitigen Bereich der Anregung ein langreichweitiger Bereich der Hemmung (Abb. 2b); in den Kreuzungen von zwei weißen Streifen gibt es doppelt so viele hemmende Nachbarzellen wie in einem einzelnen Streifen, und deswegen erscheinen diese Stellen dunkler. Dieser Mechanismus, das Prinzip der lateralen Inhibition, hat als fundamentale Grundform von Prozessen in der Synergetik sehr große Bedeutung gewonnen.

Akustische Erscheinungen

Eine akustische Phänomengruppe, die im Alltag häufig mehr als lieb präsent ist, ist die der Geräusche und Töne. Ein eher angenehmer Fall ist hier das Singen von Gläsern. Der Anregungsmechanismus ist der von Reibungstönen, d. h. durch den Unterschied von Haft- und Gleitreibung verursachten Kippschwingungen. Die Grundfrequenz für ein zylindrisches leeres Glas ist gegeben durch

$$\nu = \frac{\sqrt{3/5}}{2\pi} \sqrt{\frac{E}{\varrho_g}} \sqrt{1 + 4/3 \left(\frac{R}{H}\right)^4 \frac{D}{R^2}} \, ,$$

wobei der zweite Term mit Elastizitätsmodul E und der Dichte ϱ_g die Abhängigkeit von den Materialeigenschaften enthält, und der dritte Term die Abhängigkeit von den geometrischen Eigenschaften (Radius R, Höhe H und Wanddicke D des Glases). Dabei rührt der Faktor D/R^2 von der horizontalen Verbiegung her, und die zweite Wurzel stellt einen Korrekturfaktor für die zusätzliche vertikale Verbiegung dar. Für ein mit der Flüssigkeit der Dichte ϱ_f bis zur Höhe H' gefülltes Glas ist ν durch eine näherungsweise zu

$$\frac{\varrho_f}{\varrho_f} \frac{R}{D} \left(\frac{H'}{H}\right)^4$$

proportionale »Füllkorrektur« zu dividieren, die im Wesentlichen als »Trägheitskorrektur« durch die zusätzliche Masse der Flüssigkeit zu verstehen ist: ein Glas klingt um so tiefer, je höher es gefüllt ist.

Ein weniger angenehmer Fall ist das Singen von Reifen, wie es an gelegentlich im Straßenbelag eingefrästen periodischen Querrillen auftritt, wobei die Frequenz durch $\nu = v/d$ gegeben ist (v: Fahrzeuggeschwindigkeit, d: Rillenabstand). Damit der Reifen nicht schon ohne Querrillen singt, werden die Profilstollen nicht periodisch angeordnet.

Interessanterweise gibt es auch akustische Täuschungen. Sie sind zum Teil sehr störender, ja qualvoller Art, wie das bekannte »Klingeln« in den Ohren. Dies ist nicht immer nur ein Scheinsignal (z. B. auf eine Überlastung des Ohres zurückzuführen), sondern es handelt sich oft um ein reales Signal mit einem außerhalb des Ohres messbaren Schalldruckpegel. Solche Eigengeräusche des Ohres sind eine Folge der beim Hörvorgang ablaufenden aktiven Verstärkung des Schallsignals.

Wasserwellen

Ein anderer Bereich, wo Wellenphänomene im Alltag stark in Erscheinung treten, sind Wasserwellen. Beispielsweise lässt sich hinter einem überströmten Stauwehr oder hinter einem Felsen in einem Bach oft eine häufig sehr ausgeprägte und stark schäumende stehende Welle beobachten. Diese wird als Wassersprung bezeichnet, und ist darauf zurückzuführen, dass in einer Querschnittsverengung die Strömungsgeschwindigkeit v so stark zunehmen kann, dass sie die Wellenausbreitungsgeschwindigkeit c im Wasser übersteigt; stromabwärts von der Verengung muss es also eine Stelle geben, wo die beiden Geschwindigkeiten gerade übereinstimmen. Da sich an dieser Stelle Störungen mit Strömungsgeschwindigkeit gegen die Strömung und also mit Geschwindigkeit null gegen das Ufer bewegen, addieren sich deren Wirkungen zu der schäumenden, stehenden Welle des Wassersprungs. Entscheidend ist, wie bei vielen Strömungsphänomenen, auch hier eine dimensionslose Kennzahl, und zwar die Froude-Zahl $Fr = v/c$.

Ein weiteres physikalisch interessantes Beispiel sind die Tsunamis, durch Seebeben oder Vulkanausbrüche ausgelöste turmhohe Seewellen, deren Reichweite von vielen hundert Kilometern durch ihren Charakter als Solitonen erklärlich wird, d. h. durch die Kompensation des Zerfließens des Wellenpaketes durch Nichtlinearitäten des Ausbreitungsprozesses.

Bruchmechanik

In der Bruchmechanik beschäftigt man sich mit einer Form von Zerstörung, die leider nur zu alltäglich ist, aber physikalisch interessante Hintergründe hat, nämlich mit der Bildung von Rissen und Brüchen in festen Materialien. Ein Beispiel für eine sehr elementare Betrachtung eines bruchmechanischen Phänomens ist, dass aus einer einfachen Energiebetrachtung die Existenz einer kritischen Länge folgt, der Griffith-Länge, ab der für das Wachstum von Rissen Selbstverstärkung einsetzt. Ein anderes Beispiel ist die fraktale Struktur von Bruchkonturen.

Haushaltsphänome

Zwei Bereiche alltäglichen Erlebens, in denen der aufmerksame Blick viel Physik entdecken kann, sind die der Haushaltsphänomene (einschließlich Haushaltstechnik), etwa Lichtquellen, und der Küchenphänomene (einschließlich Nahrungsmittel). Warum beispielsweise platzen Würstchen beim Erhitzen immer in Längsrichtung? Weil die Wandspannung in einem unter den Druck p gesetztem Rohr (Radius r, Länge l, Wanddicke t) in axialer Richtung $rp/2t$, in tangentialer Richtung aber doppelt so groß ist. Dies folgt, wenn man die durch den Druck auf eine radiale bzw. axiale Querschnittsfläche erzeugte Kraft, also $\pi r^2 p$ bzw. $2rlp$, durch die Wandflächen in diesen Querschnittsebenen, also $2\pi rt$ bzw. $2lt$, teilt.

Dass wir ganz allgemein Küche und Nahrung als einen Teilbereich besonders intensiven Erlebens empfinden, hat neben dem offensichtlichen biologischen auch einen physikalischen Grund: Der Küchenherd sorgt gewissermaßen für eine exponentielle Intensivierung, da viele Reaktionsraten dem Arrhenius-Gesetz gehorchen und proportional zu einem Faktor $e^{-Ea/kT}$ sind, sodass die Anzahl und Ausbeute der relevanten Prozesse sehr stark mit der Temperatur steigt (T: Temperatur, E_a: Aktivierungsenergie, k: Boltzmann-Konstante).

Spiel und Sport

Zwei weitere Erlebensbereiche mit viel Bezug zur Physik sind Spiel und Sport. Das Mariottesche Stoßpendel, besser bekannt unter dem Namen »Klick-Klack-Maschine«, dient regelmäßig zur Illustration der Energie- und Impulserhaltung. Weniger bekannt ist, dass sich durch die unvermeidlichen Dissipationsverluste mit der Zeit eine Situation einstellt, in der alle Kugeln synchron schwingen und keine Stöße mehr stattfinden. Die zeitliche Entwicklung eines Systems unter Stößen lässt sich durch eine lineare Abbildung beschreiben, für die es, analog zu Schwingungen, Normalmoden gibt. Sind die Stöße dissipativ, so hält die Mode mit der kleinsten Dämpfung am längsten an, und dies ist für identische Teilchen gerade die synchrone Bewegung, weil es dabei keine Stöße und damit keine Dissipation durch solche gibt (die Reibung an der Luft sowie in der Aufhängung bleibt natürlich).

c) Mischformen

Mehrere Phänomen- bzw. Erlebensbereiche umfassen so viele und so wichtige Verbindungen zur Physik, dass sie zugleich Gegenstand eigenständiger wissenschaftlicher Teildisziplinen sind. Ein klassisches

Gebiet dieser Art ist die Geo- und Atmosphärenphysik. Als geophysikalisches Alltagsfaktum ist beispielsweise das Baer-Babinetsche Gesetz zu nennen, wonach bei den Flüssen der Nordhalbkugel – bei sonst symmetrischen geographischen Bedingungen – das rechte Ufer stärker unterspült und daher steiler ist als das linke (auf der Südhalbkugel sind die Rollen vertauscht): Durch die Coriolis-Kraft bekommt die Strömung eine zur Strömungsgeschwindigkeit v proportionale, nach rechts gerichtete Beschleunigungskomponente. Da v aufgrund der Bodenreibung mit zunehmender Wassertiefe abnimmt, setzt eine quer zur Strömung gerichtete Zirkulationsströmung ein, bei der das linke Ufer (»Gleithang«) mit langsamen Wasser aus Bodennähe und das rechte (»Prallhang«) mit schnellerem Wasser aus höheren Schichten angespült und somit stärker erodiert wird.

Als stark anwendungsorientierte Gebiete sind hier die Bauphysik, die Verkehrsphysik sowie Materialwissenschaft und Verfahrenstechnik zu nennen. Materialwissenschaftlich hochinteressante Alltagsmaterialien stellen z. B. Holz und Knochen dar. Sie sind Beispiele »intelligenter« Werkstoffe, die ihr Gefüge in Abhängigkeit von der Belastung auf größere Stabilität hin selbsttätig anpassen können. Die heutige Technik kann hier das Vorbild Natur nur sehr unvollkommen nachahmen. Will man z. B. bei Druck- oder Biegebelastung einer Säule einen der Faktoren Höhe, Gewicht oder Tragkraft der Säule optimieren, so muss man einen möglichst großen Wert der Kenngröße E/ϱ^2 (E: Elastizitäsmodul, ϱ: Dichte) haben, bei der Holz nur noch von Diamant übertroffen wird.

Weiterführende Überlegungen und offene Fragen

Anhand der vorangehenden Beispiele wird deutlich, dass sich physikalische Alltagsphänomene in zwei Stufen präsentieren, sozusagen auf den ersten oder auf den zweiten Blick. Dass das Singen von Weingläsern etwas mit Physik, genauer Akustik zu tun hat, ist offensichtlich – ein Fall von Alltagsphysik auf den ersten Blick. Zunächst sehr fernliegend erscheint aber der Gedanke, dass das Dunkel der Nacht ein physikalisches erklärungsbedürftiges Phänomen darstellt. Dass sich dahinter – ca. 15 Milliarden Lichtjahre »dahinter« – die endliche Ausdehnung und das endliche Alter des Kosmos verbergen (↑ Kosmologie), empfinden wir als höchst faszinierend und staunenswert – ein Fall von Alltagsphysik auf den zweiten Blick. Es ist eine eigene Fähigkeit, das Besondere und Hinterfragenswerte im Alltäglichen· zu sehen und vom scheinbar Banalen auf das Fundamentale schließen zu können. Ein Beispiel für die zunächst sehr unvermutete Verbindung zwischen Alltagsphänomenen und Quantenphysik ist das Leuchten der Sonne, da es ohne Tunneleffekt in Sternen keine Kernfusion gäbe.

Neben der enormen Motivationswirkung durch den starken Bezug zu Alltag und Anwendung zeichnet sich diese Art von Physik durch einen ausgeprägten Gebrauch von Analogie-, Dimensions- und Größenordnungsdenken aus: Analogien, die zwischen dem Alltäglichen, Anschaulichen und dem Abstrakten eine Brücke bilden wie in Abb. 2, oder die erkenntnisleitende Denkform ganzer Teildisziplinen wie der Bionik sind; Dimensionsbetrachtungen, die z. B. in dem völlig unübersichtlichen Fahrwasser der Strömungsmechanik ein geistiger Rettungsanker sind; und Größenordnungsdenken als A und O jeden Experimentes und jeder Theorie. Dies bedeutet dann aber auch, dass die Physik gerade in ihren alltäglichen Anwendungen eine allgemeine Schule des Denkens bietet, nämlich für einen durch aufmerksame Beobachtung und – einfache! – Mathematik erheblich geschärften gesunden Menschenverstand.

Schließlich bietet die Alltagsphysik nicht nur für die Lehre, sondern auch für die Forschung ein heute noch längst nicht erschöpftes Potential, und hier schließt sich der Kreis zu den Eingangsfragen: Es ist bemerkenswert, dass gerade eine der Erscheinungen, die am Anfang der wissenschaftlichen Beschäftigung mit elektrischen Erscheinungen stand, nämlich die Reibungselektrizität, auch heute noch sehr unvollkommen verstanden ist. Es ist außerdem bemerkenswert, dass bei einer ebenfalls allgegenwärtigen Erscheinung, der Turbulenz, erst seit jüngster Zeit von einem auch nur annähernden Verständnis die Rede sein darf.

Und es ist überraschend und erfrischend, dass ein afrikanischer Schuljunge beim Eismachen eine Beobachtung machen konnte, die zwar auch Aristoteles schon bekannt war, die die Wissenschaft aber bis in heutige Zeit nicht geklärt, wenn nicht überhaupt abgestritten hat: der Mpemba-Effekt, d. h. die Tatsache, dass heißes Wasser unter Umständen schneller gefriert als kaltes. Dabei spielen mindestens ein halbes Dutzend durchaus nichttrivialer Faktoren eine Rolle, von der Löslichkeit von Luft bis zu der Unterkühlung des Wassers. Der Effekt erschöpft sich also keineswegs in der Trivialität, dass von heißem Wasser mehr verdunstet und also weniger gefrieren muss, und Mpemba hat diesen und einen weiteren naheliegenden Grund durch Experimente ausgeschlossen, die er trotz des Spottes seines Physiklehrers und seiner Mitschüler durchführte. Er zeigte dabei jene wertvolle Fähigkeit, im Dunkel der Nacht ebenso wie im Leuchten der Sterne etwas Hinterfragenswertes zu erkennen und die eigenen Fragen auch ernst zu nehmen, die Fähigkeit, die de Gennes den Weg von der Alltagsphysik bis zum Nobelpreis führte und die er so umschreibt: »Staunen können über einen Wassertropfen«.

[1] P. G. de Gennes, J. Badoz: Les Objets Fragiles, Librairie Plon, Paris 1994.

[2] H. Haken, M. Stadler (Hrsg.): Synergetics of Cognition, Springer, Berlin-Heidelberg-New York 1989.

[3] M. G. Velarde, C. Normand, Spektrum der Wissenschaft (Sept. 1980) 118.

[4] J. Walker: The Flying Circus of Physics, John Wiley & Sons, New York 1977.

[5] C. P. Jargocki: Eigentlich klar – Oder? Selbstverständliches physikalisch erklärt, Vieweg, Braunschweig 1986.

[6] I. K. Kikoin (Hrsg.): Physik: Experimentieren als Spielerei, Spektrum, Heidelberg 1991.

[7] W. Kuhn (Hrsg.): Praxis der Naturwissenschaften: Physik, Aulis-Verlag/Deubner und Co., Köln.

[8] L. A. Bloomfield, How Things Work. The Physics of Every Day Life, John Wiley & Sons, New York 2001.

Optische Erscheinungen
der Atmosphäre

Roger Erb

Wer hat sich nicht schon einmal vom Erscheinen eines farbenprächtigen Regenbogens nach einem kräftigen Regenschauer beeindrucken lassen? Mag man im ersten Moment vielleicht vorwiegend an Erzählungen oder Mythen denken, so drängt sich schon bald die Frage nach der Physik dieses Phänomens auf.

Der Regenbogen ist eine der beeindruckendsten Demonstrationen der Gesetze der Optik – aber nur eine der vielen Erscheinungen, die sich aus dem Zusammenwirken von Licht und der Lufthülle der Erde, unserer Atmosphäre, ergeben und die unter dem Begriff »Atmosphärische Optik« zusammengefasst werden. Viele dieser Phänomene bestechen durch ihre Schönheit – aber nicht alle sind so auffällig wie der Regenbogen. Manche sind nahezu alltäglich, wie der blaue Taghimmel, andere nur schwer aufzufinden, wie etwa die Nebensonnen – meist nimmt man eben nur die Dinge wahr, die man bereits kennt.

Die Phänomene, die in diesem Beitrag angesprochen werden, sind zwar als optische Erscheinungen miteinander verwandt. Andererseits sind die physikalischen Unterschiede groß, da zum einen die für die Phänomene verantwortlichen Eigenschaften der verschiedenen Komponenten der Atmosphäre (die Luft selbst, Wassertropfen, Eiskristalle und Aerosole) sehr unterschiedlich sind und zum anderen zur Erklärung neben der geometrischen Optik auch die Wellenoptik zu bemühen ist.

Das Licht, an dem sich in so vielfältiger Weise die Wirkung unserer Atmosphäre zeigt, kommt in der Regel von der Sonne – ein Teil der Erscheinungen kann aber auch am Mond oder an den Sternen beobachtet werden. Phänomene hingegen, bei denen Licht in der Atmosphäre selbst erzeugt wird, wie z. B. beim Polarlicht oder Blitz, werden ebenso wie das Zodiakallicht an dieser Stelle nicht behandelt.

Die Farben des Himmels

Trübung

Nicht die gesamte von der Sonne eintreffende Strahlung passiert die Atmosphäre; nur Kurzwellen (mit Wellenlängen zwischen 1 mm und 20 m), ein Teil des infraroten Lichtes und in etwa der Anteil, für den unser Auge empfindlich ist (400–750 nm), erreichen ungehindert die Erdoberfläche. Ein Blick in die Ferne aber lässt erkennen, dass die Atmosphäre auch im sichtbaren Bereich nicht vollständig durchsichtig ist. Das Licht erfährt beim Durchgang durch die Luft eine *Schwächung* (Extinktion), die mit der Länge des Lichtweges wächst. Diese Extinktion wird durch Absorption und durch Streuung hervorgerufen.

Scheint die Sonne bei trüber Luft durch einzelne Wolkenlöcher oder durch Baumkronen, lässt sich der Weg des Lichtes direkt an den dann sichtbaren Lichtbündeln nachvollziehen. Dieser Effekt (*Trübung*) wird im Wesentlichen als Streuung an in der Luft eingelagerten Teilchen (Aerosole) interpretiert, weshalb ein heftiger Regen ihn meist verringert.

Aber auch an den Molekülen der Luft selbst findet Streuung statt. Hierauf beruht die Tatsache, dass wir auch bei klarer Luft uns am Tag von einem hellen Himmel umgeben sehen – selbst noch eine gewisse Zeit nach Sonnenuntergang, wenn zwar unser Erdboden, aber noch nicht die Atmosphäre über uns vollständig im Schatten der Erdkugel liegt.

Himmelsblau

Die blaue Farbe des Taghimmels ist darauf zurückzuführen, dass die Streuung des Lichtes in der Atmosphäre von der Wellenlänge des Lichtes abhängig ist. Die Luftmoleküle werden von dem einfallenden Sonnenlicht wie Hertzsche Oszillatoren zu Schwingungen angeregt und strahlen Sekundärwellen ab. Die Strahlungsleistung S dieser Rayleigh-Streuung ist proportional der vierten Potenz der Frequenz ω des Lichtes: $S \sim \omega^4$. Blaues Licht wird also stärker gestreut als rotes (in einem Medium mit unregelmäßiger Dichte; bei konstanter Dichte verschwinden die Streubeiträge der einzelnen Moleküle durch Interferenz), weshalb der Taghimmel blau erscheint.

Das gestreute Himmelslicht ist außerdem polarisiert. Dies zeigt sich deutlich, wenn man den Himmel senkrecht zum einfallenden Sonnenlicht mit einem Polarisationsfilter beobachtet.

Ist die Luft mit Aerosolen angereichert, verändert sich das Streuverhalten der Atmosphäre: An den im Vergleich zu den Molekülen großen Aerosolteilchen (in der Größenordnung der Lichtwellenlänge und darüber) findet Mie-Streuung statt, die alle Wellenlängen nahezu gleichmäßig betrifft und vorwiegend zu kleinen Streuwinkeln führt. Ein weißliches Himmelslicht weist somit auf verunreinigte Luft hin.

Abendrot

Ebenso auf die Lichtstreuung an den Luftmolekülen zurückzuführen ist die gelbe oder leicht rötliche Farbe der auf- oder untergehenden Sonne (*Morgenrot* bzw. *Abendrot*). Da der Weg des Lichtes bei tiefstehender Sonne durch die Atmosphäre besonders lang ist, werden blaue Anteile stärker herausgestreut, und es bleibt vorwiegend langwelliges Licht übrig.

Wenn die Luft mit Aerosolen angereichert ist, z. B. in Industriegebieten und nach Vulkanausbrüchen, nehmen die Sonnenscheibe und ihre Umgebung eine besonders deutliche dunkelrote Färbung an. Dies rührt daher, dass dann auch die Mie-Streuung an den Aerosolen beiträgt, bei der zwar weißes Licht gestreut wird, rotes aber besonders unter kleinem Winkel, d. h. in Vorwärtsrichtung, sodass ein Beobachter also verstärkt rotes Licht aus der Richtung der Sonne wahrnimmt.

Lichtbrechung

Abplattung der Sonnenscheibe

Die tiefstehende Sonne fällt nicht nur wegen ihrer Rotfärbung, sondern auch wegen ihrer ovalen Form auf. Diese scheinbare Abplattung ist auf die Brechung des Lichtes in der Atmosphäre zurückzuführen.

Lichtbrechung tritt normalerweise am Übergang zwischen zwei Medien unterschiedlicher Brechzahl auf. Aber auch beim Durchgang des Lichtes durch ein Medium, dessen Dichte mit der Höhe abnimmt, wie es bei der Atmosphäre der Fall ist, ist dieser Effekt spürbar, denn die Brechzahl n eines Gases hängt wie folgt von seiner Dichte ϱ ab:

$$\frac{n_1-1}{n_2-1}=\frac{\varrho_1}{\varrho_2}.$$

Das bedeutet, dass in unserer Lufthülle die Brechzahl kontinuierlich bis zum Erdboden zunimmt.

Der Weg des Lichtes ist darstellbar, indem man entweder die Luft in Schichten mit jeweils als konstant angenommener Brechzahl teilt oder mit dem Fermatschen Prinzip den Weg mit der geringsten optischen Weglänge $\int n(l)\,dl$ sucht. Dieser Lichtweg ist (von senkrechter Inzidenz abgesehen) gekrümmt (Abb. 1), und die Sonne und andere Himmelskörper erscheinen angehoben. Der Effekt ist abhängig von der Zenitdistanz des Objekts. Bei flach einfallendem Licht, also in Horizontnähe, ist er am stärksten und bewirkt dort eine scheinbare Anhebung von etwa 35′, da der Beobachter ein gesehenes Objekt in geradliniger Verlängerung des ins Auge gelangenden Lichtes vermutet. Die gerade den Horizont berührende Sonne (oder der Mond, beide erscheinen etwa 0,5° groß) ist also eigentlich schon »untergegangen«. Da die Anhebung für das flacher einfallende Licht des unteren Randes der Sonnenscheibe stärker ist als für den oberen Rand, wirkt die vertikale Achse um 6′ verkürzt, die Sonnenscheibe folglich abgeplattet.

Wegen der Dispersion wird zudem das blaue Licht geringfügig stärker abgelenkt als das rote. Als Folge davon kann das letzte Segment der untergehenden Sonne in sehr seltenen Fällen grün gesehen werden (*Grüner Strahl*), da das rote Sonnenbild weniger gehoben wird, also zuerst untergeht, und der blaue Anteil des Sonnenlichtes stark weggestreut wird.

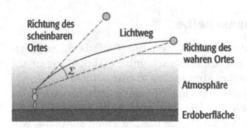

Abb. 1: Der Weg des Lichtes von der Sonne oder einem anderen Himmelskörper durch die Erdatmosphäre ist gekrümmt. Dem Beobachter erscheint das Objekt daher nicht an seinem wirklichen Ort, sondern um den Refraktionswinkel Σ versetzt (die Krümmung wurde hier übertrieben stark gezeichnet).

Auch der Lichtweg von Objekten auf dem Erdboden wird durch die Atmosphäre gekrümmt, was u. a. zu einer Anhebung des Horizontes führt (*terrestrische Refraktion*). Aus einer Beobachtungshöhe von 10 m erhält man durch die Anhebung eine geringe Steigerung der Aussichtsweite von etwa 11 km auf 12 km.

Funkeln der Sterne

Insbesondere bei tiefstehenden Sternen kann man ein Flimmern (*Szintillationen, Sternfunkeln*), das sich in Orts-, Farb- und Helligkeitsänderungen bemerkbar macht, beobachten. Ursache für diese Erscheinung ist, dass die Atmosphäre sich nicht in Ruhe befindet, sondern stets lokale Turbulenzen aufweist. Da die sich verändernden Schlieren oder Turbulenzelemente in der Größe von einigen Zentimetern jeweils leicht unterschiedliche Brechzahlen aufweisen, erfährt das Licht eines Sterns durch die Atmosphäre hindurch Refraktion. Bei Sternen in Horizontnähe ist das Licht infolge der Dispersion spektral auseinandergezogen und kann unterschiedliche Schlieren durchlaufen, was zu deutlichen Farbänderungen führt.

Planeten, die im Gegensatz zu den Sternen eine sichtbare Winkelausdehnung besitzen, zeigen diese Szintillationen praktisch nur am Bildrand bei Fernrohrbeobachtung.

Luftspiegelungen

Auch Luftspiegelungen (*Fata Morgana*) entstehen durch Lichtbrechung in der Atmosphäre. Häufig sieht man Luftspiegelungen über heißem Asphalt – die Straße erweckt dabei den Eindruck, nass zu sein, und man sieht Gegenstände oder weiter entfernte Bereiche der Landschaft gespiegelt. Bei einer derartigen unteren Luftspiegelung ist die Luft direkt über dem Boden stark erwärmt und besitzt deshalb eine etwas verringerte Brechzahl. Licht kann sich dann von einem Gegenstand nicht nur auf dem direkten Weg (a in Abb. 2) zu dem Beobachter ausbreiten, sondern auch auf einer gekrümmten Bahn durch die tiefere Luftschicht zu ihm gelangen, da es auf dem Weg b in Abb. 2 nach oben gebrochen wird. Analog bildet sich eine obere Luftspiegelung, die durch Brechzahländerung in der Atmosphäre bei Inversion auftritt und sich durch nach oben ausdehnende Verzerrungen, bisweilen auch durch das Auftreten eines zweiten Bildes, auszeichnet.

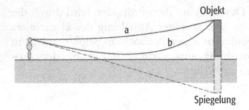

Abb. 2: Lichtwege, die zum Erscheinen einer unteren Luftspiegelung führen (die Krümmung wurde hier übertrieben stark gezeichnet).

Regenbogen

Beobachtung

Neben der untergehenden Sonne ist sicherlich der Regenbogen die auffälligste Erscheinung aus dem Bereich der atmosphärischen Optik. Er beeindruckt durch seine Farbenpracht und durch seine Lichtwirkung, besonders im Kontrast zu der vorbeiziehenden Regenfront.

Damit sind wir seinen Ursachen schon auf der Spur: Verantwortlich sind die Regentropfen und die sie bescheinende, im Rücken des Beobachters stehende Sonne. Man beobachtet, dass die Regenwand nicht einförmig grau, sondern in manchen Bereichen heller, in manchen dunkler erscheint. Häufig kann man einen hellen Bereich bemerken, wie er in Abb. 3 in der rechten Bildhälfte zu sehen ist. Der sich anschließende *Hauptregenbogen* selbst ist nicht nur farbig, sondern hebt sich ebenfalls hell vom Hintergrund ab. Darauf folgt ein dunkles Band, die *Alexandersche Dunkelzone* (nach Alexander von Aphrodisias, 200 n. Chr.), und bei günstigen Bedingungen ein zweiter Bogen, der *Nebenregenbogen*. Es schließt sich ein relativ gleichmäßig grauer Bereich an.

Die Regenbögen erscheinen als konzentrische Kreise in einem Winkel von etwa 42° bzw. 51° um den Gegenpunkt der Sonne, der auf der Verlängerung einer Geraden liegt, die durch Sonne und Beobachter geht (Abb. 4). Jeder Beobachter sieht somit einen eigenen Bogen, der sich bei Bewegung verschiebt. Ein Halbkreisbogen erscheint nur bei flachem Horizont während eines Sonnenaufgangs oder -untergangs. Bei höherstehender Sonne erscheint ein entsprechend kleinerer Abschnitt des Kreisbogens. Ein voller Kreisbogen kann aus dem Flugzeug beobachtet werden.

Abb. 3: Haupt- und Nebenregenbogen mit dazwischenliegender Alexanderscher Dunkelzone.

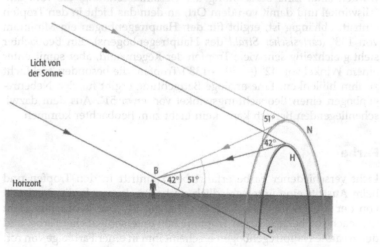

Abb. 4: Der Beobachter sieht den Haupt (H)- und den Nebenregenbogen (N) um den Sonnengegenpunkt G. Das Licht kommt von den vielen Tropfen, die sich auf zwei Kegelmänteln mit Öffnungswinkeln von etwa 42° bzw. 51° befinden.

Helligkeit und Form

Die Tatsache, dass die Regenwand nicht gleichmäßig grau erscheint, lässt darauf schließen, dass das Licht in den Tropfen nicht auf immer die gleiche Weise abgelenkt wird. Man muss also die Rolle der verschiedenen Tropfen in Bezug auf eine bestimmte Beobachterposition oder aber die Ablenkung des Lichtes in einem Tropfen in Abhängigkeit vom Einfallswinkel betrachten.

Fällt das Sonnenlicht auf einen nahezu kugelförmigen Regentropfen, so wird ein Teil des Lichtes an der Oberfläche reflektiert, der andere Teil wird gebrochen und dringt in den Tropfen ein. Wenn dieses Licht nun von innen an die Oberfläche des Tropfens stößt, wird ein Teil wieder zurück in den Tropfen reflektiert und der andere nach außen gebrochen; bei diesem Vorgang wird das Licht zudem polarisiert. Die sich ergebenden Wege für das Licht werden als Klassen von Strahlen bezeichnet.

Zum Hauptregenbogen tragen Strahlen bei, die einmal, und zum Nebenregenbogen solche, die zweimal im Innern des Tropfens reflektiert worden sind. Eine Berechnung der Gesamtablenkung, die vom Einfallswinkel und damit von dem Ort, an dem das Licht in den Tropfen eintritt, abhängig ist, ergibt für den Hauptregenbogen ein Minimum von 138° (*cartesischer Strahl* des Hauptregenbogens). Ein Beobachter sieht gleichzeitig sehr viele Tropfen der Regenwand, aber somit unter einem Winkel von 42° (= 180° − 138°) Tropfen, die besonders viel Licht zu ihm hinlenken. Eine analoge Betrachtung ergibt für den Nebenregenbogen einen Beobachtungswinkel von etwa 51°. Aus dem dazwischenliegenden Bereich kann kein Licht zum Beobachter kommen.

Farbe

Licht verschiedener Farbe erfährt beim Eintritt in den Tropfen und beim Austritt eine unterschiedlich starke Brechung, da die Brechzahl von der Wellenlänge des Lichtes abhängig ist. Der Beobachter sieht demnach von benachbarten Tropfen Licht unterschiedlicher Farbe, und der gesamte Hauptregenbogen erscheint ihm in einer Farbfolge von rot, unter einem Winkel von 42°20′, bis violett, unter 40°40′. Der helle Bereich innerhalb des Bogens ist hingegen wegen der Überlagerung einer Vielzahl von verschiedenen Strahlen nicht farbig. Am wenigsten Vermischung erfährt der äußerste Rand des Bogens, weshalb die rote Farbe am intensivsten erscheint. Die Farbfolge des sekundären Bogens schließlich ist umgekehrt, da sich einfallendes und austretendes Licht kreuzen.

Überzählige Regenbögen

An den Hauptregenbogen kann sich eine Reihe weiterer, sog. überzähliger Regenbögen anschließen. Diese Bögen sind lila und deutlich lichtschwächer.

Betrachtet man zwei Strahlen, die dicht ober- bzw. unterhalb des Cartesischen Strahls des Hauptregenbogens einfallen, so zeigt sich, dass sie nach dem Verlassen Wege mit unterschiedlicher optischer Länge zurückgelegt haben. Entspricht der Unterschied einem ungeraden Vielfachen der halben Wellenlänge des Lichtes, so gibt es destruktive Interferenz, und unter diesem Winkel wird ein dunkler Streifen beobachtet. Falls der Unterschied einem Vielfachen der Wellenlänge entspricht, erscheint ein heller Streifen.

Auf die Welleneigenschaften des Lichtes ist auch zurückzuführen, dass man bei sehr kleinen Wassertropfen (Durchmesser kleiner als 0,3 mm) wegen der dann stärker in Erscheinung tretenden Beugung nur noch einen weißen Bogen sieht (*Nebelbogen*). Ein ähnliches Phänomen ist auch in den Wassertröpfchen einer taubedeckten Wiese zu entdecken (*Taubogen*).

Halos und Glorien

Wasser in der Atmosphäre ist die Ursache für einige weitere bemerkenswerte Leuchterscheinungen. Während Halos und Nebensonnen durch Brechung an Eiskristallen entstehen, ist für die Entstehung von Aureolen und Glorien die Beugung an Tropfen verantwortlich. Die in diesem Abschnitt angesprochenen Phänomene sind meistens nicht sehr auffällig und deshalb auch weniger bekannt als der Regenbogen. Es gilt daher um so mehr die anfangs formulierte Ermunterung, bei entsprechenden Bedingungen bewusst nach ihrem Auftreten zu suchen.

Sonnenhalo

Bei verhältnismässig klarer Luft, wenn allenfalls dünne Wolkenschleier am Himmel stehen, kann man um die Sonne einen hellen Ring in ei-

Abb. 5: Ein kräftiger Halo umgibt die Sonne, die hier abgedeckt ist, damit sie das Bild nicht überstrahlt.

nem Winkelabstand von 22° finden, einen Sonnenhalo (Abb. 5). Nur selten ist dieser Ring stark ausgeprägt und zudem nicht immer vollständig. Er entsteht durch kleine Eiskristalle, die in der Luft schweben oder langsam zu Boden sinken. Unter der Vielzahl von möglichen Formen dieser Kristalle sind insbesondere hexagonale, also Plättchen oder Säulen mit sechseckiger Grundfläche, für die Halos verantwortlich.

Beim Regenbogen befindet sich der Beobachter zwischen den (runden) Wassertropfen und der Sonne. Einen Halo dagegen erblickt man in Richtung der Sonne. Betrachtet man den einfachsten Fall der Entstehung einer solchen Erscheinung, nämlich den Eintritt des Lichtes durch eine Seitenfläche des Kristalls mit Brechung und den Austritt mit Brechung durch die übernächste Fläche (Abb. 6), so ergeben sich für verschiedene Einfallswinkel auch verschiedene Austrittswinkel. Ähnlich wie beim Regenbogen findet man eine Minimalablenkung des Lichtes, welche hier bei 22° liegt, und auch hier tritt unter diesem Grenzwinkel eine Verstärkung der Lichtintensität auf. Innerhalb des

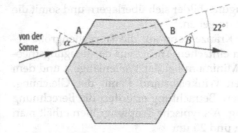

Abb. 6: Lichtbrechung in einem Eiskristall, die zur Bildung des Halos führt.

Ringes kann man geringere Helligkeit als außerhalb erwarten. Ein größerer Ring (Winkelabstand 46°) entsteht, wenn das Licht durch eine Seitenfläche der Kristalle ein- und durch eine Grundfläche austritt.

Nebensonnen

Nebensonnen (auch *Sonnenhunde* oder *parhelia*) können dann beobachtet werden, wenn die Eiskristalle hauptsächlich horizontal ausgerichtet sind, was beim Absinken aus höheren Atmosphärenschichten durchaus wahrscheinlich ist. Anstatt des Rings bei statistisch verteilter Orientierung treten dann, wie Abb. 5 zeigt, zwei deutliche Aufhellungen links und rechts neben der Sonne auf. Als Folge der Dispersion können sowohl die Nebensonnen wie auch Halos leicht farbig sein.

Es gibt eine Vielzahl weiterer Erscheinungen, die seltener zu beobachten sind. Verhältnismäßig auffällig ist unter diesen die *Lichtsäule* unter oder oberhalb der Sonne, die durch Reflexion an den Grundflächen der Kristalle bewirkt wird.

Aureole

Häufig sieht man den Mond oder seltener die Sonne von einer Aureole (auch Hof) umgeben. An die helle Scheibe mit bräunlichem Rand schließen sich häufig weitere farbige Ringe, sog. *Kränze*, an. Diese Erscheinung, die auch beim Blick durch eine angehauchte Glasscheibe auftritt, wird durch Beugung an kleinen Wassertropfen, die sich zwischen Lichtquelle und Beobachter befinden, hervorgerufen. Die Beugung an einem einzelnen kreisförmigen Tröpfchen verursacht durch ihre Wellenlängenabhängigkeit farbige Ringe mit stärkerer Intensität für bestimmte Winkel. Der Beobachter sieht auf eine Vielzahl gleichartiger Tröpfchen, deren Beugungsbilder sich überlagern und somit die Lichtquelle mit einem Kranz umgeben.

Aus der Winkelgröße der Kränze kann auf die Tröpfchengröße geschlossen werden. Mit einem einfachen Ansatz aus der Beugungstheorie erhält man für das erste Minimum bei der Wellenlänge λ und dem Tröpfchendurchmesser d den Winkelabstand ϑ mit der Gleichung: $\sin \vartheta = 1{,}22 \cdot l/d$. Eine genauere Betrachtung erfordert die Berechnung im Rahmen der Mie-Streuung. Als typische Tropfengrößen erhält man Durchmesser zwischen 5 µm und 20 µm.

Glorie

Blickt man bei tiefstehender Sonne im Rücken auf eine Nebelwand, kann man ein der Aureole verwandtes Phänomen beobachten. Die Glorie erscheint um den Gegenpunkt der Sonne, also um den häufig zugleich als Schatten erkennbaren Kopf des Beobachters auf der Nebelwand; dieser Schatten selbst wird auch als *Brockengespenst* bezeichnet. Auch für die Glorie ist Beugung an den Wassertröpfchen verantwortlich, aber man sieht hier das zurückgestreute Licht. Besonders auffällig ist, dass wegen der Geometrie der Anordnung jeder Beobachter die Glorie nur um den Schatten seines eigenen Kopfes sieht.

Einen *Heiligenschein* kann man, wenn die Sonne tief im Rücken steht, manchmal auf einer Wiese um den Schatten des eigenen Kopfes sehen. Auch hierfür ist die Blickrichtung entscheidend: Da sie in der Nähe des Kopfschattens nahezu parallel zum einfallenden Licht ist, sieht man dort direkt beleuchtete Halme und nur wenig von ihren Schatten.

Die optischen Phänomene der Atmosphäre sind ausgesprochen »stille« Erscheinungen – sie drängen sich nicht auf, aber sie laden ein, etwas von der Schönheit unserer Welt mit Hilfe der Physik zu erfassen.

[1] G. Dietze: Einführung in die Optik der Atmosphäre, Leipzig 1957.

[2] J. R. Greenler: Rainbows, Halos and Glories, Cambridge University Press, Cambridge 1990.

[3] M. G. J. Minnaert: Licht und Farbe in der Natur, Birkhäuser, Basel 1992.

[4] K. Schlegel: Vom Regenbogen zum Polarlicht, Spektrum Akad. Verlag, Heidelberg 1995.

[5] M. Vollmer: Wenn das Licht in Farben sich erbricht ..., Physik in unserer Zeit 26 (1995) 106–114, 176–184.

[6] J. Walker: Überzählige und weiße Regenbögen, Spektrum der Wissenschaft 8 (1980) 122–129.

Seismologie

Hans Berckhemer

Seismologie ist die Wissenschaft von den Erdbeben (griechisch: *seismos* = Erschütterung, *logos* = Wissenschaft, Lehre) und diese gehören nicht nur zu den unheimlichsten und folgenschwersten Naturkatastrophen, die durchschnittlich Jahr für Jahr 15 000 Menschenleben fordern, sondern sind vom geowissenschaftlichen Standpunkt in zweifacher Hinsicht von besonderer Bedeutung.

Zum einen ist der Vorgang im Erdbebenherd selbst Ausdruck spontanen tektonischen Geschehens in der Erde. Die instrumentelle Erfassung der Bodenbewegung mit Seismographen erlaubt quantitative Aussagen über Ort, Stärke, Zeitablauf und räumliche Orientierung von Verschiebungs- und Deformationsvorgängen in der Erdrinde und damit über das sie verursachende elastische Spannungsfeld.

Zum anderen sind Erdbeben energiereiche Quellen *elastischer Wellen*, die den ganzen Erdkörper durchstrahlen und dadurch Informationen über die elastische Struktur des Erdinnern enthalten. Da sich die Quellen der Wellen, die Erdbebenherde, meist ziemlich genau lokalisieren lassen, ist bei einheitlicher Zeitbasis der Registrierungen der Bodenbewegung an den Erdbebenstationen die genaue Bestimmung der Wellenlaufzeit möglich. Damit ist, zumindest im Prinzip, bei der Umsetzung oder Inversion der Laufzeiten in Strukturmodelle des Erdkörpers eine eindeutige Lösung erreichbar. Dies gilt natürlich insbesondere dann, wenn die seismischen Wellen durch künstliche Signale, in erster Linie durch Sprengungen, angeregt werden. Darauf beruht auch die große wirtschaftliche Bedeutung der Angewandten Seismik für die Lagerstättenprospektion, d. h. der Aufspürung z. B. von Erdölvorkommen. Aus all diesen Gründen kommt der Seismologie und der Seismik innerhalb der Geophysik eine zentrale Bedeutung zu. Die meisten physikalischen Informationen über das Erdinnere wurden von Seismologen gesammelt.

Wie entstehen Erdbeben?

Erdbeben haben fast immer tektonische Ursachen, d. h. sie sind Ausdruck instabiler Bruch- und Verschiebungsvorgänge im elastisch-spröden Bereich der Erdrinde als Folge der sich dort anstauenden elastischen Spannungen. Dies findet insbesondere in den Randzonen der sich gegeneinander bewegenden Lithosphärenplatten statt, aber auch innerhalb der Platten (Intraplatten-Beben). Erreicht die Spannung die Festigkeitsgrenze des Materials, so kommt es zur Entspannung durch Bruch. Aufgrund des Umgebungsdrucks der Tiefe bilden sich stets Scherbrüche aus. Dies ist der Grundgedanke der von C. F. Reid bereits 1911 aufgestellten *strain rebound theory* oder *elastischen Entspannungstheorie*. Die starken, nicht linearen Beanspruchungen der Gesteine vor dem Bruch sind oft von *Erdbebenvorläufererscheinungen* verschiedener Art begleitet, worauf sich die Versuche zur Erdbebenvorhersage stützen.

Die im Herdbereich zuvor gespeicherte elastische Energie wird zu etwa 5–50% in *elastische Wellenenergie* umgesetzt, der Rest in *Wärme* und *mechanische Zerrüttungsarbeit* der Gesteine in der Bruchzone. Die Abstrahlung seismischer Signale ist dabei, wie Abb. 1 zeigt, von der Abstrahlungsrichtung in Bezug auf die Bruchfläche abhängig. Das Vorzeichen der ersten Bodenbewegung wechselt an den sog. Knotenebenen. Eine der Knotenebenen ist die Bruchfläche. Bei genügend dichter Besetzung der Erdoberfläche mit Seismographen können die Knotenebenen und damit die Bruchfläche hinreichend genau bestimmt werden, auch ohne dass die Bruchfläche an der Erdoberfläche sichtbar wird. Unter der Voraussetzung, dass sich der Bruch in Richtung maximaler Scherspannung ausbreitet, kann aus der Bruchorientierung auf die Orientierung des geodynamisch wichtigen erdbebenerzeugenden Spannungsfeldes geschlossen werden.

Die früher vielfach verbreitete Ansicht, dass Erdbeben unmittelbar durch *vulkanische Aktivität* oder durch Einsturz von Hohlräumen (*Gebirgsschläge*), meist durch Bergbau bedingt, erzeugt werden, trifft nur auf lokale Ereignisse geringer bis mäßiger Stärke zu.

Auch ohne das Auftreten von Erdbeben zeichnen empfindliche Seismographen stets eine mehr oder weniger starke *Bodenunruhe* auf, die

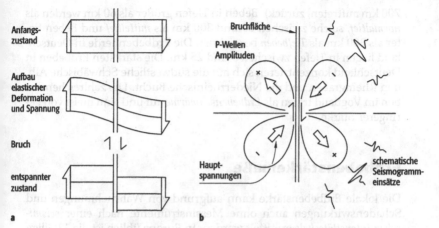

Anfangszustand

Aufbau elastischer Deformation und Spannung

Bruch

entspannter zustand

a

Bruchfläche

P-Wellen Amplituden

Hauptspannungen

schematische Seismogrammeinsätze

b

Abb. 1: Wellenabstrahlung von einer seismischen Bruchfläche.

sehr verschiedene Ursachen haben kann. Technische Erschütterungen sind meist hochfrequent und werden durch günstige Wahl des Aufstellungsorts der Seismographen möglichst vermieden. Interessant sind fast-periodische Bodenbewegungen mit Perioden von 6 – 9 s, die über Entfernungen von vielen hundert Kilometern zu beobachten sind und ihren Ursprung in der Wechselbelastung der Erdkruste durch Meereswellen haben. Diese *mikroseismische Bodenbewegung* kann in stürmischen Wintermonaten beträchtlich sein.

Seismizität

Gebiete hoher seismischer Aktivität sind in erster Linie die bewegten Ränder der Lithosphärenplatten. Mehr als zwei Drittel aller Erdbebenherde liegen innerhalb der Erdkruste in Tiefen von 5 bis 30 km. In den besonders im pazifischen Randbereich in den Erdmantel abtauchenden Subduktionszonen werden in den *Wadati-Benioff-Zonen* Herdtiefen bis zu 700 km erreicht (die Bezeichnung Wadati-Benioff geht auf K. Wadati, der japanische Erdbeben in abnormal großer Tiefe fand, und H. Benioff, der feststellte, dass insbesondere unter Inselbögen des Pazifikrandes solche Beben entlang geneigter Flächen bis in Tiefen von

700 km auftreten, zurück). Beben in Tiefen größer als 60 km werden als *normaltief,* solche zwischen 60 und 300 km als *mitteltief* und Beben tiefer als 300 km als *Tiefbeben* bezeichnet. Die Erdbebenherde in Deutschland liegen in Tiefen zwischen 3 und 25 km. Die stärksten Erdbeben in Deutschland konzentrieren sich auf die südwestliche Schwäbische Alb, den Rheingraben und die Niederrheinische Bucht. Die zahlreichen Beben im Vogtland treten als *Erdbebenschwärme* auf und sind meist von geringerer Stärke.

Erdbebenstärkemaße

Die lokale Erdbebenstärke kann aufgrund von Wahrnehmungen und Schadenswirkungen auch ohne Messinstrumente nach einer *seismischen Intensitätsskala* ermittelt werden. In Europa üblich ist die 12teilige MSK-Skala (Medvedev, Sponheuer, Karnik, 1964) bzw. neuerdings die »European Macroseismic Scale 1992«. Meist tritt im *Epizentrum,* unmittelbar über dem Erdbebenherd, der höchste Stärkegrad auf.

Das bekannteste Erdbebenstärkemaß ist die von C. F. Richter und B. Gutenberg eingeführte *Erdbebenmagnitude.* Sie wird aus der seismographisch registrierten Bodenbewegung nach entsprechenden Reduktionen bestimmt. Die Magnitude steht in engem Zusammenhang mit der vom Erdbebenherd in Form seismischer Wellen abgestrahlten Energie und, obwohl die Magnitudenskala prinzipiell nach oben und unten nicht begrenzt ist, treten in der Natur Erdbeben mit Magnituden größer als 9 kaum auf.

Physikalisch besser definiert als die Magnitude ist das sog. seismische Moment, das als Faktoren die Größe und den mittleren Verschiebungsbetrag der Bruchfläche enthält. Es kann weitgehend hypothesenfrei aus breitbandigen Seismogrammen bestimmt werden. Unter Berücksichtigung der Raumorientierung des Bruches führt dies zur *Momententensor-Bestimmung.*

Seismische Wellen

Im Gegensatz zu elastischen Wellen in Flüssigkeiten und Gasen gibt es in Festkörpern und damit auch im Innern des Erdkörpers zwei Arten elastischer Raumwellen, die sich in der Art der Teilchenbewegung und in der Ausbreitungsgeschwindigkeit unterscheiden: *Kompressionswellen* und *Scherungswellen*. Wegen der Richtung der Teilchenbewegung in Bezug auf die Ausbreitungsrichtung spricht man auch von *Longitudinalwellen* und *Transversalwellen*. Die Kompressionswellen breiten sich im homogenen elastischen Medium mit der Geschwindigkeit

$$v_P = \sqrt{\frac{K + 4/3\,\mu}{\varrho}}$$

aus (K: Kompressionsmodul, μ: Schermodul, ϱ: Dichte). Für die Ausbreitungsgeschwindigkeit der Scherwelle gilt

$$v_S = \sqrt{\frac{\mu}{\varrho}}\,.$$

Im Fall eines »ideal elastischen Mediums« ist

$$\frac{v_P}{v_S} = \sqrt{3} \approx 1{,}7\,.$$

Da die Kompressionswelle also stets vor der Scherwelle eintrifft, wird erstere in der Seismologie als *Primärwelle* oder *P-Welle*, letztere als *Sekundärwelle* oder *S-Welle* bezeichnet. Die Teilchenbewegung und deren symbolisierte Anregung veranschaulicht Abb. 2.

Außer den beiden *Raumwellentypen* gibt es noch zwei grundsätzlich verschiedene Arten von Wellen, deren Ausbreitung an die Erdoberfläche gebunden ist und die deshalb als *Oberflächenwellen* bezeichnet werden. Bei der von Lord Rayleigh bereits 1885 theoretisch gefundenen *Rayleigh-Welle*, die manche Ähnlichkeit mit einer Schwerewelle im Wasser hat, erfolgt die Teilchenbewegung in vertikal stehenden elliptischen Bahnen. Der zweite Typ von Oberflächenwellen, der allerdings nur in einer geschichteten Erde möglich ist, wurde von A. E. H. Love postuliert und deshalb als *Love-Welle* bezeichnet. Es handelt sich dabei um eine horizontal schwingende S-Welle, die zwischen Erdoberfläche und Schichtgrenze vielfach reflektiert wird.

Aus den Seismogrammen der über die Erdoberfläche verteilten Erdbebenstationen, die nach der Herdentfernung Δ, gemessen in Zentriwinkel zwischen Station-Erdmittelpunkt und Herd, geordnet sind,

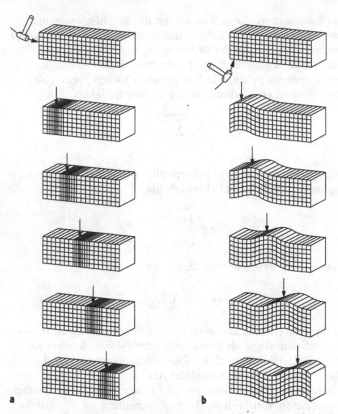

Abb. 2: Durchgang seismischer Wellen durch einen Block aus elastischem Material: a) Kompressionswelle, b) Scherwelle.

lassen sich seismische Signale korrelieren und zu Laufzeitkurven zusammenfassen. Aus Tausenden von Seismogrammen gemittelte Standard-Laufzeitkurven bilden die Grundlage für die Bestimmung der elastischen Globalstruktur des Erdkörpers. Sehr bekannt sind die Standard-Laufzeittabellen von H. Jeffreys und K. Bullen (1958). Die neuesten Tabellen wurden von B. L. N. Kennett 1991 aufgestellt und für das IASPEI (International Association of Seismology and Physics of the Earth's Interior)-Modell der Geschwindigkeits-Tiefenverteilung übernommen. Mit Hilfe von Laufzeitkurven kann man aus der Laufzeitdifferenz von S- und P-Wellen für jede Erdbebenstation und jedes Beben die *Herdentfernung* und die *Herdtiefe* berechnen. Mit zunehmender Herdentfernung nimmt die Amplitude der seismischen Signale ab, einerseits wegen der mit der Ausbreitung wachsenden Wellenfront (*geometrical spreading*), andererseits wegen der nicht-elastischen Energieverluste im Erdinnern.

Aus diesen Laufzeitdaten wurden mit Hilfe mathematischer Inversionsverfahren kugelsymmetrische Referenzmodelle für die Geschwindigkeits-Tiefenverteilung abgeleitet, z. B. das häufig benutzte PREM-Modell (*Preliminary Reference Earth Model*) von A. Dziewonski und D. Anderson (1981) oder das schon erwähnte IASPEI-Modell.

Die Ausbreitungsgeschwindigkeit beider Typen von Oberflächenwellen ist in einer geschichteten Erde von der Eindringtiefe, d.h. von der Wellenlänge bzw. der Wellenperiode T abhängig. Dies bewirkt laufzeitmäßige Trennung von Wellen unterschiedlicher Periode.

Wegen des endlichen Umfangs der Erdkugel können langperiodische Oberflächenwellen *stehende Wellen* oder *Eigenschwingungen* des Erdkörpers bilden. Auch hier gibt es, entsprechend den Rayleigh- und Love-Wellen, radiale $_nS_i$- und toroidale $_nT_i$-Schwingungen unterschiedlicher Ordnungszahlen, die bei sehr starken Erdbeben erst nach Tagen abklingen. Die niedrigste Eigenschwingung, die bei Erdbeben angeregt wird, ist $_0S_2$ mit $T = 53{,}83$ s. Statt mit den Laufzeiten von Raumwellen kann die Struktur des Erdkörpers auch durch *Eigenschwingungs-Spektroskopie* ermittelt werden.

Neuerdings wird insbesondere den Abweichungen der gemessenen Laufzeiten der Raumwellen von den mittleren Laufzeitkurven Beachtung geschenkt und damit den Abweichungen vom kugelsymmetrischen Erdmodell. Seismische Geschwindigkeits-Tomographie ist aber der Schlüssel zum Verständnis der Antriebskräfte für dynamische Prozesse im Erdinnern. Laterale Unterschiede in den Wellengeschwindigkeiten lassen sich wegen ihrer Temperaturabhängigkeit als laterale Temperaturdifferenzen interpretieren. Diese bewirken aber Dichtedifferenzen und im Schwerefeld differentielle Auftriebskräfte, d.h. Antriebskräfte für konvektive Fließbewegungen im Erdinnern. Die bisherigen tomographischen Modelle werden aber noch Veränderungen erfahren.

[1] T. Lay, T. C. Wallace: Modern Global Seismology, Academic Press., San Diego 1995.

[2] E. Urtig und E. Stiller: Erdbeben und Erdbebengefährdung, Akademie Verlag Berlin, 1984.

[3] F. Jacobs: Immer wieder bebt die Erde, Verlag Neues Leben, Berlin 1985.

[4] H. Militzer und F. Weber: Angewandte Geophysik.-Band 3: Seismik, Akademie Verlag, Berlin 1987.

Kosmologie

Gerhard Börner

Die Kosmologie ist eine ganz besondere Wissenschaft, denn ihr Forschungsgegenstand ist die Struktur und Dynamik des Universums als Ganzes. Definitionsgemäß befasst sie sich mit einem einzigartigen Objekt und einem einzigartigen Ereignis. Jeder Physiker wäre unglücklich, müsste er seine Theorien auf ein einzelnes, unwiederholbares Experiment stützen. Doch es konnte trotzdem eine wissenschaftliche Kosmologie formuliert werden, weil das beobachtete Universum in seiner großräumigen Struktur sehr einfach ist, einfacher als man erwarten konnte. Darüber hinaus erfährt der Astronom wegen der endlichen Lichtgeschwindigkeit durch die Beobachtung weit entfernter Objekte etwas über den Kosmos zu früheren Zeiten. Schwierig ist die Situation natürlich auch deswegen, weil wir, die Beobachter, mitten in diesem Objekt Universum nur einen räumlich und zeitlich begrenzten Ausschnitt wahrnehmen, von dem wir zwar annehmen, dass er für das Ganze – wenn es das überhaupt gibt – repräsentativ ist, es aber nicht sicher wissen können. Der Kosmologe muss also zusätzlich zu den vorhanden Beobachtungen und Messergebnissen Theorien voraussetzen, um die Beobachtungen zu deuten und neue Untersuchungen vorzuschlagen. So entsteht ein Modell des Kosmos.

Zwei wichtige Entdeckungen

Das moderne Bild vom Kosmos beruht im Wesentlichen auf zwei fundamentalen Beobachtungen: zum einen auf der Entdeckung des amerikanischen Astronomen Edwin P. Hubble in den 1930er Jahren, dass sich fast alle fernen Galaxien von uns weg bewegen, und zum andern

auf der Messung eines kosmischen Strahlungsfeldes im Mikrowellen-
bereich durch Arno A. Penzias und Robert W. Wilson im Jahre 1964.
Hubble fand, dass fast jede Galaxie (außer einigen sehr nahen) eine
Verschiebung ihrer Spektrallinien zu größeren Wellenlängen zeigt, die
um so größer ist, je weiter die Galaxie entfernt ist: $\lambda_b = \lambda_c (1 + z)$. Hierbei ist λ_b die beobachtete und λ_e die ausgesandte Wellenlänge. Die Erklärung dieser Rotverschiebung z durch den Dopplereffekt führt zu
dem Schluss, dass die Galaxien sich von uns wegbewegen. Das Bild der
Welt hat sich durch Hubbles Entdeckung dramatisch verändert: Die
Vorstellung einer gleichmäßigen, unveränderlichen Verteilung von
Sternen bis in unendliche Tiefen, ein Bild, dem zunächst sogar Albert
Einstein vertraut hatte, musste aufgegeben werden zugunsten der Idee
eines Universums der Entwicklung und Veränderung, wie es das aus-
einanderfliegende, expandierende System der Galaxien darstellt.

Die zweite wichtige Entdeckung war die Hintergrundstrahlung mit
der Temperatur 2,726 ± 0,005 K, die der im November 1989 gestartete
NASA-Satellit COBE besonders genau vermessen hat. Sie wird von den
meisten Fachleuten als Hinweis auf einen Anfangszustand angesehen,
in dem das Universum so heiß und dicht war, dass die Atome in ihre
Kerne und Elektronen aufgelöst waren und die Streuung von Photonen
an freien Elektronen das thermische Gleichgewicht zwischen Strahlung
und Materie aufrecht erhielt. Bemerkenswert ist die hohe Isotropie dieser Strahlung. Andererseits spiegeln die Anisotropien Dichteschwankungen von etwa gleicher Amplitude wider, die als Ursachen und
Keime für die beobachteten Strukturen der leuchtenden Materie angesehen werden.

Die kosmologischen Modelle

Die Unsicherheiten der astronomischen Messungen lassen Raum für
eine ganze Reihe von Modellen, die auch qualitativ verschieden sind.
Trotzdem sprechen die Astronomen von einem *Standard-Urknall-Modell*
im Sinne einer ganzen Klasse von Modellen, die einige typische Eigenschaften gemeinsam haben: Das Universum hat sich nach einer explo-
sionsartig schnellen Ausdehnung zu Anfang durch eine heiße und
dichte Frühphase zum gegenwärtigen Zustand entwickelt und es ist homogen und isotrop auf großen Skalen. Strukturen wie Galaxien und
Galaxienhaufen haben sich durch die Wirkung der Schwerkraft aus an-

fänglich kleinen Dichteschwankungen gebildet. Es ist bemerkenswert, wie weit diese einfachen Konzepte tragen. Bis jetzt hat sich keine alternative Theorie gezeigt, die alle Beobachtungen der kosmischen Struktur und Evolution ähnlich gut wie das Standardmodell erklärt.

Die Basis der klassischen kosmologischen Modelle ist die ↑ Allgemeine Relativitätstheorie Einsteins, eine Theorie der Schwerkraft, die bis jetzt alle experimentellen Tests glorreich bestanden hat. Es gibt im Vergleich zur Newtonschen Theorie drei große Vorzüge der Allgemeinen Relativitätstheorie, besonders im Hinblick auf die Kosmologie:

1. Die Gravitationswirkung einer unendlichen Massenverteilung kann ohne Probleme beschrieben werden. (In der Newtonschen Theorie ist das Gravitationspotential in einem derartigen Fall nicht eindeutig durch die Massenverteilung bestimmt.)
2. Die Theorie hat Lösungen, die als einfache Modelle des Universums angesehen werden können, wie etwa ein abgeschlossener, endlicher Raum ohne Grenze.
3. Die Lichtausbreitung wird im Einklang mit den Experimenten beschrieben.

Die aus der Hintergrundstrahlung erschlossene Gleichförmigkeit der Welt zusammen mit der allgemeinen Expansion legen eine einfache Interpretation in den sog. Friedmann-Lemaître (FL)- Modellen nahe. Als einfache, hochsymmetrische Lösungen der Theorie sind sie geeignete mathematische Modelle für das gleichmäßig expandierende Universum.

Ausgehend vom jetzigen Zustand lässt sich mit Hilfe der FL-Modelle die Geschichte des Kosmos theoretisch rekonstruieren. Es werden natürlich wegen der Homogenität der Modelle nur zeitliche Veränderungen erfasst und schon aus diesem Grund können die FL-Modelle nur angenähert gültig sein. Aus den Lösungen der FL-Gleichungen lässt sich entnehmen, dass der Expansionsfaktor $R(t)$ vor einer endlichen Zeit gleich null war. Bei Annäherung an diesen Zeitpunkt, beim Rückgang in die Vergangenheit, wachsen Dichte und Ausdehnungsrate über alle Grenzen. Man kann deshalb die Entwicklung nicht weiter theoretisch zurückverfolgen, weil die Begriffe und Gesetze der Theorie ihren Sinn verlieren. Diese Anfangssingularität kennzeichnet den Anfang der Welt. Alles, was wir jetzt beobachten, ist vor 10 bis 20 Milliarden Jahren in einer Urexplosion entstanden, die von unendlicher

Dichte, Temperatur und unendlich großem Anfangsschwung war. Kurz nach diesem als Urknall bezeichneten Ereignis können wir versuchen, die Welt mit der uns bekannten Physik zu beschreiben, und die zeitliche Abfolge verschiedener physikalisch unterschiedlicher Phasen darzustellen.

Zur quantitativen Festlegung eines bestimmten kosmologischen Standardmodells benötigt man außer der Hubble-Konstanten H_0, welche die momentane Expansionsgeschwindigkeit angibt, noch zwei weitere Parameter. Geeignet sind etwa die Dichteparameter Ω_0 und Ω_Λ und das Weltalter t_0.

Die Hubble-Konstante

Die Hubble-Konstante H_0 präzise zu messen ist schwierig, denn alle Galaxien weisen zufällige Eigenbewegungen von einigen 100 km/s auf, da sie zumeist in größere Strukturen eingebunden sind, deren Gravitationsfeld ihre Bewegung beeinflusst. Dies wirkt sich besonders für nahe Objekte aus, während bei weit entfernten Galaxien die Expansionsbewegung völlig überwiegt. Bei diesen allerdings sind die Entfernungsbestimmungen sehr ungenau. Dies ist wohl der Grund dafür, dass viele Jahre hindurch die Beobachter in zwei Lager gespalten waren, die jeweils für eine große Entfernungsskala ($H_0 \approx 50$ km $\cdot$ s^{-1} $\cdot$ Mpc^{-1}) oder für eine kleine ($H_0 \approx 100$ km $\cdot$ s^{-1} $\cdot$ Mpc^{-1}) votierten (pc: Einheitszeichen für Parsec). Beide Resultate wurden üblicherweise mit sehr kleinen Fehlern angegeben (kleiner als 10 %). Man erwartete, dass die Situation sich entscheidend verbessern würde, wenn durch neue Teleskope, speziell durch das Hubble-Weltraumteleskop, Cepheidensterne in Entfernungen von mehr als 20 Mpc beobachtbar würden, z. B. im Virgohaufen. Die Bestimmung von H_0 durch die Vermessung des Virgohaufens ist aber wegen der Komplexität dieses Gebildes sowohl mit relativ großen systematischen als auch mit beobachtungsbedingten Fehlern behaftet, sodass diese Methode nicht sehr geeignet ist, um präzise Werte für H_0 zu erhalten.

Eine andere Methode, die sehr vielversprechend erscheint und an der in den letzten Jahren aktiv gearbeitet wurde, nutzt Supernovae vom Typ Ia, um die Sprossen der Entfernungsleiter zu überspringen und direkt Messpunkte jenseits des Virgohaufens zu erhalten, bei denen lokale Geschwindigkeitsfelder keine Rolle mehr spielen. Unter einer

Supernovae versteht man eine Sternexplosion, bei der zwischen 10^{42} und 10^{44} J freigesetzt werden. Die Verwendung von Typ-I Supernovae als kosmologische Standardkerze beruht darauf, dass sie alle dieselbe (absolute) Maximalhelligkeit von etwa -19 mag aufweisen und damit lichtstärker sind als Typ-II Supernovae mit etwa -17 mag. Zudem ist die Streuung der einzelnen Supernovae um diese Maximalhelligkeit bei Typ-Ia geringer als bei Typ-II. Man versucht im Augenblick eine möglichst gute Eichung der Typ-Ia-Methode, indem man mit Hilfe von Cepheidensternen die Distanz zu möglichst vielen Galaxien feststellt, in denen Typ Ia Supernovae registriert wurden. Die Supernova-Methode ist auch vielversprechend, weil sie theoretisch überzeugend begründet werden kann. Berücksichtigt man noch eine empirische Beziehung zwischen der Leuchtkraft im Maximum und dem zeitlichen Verlauf der Lichtkurve, kann die Hubble-Relation sehr genau bestimmt werden. Es wird sogar vermutet, dass bei Supernovae hoher Rotverschiebung die Abweichungen vom linearen Hubble-Gesetz zu sehen sind, wie sie in den FL-Modellen erwartet werden. Messungen mit dieser Methode führen auf Werte von $H_0 = 65 \pm 7$ km $\cdot$ s$^{-1} \cdot$ Mpc^{-1}, wobei ± 7 den systematischen Fehler abschätzt.

Das Weltalter

Die ältesten Sterne befinden sich in den Kugelsternhaufen, die dicht gepackt 10^5 bis 10^7 Sterne enthalten und die unsere Milchstraße in einem sphärischen Halo umgeben. Die Altersbestimmung der Kugelsternhaufen ist eine interessante Mischung aus astronomischen Beobachtungen und Anwendungen der Sternentwicklungstheorie. Die Unsicherheiten der verwendeten Sternmodelle liegen in der Beschreibung der Konvektion der Gasströmungen im Sterninneren, in den Opazitäten der äußeren Schichten des Sterns und den Anfangsverteilungen der chemischen Elemente. Die konsistente Verwendung neuer Zustandsgleichungen und Opazitäten führt zu einer Reduktion der bisherigen Schätzungen von 16 ± 2 auf 12 ± 2 Milliarden Jahre. Dieser Wert stellt eine untere Grenze für das Weltalter t_0 dar. Zur Ermittlung der Entstehungszeit der ältesten Sterne rechnet man etwa 1 Milliarde Jahre hinzu, sodass sich insgesamt ein Weltalter von 13 ± 2 Milliarden Jahren ergibt. Für das Produkt $H_0 t_0$ ergeben sich damit die Grenzen $0{,}64 \leq H_0 t_0 \leq 1{,}08$; für $H_0 = 65$ km $\cdot$ s$^{-1} \cdot$ Mpc^{-1} und $t_0 = 13$ Milliarden Jahre liegt der Wert bei

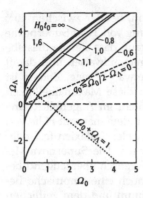

Abb. 1: Linien konstanter Werte von $H_0 t_0$ in Abhängigkeit von Ω_Λ und Ω_0.

0,85. In Abb. 1 sind die beschriebenen Kurven in Abhängigkeit von Ω_Λ und Ω_0 dargestellt. Für Modelle mit den Dichten $\Omega_\Lambda = 0$ und $\Omega_0 = 1$, die aus theoretischen Überlegungen favorisiert werden, ist $H_0 t_0 = 2/3$. Dieses Modell liegt nahe an der unteren Schranke, kann aber gegenwärtig auch noch nicht ausgeschlossen werden.

Aus Abb. 1 ist klar zu ersehen, dass auch für den Mittelwert $H_0 t_0 = 0{,}85$ noch ein weiterer Bereich von FL-Modellen möglich ist.

Die Dichteparameter Ω_0 und Ω_Λ

Die mittlere Dichte der Materie, Ω_0, ist eine wichtige Größe, aber ihr Wert ist nicht sehr genau bekannt. Die Standardmethode zur Messung von Ω_0 geht von einer Zählung leuchtender Objekte aus. Die grundlegende Annahme ist dabei, dass im gesamten Universum das gleiche Verhältnis M/L aus Masse M und Leuchtkraft L gilt wie für die vermessenen Objekte selbst. Für das Sternenlicht im Optischen gilt etwa $M/L \approx 7\,h$, was einem $\Omega_0 = 0{,}005$ entspricht (h: Planck-Konstante). Dies ist natürlich nur eine untere Grenze, denn schon die Rotationsgeschwindigkeiten in den Galaxien zeigen an, dass es eine nichtleuchtende Materiekomponente gibt, die sich viel weiter erstreckt als das sichtbare Licht. Dies führt auf Abschätzungen von $M/L \approx 20\,h$ und damit $\Omega_0 = 0{,}014$. Mit verschiedenen Untersuchungsmethoden in Galaxienhaufen erhält man noch höhere M/L-Werte zwischen $100\,h$ und $400\,h$, sodass Ω_0 demnach wohl zwischen 0,1 und 0,3 liegen dürfte. Die

Fehler in diesen Methoden sind schwer abzuschätzen. Eine vernünftige Wahl ist vielleicht $\Omega_0 = 0{,}2 \pm 0{,}1$.

Vergleicht man diese Resultate mit den Grenzen für die kosmische Materie in baryonischer Form, die man aus den Häufigkeiten der leichten Elemente Helium und Deuterium und deren Vorhersage aus Nukleosynthese-Rechnungen im Urknall ableitet, nämlich mit $0{,}01 \leq \Omega_b h^2 \leq 0{,}02$, so kann man folgenden Schluss ziehen: Zwar gibt es auch nicht-leuchtende baryonische Materie, überwiegend liegt jedoch die dunkle Materie, die sich bei verschiedenen astronomischen Untersuchungen durch ihre Gravitationswirkung bemerkbar macht, aber unsichtbar ist, in nicht-baryonischer Form vor. Woraus könnte diese nicht-baryonische dunkle Materie bestehen? Mit ihrer kleinen Masse sind Neutrinos offensichtlich Kandidaten. Sie entstanden im frühen Universum ähnlich häufig wie Photonen, und gegenwärtig wird eine Neutrinodichte von einigen 100 Neutrinos pro Kubikzentimeter geschätzt. Die Registrierung der Sonnenneutrinos im japanischen Experiment Super-Kamiokande erlaubt mit ziemlicher Sicherheit die Deutung, dass Neutrinos eine kleine Masse haben, allerdings mit einer um einen Faktor 10^7 kleineren Masse als das Elektron wohl zu klein, um kosmische Bedeutung zu erlangen. Für Strukturbildung im Kosmos können die Neutrinos ebenfalls nicht allein verantwortlich sein, denn sie können nicht im Halo von Galaxien eingefangen sein. Deshalb gibt es Vorschläge, die Halos der Galaxien aus schweren, schwach wechselwirkenden Teilchen aufzubauen. Kondensate aus Axionen, also leichten, supersymmetrischen Teilchen, oder auch hypothetische Bindungszustände aus Gluonen existieren als theoretische Möglichkeiten, aber noch keiner dieser Kandidaten wurde experimentell gefunden. Allein die Statistik der Gravitationslinsen gibt bis jetzt neben den Supernova-Beobachtungen eine Grenze für Ω_Λ mit $\Omega_\Lambda \leq 0{,}7$.

Bildung leichter Atomkerne und Strukturentstehung

Wenn die Temperatur der Urmaterie knapp unter hundert Millionen Grad liegt, also etwa 10^{-4} Sekunden nach dem Urknall (dies ergibt sich, wenn man von der jetzt herrschenden Temperatur von 3 K ausgehend 15 Milliarden Jahre zurückrechnet), so können wir noch gesicherte kernphysikalische Kenntnisse anwenden. Zu dieser Zeit hatten sich

Protonen und Neutronen gebildet. Ungefähr 10 Sekunden später war die Temperatur so weit gefallen, dass auch Elektronen als stabile Teilchen existieren konnten. Anschließend wurden für einige Minuten verschiedene leichte Atomkerne gebildet, jedoch durch die Strahlung sofort wieder zerstört. Erst nach weiterer Abkühlung konnten die Elemente Deuterium und Helium überdauern, und es bildeten sich Helium- und Wasserstoffkerne etwa im Verhältnis eins zu zehn. Das ist die heutzutage beobachtete Verteilung dieser Elemente. Alle schweren Elemente können in ausreichendem Maße in Sternen produziert werden, nur die leichten Elemente Deuterium und Helium nicht. Es ist sehr ermutigend, dass die kosmologischen Standardmodelle das quantitativ richtige Ergebnis liefern.

Strukturbildung

Die kosmologischen Urknall-Modelle haben sich hervorragend bewährt und für die kosmische Entwicklung etwa 1 Sekunde nach dem Urknall bis jetzt eine konsistente Beschreibung des Universums ermöglicht. Das Hauptproblem der Standardmodelle ist augenblicklich die Strukturentstehung in der kosmischen Materie: Was ist die Natur der dunklen Materie? Wie sind die anfänglichen Schwankungen der Dichte entstanden? An diesen Fragen wird intensiv gearbeitet. Es könnte gut sein, dass eine endgültige Antwort nur in einer genauen Analyse von Quantenprozessen im frühesten Universum gefunden werden kann. Dies hängt mit dem grundsätzlichen, ungelösten Problem zusammen, eine umfassende Theorie zu finden, die als Grenzfälle sowohl die Quantentheorie wie auch die Allgemeine Relativitätstheorie enthält. Die frühesten Epochen des Universums und sein singulärer Anfang können wohl nur im Rahmen einer derartigen Theorie untersucht werden.

Falls Galaxien der Hubbleschen Beziehung folgen, kann ihre Entfernung aus der Messung der Rotverschiebung erschlossen werden. Durch die Vermessung vieler Galaxien lässt sich so ein Bild von der räumlichen Verteilung der kosmischen Materie auf großen Skalen gewinnen. Große Rotverschiebungskataloge, die in den letzten Jahren erstellt wurden und die einige 10.000 Galaxien enthalten, enthüllen eine Vielfalt interessanter Strukturen. Die Galaxien sind in Filamenten und dünnen Schichten konzentriert, die große nahezu kugelförmige Leerräume (»voids« mit typischen Dimensionen von 20 bis 50 Mpc) umschließen.

Diese für das Auge klar erkennbare Zellstruktur konnte bis jetzt noch nicht quantitativ durch geeignete statistische Größen erfasst werden. Die modernen kosmologischen Theorien gehen davon aus, dass diese Strukturen sich allein durch die Wirkung der Schwerkraft aus anfänglich kleinen Schwankungen einer gleichförmigen Hintergrunddichte entwickelt haben. Der Dichtekontrast $\delta \equiv \varrho(x, t)/\varrho_b(t) - 1$ wächst wegen der kosmischen Expansion, die das normale, exponentielle Anwachsen der Gravitationsinstabilität aufzehrt, wie eine Potenz der Zeit an ($\varrho_b(t)$ ist die gleichförmige Hintergrunddichte): $\delta \sim t^{2/3}$, oder äquivalent $\delta \sim (1 + z)$, im Modell mit $\Omega_0 = 1$.

In baryonischer Materie kann der Dichtekontrast erst nach der Rekombinationszeit anwachsen, wenn Strahlung und Materie entkoppelt sind. Dies begrenzt den Anwachsfaktor auf $(1 + z_R) \approx 1.500$ für $\Omega_0 = 0$ (z_R: Rotverschiebung der Rekombinationsepoche). Für $\Omega_0 < 1$ ist die Anwachsrate kleiner. Auch die Tatsache, dass die ersten Galaxien bereits bei $z = 5,6$ entdeckt wurden, deutet darauf hin, dass der realistische Anwachsfaktor deutlich kleiner als $(1 + z_R)$ sein dürfte. Die Anfangsamplitude wird aber im plausiblen Fall konstanter Entropie $T^3/n = const.$ begrenzt durch die COBE-Messungen der Strahlungsanisotropie

$$\delta(t_R) = 3 \cdot \Delta T/T \approx 3 \cdot 10^{-5}.$$

Dann wäre $\delta(t)$ bis heute nur auf etwa $5 \cdot 10^{-2}$ angewachsen, d. h. Galaxien und Galaxienhaufen hätten sich noch nicht bilden können. Die Anisotropien im Mikrowellen-Hintergrund schließen also ein Universum mit rein baryonischer Materie aus. Darin könnten sich die beobachteten Strukturen nicht bilden. Deshalb postuliert man die Existenz dunkler, nichtbaryonischer Materie, was ja auch durch die Messungen der Dichte nahegelegt wird.

Dichtefluktuationen der Materie wachsen an, sobald die Materiedichte die Energiedichte der Strahlung überwiegt. Zusätzlich vorhandene dunkle Materie verlegt diesen Zeitpunkt zu höheren Rotverschiebungen (etwa um den Faktor 10), gibt also den Dichteschwankungen mehr Zeit zum Anwachsen. Nichtbaryonische, dunkle Materie koppelt außerdem nicht direkt an das Strahlungsfeld. Deshalb erscheinen ihre Schwankungen im Mikrowellen-Hintergrund nur aufgrund des tieferen Gravitationspotentials, das die Photonen durchlaufen müssen. Dies sind zwei entscheidende Vorteile der nichtbaryonischen, dunklen Materie. Nach der Rekombination fallen die Baryonen ins Schwerepotential der dunkeln Materie und bilden schließlich Galaxien und erste Sterne.

Jedes theoretische Modell der Strukturbildung erfordert eine Reihe von Zutaten: Die Amplituden und das Spektrum der anfänglichen Dichteschwankungen sowie die Zusammensetzung der dunklen Materie sind nötig, um ein Modell festzulegen, dessen Entwicklung numerisch verfolgt werden kann. Zusätzlich müssen natürlich die Parameter des kosmologischen Modells, H_0, Ω_0 und Ω_Λ, eingegeben werden. Die numerischen Simulationen sind eigentlich nichts weiter als die Integration der Newtonschen Bewegungsgleichungen für N Teilchen, die nur durch die Gravitation in Wechselwirkung stehen. Im Augenblick kann man die Entwicklung von 10^7 Teilchen im Simulationsvolumen verfolgen, bis zur Entstehung stark geklumpter Dichtekonzentrationen. Dies entspricht im Allgemeinen einer Auflösung bis zur Massenskala von Galaxien. Allerdings wird nur die dunkle Materie auf diese Weise verfolgt, die Kondensation der Baryonen sowie die physikalischen Heizungs- und Kühlungsprozesse bei der Galaxienbildung sind noch nicht in diese Rechnungen integriert.

Der Vergleich der dunklen Materie-Modelle mit der beobachteten Galaxienverteilung zeigt, dass die »Pseudo-Galaxien« der Modelle die Maxima der Dichteverteilung etwas anders verteilt sind als die »echten« Galaxien. Man muss einen »bias«-Faktor einführen, um die dunklen Materie-Modelle mit den Beobachtungen in Einklang bringen zu können. Letzten Endes kann es natürlich nur ein korrektes Modell der Strukturbildung geben, da die kosmischen Parameter, ebenso wie der Anteil und die Art der dunklen Materie, aus Beobachtungen bestimmt werden sollten. Das Anfangsspektrum der Dichtestörungen und der »bias«-Faktor sollten aus physikalischen Prozessen im frühen Universum bzw. bei der Galaxienbildung berechenbar sein.

[1] G. Börner: The Early Universe, dritte Auflage, Springer, 1993.

[2] J. A. Peacock: Cosmological Physics, Cambridge UP, 1999.

Mathematik und Physik

Symmetrie

Henning Genz

In der Umgangssprache hat das Wort Symmetrie zwei wesentlich verschiedene Bedeutungen. Erstens bedeutet es in einem nicht sehr genau bestimmten Sinn dasselbe wie Harmonie, Ausgewogenheit und Schönheit. Zweitens spricht man von der Symmetrie spiegelsymmetrischer Objekte, verwendet Symmetrie also synonym mit Spiegelsymmetrie. Ein Objekt im Raum wollen wir spiegelsymmetrisch nennen, wenn es mit seinem Spiegelbild durch eine Drehung und/oder Verschiebung zur Deckung gebracht werden kann. Betrachten wir nun die aus der Spiegelung, der Drehung und/oder der Verschiebung sich durch Hintereinanderausführen ergebende Operation: Sie lässt das spiegelsymmetrische Objekt ungeändert. Das ist ein Spezialfall der von Hermann Weyl [12] angegebenen Definition der Symmetrie, die in den Worten von Richard P. Feynman [1] so lautet: »Ein Ding ist symmetrisch, wenn man es einer bestimmten Operation aussetzen kann und es danach als genau das gleiche erscheint wie vor der Operation«.

Ob die Symmetrie eines »Dinges« bei einer Operation eine interessante Eigenschaft des Objektes selbst ist, hängt natürlich von der Operation ab. In der Physik beginnen wir häufig nicht mit den Objekten und *ihren* Symmetrien, sondern mit den Symmetrien selbst und fragen dann nach Objekten welche die vorgegebenen Symmetrien besitzen. Unter solchen Objekten oder Dingen sind nicht nur körperliche zu verstehen, sondern auch abstrakte Dinge wie die Naturgesetze.

Zuerst zu nennen ist die Operation, die überhaupt nichts ändert, nämlich die *Identität E*. Sie ist maßlos uninteressant, weil sie alle Dinge ungeändert lässt. Interessant wird die Sache, wenn andere Symmetrieoperationen hinzukommen wie z. B. die *Spiegelung*. Zur Illustration der Konzepte wollen wir uns auf die Ebene – den zweidimensionalen euklidischen Raum – beschränken. Als Operationen wollen wir vorerst nur Bewegungen zulassen. Darunter versteht man diejenigen Operationen im Raum, die den Abstand zweier beliebig herausgegriffener Punkte ungeändert lassen. Offensichtlich sind Spiegelungen, Drehungen, Verschiebungen und die aus ihnen zusammengesetzten Operationen Bewegungen. Die Mathematik zeigt, dass es keine weiteren gibt.

Symmetriegruppen

Man kann sich leicht überlegen, dass die Menge aller Bewegungen eine Gruppe im mathematischen Sinn bildet. Denn sie enthält erstens die Identität E, zweitens mit jeder Bewegung a die zu ihr inverse a^{-1}, die die Wirkung von a rückgängig macht, und drittens mit je zwei Bewegungen a und b die Bewegung c, die durch Hintereinanderausführen von b und a entsteht.

Leicht überlegen kann man sich auch, dass die Menge der Bewegungen, die ein Objekt wie einen Schneekristall in sich selbst überführen, eine Gruppe im mathematischen Sinn bildet. Berücksichtigt man nur Bewegungen, heißt diese Gruppe die *Symmetriegruppe* des Objekts. Durch ihre Symmetriegruppen können Objekte klassifiziert werden. Denn Bewegungen – allgemeiner Operationen – können nicht beliebig zu Gruppen zusammengefasst werden.

Molekül- oder Punktsymmetrien

Jede Gruppe von Bewegungen, die ein Objekt mit endlichen Abmessungen in sich selbst überführen, besitzt mindestens einen Fixpunkt. Das ist ein Punkt im Raum, den jede Bewegung der Gruppe ungeändert lässt; bei der Symmetriegruppe eines Schneekristalls (Abb. 1), der hier als makroskopisch ausgedehntes Molekül auftritt, ist es dessen Mittelpunkt.

Gibt es keinen Fixpunkt, so enthält die Gruppe Verschiebungen. Endlich ausgedehnte Objekte sind aber nicht verschiebungssymmetrisch, sodass in der Tat nur Symmetriegruppen mit mindestens einem Fixpunkt als Symmetriegruppen von Molekülen auftreten können. Sie heißen *Punktgruppen*. In der Ebene gibt es zwei Klassen von Punktgruppen namens C_N und D_N mit positivem und ganzzahligem N, die

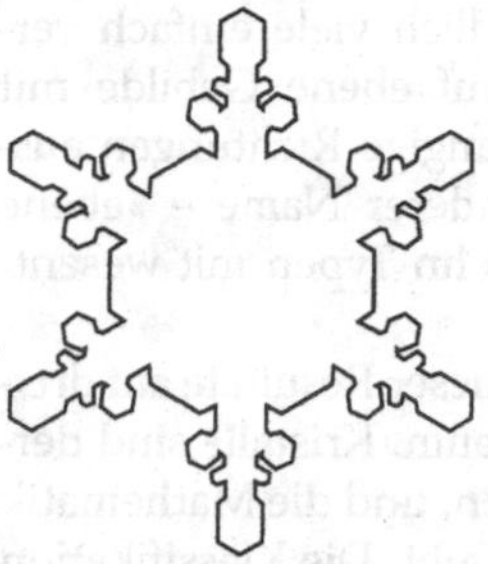

Abb. 1: Ein Schneekristall.

Symmetriegruppen von »zweidimensionalen Molekülen« sein können: Die Punktgruppe C_N besteht aus den N Drehungen um $n \cdot 360/N$ Grad mit $n = 1, ..., N$ um einen Punkt, den Fixpunkt. Die C_N enthält diese Drehungen und zusätzlich Spiegelungen an N Geraden durch den Fixpunkt, die ab $N = 2$ Winkel von $360/(2N)$ Grad einschließen. Die »Symmetriegruppe« eines ebenen Gebildes ohne Bewegungssymmetrie, wie z. B. der Buchstabe F, ist die C_1, die des Buchstabens S ist die C_2. Einfach spiegelsymmetrische Objekte wie die Buchstaben A und B besitzen die D_1 als ihre Symmetriegruppe und die Schneeflocke aus Abb. 1 besitzt die D_6. Weitere Gruppen von Bewegungen der Ebene, die einen Fixpunkt besitzen und eine Drehung um einen endlichen kleinsten Winkel enthalten, gibt es nicht. Die Symmetriegruppe des Kreises enthält Drehungen um beliebige, auch irrationale Winkel um seinen Mittelpunkt und außerdem die Spiegelungen an allen Geraden durch ihn hindurch. ↑ Fraktale können kompliziertere Symmetrien als die hier in Betracht gezogenen besitzen.

Verschiebungssymmetrien

Wir wenden uns nun den verschiebungssymmetrischen Objekten und ihren Symmetriegruppen zu. Es gibt genau sieben wesentlich verschiedene Möglichkeiten, Verschiebungen um einen endlichen Mindestabstand in eine Richtung (und, selbstverständlich, deren Gegenrichtung) mit anderen Bewegungen der Ebene so zu einer Gruppe zusammenzufassen, dass die Gruppe keine Verschiebung in eine weitere Richtung enthält.

Das Resultat, dass es in der Ebene nur endlich viele einfach verschiebungssymmetrische Muster gibt, kann auf ebene Gebilde mit Verschiebungssymmetrie in zwei linear unabhängige Richtungen ausgedehnt werden: Fliesenmuster oder – ein anderer Name – »ebene Kristalle« gehören notwendig einem von siebzehn Typen mit wesentlich verschiedenen Symmetriegruppen an.

Physikalisch interessant ist die Ausdehnung dieser Resultate auf dreifach verschiebungssymmetrische Gebilde im Raum. Kristalle sind derartige Anordnungen von Atomen und Molekülen, und die Mathematik zeigt, dass es genau 230 mögliche Kristalltypen gibt. Die Klassifikation der Kristalle auf Grund ihrer Symmetrien ist die Domäne einer eigenen Wissenschaft, der Kristallographie.

Skalen- und Farbsymmetrien

Außer den Bewegungen gehören sicher auch die Vergrößerungen und Verkleinerungen, die wir zu Skalentransformationen zusammenfassen wollen, zu den interessanten Operationen im Raum. Bei einer Skalentransformation um einen Faktor $\gamma > 0$ werden alle Abmessungen eines beliebigen Objektes mit γ multipliziert. Objekte, welche die Skalentransformation mit γ nicht ändert, werden offensichtlich auch nicht durch die Skalentransformationen mit γ^n geändert, wobei n eine positive oder negative ganze Zahl ist. Der Raum insgesamt ist für beliebige γ skalensymmetrisch, und dasselbe gilt für jede Gerade in ihm.

Zu dem, was man mit einem geeignet gewählten Objekt anstellen kann, ohne es zu ändern, gehört nicht nur, dass man es bewegen und/oder vergrößern, sondern auch, dass man es bewegen und zugleich seine Farben vertauschen kann. Das wohl bekannteste Beispiel für ein Objekt mit einer derartigen »Farbsymmetrie« ist das chinesische Yin-Yan (siehe Abb. 2): Dreht man es um 180 Grad um seinen Mittelpunkt, so geht es nicht in sich selbst über, da durch die Drehung die Farben schwarz und weiß vertauscht werden. Vertauscht man also nach der Drehung die Farben, hat man das Yin-Yan insgesamt nicht geändert: Die aus der Drehung und der Farbvertauschung zusammengesetzte Operation ist eine Symmetrietransformation des Yin-Yan. Farbsymmetrien können zusammen mit Bewegungen auch mehrere Farben durcheinander ersetzen. Physikalisch sind Gruppen, die Farbsymmetrien enthalten, interessant, weil sie es erlauben, Kristalle zu klassifi-

Abb. 2: Das chinesische Yin-Yan ist farbsymmetrisch.

zieren, die aus magnetischen Atomen/Molekülen mit verschiedenen Richtungen der Magnetisierung aufgebaut sind.

Symmetrie und Unbeobachtbarkeit

Dreht man den Buchstaben p in der Ebene um 180 Grad, so entsteht aus ihm der Buchstabe d. Ein Beobachter kann also durch Vergleich der Situation vor der Bewegung mit der nach ihr feststellen, *dass* eine Bewegung durchgeführt wurde (und sogar welche). Sei nun der Buchstabe S gegeben. Wird die Ebene um 180 Grad um dessen Mittelpunkt – den Sattelpunkt der Kurve S – gedreht, bleibt der Buchstabe ungeändert. Kein Beobachter kann also durch Vergleich von »vorher« und »nachher« feststellen, ob die Bewegung durchgeführt wurde. Symmetrie bedeutet mit anderen Worten Unbeobachtbarkeit, in diesem Fall die Unbeobachtbarkeit einer Bewegung eines Objektes, dessen Symmetriegruppe die Bewegung enthält.

Symmetrien von Naturgesetzen

Wir können selbstverständlich nicht erwarten, dass die Zustände eines physikalischen Systems oder deren Abfolgen dieselben Symmetrien besitzen wie die Naturgesetze, die das Verhalten des Systems bestimmen. So sind Newtons Gesetze für die Bewegungen eines kugelförmigen Planeten unter dem Einfluss einer ebenfalls kugelförmigen Sonne vollständig verschiebungs- und drehsymmetrisch. Die Bewegungen der Himmelskörper sind das aber in keiner Weise. Von vornherein ist schwer zu sagen, was Verschiebungssymmetrie für Abläufe bedeuten soll. Zur Diskussion der Drehsymmetrie wollen wir annehmen, dass die Sonne feststeht und der Planet sie umfliegt, und uns auf die Symmetrie von Newtons Gesetzen gegenüber Drehungen um eine beliebige Achse durch den Mittelpunkt der Sonne beschränken. Ironischerweise folgt nun gerade aus der Drehsymmetrie von Newtons Gesetzen, dass nicht einmal die Bahn des Planeten diese Symmetrien besitzen kann. Denn die Drehsymmetrie der Gesetze impliziert vermöge des Noether-Theorems, auf das noch eingegangen werden soll, dass der Drehimpuls des Systems zeitlich konstant ist, insbesondere also immer in dieselbe Richtung zeigt. Daraus folgt, dass die Bahn des Planeten in einer Ebene mit der Sonne liegt – und jede derartige Ebene wird durch Drehungen um Achsen in ihr durch den Sonnenmittelpunkt in eine andere Ebene überführt. Die Idee der Symmetrie des altgriechischen Philosophen Platon hat also, auf Abläufe angewendet, Schiffbruch erlitten. Angewendet auf die Naturgesetze aber hat sie Triumphe gefeiert.

Eine Sonderrolle bei dem Vergleich der Symmetrien der für ein System geltenden Naturgesetze mit jenen, die möglicherweise die ihnen genügenden Abläufe besitzen, spielen die Zustände niedrigster Energie des Systems, also die Grundzustände. Gibt es, wie immer in der Quantenmechanik, mindestens einen solchen Zustand, wird er durch alle Symmetrietransformationen der Gesetze in einen Zustand mit derselben Energie transformiert – also in sich selbst, wenn es nur einen solchen Zustand gibt. In dem Fall besitzt er alle Symmetrien der für das System geltenden Naturgesetze. Ist das nicht so, sind jene Symmetrien spontan gebrochen, die einen Grundzustand in einen anderen überführen.

Allgemein transformieren Symmetrietransformationen der für ein System geltenden Naturgesetze Abläufe, die den Gesetzen genügen, in andere, die das ebenfalls tun: Aus einer Ellipsenbahn eines Planeten um die Sonne wird durch die Drehung eine, die – wie bereits die ursprüngliche – im Einklang mit den Gesetzen Newtons steht.

Unbeobachtbarkeit und Symmetrie der Naturgesetze

Es ist leicht möglich, die Definition der Symmetrie, die wir bisher nur auf Objekte im Raum angewendet haben, auch auf die Naturgesetze – genauer: auf ihre Formulierungen durch Gleichungen – zu übertragen.

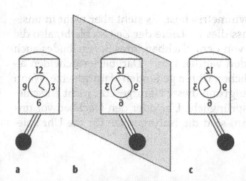

a   b   c

Abb. 3: Das Spielbild (b) einer Uhr (a) werde in der Wirklichkeit aufgebaut (c). Die für die Uhr und ihr Spiegelbild geltenden Naturgesetze sind dann und nur dann spiegelsymmetrisch, wenn die beiden wirklichen Uhren auch im Laufe der Zeit Spiegelbilder voneinander bleiben, die Uhr (c) also so geht wie die Uhr (a), im Spiegel betrachtet.

Ein Naturgesetz, das Zustandsvariable wie Orte und Geschwindigkeit und/oder Parameter wie Massen, Naturkonstanten oder Federstärken enthält, soll in Anlehnung an die Symmetrien von Objekten im Raum symmetrisch heißen, wenn die Variablen und Parameter unter Beachtung der Regeln der Mathematik durch transformierte ersetzt werden können, für die identisch dasselbe Naturgesetz gilt.

Die anschauliche physikalische Bedeutung von Symmetrietransformationen soll am Beispiel einer Penduluhr erörtert werden (Abb. 3). Die Transformation, die wir uns ansehen wollen, ist die Spiegelung der Uhr in einem aufrecht stehenden Spiegel. Wir wollen die Zustände der Uhr und ihres Spiegelbildes als Zustände *desselben* physikalischen Systems interpretieren.

Gegeben seien eine Penduluhr in einem gewissen Anfangszustand ihrer Bewegung und der (Geschwindigkeiten eingeschlossen) exakte Nachbau ihres Spiegelbildes in der Wirklichkeit. Diese Vorgaben, die, anders als für masselose Teilchen, für Penduluhren zumindest im Prinzip immer erfüllt werden können, garantieren, dass zur Anfangszeit $t = 0$ das Bild der Uhr im Spiegel und der Nachbau ihres Spiegelbildes in der Wirklichkeit identisch sind. Wir können auch sagen, dass das System aus der wirklichen Uhr und dem Nachbau ihres Spiegelbildes anfangs insgesamt spiegelsymmetrisch ist. Es steht aber nicht in unserer Macht, zu erreichen, dass dies im Laufe der Zeit so bleibt, also die Uhr im Spiegel betrachtet, von dem Nachbau ihres Spiegelbildes auch weiterhin nicht unterschieden werden kann. Darüber entscheiden allein die für die beiden wirklichen Uhren geltenden Naturgesetze. Wenn es aber so ist, kann allein aufgrund dieser Naturgesetze nicht entschieden werden, ob wir die ursprüngliche Uhr oder den Nachbau vor uns haben. Dann, und nur dann, sind die Naturgesetze für die Uhr spiegelsymmetrisch.

Noether-Theorem

Als Adepten Galileis, Newtons und Einsteins halten wir für selbstverständlich, dass der Ablauf keines Experimentes davon abhängt, wann mit ihm begonnen wird. Daraus aber folgt der Energiesatz – dass nämlich der Gesamtwert der Energie unabänderlich immer derselbe ist –, ein Satz, den wohl niemand für selbstverständlich hält. Im Gegenteil: Überall und immer wieder tauchen Vorschläge auf, ihn durch ein genial neu erfundenes Perpetuum Mobile als ungültig zu entlarven. Vermutlich aber weiß keiner, der ein Perpetuum Mobile erfunden haben will, dass er damit auch den Lehrsatz widerlegt hätte, dass die Naturgesetze zu allen Zeiten dieselben sind – dass, wie bereits gesagt, der Ablauf keines Experimentes davon abhängt, wann mit ihm begonnen wird. Dieser Zusammenhang der zeitlichen Verschiebungssymmetrie der Naturgesetze mit dem Energiesatz ist nur ein Beispiel für einen weit allgemeineren (z. B. [5], [6] und [15]): Mit Ausnahme der (übrigens nicht exakt gültigen) Symmetrie der Naturgesetze eines Systems gegenüber der Umkehr der Richtung der Zeit T folgt in der Quantenmechanik aus jeder Symmetrieoperation der Naturgesetze ein Erhaltungssatz (Tabelle). Für die Symmetrien der klassischen Mechanik hat dies die deutsche Mathematikerin Emmy Noether (1882–1935) bewiesen. Das Noether-Theorem der Quantenmechanik gilt, wie aus ihren Grundlagen leicht gezeigt werden kann, für alle Symmetrieoperationen, die durch einen linearen Operator dargestellt werden können. Der Operator T bezieht wegen der komplexen Einheit i in der zeitabhängigen Schrödinger-Gleichung die komplexe Konjugation ein, ist also nichtlinear.

Tabelle: Symmetrie: Physikalisch interessante Operationen (S: Symmetrie, EHS: Erhaltungssatz).

Operationen	Observable (außer T und CTP)	Status	unbeobachtbare Größen
Verschiebungen im Raum	Impulskomponenten P	erhalten	absoluter Ort
Verschiebung in der Zeit	Energie; Hamilton-Operator H	erhalten	absolute Zeit
Drehungen	Komponenten des Gesamtdrehimpulses J	erhalten	absolute Richtung im Raum
Raumspiegelung	Parität P	nicht erhalten	absolute Händigkeit
Ladungskonjugation	C	nicht erhalten	absolute Ladungsvorzeichen
CP	C · P	nicht erhalten	siehe Operation
Zeitumkehr	T	keine S, kein EHS	absolute Richtung der Zeit
CPT	C · P · T	S ohne EHS	siehe Operation
Isospin-Transformationen	Isospinkomponenten	nicht erhalten	siehe Operation
Flavor-Transformationen	Operatoren der Flavor-SU(3)	nicht erhalten	siehe Operation
Color-Transformationen	Operatoren der Color-SU(3)	erhalten	siehe Operation
Phasenwahl für Wellenfunktionen	elektrische Ladung Q	erhalten	absolute Phase

Supersymmetrie

Zwei Symmetrieformen der Naturgesetze, die eines besonderen Kommentars bedürfen, berücksichtigt die Tabelle nicht. Erstens die Supersymmetrie, die für jedes Elementarteilchen eines mit einem Spin einfordert, der sich um einen halbzahligen Wert von dem eigenen unterscheidet – zu jedem Fermion gehört (mindestens) ein Boson und umgekehrt. Entdeckt wurde bisher (Juli 2003) kein Partnerteilchen eines bekannten Teilchens, und deshalb ist unbekannt, ob die Natur diese Symmetrie zumindest als gebrochene Symmetrie besitzt. Ungebrochen kann sie nicht sein, weil dann die Spinpartner der bekannten Teilchen dieselben Massen wie diese besitzen müssten, und es gibt kein solches Teilchen.

Lokale Symmetrien

Die zweite in der Tabelle nicht aufgeführte Symmetrieform ist die der *lokalen* Symmetrien. Dass die Parameter α von Transformationen einfach Zahlen sind, bedeutet, dass überall im Raum und zu allen Zeiten dieselbe Operation auf das System angewendet wird. Lässt man zu, dass die Parameter α vom Ort und/oder von der Zeit abhängen, gelangt man zu den lokalen Verallgemeinerungen der durch konstante α beschriebenen *globalen* Symmetrieformen.

Die Forderung, dass die Naturgesetze, wenn sie eine globale Symmetrie besitzen, dann auch die lokale Form derselben Symmetrie besitzen müssen, ist ungemein erfolgreich. Durch sie kann die Elektrodynamik genauso begründet werden wie das Standardmodell der elektroschwachen und starken Elementarteilchentheorie und die ↑ Allgemeine Relativitätstheorie. Ihre wichtigste Konsequenz ist, dass es Wechselwirkungen geben muss und welche Formen diese besitzen. Freie Teilchen, die Träger einer globalen Symmetrie sind, lässt deren lokale Form nicht zu. In der Quantenfeldtheorie erzwingt sie die Existenz von Austauschteilchen – von Photonen in der Quantenelektrodynamik und zusätzlich die von den W- und Z-Bosonen und den Gluonen im Standardmodell der Elementarteilchentheorie. Fordert man, dass die globalen Symmetrien der ↑ Speziellen Relativitätstheorie wie Verschiebungen, Drehungen und Änderungen der Geschwindigkeit auch lokal gelten sollen, kommt man ebenfalls nicht ohne Wechselwirkungen aus.

Das Resultat der Forderung nach lokaler Symmetrie ist in diesem Fall die Gravitationswechselwirkung der Allgemeinen Relativitätstheorie ([9], [11]).

Jede globale Symmetrie eröffnet dem Beobachter verschiedene äquivalente Möglichkeiten zur Beschreibung desselben physikalischen Systems. Unter ihnen muss er eine auswählen, wenn er die Gleichungen der Theorie anwenden will – er muss durch Konventionen festlegen, was er frei wählen kann. In der Quantenmechanik muss er die Phase der Wellenfunktion wählen, in der Formulierung der Maxwellschen Elektrodynamik durch Potentiale ist es die Eichung, die er festlegen muss, und die Spezielle Relativitätstheorie erfordert die Wahl eines Koordinatensystems mit einer bestimmten Orientierung und Geschwindigkeit an einer bestimmten Stelle in Raum und Zeit. Die Grundidee der lokalen Symmetrie bei einer vorgegebenen globalen ist nun, dass es möglich sein soll, dass verschiedene Beobachter an verschiedenen Orten und zu verschiedenen Zeiten ihre Konventionen verschieden wählen. Wir müssen offenlassen, ob diese Idee plausibel oder gar zwingend ist. Wenn die Entfernungen zwischen den Beobachtern so groß sind, dass sich deren Apparaturen nicht oder nur vernachlässigbar wenig beeinflussen können, ist die Idee plausibel. Ihre Stärke beruht aber gerade darauf, dass die globale Form der Symmetrie für *beliebige* Abstände in Raum und Zeit gefordert wird, denn erst daraus folgt, dass es Wechselwirkungen zwischen den Objekten der Theorie geben muss. Das soll die Abb. 4 für Verschiebungen im Raum plausibel machen.

Higgs-Symmetriebrechung

Ob die Idee von der lokalen Symmetrie plausibel ist oder nicht – auf jeden Fall ist sie ungemein erfolgreich. So erfordert die lokale Phasensymmetrie für geladene Teilchen die Existenz von Eichfeldern, die gleichzeitig mit der Phasentransformation einer der aus der Elektrodynamik bekannten Eichtransformation unterworfen werden, sodass die Eichfelder klassisch mit den elektromagnetischen Potentialen und quantenmechanisch mit den Photonenfeldern zu identifizieren sind. Aus der Verallgemeinerung dieser Forderung auf die globalen Symmetriegruppen der elektroschwachen und der starken Wechselwirkungen folgt, die Existenz von deren Austauschteilchen und die Form der Wechselwirkungen der Quarks und Leptonen mit ihnen. Als Bonus

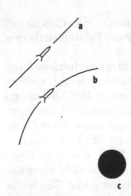

Abb. 4: Durch eine Verschiebung, deren Parameter eine Funktion des Ortes ist, entstehe aus der geraden Bahn der ausgebrannten Rakete im ansonsten leeren Raum (a) die Bahn (b). Zwar nicht im leeren Raum, aber im Schwerefeld der Masse (c) bewegt sich die Rakete im Einklang mit den Naturgesetzen. Die Allgemeine Relativitätstheorie, die aus der Forderung der lokalen Verschiebungs- und Lorentz-Symmetrie folgt, kennt kein Schwerefeld. Sie führt die gebogene Bahn auf eine durch die lokale Transformation bewirkte Krümmung des Raumes zurück. Die Forderung nach dieser Symmetrie ergibt die Existenz von Gravitonen als Austauschteilchen der Allgemeinen Relativitätstheorie und deren Kopplung an Massen.

kommt hinzu, dass die Konsequenzen dieser lokal symmetrischen Theorien berechnet werden können; das Schlagwort hier ist ↑ Renormierung. Andererseits müssen die lokalen Symmetrien gebrochen sein, weil zu ihren Konsequenzen gehört, dass alle Austauschteilchen, auch die Z- und W-Bosonen, die Masse Null besitzen, und das ist experimentell falsch. Im eigentlichen Sinn gebrochen sind die lokalen Symmetrien nun aber nur auf der Ebene der Erscheinungen; tatsächlich sind sie nicht gebrochen, sondern nur verborgen durch ein Phänomen, das nach dem Physiker Peter Higgs als Higgs-Mechanismus bezeichnet wird und hier nur erwähnt werden soll.

[1] R. P. Feynman, R. B. Leighton und M. Sands: Feynman Vorlesungen über Physik, Band 1, Oldenbourg, München, 1991.

[2] H. Genz: Dynamische Symmetrien, Praxis der Naturwissenschaften – Physik, 38 (5), S. 9, Juli 1989.

[3] H. Genz: Statische Symmetrien, Praxis der Naturwissenschaften – Physik, 38 (5), S. 2, Juli 1989.

[4] H. Genz: Symmetrien spezieller Systeme, Praxis der Naturwissenschaften – Physik, 38 (6), S. 39, September 1989.

[5] H. Genz: Symmetrie – Bauplan der Natur, Piper, München, 1987 (Originalausgabe).

[6] H. Genz und R. Decker: Symmetrie und Symmetriebrechung in der Physik, Vieweg, Braunschweig, 1991.

[7] R. M. F. Houtappel, H.van Dam und E. P. Wigner: The conceptual basis and use of the geometrical invariance principles, Rev. Mod. Phys. 37(1965), S. 595.

[8] E. H. Lockwood und R. H. Macmillan: Geometric symmetry, Cambridge University Press, Cambridge, 1978.

[9] K. Moriyasu: An elementary primer for Gauge Theories, World Scientific, Singapur, 1983.

[10] D. Schattscheider: Visions of Symmetry, Freeman, New York, 1990.

[11] R. Utiyama: Invariant theoretical interpretation of interaction, Phys. Rev. 101 (1956), S. 1597.

[12] H. Weyl: Symmetrie, Birkhäuser, Basel, 1955.

[13] A. S. Wightman: Relativistic invariance and quantum mechanics, Supplemento al Nuovo Cimento, XIV, Serie X (1959), S. 81.

[14] E. P. Wigner: Symmetries and Reflections, Indiana University Press, Bloomington, 1967.

[15] H. Genz: Elementarteilchen, S. Fischer, Frankfurt/Main 2003.

Spezielle Relativitätstheorie

Martin Schön

Gegen Ende des 19. Jhs. schien die Physik zu einem Abschluss gekommen zu sein. Alle wesentlichen Fragen schienen geklärt zu sein; was noch blieb, war Detailarbeit. Einige doch recht grundlegende Probleme widersetzten sich allerdings hartnäckig einer befriedigenden Lösung. Zu diesen gehörte die Tatsache, dass die Maxwell-Gleichungen nicht *Galilei-invariant* waren. Offensichtlich galten sie nur in einem einzigen Inertialsystem, welches man Äthersystem nannte. Alle Versuche, diesen Äther experimentell zu belegen, scheiterten jedoch. Der wohl bekannteste dieser Versuche ist das Michelson-Morley-Experiment. Hierbei wird ein Lichtstrahl geteilt; beide Teilstrahlen durchlaufen anschließend eine Strecke gleicher Länge, bevor sie wieder vereinigt werden. Sollte die Ätherhypothese zutreffen, dann sollten sich nur im Äthersystem die Lichtsignale mit der Vakuumlichtgeschwindigkeit $c = 2,997925 \cdot 10^8$ m/s bewegen. Nimmt man an, dass die Erde bei ihrem Lauf um die Sonne sich mindestens einmal mit mindestens 30 km/h relativ zum Äther bewegt, so müssten sich die Lichtstrahlen in unterschiedlichen Richtungen mit unterschiedlichen Geschwindigkeiten ausbreiten. Dann aber dürften die beiden Teilstrahlen im Michelson-Morley-Experiment nicht gleichzeitig auf dem Schirm ankommen, was sich durch Interferenzerscheinungen bemerkbar machen sollte. Dergleichen wurde aber nicht beobachtet.

In den Jahren nach der erstmaligen Durchführung dieses Experiments 1887 gab es einige Lösungsvorschläge (u. a. von Lorentz, der einen Einfluss des Weltäthers auf die Länge der Arme des Michelson-Interferometers annahm), die jedoch wenig überzeugend waren. Interpretiert man das Michelson-Morley-Experiment dahingehend, dass die Maxwell-Gleichungen in *allen* Inertialsystemen gelten, so bewegt sich

Licht unabhängig von der Bewegung der Lichtquelle (dies wird auch durch Doppelsternbeobachtungen gestützt) und unabhängig vom Beobachter (Inertialsystem) stets mit der gleichen Geschwindigkeit c. Bei dieser Argumentation wurde implizit das Relativitätsprinzip verwendet, welches besagt, dass alle Inertialsysteme gleichberechtigt sind. Das Relativitätsprinzip wurde für die Mechanik allgemein anerkannt, nicht jedoch für die Elektrodynamik. Der negative Ausgang des Michelson-Morley-Experiments legt jedoch eine Verallgemeinerung des Relativitätsprinzips auch für elektromagnetische Erscheinungen wie etwa die Lichtausbreitung nahe.

Fassen wir nun unser bisheriges Wissen über die Lichtausbreitung in den beiden folgenden Prinzipien zusammen:

- Prinzip der Konstanz der Lichtgeschwindigkeit: Ein Lichtsignal breitet sich im Vakuum in *jedem* Inertialsystem mit der gleichen Geschwindigkeit c aus – unabhängig vom Bewegungszustand der Lichtquelle.
- Relativitätsprinzip: Alle Inertialsysteme sind bezüglich allen physikalischen Erscheinungen gleichberechtigt.

Offenbar sind die klassischen Vorstellungen von Raum und Zeit (die ihren Niederschlag in den Galilei-Transformationen finden) nicht mit diesen beiden Prinzipien verträglich. Im Rahmen der klassischen Raum-Zeit-Struktur ist es absurd, wenn man einem sich mit c fortbewegenden Lichtsignal nacheilt und dennoch wieder die gleiche Geschwindigkeit c misst. Die klassische Raum-Zeit-Struktur muss also revidiert werden. Diese Aufgabe wurde von Albert Einstein in seiner 1905 in der Zeitschrift *Annalen der Physik* erschienenen Arbeit »Zur Elektrodynamik bewegter Körper« gelöst.

Relativistische Raum-Zeit-Struktur und Kinematik

Wie wir in der Einleitung sahen, lassen sich die beiden aus der Erfahrung und auf dem Wege der postulierenden Verallgemeinerung gewonnenen Prinzipien *Konstanz der Lichtgeschwindigkeit* und *Relativitätsprinzip* nicht mit den klassischen Vorstellungen von Raum und Zeit in Einklang bringen. Eine Revision der klassischen Vorstellungen von Raum und Zeit ist unumgänglich.

Die beiden oben genannten Prinzipien erweisen sich als ausreichend für die Ergründung der neuen, *relativistischen* Raum-Zeit-Struktur. Es gibt hierfür mehrere mögliche Vorgehensweisen, solche mehr abstrakt-mathematischer Natur und eher physikalisch-anschauliche. Erstere haben den Vorteil, elegant und überschaubar zu sein, während für letztere ein höheres Maß der Anschaulichkeit und konzeptioneller Klarheit spricht. Wir skizzieren hier einen Weg, der operational die notwendigen physikalischen Begriffe konstruiert und letzterer Vorgehensweise zuzuordnen ist.

Stellen wir uns die Aufgabe, die neue Raum-Zeit-Struktur mittels *Uhren* und *Maßstäben* zu ergründen. Wir wollen zu diesem Zweck Standarduhren und Standardmaßstäbe verwenden. Als Standardmaßstäbe benutzen wir einfach starre Körper (der Begriff Starrheit in der Relativitätstheorie weist Probleme auf, wenn beschleunigte Bewegungen betrachtet werden; wir fassen aber zunächst nur unbeschleunigte Bewegungen ins Auge) und als Standarduhren sog. *Lichtuhren*. Letztere bestehen einfach aus zwei Spiegeln mit wohldefiniertem Abstand, zwischen denen ein Lichtsignal hin- und herpendelt. Außerdem sei ein Zählwerk angebracht, welches die Zahl der Perioden aufzeichnet. Wir verwenden hier Lichtuhren, weil wir auf Grund der beiden Prinzipien ein hinreichend großes Wissen über das Verhalten von Licht haben und beurteilen können, was passiert, wenn sich die Lichtuhr bewegt.

Bauen wir nun mit diesen beiden Ingredienzen Bezugssysteme auf. Hierzu errichten wir mit den Maßstäben ein starres Gitter und positionieren in jedem Knotenpunkt eine Lichtuhr. Um eine einheitliche Zeit des Bezugssystems zu gewinnen, müssen wir die Uhren noch geeignet *synchronisieren*. Sobald dies geschehen ist, kann die sog. *Einweglichtgeschwindigkeit* eines sich von Punkt A nach Punkt B bewegenden Lichtsignals gemessen werden (durch Vergleich der Anzeigen der beiden Uhren bei Start und Ankunft). Zuvor ist nur die sog. *Zweiweglichtgeschwindigkeit* messbar (hierzu ist nur eine Uhr nötig; man sendet nämlich bei diesem Experiment ein Signal von A nach B, reflektiert es dort und sendet es wieder nach A zurück). Es stellt sich die Frage, ob man hier eine Wahlfreiheit hat oder ob die Einweglichtgeschwindigkeit empirisch bestimmt werden kann. Diese Frage war der Ausgangspunkt einer langen, bis heute noch nicht abgeschlossenen Diskussion (*Reichenbach-Grünbaum-Debatte*). Wir wollen diese aber an dieser Stelle nicht weiter vertiefen, sondern schreiten pragmatisch fort und wählen die einfachste und natürlichste Synchronisationsmethode: Wir schicken ein Lichtsignal von A nach B und wieder nach A zurück und stellen die Uhr in B so ein, dass sie bei Reflexion genau das arithmetische Mittel zwischen Abgangszeit und Wiederkehrzeit in A (angezeigt durch die dort befindliche Uhr) anzeigt. So verfahren wir mit allen Uhren unseres Bezugssystems und nennen dann die so gewonnene Zeit *die* Zeit des Bezugssystems.

Anschließend konstruieren wir auf die gleiche Weise ein zweites Bezugssystem, welches sich gegenüber dem ersten mit der Geschwindigkeit v in x-Richtung bewegen möge, und synchronisieren auch in diesem die Uhren. Nun können wir untersuchen, wie die von den Uhren des zweiten Bezugssystems S' angezeigten Zeiten mit denjenigen des von den Uhren des ersten Bezugssystems S angezeigten Zeiten zusammenhängen. Konkret geht es um folgendes Problem: In S werde am Ort x zur Zeit t mit den zu S gehörenden Uhren und Maßstäben ein Ereignis konstatiert, z. B. ein Aufblitzen einer Lampe. In S hat dieses Ereignis also die Koordinaten (x, t). Welche Koordinaten (x', t') hat das Ereignis in S'? Welche S'-Uhr mit welcher Koordinate x' befindet sich beim Aufblitzen gerade am Ort des Aufblitzens, und welche Zeit t' zeigt dann diese Uhr an?

Mit Hilfe der beiden vorher erwähnten grundlegenden Prinzipien lässt sich dieses Problem lösen. Zunächst einmal gewinnt man aus ihnen drei kinematische Effekte der neuen Raum-Zeit-Struktur: *Relativität der Gleichzeitigkeit*, *Zeitdilatation* und *Lorentz-Kontraktion*. Zwei Ereignisse sind gleichzeitig in einem Bezugssystem S', wenn die an den jeweiligen Orten befindlichen und in S' gemäß obiger Vorschrift synchronisierten Uhren die gleiche Zeit anzeigen. Dies ist äquivalent dazu, dass zwei simultan von der örtlichen Mitte zwischen diesen beiden Uhren abgehende Lichtsignale bei Ankunft mit den beiden Ereignissen koinzidieren (siehe Abb. 1). Betrachtet man nun diesen Vorgang vom sich relativ zu S' mit der Geschwindigkeit $-v$ bewegenden Inertialsystems S, so werden diese beiden Ereignisse dort nicht mehr als gleichzeitig beurteilt. Wie Abb. 1 zeigt, eilt die Uhr am Ort des »linken« Ereignisses dem Synchronisationssignal entgegen, während sich die andere von diesem entfernt. Da die Lichtgeschwindigkeit auch in S gleich c ist, kommen beide nicht mehr gleichzeitig an. Als Korollar ergibt sich sofort, dass die im Inertialsystem S' synchronisierten Uhren vom Beobachter S nicht mehr als synchron konstatiert werden (und umgekehrt). Gleichzeitigkeit ist also relativ, und die Verwendung von Begriffen wie

Abb. 1: Gleichzeitigkeit in S' aus der Perspektive von S. Der Kasten mit den beiden S'-Uhren bewegt sich gegenüber S mit v nach rechts. In der Mitte gehen zwei Synchronisationssignale ab.

»jetzt« oder »in diesem Augenblick« macht nur Sinn, wenn sie auf ein bestimmtes Bezugssystem bezogen werden.

Die *Zeitdilatation* gewinnt man aus der Analyse einer sich bewegenden Lichtuhr. Vom ruhenden Beobachter aus betrachtet beschreibt das Lichtsignal die in Abb. 2 dargestellte Dreiecksbahn. Da die Lichtgeschwindigkeit aber nach wie vor c ist (obwohl sich die »Lichtquelle« (unterer Spiegel der Lichtuhr) nun bewegt), leuchtet sofort ein, dass der ruhende Beobachter eine längere Dauer der durch das Hin- und Herpendeln des Signals definierten Zeiteinheit konstatiert. Die bewegte Uhr geht also im Vergleich zu den im Inertialsystem S ruhenden Uhren verlangsamt. Umgekehrt beurteilt der Beobachter S' eine S-Uhr als verlangsamt gehend. Wegen der Relativität der Gleichzeitigkeit (es wird nicht an denselben Raumpunkten verglichen!) liegt hier kein Widerspruch vor.

Die Länge eines sich bewegenden Stabes kann durch *gleichzeitiges* Ablesen der beiden Enden bestimmt werden. Wegen der Relativität der Gleichzeitigkeit wird unmittelbar einsichtig, dass die so gemessene Länge vom Bezugssystem abhängig ist. Eine genauere Analyse ergibt, dass ein sich bewegender Stab als verkürzt gemessen wird. Aus dem oben Gesagten ergibt sich, dass hier weder eine reale, »physikalische« Verkürzung (der Stab wird nicht zusammengepresst) noch eine »optische Täuschung« vorliegt. Es liegt ein *objektives* Resultat vor, das jedoch nicht *absolut* ist.

Führt man die hier skizzierten Analysen quantitativ durch, so erhält man folgende Beziehungen:

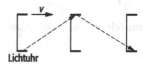

Abb. 2: Eine S'-Lichtuhr aus der Perspektive von S; Lichtweg des in der -Lichtuhr hin- und herpendelnden Photons, von S aus gesehen.

Relativität der Gleichzeitigkeit:

$$(\Delta t)_{\text{syn}} = \frac{v}{c^2} \Delta x \, .$$

Zwei in S' gleichzeitige Ereignisse, deren in S gemessene Koordinatendifferenz Δx beträgt, weisen in S eine zeitliche Koordinatendifferenz $(\Delta t)_{\text{syn}}$ auf.

Zeitdilatation:

$$\Delta T_v = \frac{\Delta T_0}{\sqrt{1 - v^2/c^2}} \, .$$

Dabei ist ΔT_0 die in S' gemessene Zeit (etwa eine Periode zwischen zwei aufeinanderfolgenden Ticks einer Uhr) und ΔT_v die in S gemessene Zeit für diesen Vorgang. Wegen $\Delta T_v > \Delta T_0$ dauert der Vorgang aus der Perspektive des Inertialsystems S folglich länger als aus der Perspektive des Inertialsystems S' (in welchem die ins Auge gefasste Uhr ruht).

Längenkontraktion:

$$l = \sqrt{1 - v^2/c^2} \, l_0 \, .$$

Dabei ist l_0 die im mitbewegten Inertialsystem S' gemessene Länge des Stabes (auch *Ruhelänge* genannt). l ist die in S gemessene Länge dieses Stabes. Wegen $l < l_0$ ist die gemessene Länge kleiner als die Ruhelänge; der Stab erscheint verkürzt. Setzt man die oben besprochenen Effekte der speziellrelativistischen Raum-Zeit-Struktur zusammen, so erhält man schließlich die gesuchten Transformationsbeziehungen zwischen den Koordinaten (x, t) eines Ereignisses im Inertialsystem S und den Koordinaten (x', t') desselben Ereignisses in S' (man nimmt hierbei an, dass die Ursprünge beider Systeme zur Ursprungszeit $t = t' = 0$ koinzidieren). Diese werden Lorentz-Transformationen genannt und lauten (in drei Dimensionen):

$$x' = \frac{x - vt}{\sqrt{1 - v^2/c^2}}, \quad y' = y, \quad z' = z, \quad t' = \frac{t - vx/c^2}{\sqrt{1 - v^2/c^2}}. \quad (1\text{-}4)$$

Aus den Lorentz-Transformationen folgt unmittelbar, dass der Ausdruck

$$s^2 = x^2 + y^2 + z^2 - c^2 t^2 \quad (5)$$

invariant gegenüber einem Wechsel des Inertialsystems ist. Dies folgt auch unmittelbar aus dem Prinzip der Konstanz der Lichtgeschwindigkeit, da $s^2 = 0$ die Ausbreitung einer Lichtwelle vom Ursprung zur Zeit $t = 0$ beschreibt. Verzichtet man auf die Koinzidenz der Ursprünge beider Systeme für $t = t' = 0$, so muss man in (5) zu Koordinatendifferenzen Δx, Δt etc. übergehen.

Man beachte die *Analogie zur Geometrie* der ebenen Fläche. Falls ein *kartesisches Koordinatensystem* zugrunde gelegt wird, ist der Abstand Δr zwischen zwei Punkten gegeben durch:

$$\Delta r^2 = \Delta x^2 = \Delta y^2 \ .$$

Auch dieser Ausdruck ist forminvariant beim Übergang von einem kartesischen zu einem anderen kartesischen Koordinatensystem. Durch die Existenz eines gegenüber Koordinatentransformationen invarianten Abstands erhält die Fläche eine geometrische Struktur, die x und y verknüpft. Analog erhält durch die Existenz eines gegenüber Koordinatentransformationen invarianten Ereignisintervalls Δs die *Raum-Zeit* eine geometrische Struktur und wird zur *Raumzeit*. Die räumlichen und zeitlichen Koordinaten sind nun im Unterschied zur klassischen Galilei-Raum-Zeit miteinander verknüpft! Da die speziellrelativistische Raumzeit eine geometrische Struktur besitzt, kann sie flach oder gekrümmt sein. In der ↑ Allgemeinen Relativitätstheorie lernt man, dass die Raumzeit genau dann flach ist, wenn keine Materie vorhanden ist, also ein leeres Universum vorliegt, so wie wir es hier idealisierend angenommen haben. In der galileiischen Raum-Zeit machen derartige Begriffe keinen Sinn. Dort könnte im Prinzip der Raum gekrümmt sein, nicht aber die Raum-Zeit. *Raumzeit-Diagramme* dienen auch in der Speziellen Relativitätstheorie zur Veranschaulichung von Bewegungen. Sie werden hier Minkowski-Diagramme genannt. Im Unterschied zur klassischen Kinematik repräsentieren sie darüber hinaus eine geometrische Struktur.

Aus den Lorentz-Transformationen lassen sich durch eine einfache Rechnung die Additionstheoreme gewinnen, welche die Transformation von Geschwindigkeiten beschreiben. Bewegt sich ein Körper relativ zum Inertialsystem S' mit der Geschwindigkeit $w = (w_1, w_2, w_3)$, so hat er im Inertialsystem S die Geschwindigkeit $u = (u_1, u_2, u_3)$:

$$u_1 = \frac{v + w_1}{1 + v\,w_1 / c^2} \ , \quad u_2 = \frac{w_2}{\gamma(1 + v\,w_1 / c^2)} \ , \quad u_3 = \frac{w_3}{\gamma(1 + v\,w_1 / c^2)} \ .$$

Dabei wurde wieder angenommen, dass sich S' relativ zu S mit der Geschwindigkeit $v = (v, 0, 0)$ bewegt. Der in der Speziellen Relativitätstheorie oft verwendete *Gammafaktor* ist eine Abkürzung für $\gamma = 1/\sqrt{1 - v^2/c^2}$. Die Geschwindigkeiten addieren sich also nicht einfach wie in der klassischen Galilei-Raum-Zeit. Weitere wichtige kinematische Effekte sind der relativistische Doppler-Effekt sowie die relativistische Aberration.

Kovariante Formulierung

Die mathematische Struktur der relativistischen Raumzeit wird durch den Tensorkalkül transparent. Im Folgenden wird der Tensor pragmatisch eingeführt. Mathematisch ist ein Tensor nichts anderes als eine multilineare Abbildung vom Raum der Vektoren in die reellen Zahlen. Im Tensorkalkül unterscheidet man nicht mehr zwischen Tensoren 0. Stufe (Skalaren), Tensoren 1. Stufe (Vektoren) und Tensoren 2. Stufe (Matrizen), sondern verallgemeinert die Stufe und unterscheidet zwischen kovarianten (Index unten), kontravarianten (Index oben) und gemischten Tensoren. Der Vorteil der Verwendung des Tensorkalküls in der Relativitätstheorie ist folgender: Tensoriell formulierte Gleichungen sind automatisch in allen Koordinatensystemen gültig, wenn sie in einem einzigen gültig sind. Dies folgt sofort aus dem Transformationsverhalten von Tensoren. Man nennt derart formulierte Gleichungen auch kovariant formulierte, d.h. die Forminvarianz der Gleichungen ist unter beliebigen Punkttransformationen gewährleistet.

Im vorigen Abschnitt wurde gezeigt, dass das Ereignisintervall s invariant unter Koordinatentransformationen, die von einem Inertialsystem in ein anderes führen, ist. Anstelle von (5) können wir dieses kurz schreiben als

$$s^2 = \eta_{\mu\nu} x^\mu x^\nu$$

wobei $x^\mu = (ct, x, y, z)$ der vierdimensionale Ereignisvektor und $\eta_{\mu\nu}$ die sog. Minkowski-Metrik Diag(-1,1,1,1) ist. Man beachte die Einsteinsche Summenkonvention (über doppelt auftretende Indizes ist zu summieren). Aus der Invarianz von s^2 gegenüber einer Transformation von einem Inertialsystem in ein anderes folgt sofort:

$$\eta_{\mu\nu} = \eta'_{\mu\nu} ,$$

d. h. die Minkowski-Metrik hat in allen Inertialsystemen die gleiche Gestalt.

Die verdimensionalen Ereignisvektoren x^μ transformieren sich gemäß den Lorentz-Transformationen (der Einfachheit halber beschränken wir uns auf Transformationen zwischen Inertialsystemen, deren Ursprünge zur Zeit $t = t' = 0$ koinzidieren; ansonsten müssten anstatt x^μ die Intervalle Δx^μ betrachtet werden):

$$x'^\mu = \Lambda^\mu_\nu x^\nu, \tag{6}$$

wobei die Transformationsmatrix Λ^μ_ν direkt aus den Lorentz-Transformationen (1)–(4) abgelesen werden kann. Man bezeichnet nun jede vierkomponentige Größe Λ^μ, deren Komponenten sich gemäß (6) transformieren, als *kontravarianten Vierervektor*. Entsprechend bezeichnet man Größen $T^{\mu\nu}$ mit 2 Indizes, welche sich wie ein Produkt zweier kontravarianter Vektoren transformieren, als *kontravariante Tensoren zweiter Stufe*:

$$T'^{\mu\nu} = \Lambda^\mu_\lambda \Lambda^\nu_\kappa T^{\lambda\kappa},$$

Die Verallgemeinerung auf kontravariante Tensoren n-ter Stufe erfolgt sinngemäß. Invarianten unter Transformationen von einem Inertialsystem in ein anderes, wie etwa das Ereignisintervall s, bezeichnet man als Skalare oder Tensoren nullter Stufe. Der Tensorbegriff lässt sich auch für beliebige Koordinatentransformationen einführen. Man muss dann anstelle von x^μ den infinitesimalen Ereignisvektor dx^μ betrachten. Größen, die sich wie der infinitesimale Ereignisvektor oder wie Produkte desselben transformieren, sind dann kontravariante Tensoren. In der Allgemeinen Relativitätstheorie werden solche beliebigen Koordinatentransformationen ausgiebig verwendet; hier aber genügt es, sich mit Inertialsystemen zu befassen. Man führt auch *kovariante* Tensoren ein: Diese transformieren sich wie der Gradient eines Skalars oder Produkte desselben. Für einen kovarianten Vektor V_μ etwa gilt:

$$V'_\mu = (\Lambda^{-1})^\nu_\mu V_\nu,$$

wobei $(\Lambda^{-1})^\nu_\mu$ die Inverse der Lorentz-Transformationsmatrix ist (siehe (6)).

Man kann zeigen, dass die Metrik ein kovarianter Tensor zweiter Stufe ist, der zudem für Transformationen von einem Inertialsystem in ein anderes die Besonderheit besitzt, dabei seine Komponenten nicht zu ändern, also

$$\eta'_{\mu\nu} = \Lambda^\lambda_\mu \Lambda^\kappa_\nu \eta_{\lambda\kappa} . \tag{7}$$

mit $\eta'_{\mu\nu} = \eta_{\mu\nu}$. Beziehung (7) eröffnet eine weitere Möglichkeit, die Transformationsmatrix Λ^μ_ν und damit die Lorentz-Transformationen abzuleiten.

Man kann zeigen, dass Summen von Tensoren gleicher Stufe wieder Tensoren derselben Stufe sind. Tensoren verschiedener Stufen lassen sich multiplizieren, und man erhält einen Tensor, dessen Stufe gleich der Summe der Stufen der Faktoren ist. Man kann auch Ableitungen von Tensoren definieren. Bei der in der Speziellen Relativitätstheorie üblichen Beschränkung auf Inertialsysteme reduziert sich die kovariante Ableitung auf die gewöhnliche Ableitung.

Relativistische Dynamik

Zwei Aufgaben stellen sich: Zum einen ist die kovariante Formulierung des Newtonschen Kraftgesetzes zu finden, zum anderen Erhaltungssätze. Beginnen wir mit letzterem.

Aus der Newtonschen Mechanik, die für kleine Geschwindigkeiten weiterhin gültig sein muss, wissen wir, dass der Impuls $p = mv$ in einem abgeschlossenen System erhalten ist. Ein einfaches Gedankenexperiment zeigt sofort, dass dies für beliebige Geschwindigkeiten nicht mehr gelten kann: Man lasse eine Kugel der Masse m mit der Geschwindigkeit $w = (0, w_2, 0)$ senkrecht gegen eine im Inertialsystem S' ruhende Wand prallen (siehe Abb. 3). Die Kugel möge eine Strecke l in die Wand eindringen und dann zur Ruhe kommen. Die Eindringtiefe l ist ein Maß für den Impuls der Kugel. Anschließend betrachte man diesen Vorgang im System S, welches sich mit der Geschwindigkeit $-v$ parallel zur Wand bewege. Auf Grund der Additionstheoreme ist dann die Geschwindigkeitskomponente senkrecht zur Wand relativ zu S gegeben durch: $u_2 = w_2/\gamma$. Da senkrecht zur Bewegungsrichtung keine Lorentz-Kontraktion stattfindet, beträgt auch die in S gemessene Eindringtiefe l. Folglich konstatiert S die gleiche Impulskomponente senkrecht zur Wand wie S'. Da jedoch die entsprechende Geschwindigkeitskomponente u_2 ungleich w_2 ist, kann die Masse nicht in beiden Systemen die gleiche sein (sonst würde sich das Produkt aus Masse und Geschwindigkeit ändern).

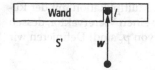

Abb. 3: Gedankenexperiment zur Impulserhaltung und relativistischen Masse. Die Kugel trifft mit der Geschwindigkeit **W** frontal auf eine Wand und dringt eine Strecke *l* in diese ein.

Der relativistische Impuls kann also nicht $p = mv$ lauten. Wir machen nun folgenden Ansatz für den relativistischen Impuls: $p_r = m(v)v$, d. h. wir lassen eine Geschwindigkeitsabhängigkeit der Masse zu. Das ist die einfachste Verallgemeinerung des Newtonschen Impulses. Man kann nun zeigen, dass die Gültigkeit der Impulserhaltung (mit obigem Ansatz) in allen Inertialsystemen (das fordert das Relativitätsprinzip) impliziert, dass $m(v)$ folgende Gestalt hat:

$$m(v) = \frac{m_0}{\sqrt{1 - v^2/c^2}}. \tag{8}$$

Dabei ist $m_0 = m(0)$ die Ruhemasse. Damit ist noch nicht die Impulserhaltung bewiesen, diese muss experimentell überprüft werden. Dies ist aber in hervorragender Übereinstimmung mit der Theorie gelungen.

Die Raumzeit-Struktur der Speziellen Relativitätstheorie erfordert die Abhängigkeit der Masse von der Geschwindigkeit nach Maßgabe von (8) (falls, wie experimentell bestätigt worden ist, der daraus konstruierte relativistische Impuls $p_r = m(v)v$ in allen Inertialsystemen erhalten ist). Man beachte, dass dieser *relativistische Dreierimpuls* p_r (»Dreier-«, weil er drei Komponenten besitzt) kein Vierervektor ist. Man kann aber aus ihm einen solchen konstruieren. Versuchen wir, einen Vierervektor zu bauen, dessen Komponenten p_r enthalten. Dann können wir nämlich ein Lemma der Tensorrechnung anwenden, welches besagt, dass aus der Erhaltung einer Komponente eines Vierervektors in allen Inertialsystemen die Erhaltung sämtlicher Komponenten dieses Vektors folgt. Aus der Erhaltung von p_r in allen Inertialsystemen folgt dann die Erhaltung dieses ganzen Vektors. Das aber bedeutet, dass auch die vierte Komponente dieses Vierervektors erhalten sein muss. Wir erhalten also automatisch einen weiteren Erhaltungssatz.

Offensichtlich ist $U^\mu = dx^\mu/d\tau$ ein Vierervektor ($d\tau = -ds$ ist die sog. Eigenzeit; man stelle sich vor, dass die Bahnkurve des Teilchens in der

Raumzeit durch τ parametrisiert ist: $x^\mu(\tau)$). Multiplikation mit der Ruhemasse m_0, die ein Skalar ist, ergibt wieder einen Vierervektor, dessen räumliche Komponenten genau diejenigen von p_r sind! Definieren wir also als *Viererimpulsvektor*:

$$p^\mu = m_0\, U^\mu = (m(v)\,c,\, p_r)\,. \tag{18}$$

Nach oben Gesagtem folgt aus der Erhaltung des relativistischen Dreierimpulses die Erhaltung von mc und damit von m. Die *relativistische Masse* ist also erhalten. Wie können wir diese interpretieren?

Entwickeln wir den Ausdruck (8) für die relativistische Masse bis zur zweiten Ordnung, so erhalten wir:

$$m = m_0\left(1 - \frac{v^2}{c^2}\right)^{-1/2} = m_0 + \frac{1}{2}\, m_0\, \frac{v^2}{c^2} + O\!\left(\left(\frac{v}{c}\right)^4\right).$$

Der zweite Summand ist die kinetische Energie dividiert durch das Quadrat der Lichtgeschwindigkeit. In zweiter Ordnung ist die relativistische Masse also gleich der Ruhemasse plus kinetische Energie dividiert durch c^2. Zusätzliche Energie scheint also einen zusätzlichen Massenbeitrag zu liefern, und zwar gemäß $\Delta m = \Delta E/c^2$. Postulieren wir also mit Einstein:

$$E = m\,c^2\,.$$

Die relativistische Energie ist erhalten, falls die relativistische Masse erhalten ist. Das ist – wie wir oben sahen – der Fall, falls der relativistische Dreierimpuls erhalten ist. Ferner sehen wir, dass relativistischer Dreierimpuls und relativistische Energie dividiert durch c einen Vierervektor bilden. Wir können nämlich schreiben: $p^\mu = (E/c, p_r)$. Dieser Vierervektor heißt auch *Energie-Impuls-Vektor*. Damit ist auch das Transformationsverhalten von Impuls und Energie beschrieben.

Herzstück der Newtonschen Mechanik ist das Konzept der Kraft. Kennen wir diese sowie den Anfangszustand, so sind wir zumindest theoretisch in der Lage, den Zustand eines Systems zu jedem beliebigen Zeitpunkt zu berechnen. Gibt es etwas Analoges in der relativistischen Mechanik?

Definieren wir folgenden Vierervektor:

$$F^\mu = m_0\, \frac{d^2 x^\mu}{d\tau^2}\,; \tag{9}$$

dabei sei $x^\mu(t)$ die Weltlinie des Teilchens, parametrisiert durch die Eigenzeit. Falls wir F^μ kennen, können wir mit Hilfe von (9) die Bewegung des Teilchens bestimmen. Wir nennen F^μ die *relativistische Viererkraft* und fragen uns, wie sie bei gegebener physikalischer Situation bestimmt werden kann. Das ist analog zur klassischen Physik, wo ja auch erst unabhängig vom zweiten Newtonschen Axiom gegebene Kraftgesetze aus diesem ein echtes Gesetz machen.

Die relativistische Viererkraft kann nun aus der Kenntnis der Newtonschen Kraft bestimmt werden. Hierzu geht man einfach ins mitbewegte Inertialsystem. Dort gilt wegen $d\tau = dt$: $F^0 = 0$, $F^i = f_N^i$, wobei f_N^i die Newtonsche Kraft ist, die in diesem Inertialsystem auf das Teilchen wirken sollte. Die Rücktransformation ins ursprüngliche Inertialsystem ergibt dann

$$F^\mu = \gamma \left(c\,\frac{dm(v)}{dt}\,,\ \frac{dp_r}{dt} \right)$$

Definieren wir die *relativistische Dreierkraft* f_r als $f_r = dp_r/dt$, so lässt sich das auch schreiben als:

$$F^\mu = \gamma \left(c\,\frac{dm(v)}{dt}\,,\ f_r \right). \tag{10}$$

Die relativistische Dreierkraft, die natürlich kein Vierervektor ist (wohl aber ein Dreiervektor bezüglich Ortstransformationen) ist also bis auf einen Gammafaktor gleich dem räumlichen Teil der Viererkraft. Wir sind nun in der Lage, diese zu interpretieren. Aus (10) und dem Zusammenhang zwischen Viererkraft und Newtonscher Kraft folgt nämlich $c^2\,dm = f_r\,v\,dt$. Das kann aber wie folgt geschrieben werden: $dE = f_r\,dr$. Folglich ist die relativistische Dreierkraft für die geleistete Arbeit maßgeblich; der Energieinhalt eines Körpers, an welchem die Arbeit $dW = f_r\,dr$ verrichtet wurde, erhöht sich um dieses dW. Mithin ist die relativistische Dreierkraft die richtige relativistische Verallgemeinerung der Newtonschen Kraft f_N. Sie ist kein Vierervektor, wohl aber der räumliche Teil eines solchen, falls man sie noch mit einem Gammafaktor multipliziert. Im mitbewegten Inertialsystem sind übrigens der räumliche Teil der Viererkraft F_i, die relativistische Dreierkraft f_r und die Newtonsche Dreierkraft f_N exakt gleich.

Elektrodynamik

Die Maxwell-Gleichungen gelten in allen Inertialsystemen, sind also bereits Lorentz-invariant. Allerdings sind sie in der üblichen Form noch nicht manifest kovariant. Wir wissen noch nicht, wie sich die elektrischen und magnetischen Felder transformieren. Um dieses Transformationsverhalten aufzufinden und die Maxwell-Gleichungen kovariant zu formulieren, versuchen wir, sie in die Form einer Tensorgleichung zu bringen. Hierzu fassen wir die *Ladungsdichte* ϱ und die *elektrische Stromdichte* j^i zu einem Vierervektor

$$J^\mu = (\varrho/c, j^i)$$

zusammen (dass dies wirklich ein Vierervektor ist, folgt – unter Annahme der Invarianz der elektrischen Ladung – aus dem Transformationsverhalten der Komponenten). Anschließend definiert man eine Matrix $F^{\mu\nu}$ wie folgt:

$$F^{12} = B_3, \quad F^{23} = B_1, \quad F^{31} = B_2,$$
$$F^{01} = E_1, \quad F^{02} = E_2, \quad F^{03} = E_3,$$
$$F^{\mu\nu} = -F^{\nu\mu}$$

wobei die B_i und die E_i die Komponenten der magnetischen bzw. elektrischen Feldstärke sind.

Mit diesen Definitionen können die Maxwell-Gleichungen wie folgt formuliert werden:

$$\frac{\partial}{\partial x^\mu} F^{\mu\nu} = -j^\nu$$

$$\frac{\partial}{\partial x^\mu} F^{\nu\lambda} + \frac{\partial}{\partial x^\nu} F^{\lambda\mu} + \frac{\partial}{\partial x^\lambda} F^{\mu\nu} = 0 \, .$$

Da auf den rechten Seiten dieser Gleichungen jeweils kontravariante Vierervektoren stehen, muss $F^{\mu\nu}$ ein kontravarianter Tensor zweiter Stufe sein. Damit liegt sein Transformationsverhalten und das der elektrischen und magnetischen Felder fest. Man sieht, dass eine allgemeine Lorentz-Transformation die elektrischen und magnetischen Felder »mischt«, d.h. ein rein elektrisches Feld (z.B. im mitbewegten Inertialsystem einer Ladung) kann in einem anderen Inertialsystem magnetische Felder hervorrufen (in demjenigen System, relativ zu dem sich diese Ladung bewegt; das ist ein bereits bekanntes Phänomen). Magnetische und elektrische Felder erscheinen nicht länger als zwei verschiedene Felder, sondern repräsentieren ein *einziges elektromagnetisches Feld*. Dies kommt durch die kovariante Formulierung deutlich zum Ausdruck; die klassische Formulierung verschleierte diesen Zusammenhang.

Bedeutung der Speziellen Relativitätstheorie und ihre Grenzen

Die Spezielle Relativitätstheorie setzt gleichsam den Rahmen, in welchen sich andere Theorien einzufügen haben (falls wir die Gravitation vernachlässigen). Eine physikalische Theorie muss nämlich Lorentz-kovariant formuliert werden und den Prinzipien der Speziellen Relativitätstheorie Rechnung tragen. So dürfen etwa keine Überlichtgeschwindigkeiten auftreten. Man kann also zu Recht der Speziellen Relativitätstheorie den Rang einer tragenden Säule der modernen Physik zusprechen.

Die kovariante Formulierung physikalischer Theorien hat viele wichtige Erkenntnisse zutage gefördert. Neben dem oben bereits erwähnten Zusammenhang zwischen Masse und Energie und der Wesensverwandtschaft von elektrischem und magnetischem Feld sind dies beispielsweise die Beziehung zwischen Teilchen und Antiteilchen oder unser Verständnis von Spin und magnetischem Moment. Zweifellos hat der Kovarianzgedanke die modernen Eichtheorien wesentlich stimuliert.

Die Spezielle Relativitätstheorie ist eine Theorie der flachen Raumzeit. Während sich die anderen Wechselwirkungen mittels des hier geschilderten Kraftkonzeptes im Rahmen dieser Theorie beschreiben ließen, gelang dies bei der Gravitation nicht. Nach mehreren Jahren erfolglosen Versuchens fand Einstein schließlich einen anderen Weg: Die Vorstellung einer flachen Raumzeit wurde fallengelassen. Materie krümmt die Raumzeit, es gibt keine endlich ausgedehnten Inertialsysteme mehr, sondern nur noch lokale (die sich »frei fallend« bewegen). In diesen gilt dann die Spezielle Relativitätstheorie, und in diesen ist die Gravitation »wegtransformiert«. Dies ist der Inhalt des Äquivalenzprinzips und führt zur Allgemeinen Relativitätstheorie.

Allerdings ist die Forschung hier noch nicht zu einem Abschluss gekommen. Die Vereinigung der Allgemeinen Relativitätstheorie mit der Quantentheorie steht noch aus († Quantengravitation). Quantenfeldtheorien auf gekrümmtem Hintergrund sind bereits erfolgreich konstruiert worden, aber auf dem Gebiet der Quantisierung der Gravitation selbst ist man bisher nicht über Ansätze hinausgekommen. Es ist durchaus vorstellbar, dass die Quantengravitation auch unsere Vorstellung über die flache Raumzeit und damit die Spezielle Relativitätstheorie modifiziert (Modifikationen sind insbesondere ab der Planck-Skala zu erwarten).

[1] W. Rindler: Essential Relativity, Springer-Verlag, 1977.

[2] A. P. French: Special Relativity, New York, 1968.

[3] N. D. Mermin: Space and Time in Special Relativity, New York, 1968.

Allgemeine Relativitätstheorie

Roland A. Puntigam

Die Allgemeine Relativitätstheorie ist die in den Jahren 1907–1916 von Albert Einstein aufgestellte klassische Theorie der Gravitation. Ausgehend von der ↑ Speziellen Relativitätstheorie und dem Äquivalenzprinzip erkannte Einstein, dass die Gravitation, hervorgerufen von Masse und Energie, als Krümmung der Raumzeit manifest wird. Bei vorgegebener Materieverteilung wird die Riemannsche Geometrie der Raumzeit durch die Einstein-Gleichungen festgelegt. Die Newtonsche Gravitationstheorie ist in der Allgemeinen Relativitätstheorie als nicht-relativistischer Grenzfall enthalten. Obwohl sich die Vorhersagen oft nur mimimal von den Vorhersagen der Newtonschen Gravitation unterscheiden, wurde die Allgemeine Relativitätstheorie von allen bisher durchgeführten Experimenten bestätigt. Zu den spektakulärsten Vorhersagen gehören die Existenz von ↓ Schwarzen Löchern und ↓ Gravitationswellen. Bei beiden Phänomenen, die bisher nur indirekt beobachtet wurden, stehen die Experimentatoren mehr als 80 Jahre nach der genialen Arbeit Einsteins vor dem Durchbruch – und damit an der Schwelle einer neuen Ära der Allgemeinen Relativitätstheorie und der relativistischen Astrophysik.

In der Speziellen Relativitätstheorie werden physikalische Prozesse typischerweise von *inertialen,* d.h. ruhenden oder mit konstanter Geschwindigkeit bewegten Beobachtern beschrieben. Nach den Prinzipien der Speziellen Relativitätstheorie ist kein Inertialsystem ausgezeichnet, jedes physikalische Experiment verläuft in jedem Inertialsystem genau gleich. Im Gegensatz dazu haben *beschleunigte* oder *rotierende* Bezugssysteme durch das Auftreten von Trägheitskräften eine absolute Bedeutung in der Speziellen Relativitätstheorie.

Die Allgemeine Relativitätstheorie resultierte aus dem erfolgreichen Versuch Einsteins, diese spezielle Rolle der Inertialsysteme aus der Relativitätstheorie zu eliminieren, und allgemeine, beliebig beschleunigte und rotierende Bezugssysteme gleichwertig zu erlauben. Trägheitskräfte, die in einem nicht inertialen Bezugssystem wirken, sind lokal aber nicht von Gravitationskräften zu unterscheiden. Das ist, in komprimierter Form, der Grund dafür, dass die Allgemeine Relativitätstheorie eine Theorie der gravitativen Wechselwirkung darstellt.

Grundlagen

Die wesentlichen Ausgangspunkte bei der Entwicklung der Allgemeinen Relativitätstheorie waren das *Machsche Prinzip* und das *Äquivalenzprinzip*. Ernst Mach stellte fest, dass Newtons berühmter Eimerversuch als »Beweis« für die Existenz des absoluten Raums nicht haltbar ist: Wird ein mit Wasser gefüllter Eimer in Rotation versetzt, so wird die Wasseroberfläche durch die auftretenden Trägheitskräfte konkav gekrümmt. Newton deutete dies als experimentellen Beweis von Bewegung relativ zum absoluten Raum. Mach wies jedoch 1883 darauf hin, dass der Eimerversuch aus physikalischer Sicht lediglich auf die nichtinertiale Bewegung, nämlich die Rotation, eines Bezugssytems relativ zu den Fixsternen hinweist, ohne dass die Existenz eines absoluten Raums angenommen werden muss. Er folgerte, dass das komplementäre Gedankenexperiment – die Fixsterne rotieren um den ruhenden Eimer – physikalisch von dem ursprünglichen Eimerversuch ununterscheidbar sei: die Wasseroberfläche müsste sich hier genauso wölben wie bei Newton. Damit wendete er das Prinzip der Relativbewegung auf ein rotierendes, also nichtinertiales Bezugssystem an, und verknüpfte den Begriff der Massenträgheit mit der Materieverteilung im gesamten Universum. Diese grundlegende Idee ist in der Allgemeinen Relativitätstheorie physikalisch verwirklicht.

Einsteins Äquivalenzprinzip, die zweite Säule der Allgemeinen Relativitätstheorie, ist eine Verallgemeinerung der Galileischen Beobachtung, dass Testkörper im Gravitationsfeld der Erde identisch fallen, unabhängig von ihrer Struktur oder Zusammensetzung (Eindeutigkeit des freien Falls oder *schwaches Äquivalenzprinzip*). Der Grund liegt in der Gleichheit von träger und schwerer Masse: in frei fallenden Bezugssystemen werden die Gravitationskräfte von den Trägheitskräften gerade kompensiert. Einstein folgerte daraus, dass ein Beobachter grundsätzlich durch kein Experiment feststellen kann, ob er sich in einem frei fallenden Bezugssystem im Gravitationsfeld oder in einem speziell-relativistischen Inertialsystem befindet. Anders ausgedrückt heißt das, beliebige Experimente verlaufen in beiden Fällen gleich, und zwar nach den Gesetzen der Speziellen Relativitätstheorie. Einstein stellte diese Aussage als (starkes) *Äquivalenzprinzip* an die Spitze seiner Überlegungen und eliminierte so die ausgezeichnete Rolle der Inertialsysteme aus der Speziellen Relativitätstheorie. Trägheitskräfte, die in Nichtinertialsystemen in der Speziellen Relativitätstheorie auftreten, entsprechen lokal Gravitationskräften.

Ein Schlüssel zur Allgemeinen Relativitätstheorie ist daher die Beschreibung von Trägheitskräften in der Speziellen Relativitätstheorie. In einem Inertialsystem ist

$$\frac{d^2 x^\alpha}{ds^2} = 0$$

die Bewegungsgleichung eines kräftefreien Teilchens. Durch Transformation auf ein Nichtinertialsystem wird daraus

$$\frac{d^2 x^\alpha}{ds^2} + \Gamma^\alpha_{\beta\gamma} \frac{dx^\beta}{ds} \frac{dx^\gamma}{ds} = 0.$$

Darin werden die Komponenten $\Gamma^\alpha_{\beta\gamma}$ der Christoffel-Konnexion mit den auftretenden Trägheitskräften identifiziert, und die Komponenten $g_{\alpha\beta}$ der Metrik mit den entsprechenden Trägheitspotentialen. Nach der Einsteinschen Summenkonvention wird in dieser Gleichung wie auch im Folgenden über zwei gleiche Indizes summiert. Die lokale Gleichsetzung von Gravitationskräften mit Trägheitskräften durch das Äquivalenzprinzip führt unmittelbar zu den folgenden Grundideen der Allgemeinen Relativitätstheorie: Gravitationspotentiale bzw. -kräfte werden mit der Metrik bzw. mit der Christoffel-Konnexion identifiziert. Lokal ergibt sich die (flache) Geometrie der Speziellen Relativitätstheorie: die Tangentialräume an jedem Punkt der Raumzeitmannigfaltigkeit sind Minkowski-Räume. In endlichen Gebieten kann die Gravitation allerdings nicht durch Transformation auf ein frei fallendes Bezugssystem »wegtransformiert« werden. Das bedeutet mathematisch, dass die Christoffel-Konnexion in Anwesenheit von Gravitationsfeldern i. A. nicht integrabel ist. Somit verschwindet im Unterschied zur

Speziellen Relativitätstheorie der entsprechende Riemannsche Krümmungstensor $R^\alpha_{\beta\gamma\delta}$ nicht mehr: die speziell-relativistische Minkowski-Geometrie wird in der Allgemeinen Relativitätstheorie von einer Riemannschen Geometrie der Raumzeit abgelöst.

Feldgleichungen

Die Feldgleichungen der Allgemeinen Relativitätstheorie bestimmen die Geometrie der Raumzeit in Abhängigkeit von der Verteilung der Materie, d. h. *wie* die Raumzeit bei einer bestimmten Energie- und Masseverteilung gekrümmt ist. Dabei wird die Raumzeitgeometrie durch die Metrik $g_{\alpha\beta}$ bzw. durch den entsprechenden Riemannschen Krümmungstensor $R^\alpha_{\beta\gamma\delta}$ und Materie durch den Energie-Impuls-Tensor $T_{\alpha\beta}$ beschrieben. So trägt auch elektromagnetische Energie zur Krümmung der Raumzeit bei.

Um die Feldgleichungen zu finden, orientierte sich Einstein am *Prinzip der allgemeinen Kovarianz*: die Formulierung physikalischer Gesetze muss unabhängig vom verwendeten – inertialen oder nichtinertialen – Bezugssystem sein. Für die mathematische Beschreibung folgt daraus, dass die Gesetze der Physik tensoriell formuliert werden müssen. Die Feldgleichungen sind darüber hinaus einem *Korrespondenzprinzip* unterworfen, damit in zwei wichtigen Grenzfällen der Beobachtung Rechnung getragen wird. Erstens muss im Limes verschwindender Gravitation die Spezielle Relativitätstheorie als Grenzfall enthalten sein und zweitens muss für nichtrelativistische Geschwindigkeiten und schwache Gravitationsfelder die Newtonsche Gravitationstheorie resultieren. Insbesondere muss also die Poissongleichung

$$\Delta U = 4\pi\, G\rho$$

für das Newtonsche Gravitationspotential U im genannten Limes aus den Feldgleichungen folgen. Die Gravitationspotentiale der Allgemeinen Relativitätstheorie sind aber die Komponenten der Metrik, daher suchte Einstein nach Differentialgleichungen zweiter Ordnung für $g_{\alpha\beta}$. Die im November 1915 von Einstein vorgeschlagenen, praktisch gleichzeitig auch von Hilbert gefunden Feldgleichungen, die berühmten Einstein-Gleichungen

$$G_{\alpha\beta} + \Lambda g_{\alpha\beta} = \kappa T_{\alpha\beta} \tag{1}$$

erfüllen diese Forderung. Dabei ist $G_{\alpha\beta} = R_{\alpha\beta} - (1/2)g_{\alpha\beta}R$ der Einstein-Tensor, $R_{\alpha\beta} = R^{\gamma}_{\alpha\gamma\beta}$ ist der Ricci-Tensor und $R = R^{\alpha}_{\alpha}$ der Krümmungsskalar. Die *kosmologische Konstante* Λ fehlte in der ursprünglichen Version der Feldgleichungen und wurde von Einstein erst 1917 hinzugefügt, um im Rahmen der Allgemeinen Relativitätstheorie einen statischen Kosmos beschreiben zu können.

Die Verknüpfung der Einsteinschen Gravitationskonstante κ mit der Newtonschen Gravitationskonstante G ergibt sich aus dem Korrespondenzprinzip: um im nichtrelativistischen Limes die Newtonsche Gravitationstheorie zu erhalten, muss $\kappa = 8\pi G/c^2$ gesetzt werden. Dabei ist c die Vakuum-Lichtgeschwindigkeit.

Die Tensor-Gleichung (1) ist symmetrisch in α und β, sie bildet daher ein System von zehn gekoppelten, nichtlinearen, partiellen Differentialgleichungen zur Bestimmung der zehn unabhängigen Komponenten des Gravitationspotentials $g_{\alpha\beta}$. Allerdings sind die Einstein-Gleichungen nicht linear unabhängig, da die vier *kontrahierten Bianchi-Identitäten*

$$G^{;\beta}_{\alpha\beta} = 0$$

gelten, denen der Einstein-Tensor $G_{\alpha\beta}$ unterliegt. (Das Semikolon in obiger Gleichung bezeichnet die *kovariante Ableitung*). Daher sind nur sechs Gleichungen des Systems (1) unabhängig. Darin spiegelt sich die Invarianz der Allgemeinen Relativitätstheorie unter beliebigen (genügend oft differenzierbaren, invertierbaren) Koordinatentransformationen des metrischen Tensors wider, die dazu verwendet werden kann, um ein bestimmtes, der physikalischen Situation angepasstes Koordinatensystem zu verwenden. Ein Beispiel für eine solche *Eichung* der Koordinaten ist die Einstein-Hilbert- oder De-Donder-Eichung, der wir im Zusammenhang mit Gravitationswellen noch begegnen werden. Ein weiteres Beispiel sind Normalkoordinaten, die durch die Bedingung $g_{00} = 1$, $g_{01} = g_{02} = g_{03} = 0$ definiert sind.

Aus den Einstein-Gleichungen folgt durch Anwendung der kontrahierten Bianchi-Identitäten die lokale Energie-Impuls-Erhaltung $T^{;\beta}_{\alpha\beta} = 0$. Einstein erkannte, dass sich daraus die Bewegungsgleichung der Allgemeinen Relativitätstheorie, die geodätische Gleichung

$$\frac{d^2 x^{\alpha}}{ds^2} + \Gamma^{\alpha}_{\beta\gamma}\frac{dx^{\beta}}{ds}\frac{dx^{\gamma}}{ds} = 0 \qquad (2)$$

ableiten lässt, wobei die Konnexion $\Gamma^{\alpha}_{\beta\gamma}$ im Unterschied zur speziell-relativistischen Gleichung in der allgemeinen Theorie zu einem Rie-mann-Tensor $R^{\alpha}_{\beta\gamma\delta} \neq 0$ gehört. Die Bewegungsgleichung muss also nicht zusätzlich postuliert wer-den, sondern ist, wie auch schon in der Elektrodynamik, in den Feld-gleichungen enthalten. Damit ist ein wichtiger Kreis geschlossen: durch die Einstein-Gleichung (1) »sagt« die Materie im Universum der Raum-zeit-Geometrie, wie sie sich krümmen soll. Gleichzeitig »sagt« die Raumzeit-Geometrie der Materie, wie sie sich bewegen soll: auf den durch Gleichung (2) festgelegten Geodäten. Hier zeigt sich die Umset-zung des Machschen Prinzips in der Allgemeinen Relativitätstheorie.

Für $\Gamma_{\alpha\beta} = 0$ beschreiben die Einstein-Gleichungen (1) eine Raumzeit ohne Materie (*Vakuum-Feldgleichungen*). Dazu gehört der Minkowski-Raum, also die flache Geometrie der Speziellen Relativitätstheorie, aber z. B. auch Gravitationswellen und der Außenraum von Himmels-körpern werden von den Vakuum-Feldgleichungen erfasst. Wegen ih-rer Nichtlinearität sind die Feldgleichungen kaum exakt, d. h. ohne nu-merische Verfahren, zu lösen, daher sind exakte Lösungen nur für hochsymmetrische Geometrien bekannt. Die wichtigste ist die bereits 1916 gefundene Schwarzschild-Lösung, die das Gravitationsfeld eines statischen, sphärisch-symmetrischen Körpers beschreibt. Die entspre-chende Verallgemeinerung auf einen stationär rotierenden Körper, die Kerr-Lösung, wurde erst 1963 entdeckt. Diese Lösungen beschreiben die Raumzeitgeometrie von statischen bzw. rotierenden Sternen, von Neutronensternen und auch von Schwarzen Löchern, auf die unten noch näher eingegangen wird.

Experimente

Trotz aller Plausibilitätsargumente können die Einstein-Gleichungen (1), wie alle Grundgleichungen der Physik, nicht zwingend hergeleitet werden. Letztendlich kann nur der Vergleich mit dem Experiment rechtfertigen, ob es sich bei der Allgemeinen Relativitätstheorie um die »richtige« Theorie der Raumzeit und der Gravitation handelt. Es ist Ein-steins Genie zuzuschreiben, dass alle experimentellen Tests die Vor-hersagen der Allgemeinen Relativitätstheorie hervorragend bestätigt haben, obwohl die Abweichung von der Newtonschen Gravitation oft minimal ist. Einstein selbst hat drei Effekte vorgeschlagen, um seine neue Theorie zu prüfen: die *Periheldrehung des Merkur,* die *gravitative Lichtablenkung* und die *Gravitations-Rotverschiebung.* Obwohl inzwischen andere, teilweise aussagekräftigere Experimente durchgeführt worden sind, bilden diese drei »klassischen« Tests den Kern der experimentellen Bestätigung der Einsteinschen Theorie der Gravitation.

Der erste Erfolg war die Berechnung der Periheldrehung des Merkur, die Einstein selbst durchführte. Im Unterschied zur Newtonschen Gravitation fällt das Gravitationspotential eines sphärischen Körpers in der Allgemeinen Relativitätstheorie nur näherungsweise wie $1/r$. Aus diesem Grund bewegt sich ein Planet nicht auf einer geschlossenen Ellipsenbahn um die Sonne, sondern es kommt zu einem kleinen Schließungsfehler, wodurch sich der Perihel, der Punkt des kürzesten Abstands zur Sonne, bei jedem Umlauf um einen kleinen Betrag verschiebt. Der Effekt ist für sonnennähe Planeten mit möglichst großer Bahnexzentrizität am stärksten ausgeprägt. Der beste Kandidat ist daher der Merkur, dessen Periheldrehung schon seit der Mitte des 19. Jhs. bekannt war. Der gemessene Betrag von 5 600″ pro Jahrhundert wird überwiegend von damals schon bekannten Effekten, wie z. B. der Störung der Merkurbahn durch die anderen Planeten des Sonnensystems, verursacht. Eine numerische Auswertung ergab allerdings eine Abweichung dieser Newtonschen Periheldrehung von dem beobachteten Wert von rund 43″ pro Jahrhundert. Einstein berechnete die durch die Allgemeine Relativitätstheorie vorhergesagte zusätzliche Periheldrehung und fand in sehr guter Übereinstimmung die fehlenden 43″ pro Jahrhundert.

Der zweite wichtige Test beruht auf einem Effekt, der unter Verwendung der speziell-relativistischen Äquivalenz von Masse und Energie auch im Rahmen der Newtonschen Theorie verstanden werden kann: der Ablenkung von Licht im Gravitationsfeld. Allerdings ist der durch die Allgemeine Relativitätstheorie vorhergesagte Wert aufgrund der zusätzlichen Ablenkung durch die Krümmung der Raumzeit genau doppelt so groß wie der Newtonsche, daher kann die Messung der Stärke der gravitativen Lichtablenkung experimentell zwischen beiden Theorien unterscheiden. Eine Möglichkeit besteht darin, die Ablenkung des Lichts der Fixsterne im Gravitationsfeld der Sonne zu beobachten. Für einen Lichtstrahl, der den Sonnenrand gerade nicht berührt, beträgt die scheinbare Verschiebung seiner Position rund 1,75″, was während einer Sonnenfinsternis problemlos messbar sein sollte. Die von zwei Expeditionen während der Sonnenfinsternis im Mai 1919 gemachten

Messungen der scheinbaren Positionen der sonnennahen Fixsterne bestätigten Einsteins Vorhersage. Obwohl nur eine Genauigkeit von etwa 30% erreicht wurde, bedeutet dieses Resultat den Durchbruch der Allgemeinen Relativitätstheorie und machte Einstein schlagartig weltbekannt. Heute werden entsprechende Messungen mit sehr viel höherer Genauigkeit an der Radiostrahlung von Quasaren durchgeführt. Darüber hinaus verursacht die gravitative Lichtablenkung den Gravitationslinseneffekt, der vielfach beobachtet wurde.

Der dritte klassische Effekt ist die Gravitations-Rotverschiebung. Ein Photon, das z. B. von der Erde in den Weltraum entkommt, verliert bei der Überwindung des Gravitationspotentials Energie, was mit einer entsprechenden Rotverschiebung der Frequenz verbunden ist. Dieser Effekt wurde erstmals 1960 und 1965 beobachtet (Pound-Rebka-Snyder-Experiment), wobei die erwartete Frequenzverschiebung mit einer Genauigkeit von 1% bestätigt wurde.

Zu den Tests der Allgemeinen Relativitätstheorie gehört auch ein außergewöhnliches »Versuchslabor«: der Doppelpulsar PSR 1913 + 16 ermöglicht die Überprüfung einer ganzen Reihe von allgemein-relativistischen Effekten, von denen der wichtigste hier erwähnt werden soll. Der Pulsar und sein unsichtbarer Begleiter bewegen sich mit einer maximalen Bahngeschwindigkeit von 400 km/s, das entspricht v_{max}/c = $1{,}3 \cdot 10^{-3}$, bei einer Bahnperiode T_b = 7,75 h. Die Allgemeine Relativitätstheorie sagt für ein solches System durch die Abstrahlung von Gravitationswellen einen Energieverlust, der eine Abnahme der Bahnperiode verursacht, voraus. Die gemessene relative Änderung dT_b/dt = $-2{,}43 \cdot 10^{-12}$ entspricht sehr genau dem Wert, den die Allgemeine Relativitätstheorie für dieses System vorhersagt. Damit ist diese Messung die erste indirekte Beobachtung von Gravitationswellen. Die Entdecker von PSR 1913 + 16, John Hulse und Joseph Taylor, wurden dafür 1993 mit dem Nobelpreis für Physik ausgezeichnet.

Schwarze Löcher

Eine der spektakulärsten Vorhersagen der Allgemeinen Relativitätstheorie ist die Existenz von Schwarzen Löchern. Nach der Theorie der stellaren Entwicklung kollabieren ausgebrannte Sterne zu Weißen Zwergen oder Neutronensternen. Überschreitet die Masse des Sterns jedoch eine obere Grenze, dann wird die Gravitation während des Zusammenbruchs so stark, dass der innere Druck den Kollaps nicht mehr bremsen kann – die gesamte Masse wird auf engstem Raum konzentriert. Im Rahmen der klassischen Allgemeinen Relativitätstheorie werden hier Raumzeitkrümmung und Massendichte sogar singulär, d.h. sie wachsen ins Unendliche. Charakteristisch für das extreme Gravitationsfeld einer solchen *Raumzeitsingularität* ist der Ereignishorizont, eine zweidimensionale raumartige Fläche, welche die Singularität wie eine halbdurchlässige Membran umschließt. Während Teilchen außerhalb des Ereignishorizonts dem Schwarzen Loch noch entkommen können, wird die Gravitationskraft in dessen Nähe so stark, dass innerhalb des Horizonts weder Materie noch Licht der Singularität entweichen kann. Daher sieht ein entfernter Beobachter ein »Schwarzes Loch«. Eine der erstaunlichen Eigenschaften Schwarzer Löcher ist unter dem Namen *No-Hair-Theorem* bekannt: Unabhängig von den Einzelheiten des Ausgangszustands und des Kollapses ist ein Schwarzes Loch im Endzustand durch maximal drei Parameter vollständig charakterisiert, nämlich durch die Masse M, den Drehimpuls J und die elektrische Ladung Q.

Die theoretische Erforschung der Mechanik Schwarzer Löcher fand in den 1970er Jahren überraschende Analogien zur klassischen Thermodynamik. Die seither insbesondere von Stephen Hawking vorangetriebene Entwicklung der Thermodynamik Schwarzer Löcher ist mit der Hoffnung verknüpft, Hinweise auf eine – bisher erfolglos gesuchte – *Quantentheorie der Gravitation* zu erhalten, ohne die Einzelheiten der Theorie zu kennen.

Wenn von der Möglichkeit abgesehen wird, einen sterbenden, massiven Stern direkt beim Kollaps zu beobachten, kann sich die Beobachtung Schwarzer Löcher nur auf indirekte Effekte stützen. Dazu gehört die Bewegung von Binärsystemen mit einem unsichtbaren Partner, dessen Masse nach unten abgeschätzt werden kann. Die 1971 entdeckte

Abb. 1: Zweidimensionale Darstellung der Raum-Zeit-Lösung der Einstein-Gleichungen in der Nähe eines Doppelsterns, der Gravitationswellen aussendet.

Röntgenquelle Cygnus X-1 wurde als ein solches Binärsystem, bestehend aus einem Roten Überriesen und einem unsichtbaren Begleiter, identifiziert. Durch die Masse von mindestens $9 M_\varepsilon$ (M_ε bedeutet dabei die Sonnenmasse) kommt nach der gängigen Theorie nur ein Schwarzes Loch als Begleiter in Frage, da weiße Zwerge oder Neutronensterne nur bis maximal 1,35 bzw. $4 M_\varepsilon$ stabil sind. Insgesamt kennt man sechs ähnliche Röntgenbinärsysteme mit Massen $> 4 M_\varepsilon$. Allerdings kann nicht immer ausgeschlossen werden, dass das System *zwei* unsichtbare Begleiter enthält, deren Masse jeweils unter der kritischen Grenze liegt.

Yakow B. Zeldowitsch und Igor D. Nowikow stellten 1964 die Vermutung auf, dass außer solchen stellaren Schwarzen Löchern supermassive Schwarze Löcher in den Zentren aktiver Galaxien vorhanden sein könnten. Die Kerne solcher Galaxien besitzen eine typische Ausdehnung von 10^{10} km, das entspricht etwa der Größe unseres Sonnensystems. Aus diesem Gebiet kommt kontinuierliche Strahlung mit einer typischen Leuchtkraft von 10^{41} W, das entspricht der $3 \cdot 10^{14}$-fachen Leuchtkraft der Sonne! Der einzige überzeugende Mechanismus für die Freisetzung solcher Energien liefert das Modell einer Akkretionsscheibe um ein rotierendes, $10^6 - 10^9 M_\varepsilon$ schweres Schwarzes Loch. In ähnlicher Weise deuten alle Beobachtungen darauf hin, dass Quasare von supermassiven, $10^8 - 10^{12} M_\varepsilon$ schweren Schwarzen Löchern mit Energie versorgt werden. Aber auch inaktive Galaxien beherbergen möglicherweise supermassive Schwarze Löcher: durch die Beobachtung der Eigenbewegung von Hunderten von Sternen gilt die Existenz eines $10^6 M_\varepsilon$ schweren Schwarzen Lochs im Zentrum der Milchstraße praktisch als erwiesen. Neuere spektroskopische Untersuchungen durch das Hubble-Weltraumteleskop deuten sogar darauf hin, dass die Zentralregionen praktisch aller Galaxien supermassive Schwarze Löcher beherbergen, deren Masse proportional zur Masse der jeweiligen Galaxie ist. Damit ist die Existenz dieser Objekte eng mit der bis heute nicht eindeutig geklärten Frage nach der Entstehung der Galaxien verbunden. Ein Mechanismus, der die Bildung von zentralen Schwarzen Löchern bei der Geburt von Galaxien mit einbezieht, muss aber erst noch gefunden werden. Eine Auflösung dieses Rätsels könnte entscheidende Hinweise auf die Evolution des frühen Kosmos liefern.

Gravitationswellen

Wie bereits angedeutet, macht die Allgemeine Relativitätstheorie eine weitere aufregende Vorhersage: die Existenz von Gravitationswellen. Dazu werden in der einfachsten Näherung die Einstein-Gleichungen linearisiert. Für schwache Gravitationsfelder kann die Metrik der Raumzeit durch die von einer kleinen Störung $h_{\alpha\beta} \ll 1$ überlagerte Minkowski-Metrik $\eta_{\alpha\beta}$ angenähert werden. Mit dem Ansatz $g_{\alpha\beta} = \eta_{\alpha\beta} + h_{\alpha\beta}$ reduzieren sich die Einstein-Gleichungen (1) auf die Wellengleichung

$$\Box\, \Psi_{\alpha\beta} \equiv \eta^{\gamma\delta}\, \partial_\gamma\, \partial_\delta\, \Psi_{\alpha\beta} = 0$$

für den spurfreien Tensor $\Psi_{\alpha\beta} = h_{\alpha\beta} - (1/2)\,\eta_{\alpha\beta}h_\gamma^\gamma$. Das Feld $\Psi_{\alpha\beta}$ unterliegt dabei der Eichbedingung $\partial_\alpha \Psi_\alpha^\gamma = 0$ (Einstein-Hilbert- oder De-Donder-Eichung). Die Lösungen dieser Wellengleichung beschreiben transversale Wellen, die sich mit Lichtgeschwindigkeit ausbreiten. Allerdings sollte man nicht vergessen, dass dieses einfache Bild nur in der durchgeführten linearen Näherung gültig ist. Insbesondere bewirkt die Nichtlinearität der vollständigen Theorie, dass für realistische Gravitationswellen kein Superpositionsprinzip gilt. Kollidierende Gravitationswellen können im Extremfall sogar intrinsische Raumzeitsingularitäten bilden.

Weil transversale Wellen generell keine Monopolstrahlung zulassen und Dipolstrahlung nur auftreten könnte, wenn es auch negative Masse gäbe, handelt es sich bei Gravitationswellen um *Quadrupolstrahlung*. Eine Quelle von Gravitationsstrahlung braucht daher ein zeitlich veränderliches gravitatives Quadrupolmoment. Die von einem massiven Objekt in Form von Gravitationswellen abgestrahlte Energie beträgt

$$\frac{dE}{dt} = \frac{G}{45c^5}\, \dddot{Q}^{\alpha\beta}\, \dddot{Q}_{\alpha\beta}\,,$$

wobei die dritte zeitliche Ableitung des reduzierten Quadrupolmoments der Quelle $Q_{\alpha\beta}$ eingeht. Diese berühmte, bereits 1916 von Einstein berechnete *Quadrupolformel* wurde durch Messungen an dem Hulse-Taylor Doppelpulsar PSR 1913 + 16 sehr genau bestätigt. Wie bereits erwähnt, wird dies als ein erster, wenn auch indirekter Beweis für die Existenz von Gravitationswellen gewertet.

Mögliche Quellen lassen drei unterschiedliche Typen von Gravitationswellen erwarten: *Stoßwellen* können durch den Gravitationskollaps von massiven Sternen entstehen und sind deshalb mit Supernova-explosionen und der Entstehung von Neutronensternen und Schwarzen Löchern verbunden, sowie mit der Kollision von Schwarzen Löchern und Neutronensternen und dem Verschmelzen von kompakten Doppelsternsystemen. Rotierende, deformierte Sterne und besonders Binärsysteme wie etwa PSR 1913 + 16 erzeugen *periodische Gravitationswellen*. Schließlich ist zu erwarten, dass das gesamte Universum einen Hintergrund von *stochastischen Gravitationswellen* enthält. Ähnlich wie der kosmische Mikrowellenhintergrund speichert dieser »Rest« des heißen Urknalls Informationen von Prozessen im sehr jungen Universum, z. B. von den ersten gravitativen Inhomogenitäten, die als Keime der heute beobachteten Struktur des Universums wirkten.

Die experimentelle Untersuchung von Gravitationswellen ist daher ein neues Fenster der astrophysikalischen Beobachtung, verbunden mit einer Fülle von aufregenden, sonst kaum zugänglichen Phänomenen. Trotzdem ist auch 80 Jahre nach der Geburt der Allgemeinen Relativitätstheorie noch keine direkte Messung gelungen. Der Grund liegt in der enormen Kleinheit der vorhergesagten Effekte. Die Größe der dimensionslosen Störung $h = |h_{\alpha\beta}|$ lässt sich z. B. für periodische Quellen in der bereits genannten Quadrupolnäherung durch

$$h = \frac{G}{c^4} \frac{\ddot{Q}}{r} = \frac{4G}{c^2} \frac{E_{\text{kin}}^{\text{NS}}}{r}$$

abschätzen. $E_{\text{kin}}^{\text{NS}}$ ist der mit der Nichtsphärizität der Rotation verbundene Anteil der kinetischen Energie und r der Abstand der Quelle von der Erde. Bei verschmelzenden Neutronensternen und stellaren Schwarzen Löchern gilt die Größenordung $E_{\text{kin}}^{\text{NS}} \approx M_\varepsilon$. Damit liegt h im Bereich von 10^{-22} für den Entfernungsbereich der Hubble-Länge ($r \approx 3.000$ Mpc, 1 Parsec entspricht 3,26 Lichtjahren) bis 10^{-17} für die äußere Region der Milchstaße ($r \approx 20$ kpc). Optimistische Abschätzungen ergeben eine Rate von einigen solchen Ereignissen pro Jahr im Umkreis von $r \approx 200$ Mpc, daher sollte beim Bau eines Detektors eine Empfindlichkeit von $h \approx 10^{21} - 10^{22}$ erreicht werden. Für Interferometer-Detektoren mit einem zeitabhängigen Unterschied der beiden Armlängen des Interferometers von $\Delta L = L_1 - L_2$ gilt die Näherung $h(t) = (\Delta L, L)$. Präzisions-Laserinterferometrie erlaubt in den nächsten Jahren eine maximale Auflösung von $\Delta L \approx 10^{-18}$ m, das entspricht etwa einem tausendstel eines Atomkerns! Zusammen mit der genannten Forderung von $h \approx 10^{21}-10^{22}$ für die Empfindlichkeit folgt für die Armlänge $L = (\Delta L, h) \approx 1-10$ km. Mehrere solcher Detektoren befinden sich als internationale Großprojekte in Bau. Wenn mit diesen Detektoren nach der Wende zum zweiten Jahrtausend wie erhofft die ersten direkten Signale von Gravitationswellen registriert werden, dann signalisiert das eine neue Ära der relativistischen Astrophysik und einen weiteren Triumph von Einsteins Allgemeiner Relativitätstheorie.

[1] A. Einstein: Grundzüge der Relativitätstheorie, 6. Aufl., Vieweg, Braunschweig 1990.

[2] R. D'Inverno: Einführung in die Relativitätstheorie, VCH, Weinheim 1995.

[3] I. Ciufolini und J. A. Wheeler: Gravitation and Inertia, Princeton University Press, Princeton 1995.

[4] R. U. Sexl und H. K. Urbantke: Gravitation und Kosmologie, Vierte Auflage, Spektrum Akademischer Verlag, Heidelberg 1995.

[5] E. W. Mielke: Sonne, Mond und ... Schwarze Löcher, Vieweg, Braunschweig 1997.

[6] C. Misner, K. Thorne and J. Wheeler, Gravitation, W. H. Freeman Press, San Francisco 1973.

[7] N. Straumann, Allgemeine Relativitätstheorie und relativistische Astrophysik, Springer-Verlag, Berlin 1981.

[8] R. Wald, General Relativity, University of Chicago Press, Chicago 1984.

Quantengravitation

Claus Kiefer

Quantengravitation bezeichnet allgemein die Beschreibung der gravitativen Wechselwirkung im Rahmen einer Quantentheorie. Im Besonderen versteht man darunter eine Theorie, welche ↑ Allgemeine Relativitätstheorie und Quantentheorie konsistent zusammenführt. Eine solche Theorie liegt noch nicht in einer vollendeten Form vor, doch gibt es vielversprechende Ansätze, welche wichtige Aspekte erkennen lassen. Insbesondere werden Aussagen über die Quanteneigenschaften von Raum und Zeit getroffen. Obwohl bisher weit von einer direkten experimentellen Überprüfung entfernt, ist eine Theorie der Quantengravitation unverzichtbar für ein grundlegendes Verständnis der Natur. Es gibt Spekulationen, wonach eine Quantengravitation notwendigerweise eine Vereinheitlichung aller Wechselwirkungen nach sich zieht.

Einleitung

Nach gegenwärtigen Erkenntnissen gehorcht die gesamte Physik der Quantentheorie. Starke und elektroschwache Wechselwirkung werden erfolgreich durch Quantenfeldtheorien beschrieben. Abseits steht bisher nur die gravitative Wechselwirkung, deren theoretischer Rahmen die Allgemeine Relativitätstheorie ist, eine sowohl begrifflich klare als auch experimentell äußerst erfolgreiche Theorie. Im Folgenden soll begründet werden, warum dieser heterogene begriffliche Zustand der Physik nicht fundamental richtig sein kann. Zunächst werden die Gründe diskutiert, die für die Quantennatur des Gravitationsfeldes sprechen. Dann wird eine kurze Übersicht über die Schwierigkeiten gegeben, welche bei der Konstruktion einer Theorie der Quantengravitation auftreten. Das betrifft sowohl Probleme begrifflicher Art als auch Probleme mathematischer Art. Danach wird ein Zugang, die kanonische Quantisierung der Allgemeinen Relativitätstheorie, kurz vorgestellt. Ein anderer Zugang ist die String-Theorie. Schließlich sollen der Anwendungsbereich einer Theorie der Quantengravitation und die Möglichkeit ihrer experimentellen Überprüfbarkeit diskutiert werden.

Warum Quantengravitation?

Welche Gründe sprechen für eine Quantisierung der Gravitation? Im Gegensatz zur Newtonschen Gravitationstheorie benennt die Allgemeine Relativitätstheorie ihre eigenen Grenzen: Unter allgemeinen Voraussetzungen lassen sich Singularitätentheoreme beweisen, die besagen, dass bestimmte Geodätische, d. h. die Kurven, auf denen sich Lichtstrahlen oder frei fallende Beobachter bewegen, nicht über einen gewissen Punkt der Raumzeit hinweg fortgesetzt werden können, die Raumzeit dort gewissermaßen »endet«. Es muss sich dabei nicht um eine Singularität in der Krümmung handeln, obwohl eine solche in interessanten Fällen vorliegt – im Inneren von Schwarzen Löchern und am Urknall. Eine umfassendere Theorie ist also vonnöten, um diese Bereiche konsistent beschreiben zu können. Obwohl logisch nicht zwingend, so ist es doch nahe liegend, hierfür eine Quantengravitation anzunehmen – immerhin hat schon die gewöhnliche Quantenmechanik die klassische Instabilität des Atoms beseitigt.

Mit der Urknallsingularität hängt das Problem der Anfangsbedingungen in der ↑ Kosmologie zusammen – die Entwicklung des Universums kann nur dann völlig verstanden werden, wenn die Singularität am Urknall vermieden wird. Eine Theorie der Quantenkosmologie erhebt den Anspruch, dies zu leisten.

Während diese Argumente eher von der gravitativen Seite herrühren, gibt es auch eine Reihe von Argumenten, die von der Quantentheorie ausgehen. Da ist zunächst einmal die Tatsache, dass alle bekannten nichtgravitativen Wechselwirkungen erfolgreich durch Quantentheorien beschrieben werden. Im Lichte der Vereinheitlichungsbestrebungen der modernen Physik sollte dies auch auf die Gravitation zutreffen, da sie an alle anderen Felder gekoppelt ist. In der Tat ist die String-Theorie eine Theorie, die den Anspruch erhebt, eine vereinheitlichte Quantentheorie aller Wechselwirkungen (notwendig auch der

Gravitation) zu sein. Ansätzen, welche versucht haben, ein klassisches Gravitationsfeld konsistent an Quantenfelder zu koppeln, war bisher kein Erfolg beschieden.

Ein weiteres Argument geht auf Wolfgang Pauli zurück: Die Einbeziehung der Gravitation könnte erreichen, dass die in der Quantenfeldtheorie vorhandenen Divergenzen automatisch beseitigt werden. Das liegt daran, dass diese Unendlichkeiten von der Struktur der Raumzeit auf kleinsten Skalen herrühren und eine Quantengravitation gerade zu diesem Bereich Aussagen treffen soll. In der Tat scheinen dies einige der bisherigen Versuche (String-Theorie, kanonische Quantengravitation) bewerkstelligen zu können.

Eine Theorie der Quantengravitation ist von unmittelbarer Bedeutung für die Kosmologie. Wegen der quantenmechanischen Nichtseparabilität ist es i. A. unmöglich, einem Subsystem einen eigenen (reinen) Quantenzustand zuzuordnen, da es mit Freiheitsgraden seiner Umgebung korreliert ist (Dekohärenz, ↑ Messprozesse in der Quantenmechanik). Diese Freiheitsgrade sind wiederum an ihre Umgebung gekoppelt, sodass in letzter Konsequenz nur das Universum als Ganzes abgeschlossen ist und einen eigenen reinen Quantenzustand, die »Wellenfunktion des Universums«, besitzt. Das Universum muss somit im Rahmen einer Quantenkosmologie beschrieben werden.

Auf welcher Skala wären direkte Effekte der Quantengravitation zu erwarten? Das sollte ganz sicher dann der Fall sein, wenn die von einem quantenmechanischen Objekt (»Elementarteilchen«) hervorgerufene Raumzeitkrümmung nicht mehr vernachlässigbar klein ist. Hat das Teilchen die Masse m, so ist die typische quantenmechanische Skala die Compton-Wellenlänge $\hbar/mc$. Setzt man diese gleich dem aus der Allgemeinen Relativitätstheorie bekannten Schwarzschild-Radius $2Gm/c^2$, der den Gravitationsradius einer kugelsymmetrischen Masse m definiert, so erhält man (ein Faktor 2 sei vernachlässigt) die sog. Planck-Masse $m_P = \sqrt{\hbar c/G} \approx 10^{-5}$ g (c: Lichtgeschwindigkeit, G: Gravitationskonstante). In den Einheiten der Elementarteilchenphysik entspricht das der enormen Masse von etwa 10^{19} GeV. Die zugehörigen Längen- und Zeitskalen sind die Planck-Länge $l_P = \sqrt{\hbar G/c^3} \approx 10^{-33}$ cm bzw. die Planck-Zeit $t_P = \sqrt{\hbar G/c^5} \approx 10^{-44}$ s. Max Planck stellte diese Einheiten 1899 auf. Er konnte das vor der Einführung des Wirkungsquantums tun, da $\hbar$ in das aus der Erfahrung bereits bekannte Wiensche Gesetz eingeht. (Vor ihm hatte schon Johnstone Stoney 1881 ähnliche Einheiten betrachtet.)

Welche Schwierigkeiten stehen der Konstruktion einer Quantengravitation entgegen? Das vielleicht größte Problem besteht darin, dass derzeit noch keine Experimente zur Verfügung stehen, für die eine solche Theorie relevant wäre. Ein Beschleuniger, der Strukturen auf der Skala der Planck-Länge enthüllen sollte, müsste galaktische Dimensionen aufweisen. Allerdings entscheidet die Theorie darüber, was beobachtbar ist, weshalb mögliche Tests von ganz anderer Natur sein könnten.

Eine große theoretische Herausforderung besteht natürlich darin, die richtige Methode anzuwenden. Es hat sich in anderen Fällen bewährt, eine Quantentheorie durch Anwendung heuristischer »Quantisierungsregeln« auf eine vorgegebene klassische Theorie zu erraten, z. B. bei der Quantenelektrodynamik. Ein ganz anderes (spekulatives) Programm versucht, direkt eine fundamentale Quantentheorie aller Wechselwirkungen zu konstruieren und hieraus die gravitative Wechselwirkung in einem geeigneten Grenzfall abzuleiten. Diesen Anspruch hat etwa die String-Theorie. Die Schwierigkeit besteht dabei freilich darin, dass die Eindeutigkeit des Ausgangspunktes (die vorgegebene klassische Theorie) verlorengeht. Auch bei Beschränkung auf die erste Methode ist a priori nicht klar, welche der klassischen Strukturen »quantisiert« werden sollen und welche als nichtdynamische Hintergrundstrukturen in der Quantentheorie überleben. Chris Isham hat die folgende Hierarchie von Strukturen einer Raumzeit erstellt, bei der diese Frage auf jeder Ebene gestellt werden kann:

Lorentzsche Mannigfaltigkeit → Kausale Mannigfaltigkeit (»Lichtkegel«) → Differenzierbare Mannigfaltigkeit → Topologischer Raum → Ereignismenge.

Die meisten Zugänge »quantisieren« nur die beiden ersten Strukturen (d. h. wenden nur hierauf das Superpositionsprinzip an), tasten also die klassische Struktur einer differenzierbaren Mannigfaltigkeit nicht an. Das bedeutet freilich nicht, dass die fertige Theorie der Auflösung beliebig kleiner raumzeitlicher Distanzen operationelle Bedeutung beimisst. Auf jeden Fall zeigt sich bei diesen Betrachtungen das *Hauptproblem* jedes Zuganges: Die Raumzeit ist keine feste Hintergrundstruktur wie bei nichtgravitativen Theorien, sondern spielt eine dynamische Rolle. Schon Pauli hat behauptet: »Es scheint mir..., dass nicht so sehr die Linearität oder Nichtlinearität Kern der Sache ist, sondern eben der Umstand, dass hier eine allgemeinere Gruppe als die Lorentz-Gruppe vorhanden ist...«

Als Hauptzugänge zur Quantengravitation gelten insbesondere String-Theorie (»M-Theorie«) und quantisierte Allgemeine Relativitätstheorie. Selbst wenn die String-Theorie die fundamental korrekte Theorie darstellt, so kommt doch der quantisierten Allgemeinen Relativitätstheorie große Bedeutung zu: Sie sollte nämlich als effektive Theorie auf Längenskalen größer als die Planck-Länge richtig sein, wie auch etwa das Standardmodell der Teilchenphysik als effektive Theorie für kleine Energien gültig ist. Ihr Konzept und ihre Probleme seien im Folgenden kurz skizziert.

Quantisierung der Allgemeinen Relativitätstheorie

Bei diesem Zugang werden bewährte »Quantisierungsregeln« auf die Allgemeine Relativitätstheorie angewandt, wobei zwischen kovarianten und kanonischen Zugängen zu unterscheiden ist.

In kovarianten Zugängen spielt die vierdimensionale Mannigfaltigkeit der Raumzeit eine fundamentale Rolle. Üblicherweise versucht man – in Anlehnung an andere Quantenfeldtheorien – einen störungstheoretischen Aufbau der Theorie zu entwickeln, wobei die vierdimensionale Metrik $g_{\mu\nu}$ um eine feste Hintergrundmetrik $g^{(0)}_{\mu\nu}$ entwickelt und die Abweichung durch die Gravitationskonstante G parametrisiert wird:

$$g_{\mu\nu} = g^{(0)}_{\mu\nu} + \sqrt{G}\,\gamma_{\mu\nu}.$$

Es werden dann für $\gamma_{\mu\nu}$ Feynman-Regeln abgeleitet. In manchen Hintergrundraumzeiten (z. B. Minkowski-Raum oder De-Sitter-Raum) werden durch $\gamma_{\mu\nu}$ Spin 2-Teilchen (»Gravitonen«) beschrieben, die vor dem durch $g^{(0)}_{\mu\nu}$ gegebenen festen Hintergrund propagieren. Mit dem kovarianten Zugang sind vor allem zwei Probleme verbunden: Zum einen ist die Störungstheorie *nichtrenormierbar*, d. h. in jeder Ordnung erscheinen neuartige Divergenzen, welche insgesamt die Einführung von unendlich vielen Parametern verlangen, welche dem Experiment entnommen werden müssen. Formal liegt das daran, dass $l_P\, p_c/\hbar$ dimensionslos ist (p_c bezeichnet den einer Feynman-Linie zugeordneten *Cutoff*-Impuls) und deshalb in beliebig hohen Potenzen erscheinen kann. Zum anderen wird der Begriff der kausalen Abhängigkeit raumzeitlicher Ereignisse problematisch, da man zeigen kann, dass es für je zwei Punkte mindestens eine Metrik gibt, bezüglich der diese Punkte nicht raumartig sind: Da in der Quantengravitation alle Metriken beitragen, wird der für die normale Quantenfeldtheorie relevante Begriff der *Mikrokausalität* (Lokalität) fragwürdig. Aus diesen Gründen erfreut sich der kovariante Zugang nicht mehr allzu großer Beliebtheit, auch wenn er als effektive Theorie von Nutzen ist. Das gilt ebenfalls für eine Spielart des kovarianten Zuganges, die mit dem Begriff des Pfadintegrales arbeitet, obwohl Pfadintegrale gelegentlich dazu herangezogen werden, Randbedingungen für die kanonische Theorie (etwa durch den *no boundary*-Vorschlag von Hartle und Hawking) zu liefern.

Bei kanonischen Zugängen zur Quantengravitation kommt nur dem *drei*dimensionalen Raum eine fundamentale Rolle zu. Die einzelnen Versionen unterscheiden sich darin, welche kanonisch-konjugierten Variablen (verallgemeinerte Orte und Impulse) auf dem Raum gewählt werden. In der traditionellen Formulierung der *Geometrodynamik* handelt es sich um die dreidimensionale Metrik h_{ab} und den dazu konjugierten Impuls p^{cd}, welcher eine lineare Funktion der äußeren Krümmung ist. Letztere gibt in der klassischen Theorie an, wie der dreidimensionale Raum in die vierdimensionale Raumzeit eingebettet ist. Eine neuere Formulierung, welche auf Abhay Ashtekar zurückgeht, benutzt als kanonische Variablen einen SU(2)- oder SO(3)-Zusammenhang A_a^i und als zugehörigen Impuls das (in eine räumliche Dichte verwandelte) Dreibein E_b^j. Aus dieser *Zusammenhangsdynamik* erhält man die *Schleifendynamik*, wenn man statt A_a^i dessen Holonomien (»Wilson-Schleifen«) wählt, bei welcher der Zusammenhang über alle Schleifen integriert wird. Dabei handelt es sich also um nichtlokale Variablen.

Wendet man den kanonischen Formalismus auf die Allgemeine Relativitätstheorie an, so ergeben sich *Zwangsbedingungen*, welche die kanonischen Variablen miteinander in Beziehung setzen, ohne dass zweite zeitliche Ableitungen vorkommen. Das Auftreten solcher Zwangsbedingungen ist eng mit den Invarianzeigenschaften einer Theorie verknüpft. In der Allgemeinen Relativitätstheorie gibt es die vierparametrige Gruppe der Koordinatentransformationen (bzw. aktiv aufgefasst der Diffeomorphismen), weshalb man (pro Raumpunkt) vier Zwangsbedingungen findet: Die mit der Invarianz unter Reparametrisierungen der Zeitkoordinate verknüpfte Hamiltonsche Zwangsbedingung

$$H_\perp = 0 \qquad\qquad (1)$$

sowie die drei mit der Invarianz unter Reparametrisierungen der räumlichen Koordinaten verknüpften Impuls-Zwangsbedingungen

$$H_a = 0, \quad a = 1, 2, 3 .$$ (2)

Die gesamte Hamilton-Funktion folgt durch Integration über $H_\perp$ und H_a und verschwindet ebenfalls. (Oberflächenterme, die im Falle asymptotisch flacher Raumzeiten auftauchen, seien hier unberücksichtigt.) Im Falle der Geometrodynamik lautet die explizite Form der klassischen Zwangsbedingungen

$$H_\perp = (16\pi\,G/c^2)\,G_{abcd} \cdot p^{ab} \cdot p^{cd} - (c^4/16\pi\,G) \cdot \sqrt{h}\,^{(3)}R ,$$

$$H_a = -2D_b \cdot p_a^b ,$$

wobei h die Determinante der Metrik, $^{(3)}R$ den dreidimensionalen Ricci-Skalar und D_b die kovariante Ableitung bezeichnen. Berücksichtigt man noch eine kosmologische Konstante Λ, so ist $^{(3)}R$ durch $^{(3)}R - 2\Lambda$ zu ersetzen. G_{abcd} ist die sogenannte DeWitt-Metrik; sie ist von indefiniter Natur.

In der Zusammenhangsdynamik hat man stattdessen im einfachsten Fall

$$H_\perp = 1/2 \cdot \varepsilon_i^{jk} \cdot F_{ab}^i \cdot E_j^a \cdot E_k^b ,$$

$$H_a = F_{ab}^i \cdot E_i^b ,$$

wobei $F_{ab}^i = \partial_a A_b^k - \partial_b A_a^k - \varepsilon_{ijk} A_a^i A_b^j$ der zu A_a^i gehörende Feldstärketensor ist (analog zu Yang-Mills-Theorien). Hier gibt es zudem noch drei weitere Zwangsbedingungen, welche mit der Freiheit zu tun haben, das Dreibein E_i^a lokal zu drehen.

Die Quantisierung der kanonischen Theorie erfolgt nun, indem man im Schrödinger-Bild die Impulse p^{ab} bzw. A_a^i durch die entsprechenden Ableitungen nach den Ortsvariablen h_{ab} bzw. E_i^a ersetzt. Aus den klassischen Zwangsbedingungen werden dann (funktionale) Differentialoperatoren, die auf Wellenfunktionale Ψ angewandt werden. Im Falle der Quantengeometrodynamik werden aus (1) und (2) somit

$$\left(-\frac{16\pi G}{c^2}\,G_{abcd}\,\frac{\delta^2}{\delta h_{ab}\delta h_{cd}} - \frac{c^4}{16\pi G}\,\sqrt{h^3}\,R \right)\Psi = 0 ,$$ (3)

$$2D_b\,\frac{\delta}{\delta h_{ab}}\,\Psi = 0 .$$ (4)

Analoge Gleichungen folgen für die Formulierungen mit Schleifen oder Zusammenhängen. Solange die genaue Faktorordnung noch offen bleibt, ist der kinetische Term in (3) nur formal zu verstehen. Wegen (4) ist das Wellenfunktional unabhängig von der Wahl der Koordinaten, was gerne durch die symbolische Schreibweise $\Psi[^{(3)}G]$ zum Ausdruck gebracht wird, wobei $^{(3)}G$ für dreidimensionale Geometrie steht. Zusammengefasst haben diese Gleichungen die Form

$$\hat{H}\,\Psi[^{(3)}G] = 0 \tag{5}$$

mit $\hat{H}$ als Hamilton-Operator. Diese Gleichung heißt auch *Wheeler-DeWitt-Gleichung*. In Tabelle 1 werden die wesentlichen Strukturen der Geometrodynamik den entsprechenden Strukturen der Mechanik gegenübergestellt.

An den Grundgleichungen der kanonischen Quantengravitation ist auffallend, dass sie keinen Zeitparameter mehr enthalten – (5) hat formal die Gestalt einer stationären Schrödinger-Gleichung zur Energie null. Diese Tatsache wird oft als das *Zeitproblem* der Quantengravitation bezeichnet. Es besteht auch in der String-Theorie und ist von grundlegender Bedeutung für die Interpretation der Theorie.

Exakte Lösungen der vollen Wheeler-DeWitt-Gleichung konnten bisher nur in der Zusammenhangs- bzw. Schleifendarstellung gefunden werden. Dort ist es u. a. gelungen, einen Flächenoperator zu definieren und nachzuweisen, dass dieser ein *diskretes* Spektrum besitzt. Aus die-

Tabelle 1: Vergleich zwischen Mechanik und Geometrodynamik.

Mechanik eines Teilchens	Geometrodynamik
Ort q	Geometrie $^{(3)}\Gamma$ eines dreidimensionalen Raumes
Bahn $q(t)$	Raumzeit $\{^{(3)}\Gamma(t)\} \equiv {}^{(4)}\Gamma$
Unschärfe zwischen Ort und Impuls	Unschärfe zwischen »Raum und Zeit« (Dreier-Geometrie und äußere Krümmung)
$\psi(q, t)$	$\Psi[^{(3)}G, t] \equiv \Psi[^{(3)}G]$

sem Grunde kommt beliebig kleinen Distanzen keine operationelle Bedeutung zu – die kleinste Distanz ist von der Ordnung der Planck-Länge.

In der Quantengeometrodynamik können exakte Lösungen gefunden werden, wenn man sich auf einfache Modelle beschränkt. In der Quantenkosmologie studiert man häufig den Fall, wo nur der Skalenfaktor (»Radius«) a des Universums und ein homogenes skalares Feld φ quantisiert werden. Aus dem Wellenfunktional wird dann eine Wellenfunktion $\psi(a, \varphi)$. Im einfachsten Fall ist die Wheeler-DeWitt-Gleichung von der Form eines indefiniten Oszillators:

$$\left(\frac{\partial^2}{\partial a^2} - \frac{\partial^2}{\partial \varphi^2} - a^2 + \varphi^2 \right) \psi(a, \varphi) = 0.$$

Abb. 1 zeigt eine Lösung dieser Gleichung, welche der Superposition zweier Wellenpakete entspricht.

Aus der »zeitlosen« Gleichung (5) lässt sich im Rahmen einer semiklassischen Näherung die gewöhnliche (funktionale) Schrödinger-Gleichung für nichtgravitative Freiheitsgrade wiederfinden. Dabei taucht ein *approximativer* Zeitparameter auf, der durch die semiklassischen Freiheitsgrade definiert wird. Der Begriff der Raumzeit ist damit selbst ein semiklassischer Begriff. Höhere Ordnungen liefern dann Korrekturterme, die proportional zu G sind und Effekte der Quantengravitation beschreiben.

$\psi(\alpha, \Phi)$

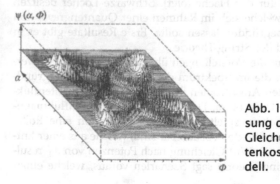

α

Φ

Abb. 1: Wellenpaketlösung der Wheeler-DeWitt-Gleichung in einem quantenkosmologischen Modell.

Anwendungsbereiche

In welchen Bereichen würde man beobachtbare Effekte der Quantengravitation erwarten? Experimentell zugänglich sind im Bereich Gravitation und Quantentheorie bisher nur Effekte, welche die Schrödinger-Gleichung in einem äußeren Gravitationspotential betreffen (Neutronen- oder Atominterferometrie), worin freilich nur klassische Eigenschaften des Gravitationsfelds eingehen. Denkbare Anwendungsbereiche einer Quantengravitation wären die folgenden:

● *Quanteneffekte Schwarzer Löcher*: Wegen des Hawking-Effektes geben Schwarze Löcher Strahlung von thermischer Natur ab. Die Temperatur ist dabei umgekehrt proportional zur Masse, sodass das Loch durch die Abstrahlung immer heißer wird und weiter an Masse verliert. Kommt die Masse in den Bereich der Planck-Masse, so verlieren die Annahmen, die in die Ableitung des Hawking-Effektes eingehen, ihre Gültigkeit. Nur eine Theorie der Quantengravitation kann vorhersagen, wie das Endstadium bei der Verdampfung Schwarzer Löcher abläuft. Um dies beobachten zu können, braucht man Schwarze Löcher von geringer Masse, da bei großer Masse die Lebensdauer des Loches das Alter des Universums bei weitem übersteigt. Kleine Schwarze Löcher können nicht bei dem Kollaps gewöhnlicher Sterne entstehen, sodass sie schon beim Urknall entstanden sein müssen. Solche primordialen Schwarzen Löcher verraten sich beispielsweise durch ihre Gammastrahlung, nach der gesucht wird. Auch vor Erreichung des Endstadiums können sich Abweichungen vom thermischen Spektrum der Hawking-Strahlung ergeben, die sich aus einem diskreten Spektrum für die Masse des Loches in der Quantengravitation ergeben (was wiederum aus der diskreten Natur der Fläche folgt). Schwarze Löcher besitzen auch eine Entropie, welche sich im Rahmen einer Quantengravitation mikrophysikalisch begründen lassen sollte. Erste Resultate gibt es in der kanonischen und der String-Theorie.

● *Kosmologie*: Wenn die Vorstellungen über das inflationäre Universum stimmen, haben die im Spektrum der kosmischen Hintergrundstrahlung beobachteten Anisotropien ihren Ursprung in Quantenfluktuationen im frühen Universum. Da hierbei auch Quantenfluktuationen der Metrik eingehen, spielt die Quantengravitation eine Rolle. Denkbar ist etwa, dass Effekte beobachtbar sind, welche aus einer Entwicklung der Wheeler-DeWitt-Gleichung nach Potenzen von m_P resultieren. Auch die String-Theorie sagt Szenarien voraus, welche einen

Einfluss auf dieses Spektrum haben könnten. Von außerordentlicher Bedeutung wäre die Beobachtung eines Gravitationswellenhintergrundes, dessen Existenz im Rahmen dieser Vorstellungen vorhergesagt wird. Dieser Hintergrund könnte eventuell durch das Gravitationswelleninterferometer LISA, das 2010 starten soll, im Weltraum nachgewiesen werden. Vorstellbar ist schließlich auch, dass fundamentale Konstanten der Physik wie etwa die kosmologische Konstante aus fundamentalen Theorien der Quantengravitation abgeleitet werden können.

• *Raumzeit auf kleinsten Skalen*: Wie oben erwähnt, sagen einige Zugänge zur kanonischen Quantengravitation ein diskretes Spektrum für die raumzeitlichen Abstandsverhältnisse voraus. Ähnliches gilt für die String-Theorie. Es existieren Vorschläge, wonach diese diskrete Natur zu beobachtbaren Effekten im Spektrum der Photonen führen, die als Gamma-Bursts aus weit entfernten astrophysikalischen Quellen stammen.

• *Weitere Effekte*: Theorien der Quantengravitation sagen auch eine kleine Verletzung des Äquivalenzprinzips sowie die zeitliche Variation von »Fundamentalkonstanten« (wie der Feinstrukturkonstanten) voraus.

Vermutlich wird die endgültige Theorie der Quantengravitation zudem Effekte hervorbringen, die sich der heutigen Vorstellungskraft noch entziehen.

Ausblick

Auch wenn eine allgemein akzeptierte Theorie der Quantengravitation noch aussteht, versteht man doch grundlegende Konzepte und Probleme, die bei ihrer Konstruktion eine Rolle spielen, und hat zudem mit String-Theorie und kanonischer Quantengravitation erfolgversprechende Modelle zur Hand. Von zentraler physikalischer Bedeutung sind die nichtstörungstheoretische Natur der Theorie und ihre Vorhersagen für die fundamentale Struktur von Raum und Zeit. Zu erwarten ist auch ein tieferes Verständnis der Quantentheorie allgemein. In ihrer Anwendung auf das Universum als Ganzes lässt sie keinen Raum mehr für äußere klassische Beobachter. Vielmehr müssen klassische Eigenschaften intrinsisch entstehen, wie es das Programm der Dekohärenz leistet. Die philosophischen Konsequenzen einer solchen Theorie sind bisher nicht einmal ansatzweise ausgelotet worden.

[1] A. Ashtekar, Quantum mechanics of geometry. Elektronisch verfügbar auf http://arxiv.org/abs/gr-qc/9901023.

[2] J. Ehlers und H. Friedrich (Hrsg.), Canonical gravity: From classical to quantum, Lecture Notes in Physics, Springer, Berlin, 1994.

[3] D. Giulani, C. Kiefer und C. Lämmerzahl (HRSG.), Aspects of quantum gravity, Lectures in Physics, Springer, Berlin, 2003.

[4] J. J. Halliwell, Introductory lectures on quantum cosmology. In: Quantum cosmology and baby universes, S. Coleman, J. B. Hartle, T. Piran und S. Weinberg (Hrsg.), World Scientific, Singapore, 1991.

[5] C. Kiefer, Gravitation, S. Fischer, Frankfurt am Main, 2003.

[6] C. Kiefer, Quantum Gravity, Oxford University Press, Oxford, erscheint 2004.

[7] C. Kiefer, Conceptual issues in quantum cosmology. In: Towards quantum gravity, J. Kowalski-Glikman (Hrsg.), Springer, Berlin, 2000.

[8] J. Polchinski, Quantum mechanics at the Planck length. International Journal of Modern Physics A 14, 2633–2658 (1999).

[9] T. Thiemann, Lectures on loop quantum gravity, in Ref. [3].

[10] S. Weinberg, Dreams of a final theory, Hutchinson Radius, London, 1993.

[11] H. D. Zeh, The physical basis of the direction of time, Springer, Berlin, 2001.

Renormierung

Gerard 't Hooft

Einleitung

Das Konzept der Renormierung ist ein notwendiger Bestandteil in der Festkörpertheorie und der Quantenfeldtheorie zur Korrektur bestimmter Größen wie Masse und Ladung bei subatomaren relativistischen Teilchen, die bei der Wechselwirkung von Feldern notwendig wird. Sind die Korrekturen endlich, so führen sie zu modifizierten Werten der zugehörigen Größe, z.B. der Masse des Polarons im Festkörper. In der Quantenfeldtheorie dagegen ergeben sich i.A. divergente Ausdrücke, und die Renormierung erfolgt dabei so, dass die entsprechenden, in der Theorie erscheinenden Größen als nicht beobachtbar aufgefasst werden und erst zusammen mit den divergenten Beiträgen die physikalisch messbaren Observablen darstellen. Deren experimentelle Werte treten dann an ihre Stelle. Eine Theorie heißt renormierbar, wenn dieses Vorgehen eindeutig bestimmt ist und nach Renormierung einer endlichen Anzahl von Größen keine weiteren Divergenzen mehr auftreten.

Festkörper- und Quantenfeldtheorie basieren auf einem Satz von Grundgleichungen, die beschreiben, wie die beteiligten Teilchen und/oder Felder in kleinen Abständen miteinander wechselwirken. Die Gleichungen sind für Festkörpersysteme gegeben durch den Hamilton-Operator H und in der Quantenfeldtheorie durch die Wirkung $S \equiv \int \mathcal{L}(x)\, d^4x$, wobei $\mathcal{L}(x)$ die Lagrange-Dichte ist. Diese Ausdrücke enthalten eine Anzahl von willkürlichen Parametern wie die Masse der Teilchen und die Stärke der wechselwirkenden Kräfte, z.B. derjenigen, die durch die elektrische Ladung hervorgerufen werden.

Die Berechnung der Wechselwirkung dieser Teilchen für große Abstände und Zeiten ergibt, dass die Teilchen sich verhalten, als ob ihre

Massen und Wechselwirkungskräfte verschieden sind. Diese Unterschiede werden aber durch die Wechselwirkung selbst hervorgerufen. Sind m_B bzw. q_B die ursprüngliche »nackte« Masse bzw. Ladung bei einem Abstand D_1 und m_R bzw. q_R (der Index »R« steht für renormiert) die effektive Masse bzw. Ladung bei einem größeren Abstand D_2, so gelten die Beziehungen:

$$m_R = Z_m \cdot m_B \quad \text{und} \quad q_R = Z_q \cdot q_B \,. \tag{1}$$

Für die meisten Theorien divergieren die Renormierungskonstanten Z_m und Z_q, wenn das Verhältnis der Abstandsskalierung D_2/D_1 gegen Unendlich geht. Aus diesem Grund gibt es keine strenge lokale Definition von H und $\mathfrak{L}$, wenn D_1 infinitesimal ist. Dadurch sind die Renormierungskonstanten unendlich groß bzw. schlecht definiert.

Dagegen ist im Fall der klassischen Mechanik die Situation relativ einfach. I. Newton und G. W. Leibniz fanden heraus, dass unter der Annahme kleiner Zeitschritte dt und entsprechend kleiner Auslenkungen dx das Verhältnis dx/dt wohl definierte Grenzwerte besitzt. Unter dieser Voraussetzung wurde die Theorie der Differentialgleichungen entwickelt. In Festkörpersystemen und in der Quantenfeldtheorie ist die Situation jedoch komplizierter.

Kurzer Überblick über die Geschichte der Renormierung

Die heutzutage als Quantenelektrodynamik (QED) bezeichnete Theorie wurde begründet, als M. Born, W. Heisenberg und P. Jordan die Regeln für die Erzeugung und Vernichtung von Teilchen formulierten und P. A. M. Dirac seine berühmten Gleichungen für ein relativistisches Elektron in einem elektromagnetischen Feld aufstellte. Unvermeidlicherweise setzt diese Theorie voraus, dass eine unbegrenzte Anzahl von Teilchen während des Wechselwirkungsprozesses erzeugt und vernichtet werden kann. Je höher die Genauigkeit der Rechnung ist, desto größer wird die Zahl der involvierten Teilchen. Besonders in diesen störungstheoretischen Rechnungen hoher Ordnung tauchen die Schwierigkeiten der »Unendlichkeiten« auf.

Die Tatsache, dass das Strahlungsfeld zur Masse des Elektrons beiträgt, folgt bereits aus den Maxwell-Gleichungen für den Elektromagnetismus, in Kombination mit der ↑ Speziellen Relativitätstheorie von A. Einstein. In diesem Rahmen ergibt sich, dass für eine kleine Murmel mit dem Radius a seine Masse m_B auf

$$m_R = m_B + e^2/(8\pi\varepsilon_0 c^2 a) \qquad (2)$$

anwachsen würde (in MKS-Einheiten).

Unter der Annahme eines punktförmigen Elektrons ($a = 0$) mit einer physikalischen Masse m_R als aktueller Elektronenmasse würde daraus folgen, dass m_B negativ und unendlich sein muss – eine sinnlose instabile Situation. In der Quantentheorie kann der Ausdruck a in erster Näherung durch die Compton-Wellenlänge $\lambda_C = \hbar/mc$ ersetzt werden. Dies entspricht jedoch nicht dem Ergebnis aus der QED, da hier die Divergenz im Gegensatz zu Gl. (2) kein lineares, sondern ein logarithmisches Verhalten in $1/a$ zeigt.

Dirac und ebenso W. H. Furry und J. R. Oppenheimer erkannten, dass das starke elektrische Feld in der Nähe des Elektrons zu einer kleinen Trennung der virtuellen Elektron-Positron-Paare führt, und dieser als Vakuumpolarisation bezeichnete Effekt die Elektronenladung abschirmt (↑ Vakuum). Aufgrund der Vakuumpolarisation ist also die wirkliche Elektronenladung e_R kleiner als die der »nackten« Ladung e_B, und diese Renormierung geht wiederum gegen unendlich und zwar logarithmisch mit $a \to 0$. In früheren Rechnungen gab es Anhaltspunkte dafür, dass auch die Photonenmasse einer unendlichen Renormierung unterliegt. Da dieses Resultat jedoch der Eichinvarianz widerspricht, wurde es nicht weiter ernst genommen.

Einer der ersten, der verstand, dass alle diese Renormierungen gemeinsam in einem einzigen Programm behandelt werden müssen, war H. A. Kramers. Zusammen mit R. L. de Kronig entwickelte er ein Gleichungssystem, die sog. Dispersionsrelationen, die lediglich unter der Annahme, dass Ursache und Wirkung zeitlich geordnet werden müssen, die Berechnung von Effekten höherer Ordnung unter Vermeidung von einigen unendlichen Größen erlaubt. 1947 berichtete W. Lamb auf einer Konferenz über eine anormale Verschiebung von ca. 1000 MHz, die er zwischen dem $2^2S_{1/2}$-Zustand und dem $2^2P_{1/2}$-Zustand des Wasserstoffatomes gemessen hatte. H. Bethe lieferte nur fünf Tage später eine Erklärung für diesen sog. Lamb-Shift, wobei er eine einfache Massenrenormierungstechnik benutzte, dabei allerdings die logarithmische Divergenz bei der Compton-Wellenlänge des Elektrons abschnitt (cutoff). Sein Ergebnis für die Verschiebung war mit 1040 MHz bemerkenswert nahe am gemessenen Wert von Lamb. Die genaue Korrektur zur Ordnung α wurde zuerst von S. Tomonaga und Co-Autoren berechnet.

Ebenfalls 1947 konnte J. Schwinger erfolgreich die höheren Korrekturterme des magnetischen Moments des Elektrons berechnen, welches durch das gyromagnetische Verhältnis g (laut Diracs alter Gleichung ist $g = 2$) beschrieben wird:

$$\frac{g}{2} = 1 + \frac{\alpha}{2\pi} = 1{,}001162. \tag{3}$$

Hierbei ist $\alpha = e^2/(4\pi\varepsilon_0\hbar c) \approx 1/137$ und das Resultat stimmt gut mit dem experimentellen Wert von 1,00118 überein.

Ein vollständiges Verfahren zur Berechnung aller Korrekturterme zu jeder Potenz von α wurde von R. Feynman, F. Dyson, A. Salam und anderen ausgearbeitet. Ihre Methoden waren streng begrenzt auf die elektromagnetische Wechselwirkung zwischen Elektronen und Photonen. Erst nach und nach wurde die Aufmerksamkeit auch auf andere Wechselwirkungskräfte gelenkt. So etablierte E. Fermi eine Gleichung für die schwache Wechselwirkung, die später von E. C. G. Sudarshan und R. E. Marshak und unabhängig davon von Feynman und M. Gell-Mann verfeinert wurde. Diese Theorie ließ sich jedoch nicht renormieren, was bedeutete, dass sich die unendlichen Terme in ihrer Struktur von den ursprünglichen unterschieden und durch eine Neudefinition der letzteren nicht aufgefangen werden konnten. Die starke Wechselwirkung stellt ein weiteres großes Problem dar: die Kopplungsstärke der starken Kraft ist so groß, dass eine systematische Entwicklung nach den Potenzen dieser Wechselwirkung sinnlos ist.

Die nichtabelsche Eichtheorie, die in der Literatur zuerst von C. N. Yang und R. L. Mills im Jahr 1954 beschrieben wurde, besaß eine Form, die Renormierbarkeit vermuten ließ. Diese Theorie stellt eine direkte Erweiterung der Maxwell-Gleichungen mit einem größeren Satz von Vektorfeldern dar. Der 1964 vorgestellte *Englert-Brout-Higgs-Mechanismus* deutet auf eine zusätzliche Existenz von Skalarfeldern hin. Mit diesem Ansatz konstruierten S. Weinberg und A. Salam unabhängig voneinander ein Modell für die schwache Wechselwirkung, das renormierbar schien, allerdigs waren beide nicht in der Lage, Rechnungen höherer Störungsordnungen durchzuführen. Zu dieser Zeit wurde die Quantenfeldtheorie jedoch v. a. aufgrund ihrer komplexen Natur, der erforderlichen unendlichen Renormierungen und der entwickelten unrealistischen Theorien abgelehnt. Darüber hinaus ließ sich mit der als

Renormierungsgruppe bekannten Technik nicht-störungstheoretisch argumentieren, dass die »nackten« Ladungen oberhalb hoher Energien, also bei kleinen Abständen, unphysikalische Werte besitzen können. L. D. Landau folgerte, dass physikalisch nicht akzeptable Singularitäten auftreten können.

G. 't Hooft entdeckte 1971, dass Theorien vom Englert-Brout-Higgs-Typ renormierbar sind, und gab eine vollständige Beschreibung zur Berechnung der höheren Ordnungen der Störungsreihe. Zusätzlich fand er heraus, dass die Landau-Singularität nicht in einer Yang-Mills-Theorie der starken Wechselwirkung auftaucht. Diese Besonderheit wurde 1973 von D. Politzer, D. Gross und F. Wilczek wiederaufgenommen und als »asymptotische Freiheit« bezeichnet.

Dieses Renormierungsverfahren ist eindeutig und hinterlässt keine divergenten Terme in den physikalisch messbaren Größen. Lediglich die »nackten« Parameter, die nicht direkt gemessen werden können, sind divergent. Daraus folgt, dass alle messbaren Größen der Theorie berechnet werden können, ausgedrückt durch einige frei wählbare Parameter, den physikalischen Konstanten. Eine Schwierigkeit trat in Theorien mit chiralen Wechselwirkungen auf, die unter der Bezeichnung Anomalien bekannt wurde. Dieses Problem wurde unabhängig voneinander von Stephen L. Adler und J. S. Bell sowie R. Jackiw entdeckt. Eine Theorie, die Anomalien besitzt, kann nur renormiert werden, wenn diese Anomalien beseitigt sind. Die Bedingungen zur Beseitigung bilden einfache algebraische Einschränkungen an die Struktur einer Theorie. Später fand man heraus, dass diese Anomalien in Beziehung zu einer nicht-perturbativen Symmetriebrechung stehen, die durch Instantonen hervorgerufen wird. Die Tatsache, dass es keine weiteren Hindernisse gibt, die die Renormierung gefährden, fand seine Bestätigung, als 't Hooft und M. Veltman 1972 ihr Konzept der dimensionalen Renormierung einführten. 1999 wurden die beiden Wissenschaftler für ihre Forschungen zur Renormierbarkeit und Entwicklung von Methoden zur Behandlung der Quantenkorrekturen bei Eichtheorien mit dem Nobelpreis für Physik ausgezeichnet.

Das Standardmodell der Elementarteilchen ist ein spezielles, Anomalie-freies Beispiel für ein Eglert-Brout-Higgs-System und – soweit heute bekannt – in der Lage, alle bekannten Wechselwirkungen zwischen den Elementarteilchen genau zu beschreiben. Bei Energien, die mit den heutzutage eingesetzten Teilchenbeschleunigern noch unerreichbar sind, erwartet man allerdings, dass das Standardmodell beträchtliche Anpassungen erfordert. Abgesehen von den sehr schwachen Effekten aufgrund einer endlichen Neutrinomasse erfordert das gegenwärtige Modell nicht mehr als 20 frei wählbare Konstanten. Zahlreiche Arbeiten der letzten Jahrzehnte bestätigten und verfeinerten das Standardmodell.

Feynman-Regeln

Das Gebiet der Quantenfeldtheorie ist zu kompliziert, um in diesem Artikel ausführlich behandelt zu werden. Aus diesem Grund wird lediglich eine kurze Zusammenfassung der allgemeinen Ideen gegeben. Die Teilchen-Wechselwirkung kann verdeutlicht werden, indem jeder Beitrag zur Störungsentwicklung in Form eines Feynman-Diagramms beschrieben wird. Der Propagator für ein skalares Teilchen der Masse m ist beispielsweise gegeben durch den Ausdruck

$$\frac{1}{k^2 + m^2 - i\varepsilon}, \tag{4}$$

wobei k^2 für $\mathbf{k}^2 - k_0^2$ steht und ε eine infinitesimale positive Größe ist. Für ein Spin 1/2-Teilchens lautet er

$$(m + i\gamma \cdot k - i\varepsilon)^{-1} = \frac{m - i\gamma \cdot k}{k^2 + m^2 - i\varepsilon}. \tag{5}$$

Der Propagator zur Beschreibung eines Vektorteilchens erfordert dagegen mehr Aufwand. Aus der Unitarität der resultierenden Streuamplitude folgt für den Propagator folgende Form:

$$\frac{\delta_{\mu\nu} + k_\mu k_\nu / m^2}{k^2 + m^2 - i\varepsilon}, \tag{6}$$

Der Term $k_\mu k_\nu$ würde jedoch die Mehrzahl der Diagramme für große k-Werte so divergent machen, dass die Theorie nicht renormierbar ist. Nur wenn die Theorie *eichinvariant* und das betrachtete Vektorteilchen eine Eichboson ist, dessen Masse m durch Higgs-Mechanismus erzeugt wird, können die Feynman-Regeln derart transformiert werden, dass der Propagator folgende Form erhält:

$$\frac{\delta_{\mu\nu} - \alpha k_\mu k_\nu / k^2}{k^2 + m^2 - i\varepsilon}, \tag{7}$$

Hier ist α ein freier Parameter (der Eichparameter), der meist zu 0 oder 1 gewählt wird. In diesem Fall existieren zusätzliche Geisterfelder, Fadejew-Popow-Geister genannt, die fiktive Beiträge zu den Feynman-Regeln liefern. Sie sehen wie (komplexe) skalare Teilchen aus, stellen aber in Wirklichkeit keine physikalisch beobachtbaren Zustände dar.

Die Gleichheit der Propagatoren (6) und (7) in Kombination mit den notwendigen Beiträgen durch die Fadejew-Popow-Geister folgt aus den Slawnow-Taylor-Identitäten, welche die Ward-Identitäten aus der Quantenelektrodynamik verallgemeinern. Im einfachsten Fall stellen die Slawnow-Taylor-Identitäten sicher, dass für die höheren Schleifen-korrekturen (*loop corrections*) des Propagators eines masselosen Bosons $k_\mu \Gamma_{\mu n}(k) = 0$ gilt. Im Grunde beschreiben die Slawnow-Taylor-Identitäten die Tatsache, dass die Eichfixierung einer Feldtheorie, z. B. durch die Lorentz-Eichung $\partial_\mu A_\mu = 0$, eine neue Symmetrie hervorruft, die von C. Becchi, A. Rouet, R. Stora (und unabhängig davon I. V. Tyutin) entdeckte BRS-Symmetrie.

Die Feynman-Regeln können in einer knappen Form definiert werden, nämlich durch die Lagrange-Dichte $\mathfrak{L}$ einer eichfixierten Theorie. Die Propagatoren erhält man aus den Anteilen in der Lagrange-Dichte, die bilinear in den Feldern sind, als das negative Inverse ihrer Fourier-Koeffizienten. Zum Beispiel erhält man den Propagator (4) eines (komplexen) skalaren Teilchens aus dem Term $-\partial_\mu \varphi^* \partial_\mu \varphi - m^2 \varphi^* \varphi$. Die Vertizes folgen aus den Termen höherer Ordnung. So entspricht z. B. der Ausdruck $\lambda \varphi_1 \varphi_2 \varphi_3$ einem Vertex, der Teilchen 1 mit Teilchen 2 und Teilchen 3 verbindet, mit zu λ proportionaler Amplitude. Anhand genauer Regeln ist es möglich, den Geisterbeitrag zur Lagrange-Dichte aus den eichfixierenden Termen durch die Anwendung infinitesimaler Eichtransformationen auf diese Terme abzuleiten.

Renormierbarkeit

Ob eine Theorie störungstheoretisch renormierbar ist, zeigt im Prinzip direkt die Lagrange-Dichte. Die Schwierigkeit besteht gewöhnlich darin, dass zum einen eine eichfixierende Prozedur zu finden ist, welche die Lagrange-Dichte in die gewünschte Form überführt, und dass zum anderen die notwendigen Slawnow-Taylor-Identitäten erfüllt sein müssen, damit die verschiedenen Eichfixierungen äquivalent sind. Der letzte Punkt ist besonders wichtig, da die Äquivalenz der verschiedenen Eichungen notwendig ist, um nach der erfolgten Renormierung zu prüfen, ob die erhaltene Theorie unitär und deshalb nützlich zur Beschreibung der realen Welt ist.

Die entscheidende Regel ist ganz einfach, dass alle Propagatoren die Form (4), (5) oder (7), aber nicht (6), besitzen und die *Dimension aller Kopplungsparameter in jeder Ordnung gleich oder größer null ist*. Die Dimension bestimmt sich dadurch, dass man der Lagrange-Funktion die Dimension n (die Anzahl der Dimensionen in Raum und Zeit sind i. A. gleich 4), einer Ableitung (oder einem Impuls k_μ) oder einer Masse m die Dimension Eins und den Feldern die Dimensionen zuordnet, die zu den bilinearen Termen in $\mathfrak{L}$ passen. In der vierdimensionalen Raumzeit besitzen Skalarfelder φ und Vektorfelder A_μ also die Dimension eins und Spinorfelder ψ die Dimension 3/2. Eine Kopplungskonstante, die mit vier Skalar- oder Vektorfeldern multipliziert wird, hat die Dimension null und eine Konstante, die drei solcher Felder multipliziert (und keine Ableitungen) die Dimension eins. Wenn nun die obige Bedingung erfüllt ist, erkennt man, dass in den Amplituden höherer Ordnungen nur genau so viele oder weniger Potenzen der Impulse wie in den Ausdrücken mit kleinerer Ordnung auftreten. Der Grad der Divergenz eines Integrales über einen Impuls k in einem Feynman-Diagramm kann nun direkt abgelesen werden.

Obwohl allzu technische Beiträge in diesem Artikel vermieden werden sollen, muss der Begriff des *irreduziblen* Feynman-Diagrammes eingeführt werden. Dabei handelt es sich um ein Diagramm, das nicht durch das Zerschneiden genau eines Propagators in voneinander unabhängige Teile separiert werden kann. Alle Feynman-Diagramme können auf einfache Weise in Produkte aus den irreduziblen Darstellungen zerlegt werden. Nur die irreduziblen Darstellungen, die zur Energie des Vakuums beitragen, besitzen einen Grad der Divergenz gleich der Raum-Zeit-Dimension n; alle anderen irreduziblen Diagramme sind weniger divergent. Man erkennt, *dass nur diejenigen irreduziblen Diagramme, die zur Renormierung der Kopplungsparameter mit nicht-negativer Dimension beitragen*, divergent sein müssen (abgesehen von den divergenten Sub-Diagrammen, die getrennt betrachtet werden müssen). Damit lässt sich die Bedingung zur Renormierung genauer formulieren: *alle* Wechselwirkungsterme, die konsistent mit einer gegebenen Symmetrie sind und durch einen Störungsparameter mit nicht-negativer Dimension beschrieben werden, müssen vorhanden sein. In diesem Fall sind die einzigen divergenten Integrale diejenigen, die Renormierungen der gegebenen Wechselwirkungsparameter entsprechen.

Regularisierung

Wir sind nun vorbereitet, eine strenge Strategie zur Definition einer sinnvollen Theorie entwerfen zu können. Dazu müssen wir zunächst die Theorie *regulär* machen, d. h. einige Abschneidebedingungen (cutoff) einführen, um alle Integrale endlich oder zumindest konvergent zu machen. Aus diesem Grund werden leichte Modifikationen der Theorie auf einer Abstandsskala eingeführt, die so klein ist, dass sie die zu beschreibenden Phänomene nicht direkt beeinflussen. Das einfachste Beispiel einer solcher Modifikation oder Regularisierung ist das Ersetzen des kontinuierlichen Raumes durch ein sehr feines Gitter. Dieses sorgt automatisch dafür, dass alle Raumkomponenten des Impulses k_μ auf den Bereich $\pm \Lambda$ beschränkt sind, wobei $\Lambda = \pi/a$ eine große Zahl und a der Abstand zwischen den Gitterpunkten ist. Natürlich sind in einer solchen Theorie alle Integral(wert)e endlich. Da die Zeit weiterhin kontinuierlich ist, stellt sich zwar nicht das Problem mit der Unitarität, aber die Lorentz-Invarianz und sogar die Rotationsinvarianz gehen offensichtlich verloren.

Es ist nicht schwer zu erkennen, dass in diesem Ansatz ein kontinuierlicher Grenzwert existiert, außer in den Fällen, in denen das Integral divergiert. Dies tritt aber ja nur dann auf, wenn wir – wie bereits erwähnt – eine frei wählbare physikalische Konstante zur Hand haben und diesen Parameter so definieren bzw. renormieren können, dass er die Unendlichkeit neutralisiert. Wenn also die »nackten« Konstanten für $\alpha \to 0$ einigen definierten Regeln folgend gegen Unendlich gehen, kann die Existenz eines kontinuierlichen Grenzwertes angenommen werden. Woran erkennt man aber in diesem Fall, dass die Lorentz-Invarianz in einem solchen Grenzwert wieder hergestellt wird? Gleichzeitig ist es nicht einfach, die Eichinvarianz auf einem so gewählten Gitter intakt zu halten.

Zu diesem Zweck wurden geschicktere Regularisierungen eingeführt, deren physikalische Interpretation ein wenig komplizierter ist. Die *Pauli-Villars-Regularisierung* ersetzt den Propagator $P(k)$ durch einen konvergenteren Propagator

$$\frac{P(k)}{1 + k^2/\Lambda^2 - i\varepsilon}, \tag{8}$$

wobei Λ wiederum eine große Zahl ist. Da

$$\frac{1}{(k^2 + m^2 - i\varepsilon)(1 + k^2/\Lambda^2 - i\varepsilon)}$$

$$= \left(1 - \frac{m^2}{\Lambda^2}\right)^{-1} \left(\frac{1}{k^2 + m^2 - i\varepsilon} - \frac{1}{k^2 + \Lambda^2 - i\varepsilon}\right) \tag{9}$$

beschreibt dieser Propagator eine Theorie, in der ein zusätzliches Teilchen mit der Masse Λ eingeführt wird. Da dessen Propagator ein negatives Vorzeichen trägt, handelt es sich um kein gewöhnliches Teilchen. Das negative Vorzeichen deutet an, dass die Wahrscheinlichkeit, ein solches Teilchen in einem Streuprozess zu erzeugen, negativ ist – eine physikalische Unsinnigkeit. Die Unitarität ist erhalten, aber nur in den Kanälen, in denen die Energie nicht ausreicht, schwere Teilchen zu erzeugen. Sind einige Integrale immer noch divergent, so muss die Prozedur wiederholt werden, und schon wenige Anwendungen sollten dafür sorgen, dass alle Integrale konvergieren.

Es ist wichtig zu wissen, dass die Äquivalenz zwischen dem Gitterregulator und dem Pauli-Villars-Regulator gezeigt werden kann, d. h. im Grenzwert $a \to 0$ und $\Lambda \to \infty$ sind die durch beide Schemata produzierten Amplituden identisch, unter der Voraussetzung, dass die frei wählbaren Naturkonstanten mit Hilfe einiger Regeln aneinander angepasst werden. Dies ist eine Eigenschaft, die alle »guten« Regulatoren gemeinsam haben.

Die Pauli-Villars-Regularisierung besitzt zwar den Vorteil der Lorentz- und Rotationsinvarianz, aber damit ist das Problem noch nicht gelöst. Es existiert offensichtlich keine eichinvariante Lagrange-Dichte, die Propagatoren für die Vektorfelder erzeugt, welche das gleiche Konvergenzverhalten wie in Gl. (8) beschrieben besitzen. Ohne Eichinvarianz ist es allerdings schwer zu zeigen, ob die Slawnow-Taylor-Identitäten erfüllt werden können. Aus diesem Grund wurde ein dritter Regulator eingeführt, nämlich die sog. *dimensionale Regularisierung*.

Die dimensionale Regularisierung wird in zwei Schritten durchgeführt. Zunächst wird eine Definition dafür angegeben, was es bedeutet, wenn eine Theorie nicht in $n = 4$ (oder einer anderen ganzen Zahl), sondern in $n = 4 - \varepsilon$ Dimensionen zu beschreiben ist, wobei ε eine kleine, aber nicht verschwindende Zahl ist. Dieser Schritt ist bemerkenswert einfach, da die meisten Integrationen in den Feynman-Diagrammen in sehr einfacher Art von der Raum-Zeit-Dimension abhängen und damit eine unkomplizierte Verallgemeinerung gestatten. In fast allen Fällen benötigt man lediglich das Integral über einen sphärischen Raum:

$$\int d^n k f(k^2) = \frac{2\pi^{n/2}}{\Gamma(n/2)} \int\limits_0^\infty dk\, k^{n-1} f(k^2), \tag{10}$$

wobei für n jede (reelle oder komplexe) Zahl gewählt werden kann. Γ ist die Eulersche Gammafunktion. Zu beachten ist, dass die Lorentz-Indizes μ, ν von 1 bis n laufen und auch die Algebra der Dirac-Matrizen γ_μ von n abhängt.

Ist n nun keine ganze oder einfach rationale Zahl, so kann jedes divergente Integral relativ einfach durch einen endlichen Ausdruck ersetzt werden. Man kann zeigen, dass alle in den Feynman-Diagrammen auftretenden Integrationen in Teile separiert werden können, die für bestimmte (komplexe) Werte von n konvergieren. Diese können dann für alle n durch analytische Fortsetzung definiert werden. Nur diejenigen Integrale, die für bestimmte Integralwerte von n logarithmisch divergieren, besitzen in diesen Werten eine Singularität. Für $n = 4 - \varepsilon$ produzieren die Feynman-Amplituden Werte, die für $\varepsilon \to 0$ mit der inversen Potenz von ε divergieren. Weil die ursprünglichen Integrale auch quadratische und andere Divergenzen besitzen, führt diese Definition eines endlichen Teils tatsächlich schon zu einer Renormierung der Kopplungsparameter, aber dies ist von geringer Bedeutung.

Es kann also gezeigt werden, dass die dimensional regularisierte Theorie im obigen Sinn äquivalent zu der Pauli-Villars- und der Gitterregularisierten ist. Jetzt haben wir allerdings einen wichtigen Bonus erhalten: die dimensionale Regularisierung ist eichinvariant. Dieser Aspekt ist von großer Wichtigkeit für den nächsten Schritt.

Renormierung

Viele der nach einer der oben beschriebenen Vorschriften berechneten Amplituden divergieren weiterhin, wenn der Regularisierungsparameter a, $1/\Lambda$ oder ε gegen null geht. Aus diesem Grund werden die frei wählbaren Parameter der Theorie durch »nackte« Parameter ersetzt. In einer dimensional regularisierten Theorie schreibt man z. B.

$$\lambda_B = \lambda_R + O(\lambda_R^2)/\varepsilon + O(\lambda_R^3)/\varepsilon^2 + \ldots, \tag{11}$$

wobei die renormierte Kopplung λ_R konstant und endlich für alle Ordnungen ist. In einer renormierbaren Theorie können die Koeffizienten dieser Reihe so angepasst werden, dass alle zu berechnenden Streuamplituden bis hin zu einigen Größenordnungen des (kleinen) Parameters λ_R endlich und wohl definiert sind. Im allgemeinen Fall existieren verschiedene Kopplungsparameter, die alle in der Entwicklung auftauchen können.

Eine Komplikation tritt auf, wenn auch die *off-shell-Amplituden* endlich sein sollen. Sie entsprechen den Erwartungswerten von (Produkten von) Feldwerten $\varphi(x)$ oder $A_\mu(x)$ in einigen S-Matrixelementen. Diese Felder, die nicht direkt beobachtbar sind, stellen Hilfsgrößen dar, die nützlich bei der Analyse einer Berechnung oder der Überprüfung der Slawnow-Taylor-Identitäten sind. Folglich können diese Ausdrücke immer noch Unendlichkeiten enthalten, die jedoch durch die Renormierung der Felder selbst eliminiert werden können. Die Tatsache, dass diese Feldrenormierungen explizit von der gewählten eichfixierenden Prozedur abhängen können, macht die Überprüfung der Eichinvarianz höchst heikel. Dies ist auch der Grund, warum 't Hooft diese Identitäten ursprünglich nur für die physikalisch relevanten Amplituden, d. h. die *on-shell-Amplituden*, benutzt hat.

Es gibt einen wichtigen Fall, in dem die Renormierungsprozedur nicht angewendet werden kann: wenn die Theorie eine sog. *Eichanomalie* besitzt. Dieser Fall tritt z. B. dann auf, wenn Fermionen durch einen der Weyl-Projektionsoperatoren $\frac{1}{2}(1 \pm \gamma_5)$ *chiral* an ein Eichfeld gekoppelt sind. Da der Massenterm der Fermionen die Chiralität umschaltet, verletzt die Pauli-Villars- ebenso wie die Gitter-Regularisierung die Eichinvarianz. Auch die dimensionale Regularisierung wird komplizierter, wenn γ_5 ins Spiel kommt. Man hat herausgefunden, dass die Theorien mit Anomalie grundsätzlich inkonsistent sind, es sei denn die Eichanomalien verschwinden auf Einschleifenniveau (*one-loop level*). Dies steht in enger Beziehung zum Verhalten der Instantonen in der Theorie: Instantonen erzeugen einen Wechsel der Chiralität und verletzen somit bestimmte Symmetrien; sie sollten aus diesem Grund nicht an das Eichfeld koppeln. Im Standardmodell heben sich die Anomalien wie gewünscht weg. Eine notwendige Bedingung dafür ist, dass die Anzahl der Lepton- gleich der Anzahl der Quarkgenerationen ist (in unserer Welt sind beide gleich Drei).

Das Verschwinden der Anomalien auf one-loop-Level reicht aus, um ihre Auslöschung in allen Ordnungen beweisen zu können (eine von

B. Lee und A. Slawnow unabhängig voneinander entdeckte eichinvariante Regularisierung löst sogar bei Anwesenheit des Termes γ_5 diese Aufgabe für höhere Ordnungen).

Die Renormierungsgruppe

Alle Regularisierungen haben gemeinsam, dass sie eine neue Skalenabhängigkeit in die Theorie einführen, auch dann, wenn die ursprüngliche Theorie skalenunabhängig war. Theorien wie die Quantenchromodynamik (QCD) oder die Quantenelektrodynamik bei Energien wesentlich größer als $m_e c^2$ enthalten nur dimensionslose Parameter, aber die Regularisierung verursacht einen Zusammenbruch der Skalenunabhängigkeit. Die sog. Callan-Symanzik-Gleichung (Renormierungsgruppengleichung) beschreibt die neue Skalenabhängigkeit der Amplituden in einer solchen Theorie durch

$$\left(\mu \frac{\partial}{\partial \mu} + \alpha(\lambda_R, m_R) \frac{\partial}{\partial m_R} + \beta(\lambda_R, m_R) \frac{\partial}{\partial \lambda_R} + N \gamma(\lambda_R, m_R) \right)$$
$$\cdot \Gamma(k_1, ..., k_N) = 0. \tag{12}$$

In dieser Gleichung beschreibt μ die Energieskala, auf der die Renormierung definiert ist, Γ ist eine N-Teilchenamplitude, die sowohl von λ_R als auch von m_R abhängt. Die Terme α, β und γ sind die zu berechnenden Koeffizienten, die zeigen, wie die renormierten Massen m_R und Kopplungen λ_R mit der Variation von μ skalieren. Der entscheidende Ausdruck ist hier der β-Term. In allen älteren Theorien, d.h. den nicht eichinvarianten und der QED, ist β immer positiv, und dies wurde von Coleman und Gross allgemein bestätigt. Es war wie ein Schock, als man entdeckte, dass die *nichtabelschen* Eichtheorien einen negativen β-Koeffizienten besitzen können. Für die kleinste nicht-triviale Störungsordnung gilt

$$\beta(g) = \left(-\frac{11}{6} C_1 + \frac{1}{12} C_2 N_{\text{Skalar}} + \frac{1}{3} C_3 N_{\text{Spinor}} \right) \frac{g^3}{8\pi^2}, \tag{13}$$

wobei C_i der sog. Casimir-Koeffizient der Eichgruppe, N_{Skalar} die Anzahl der skalaren Teilchen in der einfachen Darstellung und N_{Spinor}

die Anzahl der (nicht-chiralen) elementaren Spinoren ist. Für die Farb-Eichgruppe SU(3) folgt $C_1 = 3$ und $C_2 = C_3 = 1$. Aus diesem Grund kann diese Theorie bis zu 16 Quark-Flavors enthalten, bevor β sein Vorzeichen ändert. Das negative Vorzeichen von $\beta(g)$ impliziert, dass die effektive Kopplung zu hohen Energien hin anwächst und somit die QCD bei hohen Energien störungstheoretisch behandelt werden kann (*asymptotische Freiheit*). Im Infraroten explodiert die Kopplungskonstante; dies bedeutet, dass sehr starke Kräfte entstehen. Dieser Aspekt kann erklären, warum Quarks permanent miteinander verbunden werden können (dieses Confinement-Phänomen kann aber auch auf viel bessere Weise verstanden werden).

In der allgemeinsten renormierbaren Quantenfeldtheorie mit vier Raumzeit-Dimension gibt es Skalarfelder (zur Beschreibung von Spin 0-Teilchen), Dirac-Felder (Spin 1/2-Teilchen) und Eichfelder (Spin 1-Teilchen). In diesem allgemeinsten Fall kann eine Mastergleichung für alle β-Koeffizienten aufgestellt und untersucht werden. Unter der Annahme der Anwesenheit von Eich- und Dirac-Feldern stellt sich heraus, dass die Skalarfelder nicht, wie teilweise angenommen, die asymptotische Freiheit unterdrücken. Die gegenwärtige Version des Standardmodelles ist nicht asymptotisch frei, da es ein $U(1)$-Eichfeld enthält. Dies stellt aber kein Problem dar, da bei den höchsten Energien, bei denen dieses Modell glaubwürdig sein sollte (der Planck-Skala), die laufende $U(1)$-Kopplungskonstante klein ist.

In der Festkörperphysik spielt die Renormierungsgruppe eine vergleichbar wichtige Rolle. Hier stellt man zunächst die Gleichungen der Theorie für das Molekülniveau auf und berücksichtigt dann die Effekte der Skalierung hin zu größeren Raum- und Zeitskalen. In diesem Fall kann eine Theorie selbst-ähnlich (*self-similar*) werden, aber da die relevante Zahl der Dimensionen $n = 3$ ist, wächst die effektive Kopplungsstärke beim Übergang zu größeren Skalen stark an. Dieser Schritt wurde von K. Wilson und M. E. Fischer gegangen, die verschiedene Prozeduren entwickelten, um die Freiheitsgrade kleiner Abstände auszuintegrieren, um so eine Theorie auf sich selbst bei höheren Skalen abzubilden. Auf diese Weise können die kritischen Koeffizienten eines statistischen Systems bestimmt werden. Da die Gleichungen aber nur integriert werden können, wenn man von kleinen zu großen Skalen übergeht, aber nicht umgekehrt, handelt es sich bei dieser Renormierungsgruppe lediglich um eine *Halb*gruppe.

Neue Entwicklungen

Zahlreiche Aspekte der Renormierung werden auch heutzutage weiterhin untersucht. Eine wichtige Eigenschaft wurde für supersymmetrische Eichtheorien gefunden. Diese Theorien tendieren aufgrund ihrer enorm vergrößerten Symmetrie dazu, grundsätzlich weniger Divergenzen zu besitzen. In der $N = 4$ Super-Yang-Mills-Theorie, einer Theorie mit vier Spinoren und sechs Skalaren in der adjungierten Darstellung (für die $C_1 = C_2 = C_3$ gilt), konvergieren alle Schleifenintegrale. Tatsächlich liest man an Gl. (13) für diese Theorie $\beta(g) = 0$ ab. Sie ist nicht nur skalierungsinvariant, sondern auch invariant unter allen konformen Raumzeit-Transformationen.

Die Renormierung der ↑ Quantengravitation wurde gründlich untersucht, aber da Newtons Konstante G_N, die als Störungsparameter benutzt wird, die Dimension -2 hat, ist diese Theorie nicht renormierbar. Für die aufeinanderfolgenden Ordnungen in der störungstheoretischen Entwicklung müssen der Lagrange-Dichte mehr und mehr neue Counterterme zur Renormierung hinzugefügt werden. In manchen Fällen wird die Anzahl dieser unerwünschten Terme durch die Symmetrie eingeschränkt. Werden keine Materiefelder eingeführt, so bleibt die reine Gravitation renormierbar auf Einschleifenniveau, einfach aus dem Grund, weil keine invariante Kopplung der entsprechenden Dimension existiert. Supergravitations-Theorien werden noch weiter durch die Supersymmetrie eingeschränkt, aber bei ihnen treten unvermeidliche Divergenzen bei höheren Störungsordnungen auf. Moderne Theorien benutzen zumeist eine größere Raumzeit-Dimension als Ausgangspunkt, wobei die zusätzlichen Dimensionen kompaktifiziert sind (Kompaktifizierung), aber auch das zerstört die Renormierbarkeit. Die *Superstring-Theorie* ist ebenfalls in einem 10-dimensionalen Raum definiert, aber deren Symmetrien sind so gewaltig, dass alle Schleifenintegrationen konvergieren und keine Renormierung nötig ist.

Sowohl die Theorien zur Beschreibung von Elementarteilchen als auch die zur Beschreibung der kondensierten Materie besitzen heute eine Schichtenstruktur: für verschiedene typische Abstände und Zeitbereiche werden verschiedene Modelle zu deren Beschreibung herangezogen, und bei einer kontinuierlichen Änderung der Skala variieren die relevanten Kopplungsparameter entsprechend. In diesem Fall spricht man von einer »laufenden« Kopplungsstärke (*running coupling*). Wird der Kopplungsparameter für eine bestimmte Skala sehr groß, wird die störungstheoretische Behandlung ungeeignet und muss durch eine effektivere, alternative Beschreibung mit kleineren Störungskopplungen ersetzt werden. Die QCD ist für alle Energiebereiche von 1 GeV bis hin zu einigen tausend TeV geeignet, unterhalb von 1 GeV müssen allerdings Hadronen, wie z. B. Pion, Proton und Neutron, betrachtet werden. Bei kleinen Energien sind deren effektiven Kopplungen sehr schwach, und es bieten sich zur effektiven Beschreibung einfache Hadronen-Modelle an. Bei noch kleineren Energien, d. h. größeren Abständen, können nicht-relativistische Modelle herangezogen werden, die z. B. Atomkerne beschreiben.

[1] A. Pais, Inward bound: of matter and forces in the physical world, Oxford University Press 1986.

[2] R. P. Crease und C. C. Mann, The Second Creation: makers of the revolution in twentieth-century physics, New York, Macmillan, 1986.

[3] G. 't Hooft, In search of the ultimate building blocks, Cambridge University Press 1997.

[4] G. 't Hooft und M. Veltman, DIAGRAMMAR, CERN Report 73/9 (1973), Neudruck in: D. Speiser et al (Hrsg.), Particle Interactions at Very High Energies, Nato Adv. Study Inst. Series, Sect. B, Vol. 4 b (1973), S. 177; und: G. 't Hooft, Under the Spell of the Gauge Principle, Adv. Series in Math. Phys. Vol 19, World Scientific, Singapore, 1994.

[5] L. H. Ryder, Quantum Field Theory, Cambridge University Press, 1985, 1996.

[6] C. Itzykson und J.-B. Zuber, Quantum Field Theory, Mc.Graw-Hill, New York 1980.

Chaos

Heinz Georg Schuster

Einleitung

Das ursprünglich altgriechische Wort Chaos ($\chi\acute{\alpha}o\varsigma$) bezeichnet die gestaltlose Urmasse, aus der die Erde (altgriechisch Gaia bzw. $\Gamma\alpha\tilde{\iota}\alpha$) entstand. Heute verstehen wir unter Chaos ganz allgemein einen ungeordneten, schwer vorhersagbaren Zustand, wir sprechen z. B. vom »Verkehrschaos«. Während dieses Bild das Zusammenspiel von vielen Verkehrsteilnehmern, welchen in der Chaostheorie vielen Freiheitsgrade entsprechen, beschreibt, zeigte sich in jüngster Zeit, dass auch Systeme mit wenigen Freiheitsgraden, wie etwa ein periodisch getriebenes Pendel, chaotisches Zeitverhalten zeigen können. Dies bedeutet z. B. für das Pendel, dass seine Winkelposition als Funktion der Zeit irregulär und auf lange Sicht unvorhersagbar wird (Abb. 1a). Diese Art von Chaos bezeichnet man als *deterministisches Chaos*.

Der Schmetterlingseffekt

Zunächst erscheint der Begriff »deterministisches Chaos« als ein Widerspruch in sich selbst, da das Unvorhersagbare nicht determiniert, d. h. eindeutig vorherbestimmt, »sein kann«. Dieser scheinbare Widerspruch erklärt sich folgendermaßen: Obwohl das Zeitverhalten des Pendels durch Differentialgleichungen vollständig beschrieben wird, aus denen sich Schritt für Schritt die Trajektorie berechnen lässt, benötigt man doch zum Finden einer Lösung die Kenntnis der Anfangsbedingungen.

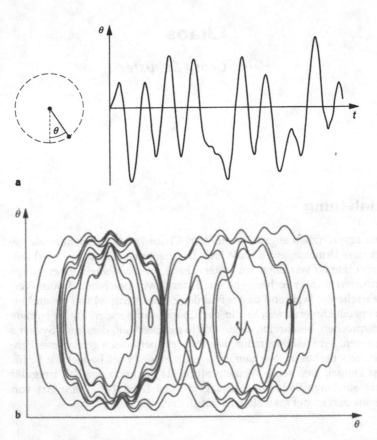

Abb. 1: Das getriebene Pendel: a) Sein Winkel θ verhält sich als Funktion der Zeit t chaotisch. b) Zwei Trajektorien im Phasenraum $(\theta, \dot{\theta})$, die sich durch die Anfangsbedingungen unterscheiden, laufen mit der Zeit exponentiell auseinander (grau: $\theta(t = 0) = 0$, $\dot{\theta}(t = 0) = 0$, schwarz: $\theta(t = 0) = 0$, $\dot{\theta}(t = 0) = 0{,}2$). Die Bahnen wurden durch numerische Integration der Pendelgleichung $\ddot{\theta} + \gamma\dot{\theta} + \sin\theta = A\cos(\omega t)$ erhalten mit den Werten $\gamma = 0{,}3$ für die Dämpfungskonstante, $A = 4{,}5$ für das Antriebsmoment und $\omega = 0{,}6$ für die Antriebsfrequenz.

Systeme, die deterministisches chaotisches Verhalten zeigen, haben die Eigenschaft, dass kleine Abweichungen in den Anfangsbedingungen sich im Laufe der Zeit exponentiell verstärken. Der Meteorologe E. N. Lorenz hat dafür das Wort »Schmetterlingseffekt« geprägt; damit ist gemeint, dass der Flügelschlag eines Schmetterlings in Rio de Janeiro im Prinzip auch das Wetter in Berlin beeinflussen kann. Da die Anfangsbedingungen, z. B. die momentane Position und Geschwindigkeit, experimentell stets nur mit endlicher Genauigkeit bekannt sein können, es also immer einen »Anfangsfehler« gibt, führt die Verstärkung dieses Anfangsfehlers dazu, dass die Systeme langfristig unvorhersagbar werden: während sich für das Wetter eine praktische Vorhersagbarkeitsgrenze von einigen Tagen ergibt, sind es bei den Bewegungen der Planeten im Sonnensystem mehrere Millionen Jahre.

Die unabdingbare Voraussetzung für das Auftreten von deterministischem Chaos ist die Nichtlinearität des untersuchten Systems. Die linearisierte Pendelgleichung, bei welcher der Ausdruck $\sin\theta$ durch θ ersetzt wird, zeigt kein chaotisches Verhalten: das Pendel schwingt bei kleinen Auslenkungen um den Umkehrpunkt und kommt ohne Antrieb reibungsbedingt dort auch zur Ruhe. Kleine Störungen in den Kräften oder Anfangsbedingungen haben also auch nur kleine Änderungen in den Ergebnissen zur Folge. Das balancieren eines Pendels im oberen Umkehrpunkt dagegen erfordert ein dauerndes Nachregulie-

Tabelle: Chaotische Systeme. Bei konservativen Systemen bleibt die Energie erhalten, bei dissipativen Systemen, wie dem getriebenen Pendel, muss die dissipierte (z. B. durch Reibung verlorene) Energie durch Antrieb wieder von außen zugeführt werden.

| | Chaotische Systeme | |
Dissipative Systeme		Konservative Systeme
Getriebenes Pendel		Die meisten Systeme der klassischen Mechanik
Flüssigkeiten bei einsetzender Turbulenz		Planetenbewegung
Laser		Teilchenbeschleuniger
Chemische Reaktionen		

ren, da kleine Abweichungen aus der Vertikalen sehr schnell anwachsen und sich zu großen Effekten aufschaukeln können.

Mathematisch gesprochen können alle nichtlinearen dynamischen Systeme mit mehr als zwei Freiheitsgraden, insbesondere viele biologische, meteorologische oder ökonomische Systeme, chaotisches Verhalten zeigen und damit über lange Zeiträume unvorhersagbar werden. Die Tabelle zeigt, dass diese empfindliche Abängigkeit von den Anfangsbedingung eine typische Eigenschaft zahlreicher nichtlinearer Systeme ist.

Die Bernoulli-Abbildung

Um zu verstehen, wie deterministisches Chaos zustande kommt, betrachten wir die iterative Bernoulli-Abbildung $\sigma(x^t) = x^{t+1} = 10 x^t \bmod 10$, die eine chaotische Punktfolge erzeugt (»t« bzw. »t + 1« sind hier nicht als Exponent, sondern als Iterations-Indizes aufzufassen). Diese Abbildung hat zwei wesentliche Eigenschaften: Wie schon eingangs erwähnt, verstärken sich zum einen kleine Fehler in den Anfangsbedingungen und zum anderen wird die Trajektorie – analog zur Winkelvariablen beim Pendel – immer wieder auf ein endliches Intervall zurückgefaltet. Die Differenz zwischen zwei Anfangswerten, die sich um ε^0 unterscheiden, wird schon nach einem Iterationsschritt um einen Faktor 10 erhöht. Die Fehlerverstärkung erfolgt exponentiell mit der Zeit t: $\varepsilon^t = \varepsilon^0 \cdot 10^t =: \varepsilon^0 \cdot e^{\lambda t}$. Der Ljapunow-Exponent λ, eine der wichtigsten Kennzahlen chaotischer Systeme, beschreibt dabei die Rate der exponentiellen Fehlerverstärkung und hat in unserem Beispiel den Wert ln10 (chaotische Systeme haben positive Ljapunow-Exponenten). Betrachten wir die Wirkung der Bernoulli-Abbildung $\sigma(x)$ z. B. auf den Anfangswert $x^0 = \pi = 3{,}14159\ldots$:

$$x^0 = \pi = 3{,}14159\ldots$$

$$x^1 = (31{,}4159\ldots)\bmod 10 = 1{,}4159\ldots$$

$$x^2 = (14{,}159\ldots)\bmod 10 = 4{,}159\ldots$$

Wir sehen, dass die Ziffern bei jeder Iteration um eine Stelle nach links wandern und alle Stellen vor dem Komma, bis auf eine, abgeschnitten werden. Damit werden Ziffern, die in π weit hinter dem Komma stehen, eine nach der anderen nach vorne geholt und »sichtbar gemacht«.

Stellen wir uns nun vor, dass die Anfangsbedingung eine Zahl ist, die wir aus einem Experiment nur bis auf drei Stellen nach dem Komma genau kennen, so können wir schreiben: $x^0 = a_0, a_1a_2a_3$??..., wobei die Fragezeichen für die unbekannten Ziffern stehen. Nach drei bzw. vier Iterationen mit $\sigma(x)$ erhalten wir $x_3 = a_3$,??? und $x_4 = $?,???, d.h. schon die vierte Iterierte besteht nur noch aus Fragezeichen, ist also völlig unbekannt. Wir können über sie somit keine Vorhersagen mehr machen, das System zeigt chaotisches Verhalten. Wir sehen aber auch, dass für kurze Zeiten (im obigen Beispiel für drei Zeitschritte) das Verhalten des chaotischen Systems berechnet, d.h. vorhergesagt werden kann. Für längere Zeiten sind nur noch statistische Aussagen über das Systemverhalten möglich.

Dissipative Systeme: Seltsame Attraktoren

Dies führt zum Begriff des *Seltsamen Attraktors*. Nichtlineare Systeme lassen sich mit Differentialgleichungen erster Ordnung von der Form $\frac{d}{dt} x = F(x)$ mit $x = (x_1, ..., x_d)$ oder durch Iterationsgleichungen der Form $x^{t+1} = G(x^t)$ beschreiben. Die Gesamtheit der Vektoren $x = (x_1, ..., x_d)$ spannt den Phasenraum auf. Ein Attraktor ist nun ein beschränktes Gebiet dieses Phasenraumes, in das die Trajektorie x^t im Laufe der Zeit gezogen wird. Einfache Attraktoren sind z.B. *Fixpunkte* oder *Grenzzyklen* (Abb. 2a).

Ein Seltsamer Attraktor ist dadurch gekennzeichnet, dass in einem beschränkten Gebiet des Phasenraumes benachbarte Punkte im Laufe der Zeit exponentiell auseinanderlaufen. Abb. 2b und Abb. 2c zeigen, wie in einem dissipativen System, in welchem die Energie nicht erhalten ist, sondern z.B. durch Reibung dissipiert wird, Chaos entsteht: durch Strecken und Falten entsteht aus einem Würfel im Phasenraum unter dem Einfluss der chaotischen Dynamik eine fraktale Blätterteigstruktur, die die Eigenschaften eines Seltsamen Attraktors besitzt (Abb. 2b). Der in Abb. 2c gezeigte Poincaré-Schnitt dieses Attraktors zeigt diese Struktur ebenfalls. Kenngrößen des Attraktors sind einmal seine *Punktdichte* $\varrho(x)$ – sie gibt an, wie häufig ein Punkt des Phasenraums von der Trajektorien besucht wird – und zum anderen seine lokalen Ljapunow-Exponenten $\lambda_1, ..., \lambda_d$, die angeben, wie rasch benachbarte Trajektorien in unterschiedliche Richtungen lokal separieren (Abb. 2d und Abb. 2e).

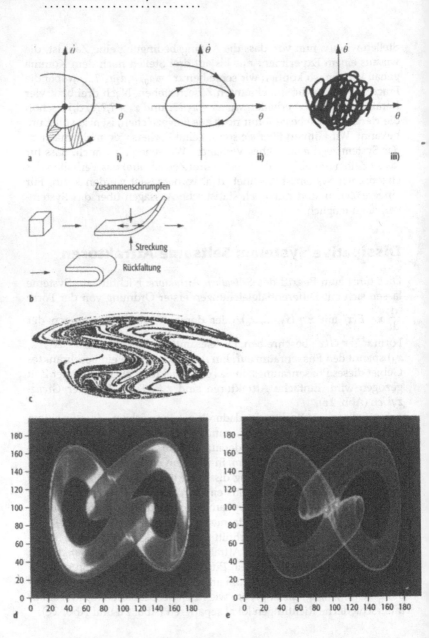

Abb. 2: Seltsame Attraktoren: a) schematische Darstellung verschiedener Attraktoren im Phasenraum des getriebenen Pendels: (i) Fixpunkt, (ii) Grenzzyklus, (iii) Seltsamer Attraktor; b) durch Streckung und Faltung entsteht aus einem Würfel eine fraktale »Blätterteigstruktur«; c) der Poincaré-Schnitt des zum Duffing-Oszillator gehörenden Seltsamen Attraktors zeigt ebenfalls diese Struktur. d) Auf diesem Attraktor, der eine schleifenförmige Struktur besitzt, sind die lokalen Ljapunow-Exponenten λ ganz anders verteilt als die lokalen Punktdichte ϱ; e) Eine hohe lokale Instabilität, d.h. ein großer lokaler Ljapunow-Exponent, geht also durchaus nicht in Hand mit einer besonders hohen oder niedrigen lokalen Aufenthaltswahrscheinlichkeit. Die Farbskala reicht für beide Variablen von blau (minimal) bis gelb (maximal).

◄─────────────────────────────

Wege ins Chaos

Ein wichtiges Ziel der Chaosforschung ist es, das Einsetzen von Turbulenz zu verstehen. Während aber Turbulenz in realen Flüssigkeiten oder Gasen ein raum-zeitliches Phänomen ist, d.h. viele Freiheitsgrade betrifft, hat man bisher nur Übergänge in das rein zeitliche deterministische Chaos mit wenigen Freiheitsgraden untersucht. Ein wichtiger Weg ins zeitliche Chaos ist die sog. *Periodenverdopplungsroute* oder *Feigenbaumroute*. Sie wurde von Großmann und Thomae (1977) und von Mitchell J. Feigenbaum (1978) durch Untersuchung der logistischen Abbildung $f_r(x^t) = x^{t+1} = rx^t(1 - x^t)$ in Abb. 3a gefunden. Diese Abbildung beschreibt z. B. das Wachstum einer Tierpopulation auf einer beschränkten Fläche, wobei x^t die auf das Intervall $[0, 1]$ normierte Individuenzahl der Population ist. Diese Abbildung führt für komplexe Werte von r und x^t zu den fraktalen Formen der Mandelbrot-Mengen (der sog. *Apfelmännchen*).

Kleine Populationen mit $x^t \ll 1$ wachsen exponentiell, denn dann ist $x^{t+1} \cong rx^t$ und damit $x^t = x_0\, r^t = x_0\, e^{t \ln r}$. Für große x^t wird das Wachstum durch den beschränkten Futtervorrat auf der Fläche, d.h. den Faktor $(1 - x^t)$, gebremst. Wenn man die Iterierten $x^1, x^2, \dots$ der logistischen Abbildung mit dem Computer für verschiedene Werte des Kontrollparameters r berechnet, so erhält man Abb. 3b. Für kleine Werte des Kontrollparameters hat die Abbildung einen Fixpunkt. Dieser wird bei $r = r_1$ instabil zugunsten eines Zweierzyklus, bei $r = r_2$ entsteht ein Viererzyklus, bei $r = r_n$ ein Zyklus der Länge 2^n. Schließlich wird bei einem *endlichen Wert* $r_\infty = 3{,}5699456...$ die Zykluslänge unendlich. Die normierte Individuenzahl x^t der Population springt zwischen unendlich vielen Werten hin und her, das System fängt an, Chaos zu zeigen, und der Ljapunow-Exponent λ wird bei r_∞ positiv. Feigenbaum hat als erster erkannt, dass diese Periodenverdopplungsroute ins Chaos universelle Eigenschaften hat. Sie tritt für alle Abbildungen auf, die im Einheitsintervall nur ein quadratisches Maximum haben, z. B. auch für $x^{t+1} = r \sin(\pi x^t)$. Das Verhältnis $(r_{n+1} - r_n)/(r_{n+2} - r_{n+1})$ strebt für $n \to \infty$ gegen den Wert $\delta = 4{,}6692016$, das Verhältnis d_n/d_{n+1} gegen den Wert $\alpha = 2{,}5029078$ (d_n beschreibt im Wesentlichen den Abstand benachbarter Fixpunkte, siehe Abb. 3c). α und δ werden als die universellen Feigenbaum-Zahlen bezeichnet. Diese universellen Werte lassen sich im Rahmen der Renormierungsgruppentheorie verstehen. Die Periodenverdopplungsroute und mit ihr die Feigenbaumzahlen wurden in vielen Systemen experimentell gefunden, wie z. B. in einem nichtlinearen elektronischen Oszillator. Außer der Feigenbaumroute gibt es noch eine Fülle anderer Wege ins Chaos, die ebenfalls universelles Verhalten zeigen.

Konservative Systeme: das KAM-Theorem

Wir kommen nun zum zweiten Zweig der Tabelle, der die Bewegung in konservativen Systemen beschreibt. Schon 1893 wusste der französische Mathematiker Jules Henri Poincaré, dass die Bewegungsgleichungen von drei durch Gravitation wechselwirkenden Körpern nicht integrabel sind und zu völlig chaotischen Bewegungen im Raum führen können. Das Studium konservativer (d.h. nicht-dissipativer) chaotischer Systeme wird dadurch erschwert, dass es aus Gründen der Energieerhaltung keine Attraktoren wie bei dissipativen Systemen gibt. Um 1950 bewiesen A N. Kolmogorow, W. I. Arnold und J. Moser das sog. Kolmogorow-Arnold-Moser-Theorem (KAM-Theorem). Es besagt, dass die Bewegung im Phasenraum der klassischen Mechanik weder vollständig regulär noch vollständig chaotisch ist, sondern dass das Verhalten der Trajektorie empfindlich von den Anfangsbedingungen abhängt. Das bedeutet, dass stabile, reguläre Bewegung, wie sie in den meisten Lehrbüchern behandelt wird, bei klassischen Systemen die

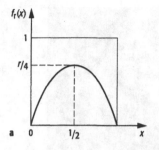

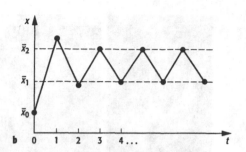

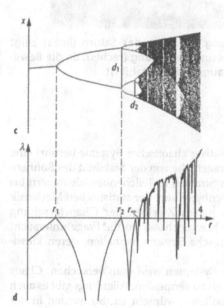

Abb. 3: Die Periodenverdopplungsroute ins Chaos: a) die logistische Abbildung, b) ein Zweierzyklus stellt sich ein. c) Die Iterierten der logistischen Abbildung als Funktion des Kontrollparameters r zeigen den Übergang von einfacher über doppelte und vierfache Periode ins Chaos (unendlich große Periode). d) Der Liapunov-Exponent der logistischen Abbildung als Funktion des Kontrollparameters r: Er ist für $r < r_\infty$ negativ oder null (Dämpfung) und kann oberhalb von r_∞ positive Werte annehmen (exponentielle Verstärkung).

Ausnahme ist! Abb. 4 zeigt die sog. Cassinische Teilung im Ring des Saturn. Sie ist darauf zurückzuführen, dass die Trajektorien im Gebiet der Cassinischen Teilung instabil sind, sodass die Gesteinsbrocken, die sich bei der Entstehung des Saturnringes zunächst dort befanden, im Laufe der Zeit chaotisch abgewandert sind.

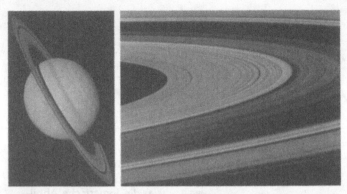

Abb. 4: Die Cassinische Teilung. Der Ring des Saturn (links) zeigt eine große Lücke, die sog. Cassinische Teilung (rechts), da die Bewegung auf Bahnen in diesem Raumgebiet instabil ist.

Ausblick

Das Langzeitverhalten konservativer chaotischer Systeme berührt eine ganze Reihe grundsätzlicher Fragen, die von der Stabilität des Sonnensystems über die Stabilität von Strahlen in Teilchenbeschleunigern bis hin zur Begründung der Ergodenhypothese der statistischen Mechanik reichen. Zu den wichtigsten neuen Zweigen der Chaosforschung gehören die Erforschung des Quantenchaos, wo die Frage untersucht wird, wie sich quantenmechanische Systeme verhalten, deren klassischer Grenzfall Chaos zeigt.

In den meisten technischen Systemen wird man versuchen, Chaos wegen seiner Unvorhersagbarkeit zu vermeiden. Allerdings gibt es auch Beispiele, wo chaotisches Verhalten erwünscht ist. So werden in der Chaoskontrolle Verfahren entwickelt, um aus der Vielfalt der in chaotischen Systemen möglichen Bahnen gezielt solche mit besonders günstigen Eigenschaften auszuwählen, um so etwa einen Verfahrensablauf zu optimieren und mit minimalen Aufwand zu beeinflussen (z. B. beim Betrieb eines Multimodelasers).

Die wesentliche Grunderkenntnis aus der Entdeckung des deterministischen Chaos in dissipativen und konservativen Systemen ist die, dass selbst schon recht einfache Systeme in ihrem Langzeitverhalten unvorhersagbar werden. Diese Einsicht wird uns bei der täglichen Wettervorhersage zwar vor Augen geführt, sie wurde uns aber erst durch die Entdeckung des deterministischen Chaos in ihren Wurzeln verständlich.

[1] J. Argyris, G. Faust, M. Haase, Die Erforschung des Chaos, Vieweg Verlag, 1995.

[2] R. L. Devaney, An Introduction to Chaotic Dynamical Systems, Benjamin Cummings Publishing Co., 1986.

[3] M. F. Barnsley, Fractals Everywhere, Academic Press, 1988.

[4] H. G. Schuster, Deterministisches Chaos: Eine Einführung, Wiley-VCH, Weinheim, 1994.

[5] H. G. Schuster (Hrsg.), Handbook of Chaos Control, Wiley-VCH, Weinheim, 1999.

[6] H.-O. Peitgen, H. Jürgens, D. Saupe, Chaos. Bausteine der Ordnung. Rowohlt Taschenbuch Verlag GmbH, 1998.

Fraktale

Günter Radons

Früher waren Fraktale ziemlich selten, heute findet man sie überall. Was ist geschehen? Spätestens seit der zweiten Hälfte des 19. Jhs. war Mathematikern wie Bernhard Bolzano, Georg Riemann oder Karl Weierstraß klar, dass es Funktionen gibt, die stetig, aber nirgends differenzierbar sind, also sich von den vorher bekannten analytischen Funktionen fundamental unterscheiden [1, 2]. Heute nennt man solche Funktionen fraktale Funktionen. Die von Georg Cantor ebenfalls in dieser Periode eingeführte Cantor-Menge (↓ Deterministische Fraktale), die das einfachste Beispiel einer fraktalen Menge darstellt, teilte mit den fraktalen Funktionen lange Zeit das unverdiente Schicksal, als exotisches mathematisches Objekt ohne Bedeutung für natürliche Gegebenheiten zu gelten.

Es ist das Verdienst von Benoit Mandelbrot, diesen Zustand grundlegend geändert zu haben. In seinen Büchern [2] zeigte er die Allgegenwärtigkeit fraktaler Strukturen in der Natur auf, sei es durch Betrachtungen der Küstenmorphologie verschiedener Länder, der Struktur von Galaxien-Clustern oder von Preisvariationen und anderen Zeitreihen. Beträchtlichen Aufschwung bekam das Gebiet zudem durch die inzwischen etablierte Erkenntnis, dass das dynamische Verhalten dissipativer Systeme typischerweise durch fraktale Strukturen gekennzeichnet ist [3], sowie durch die sich in letzter Zeit herauskristallisierende Tatsache, dass viele natürliche Wachstumsprozesse Fraktale generieren [4–6].

Fraktale Dimensionen

Was sind nun Fraktale? Der Begriff *Fraktal* wurde von Mandelbrot eingeführt, um auszudrücken, dass die zu beschreibenden Objekte meist durch gebrochene, eben fraktale Dimensionen charakterisiert sind, die größer als deren topologische Dimension sind. Der Nutzen fraktaler Dimensionen soll an der Messung der Länge von Küstenlinien demonstriert werden. Beim Versuch, die Länge einer Küste zu bestimmen, könnte man auf die Idee kommen, dies in einer Karte durch stückweise Interpolation mit gleich langen Geradenstücken bzw. Maßstäben der Länge δ zu tun, in dem man zählt, wie viele solcher Stücke man benötig. Sei diese Zahl $N(\delta)$, so schätzt man die Länge als $L(\delta) = \delta \cdot N(\delta)$. Bei dem Verdacht, die Karte wäre möglicherweise zu ungenau gewesen, würde man zu einer detaillierteren Karte mit höherer »Auflösung« greifen und das Experiment mit einem effektiv kürzeren Maßstab wiederholen. Bei einer normalen glatten Kurve, wie z.B. einem Kreissegment, wird die Verwendung eines immer kleiner werdenden Maßstabs ein immer genaueres Resultat für die tatsächliche Länge L^* ergeben:

$$\lim_{\delta \to 0} L(\delta) = L^*.$$

Für Küstenlinien findet man, dass die so bestimmte Länge anscheinend divergiert. Trägt man z.B. für verschiedene Küsten und Ländergrenzen $\log L(\delta)$ gegen $\log(\delta)$ auf, so ergibt sich eine lineare Abhängigkeit mit einer Steigung $\approx -0{,}25$, und es gilt somit $L(\delta) \sim \delta^{1-D}$ bzw. $N(\delta) \sim \delta^{-D}$ mit $D \approx 1{,}25$. Das Resultat bedeutet, dass mit feinerem Maßstab auch immer feinere Strukturen (immer kleinere Buchten und Landzungen), die neue Beiträge zur Länge liefern, aufgelöst werden. Der Exponent D kann als eine fraktale Dimension, also als Verallgemeinerung der üblichen euklidischen Dimension aufgefasst werden.

Das macht man sich klar, indem man rekapituliert, wie man Längen, Flächen oder Volumina, also das Maß von »normalen« Objekten bestimmt. Man überdeckt die Objekte z.B. mit dreidimensionalen Kugeln mit Radius δ oder Kuben mit Kantenlänge δ und bestimmt die benötigte Anzahl $N(\delta)$. Den Inhalt bekommt man (bis auf eine Konstante) indem man den Grenzwert

$$I = \lim_{\delta \to 0} \delta^d N(\delta)$$

bildet. Der ist jedoch nur dann endlich und von null verschieden, wenn d richtig gewählt wird, also $d = 1$ für (nicht-fraktale) Kurven, $d = 2$ für flächige Objekte und $d = 3$ für Volumina. Misst man mit dem »falschen« d, so erhält man als Inhalt null oder unendlich. In dem Küstenbeispiel muss man $d = D \approx 1{,}25$ wählen (wegen $N(\delta) \sim \delta^{-D}$), um ein endliches Maß für die Küstenlänge zu bekommen. Mathematisch präziser formuliert (insbesondere durch Wahl einer auf jeder Skala δ optimierten Überdeckung) ist dies das Verfahren zur Bestimmung der Hausdorff-Dimension, der allgemein akzeptierten Definition der fraktalen Dimension eines Objekts. Eine in der Praxis häufig gebrauchte Definition ist die Zellenzahl-Dimension (engl. *box counting dimension*, Kapazitäts-dimension)

$$D = -\lim_{\delta \to 0} \log N(\delta) / \log \delta \, ,$$

wobei $N(\delta)$ einfach die Anzahl nichtleerer Kästchen auf einem Gitter der Skala δ (keine Optimierung) ist. Häufig stimmt diese mit der Hausdorff-Dimension überein (aber z. B. nicht für die Menge der rationalen Zahlen auf dem Einheitsintervall).

Bei der Betrachtung von natürlichen Fraktalen wie Küstenlinien ist klar, dass ein Skalengesetz wie $N(\delta) \sim \delta^{-D}$ i. A. nicht für beliebige δ gilt, sondern in günstigen Fällen über mehrere Dekaden erfüllt ist, d. h. es gibt typischer Weise einen unteren und oberen Abschneidepa-rameter, bei denen andere Gesetzmäßigkeiten einsetzen. Im Gegensatz dazu gelten in mathematisch idealisierten Fraktalen die Skalengesetze auch auf infinitesimal kleinen oder unendlich großen Skalen. Diese idealen Fraktale kann man wiederum danach unterscheiden, ob die Ge-setzmäßigkeiten deterministischer oder zufälliger Natur sind.

Deterministische Fraktale

An einigen Beispielen einfacher deterministischer Fraktale sollen deren Gesetzmäßigkeiten demonstriert werden. Das einfachste fraktale Ob-jekt ist die in Abb. 1 dargestellte triadische Cantor-Menge. Bei ihrer Konstruktion wird in einem ersten Schritt aus dem Einheitsintervall das mittlere Drittel entfernt, dann von den verbleibenden Intervallen jeweils wieder das mittlere Drittel, usw. Nach dem n-ten Schritt besteht das sogenannte Prä-Fraktal aus 2^n Intervallen der Länge $(1/3)^n$. Im

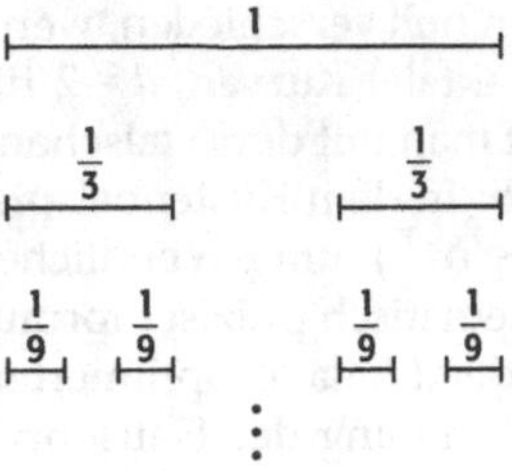

Abb. 1: Die Cantor-Menge hat die fraktale Dimension $D = 0,6039\dots$.

Limes $n \to \infty$ erhält man die Cantor-Menge mit Länge null. Berechnet man die fraktale Dimension nach der Formel

$$2^n\, D = -\lim_{\delta \to 0} \frac{\log N(\delta)}{\log \delta}$$

auf einem Gitter mit Abständen $\delta_k = (1/3)^k$, so findet man $N(\delta_k) = 2^k$ gefüllte Intervalle und somit

$$D = -\frac{\log(2^k)}{\log((1/3)^k)} = \frac{\log 2}{\log 3} = 0,6309\dots$$

Eine wichtige Eigenschaft von Fraktalen, nämlich ihre Selbstähnlichkeit, wird durch die Konstruktion der Cantor-Menge offensichtlich: Vergrößert man das Fraktal um einen bestimmten Faktor (hier Faktor 3), so erhält man ein Objekt, das aus disjunkten Teilen besteht (hier 2), welche exakte Kopien des ursprünglichen Fraktals sind. Diese Eigenschaft kann man benutzen, um eine fraktale Dimension, die Ähnlichkeitsdimension, zu definieren. Sie ist gegeben durch $D = \log$ (Anzahl der Teile)$/\log$ (Vergrößerungsfaktor) und stimmt mit der Hausdorff-Dimension überein.

Als Beispiel für deterministische Fraktale sei in Abb. 2 ein fraktales Objekt mit einer Dimension $2 < D < 3$ vorgestellt, der sog. Sierpinski-Schwamm (die Projektionen auf die Seitenflächen ergeben jeweils einen sogenannten Sierpinski-Teppich). Sein Dimension ist aufgrund seiner Selbstähnlichkeit (Vergrößerung von drei auf 20 Teile) gegeben durch $D = \log 4/\log 20 = 2,7268\dots$. Solche Objekte haben eine unendlich große Oberfläche und ein verschwindendes Volumen und können als Modelle für hochporöse Materialien dienen, insbesondere wenn Zufallsaspekte mit berücksichtigt werden.

Abb. 2: Der Sierpinski-Schwamm entsteht aus einem Würfel durch wiederholtes Entfernen der zentralen Quader aus den jeweils verbleibenden Würfeln.

Zufällige Fraktale

Die strenge Selbstähnlichkeit deterministischer Fraktale ist in natürlich entstandenen fraktalen Strukturen meist nicht gegeben. Letztere sind oft stochastischen Einflüssen durch die Umgebung unterworfen. Deswegen macht es Sinn, Fraktale und entsprechende Modelle zu betrachten, bei denen die Selbstähnlichkeit nur noch statistisch erfüllt ist, d. h., dass nach Vergrößerung des Objekts statistisch ähnliche Strukturen vorliegen wie im Ausgangsobjekt. Eine einfache Variation der Cantor-Menge mag dafür als Beispiel dienen. Verschiebt man in jedem Konstruktionsschritt die resultierenden Intervalle nach einer geeigneten Zufallsvorschrift (ohne einen Überlapp der Intervalle zu erzeugen), so wird die strikte Selbstähnlichkeit zerstört, das resultierend Objekt hat aber nach wie vor die gleiche fraktale Dimension. Es gibt eine Reihe an-

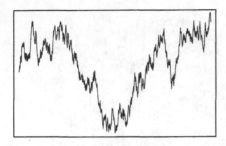

Abb. 3: Ein Beispiel eines
Brownschen Pfades $x(t)$.

derer durch den Zufall veränderte Varianten dieser Konstruktion, die
beispielsweise in der Theorie der Turbulenz eine Rolle spielen.

Das berühmteste Beispiel für zufällige Fraktale sind die Pfade von
Brownschen Teilchen, z. B. in einer Dimension. Die zeitabhängige Teil-
chendichte $\varrho(x, t)$, die dem Diffusionsgesetz $\partial\varrho/\partial t = \tilde{D} \cdot \partial^2\varrho/\partial t^2$ mit
der Diffusionskonstante $\tilde{D}$ genügt, wird erzeugt durch Ensembles von
Trajektorien $x(t)$, die der stochastischen Langevin-Gleichung genügen.
Eine typische Lösung $x(t)$, ein Brownscher Pfad, ist in Abb. 3 dargestellt. Die fraktale Dimension dieser statistisch selbstaffinen Kurve ist
$D = 1{,}5$.

Ein neuer Aspekt dieser Lösungsfunktionen ist, dass sie nicht selbst-
ähnlich ~ auch nicht im statistischen Sinn -, sondern statistisch selbst-
affin sind. Dies bedeutet, dass man die Achsen verschieden skalieren
muss, um ein statistisch ähnliches Gebilde zu erhalten: Eine Lösung
$\varrho(x, t)$ der Diffusionsgleichung erfüllt diese auch nach einer Skalierung
$t \rightarrow bt$, $x \rightarrow b^{1/2}x$. Die Hausdorff-Dimension eines typischen Pfades
ergibt sich zu $D = 3/2$, wie man mit einem Zellenzähl-Argument unter
Benutzung der Skalierungseigenschaften nachprüfen kann. Misst man
die fraktale Dimension mit der oben geschilderten Maßstabsmethode,
so erhält man ein anderes Ergebnis, nämlich $D = 2$. Diese Diskrepanz
ist eine Besonderheit selbstaffiner Gebilde. Eine Verallgemeinerung der
Brownschen Bewegung, die fraktionale Brownsche Bewegung, führt zu
fraktalen Dimensionen mit $1 < D < 2$. Erweiterungen dieser Konzepte
auf Funktionen von $\mathbb{R}^2 \rightarrow \mathbb{R}$ ergeben fraktale »Gebirge«, die natürlichen Gebirgen sehr ähnlich sehen. Die klassischen fraktalen Funktio-
nen sind deterministische selbstaffine Fraktale. Zufällige selbstaffine
Fraktale spielen beim fraktalen Wachstum eine fundamentale Rolle.

Multifraktale

In der bisherigen Behandlung fraktaler Mengen wurden keine Annahmen über eventuell vorliegende Verteilungen gemacht, die auf dem Fraktal »leben« könnten. Es wurde ein gegebener Punkt bisher nur danach beurteilt, ob er Teil der Menge ist oder nicht. In physikalischen Problemstellungen sind jedoch typischerweise quantitative Größen interessant. Man fragt also nicht nur, ob an einem Punkt etwas existiert oder nicht, sondern wieviel. Beispiele für Quantitäten, die auf Fraktalen definiert sein können, sind Teilchendichten, Stromdichten, Konzentrationen chemischer Substanzen in einem Flüssigkeitsgemisch oder allgemein Aufenthaltswahrscheinlichkeiten. Bezieht man solche quantitativen Aspekte mit ein, so untersucht man multifraktale Maße, die auf einem geometrischen Träger definiert sind. Eine einfache iterative Konstruktion soll dies verdeutlichen. In Abb. 4a sei die Ausgangssituation ($n = 0$) eine normierte Gleichverteilung (von »Masse«) auf dem

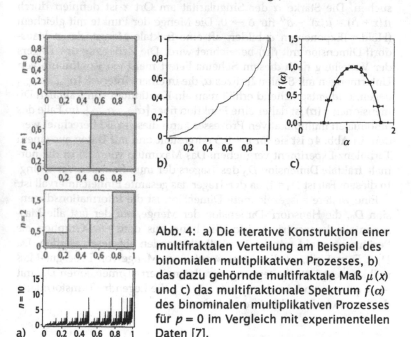

Abb. 4: a) Die iterative Konstruktion einer multifraktalen Verteilung am Beispiel des binomialen multiplikativen Prozesses, b) das dazu gehörnde multifraktale Maß $\mu(x)$ und c) das multifraktionale Spektrum $f(\alpha)$ des binominalen multiplikativen Prozesses für $p = 0$ im Vergleich mit experimentellen Daten [7].

Einheitsintervall. In einer ersten Iteration ($n = 1$) wird diese Masse ungleichmäßig auf die beiden Hälften des Intervalls verteilt, nämlich 1/3 nach links und 2/3 nach rechts, sodass die Gesamtmasse erhalten bleibt. Im nächsten Schritt ($n = 2$) wird die gleichverteilte Masse der linken Hälfte nach demselben Schema auf dessen Subintervalle (0, 1/4) und (1/4, 1/2) verteilt. Analog verfährt man auf der rechten Seite. Dieser Aufteilungsprozess wird ad infinitum fortgesetzt. Dies ist der binomiale multiplikative Prozess. An der Verteilung, z.B. in Generation $n = 10$, sieht man, dass die stückweise konstante Massendichte $\varrho_n(x)$ an vielen Stellen zu divergieren beginnt. Die asymptotische Dichte $\varrho_\infty(x)$ ist singulär und mathematisch nicht wohldefiniert, sodass man die integrierten Dichte $\mu(x)$ wie in Abb. 4b betrachtet.

Die Idee der multifraktalen Analyse besteht darin, den Träger der Verteilung $\varrho_n(x)$ in Untermengen gleicher Dichte zu zerlegen (genauer: in Mengen gleichen singulären Verhaltens α im Limes $n \to \infty$), um dann die fraktalen Dimensionen dieser Untermengen zu untersuchen. Die Stärke α der Singularität am Ort x ist definiert durch $\mu(x + \delta) - \mu(x) \sim \delta^\alpha$ für $\delta \to 0$. Die Menge der Punkte mit gleichem (Hölder-)Exponenten α bilden oft eine fraktale Menge, deren Hausdorff-Dimension mit $f(\alpha)$ bezeichnet wird. Die Zerlegung des Trägers der Verteilung nach diesem Schema liefert meist ein Kontinuum von Untermengen mit Skalen-Indizes α, die in einem Intervall $[\alpha_{min}, \alpha_{max}]$ liegen, und entsprechend erhält man ein Kontinuum von fraktalen Dimensionen. $f(\alpha)$ ist daher eine Funktion über $[\alpha_{min}, \alpha_{max}]$. Im Falle des binomialen multiplikativen Prozesses kann diese exakt berechnet werden. In Abb. 4c ist sie für $p = 0,3$ dargestellt und mit Daten aus einem Turbulenz-Experiment verglichen. Das Maximum von $f(\alpha)$ ist die normale fraktale Dimension D_0 des Trägers der multifraktalen Verteilung. In diesem Fall ist $D_0 = 1$, da der Träger das gesamte Einheitsintervall ist.

Eine weitere ausgezeichnete Dimension ist die Informationsdimension D_0, die Hausdorff-Dimension der Menge, auf der fast alle Massenanteile konzentriert sind. Sie kann aus dem $f(\alpha)$-Graphen als Berührungspunkt mit der Winkelhalbierenden abgelesen werden. Da $D_1 < D_0 = 1$ gilt, ist die »Masse« auf einer Menge von Lebesgue-Maß null konzentriert. Weitere sog. verallgemeinerte Dimensionen D_q, mit $-\infty < q < +\infty$, sind durch $\tau(q) = (q - 1) D_q$, die Legendre-Transformierte der konvexen Funktion $f(\alpha)$, definiert.

Anwendungen

Die Breite der Anwendungen in fast allen naturwissenschaftlichen Gebieten ist im Wesentlichen auf zwei Fraktale erzeugende Mechanismen zurückzuführen. Zum einen entstehen sie auf natürliche Weise als Attraktoren in nichtlinearen dynamischen Systemen, zum anderen als Produkt von Aggregations- oder Wachstumsprozessen. Erstere können aus experimentellen Daten meist erst durch Attraktor-Rekonstruktion gewonnen werden. Ein weiterer Anwendungsbereich sind die spektralen Eigenschaften bestimmter Operatoren, z. B. in der Quantenmechanik (↑ Messprozesse in der Quantenmechanik), oder Leistungsspektren unendlich langer Sequenzen.

Fraktale in dynamischen Systemen

Es existieren zwei Klassen von dynamischen Systemen, die Fraktale als Attraktoren besitzen. Die eine ist durch deterministische Gleichungen, gewöhnliche Differentialgleichungen oder deterministische iterierte Abbildungen definiert, während die andere Zufallselemente enhält. Dementsprechend spricht man von deterministischen und von stochastischen dynamischen Systemen. Erstere zeigen typischerweise chaotisches Verhalten auf den Attraktoren. Das Entstehen fraktaler Attraktoren kann man leicht an der dissipativen Bäcker-Abbildung nachvollziehen, bei der sich in der kontrahierenden Richtung eine Cantor-Menge ausbildet. Die Wirkung der Bäcker-Abbildung, einem stark chaotischen System, für das alle wichtigen charakteristischen Größen exakt berechnet werden können, ist folgende: Das Einheitsquadrat wird zunächst wie ein Stück Teig (daher der Name) auf die doppelte Länge gestreckt und seine Höhe dabei reduziert. Anschließend wird dieses Rechteck zerschnitten und in das Einheitsquadrat zurückgefaltet. Andere bekannte fraktale Attraktoren von Abbildungen oder Differentialgleichungssystemen sind der Hénon-Attraktor oder der Lorenz-Attraktor. Ein interessanter Aspekt dieser Systeme ist die Existenz eines Zusammenhangs zwischen fraktaler Dimension des Attraktors und den Liapunow-Exponenten, die den Grad des chaotischen Verhaltens auf dem Attraktor beschreiben.

Stochastische dynamische Systeme, die Fraktale generieren, erlangten große Popularität als Basis für mögliche Algorithmen zur Daten-

Abb. 5: Ein iteriertes Funktionensystem, bestehend aus vier affinen Abbildungen in der Ebene, kann »Farne« generieren.

kompression (z. B. für natürliche Bilder) [8,9]. Mittels Komposition komplexerer Funktionen, z. B. affiner Abbildungen in der Ebene, erhält man »Farne« (siehe Abb. 5) und andere natürlich erscheinende Objekte. Ähnliche stochastische Prozesse treten in vielen anderen Gebieten, z. B. in der statistischen Physik und bei sequentiellen Lernalgorithmen für ↑ Neuronale Netze auf.

Fraktales Wachstum

Der Ausbreitungsprozess einer Phase (Aggregatzustand, Cluster, Teilchen, Spezies, etc.) auf Kosten einer anderen findet in den verschiedensten Zusammenhängen, aber oft unter Ausbildung fraktaler Strukturen statt. Beispiele sind das Kristallwachstum aus einer unterkühlten Schmelze, die Ausbreitung einer weniger viskosen Flüssigkeit in einer zäheren, elektrolytische Abscheidungen, Perkolationsprozesse (↑ Perkolationstheorie), die Ausbreitung von Bakterienkolonien. Das Wachstum dünner Schichten durch Molekularstrahl-Epitaxie oder durch Sputtern sowie die Ausbreitung von Flammenfronten oder die von

Flüssigkeiten in porösen Medien führt häufig zu statistisch selbstaffinen oder fraktalen Grenzflächen. Allen diesen Phänomenen liegt eine Instabilität der wachsenden Grenzfläche zugrunde. Vorhersagen zur Morphologie der Grenzflächen sind oft schwierig, da konkurrierende treibende Kräfte (z. B. Teilchen- oder Wärmediffusion gegen Oberflächenspannung) sowie lokale und nichtlokale Effekte zusammenwirken. Einsichten in die Entstehungsvorgänge werden oft durch einfache mikroskopische Modelle gewonnen.

Fraktale Spektren

In der Spektraltheorie, z. B. von quantenmechanischen Operatoren, kennt man neben diskreten Spektren (Energieniveaus der gebundenen Zustände in Atomen) und kontinuierlichen Spektren (elektronische Bandstruktur in Festkörpern, etc.) eine dritte Klasse, die singulär-stetigen Spektren. Es besteht hier eine Analogie zur Wahrscheinlichkeitstheorie, wo außer diskreten und kontinuierlichen Wahrscheinlichkeitsverteilungen ebenfalls singulär-stetige Verteilungen (= multifraktale Maße) existieren. Ein bekanntes Beispiel für ein fraktales Energiespektrum ist der sog. Hofstadter-Schmetterling, das Spektrum eines quantenmechanischen Modells für Elektronen im Festkörper unter dem Einfluss eines Magnetfeldes [10]. Die Fourier- oder Leistungsspektren komplexer Sequenzen oder Zeitreihen können ebenfalls singulär-stetige Komponenten besitzen. Ein Beispiel einer selbst-ähnlichen Sequenz, für die nicht-triviale $f(\alpha)$-Kurven für das Fourierspektrum gefunden wurden, ist die zahlentheoretische Thue-Morse-Sequenz, die durch wiederholte parallele Anwendung der Substitutionsregeln $1 \rightarrow 1$, -1 und $-1 \rightarrow -1,1$ gewonnen werden kann.

Andere Anwendungen

Zum Schluss soll erwähnt werden, dass fraktale Konzepte auch in Bereiche wie Signalanalyse, Bildverarbeitung oder gesellschaftliche Organisationsstrukturen [11] eingeflossen sind.

[1] G. A. Edgar (Hrsg.): Classics on Fractals, Addison Wesley, 1993.

[2] B. B. Mandelbrot: Les Objects Fractals: Forme, Hasard et Dimension, Flammarion 1975.The Fractal Geometry of Nature, W. H. Freeman, 1982.

[3] H. G. Schuster: Deterministic Chaos, VCH-Verlag, 3rd augm. ed., 1995.

[4] J. Feder: Fractals, Plenum, 1988.

[5] T. Viczek: Fractal Growth Phenomena, World Scientific, 2nd ed., 1992.

[6] A.-L. Barabási, H. E. Stanley: Fractal Concepts in Surface Growth, Cambridge University Press, 1995.

[7] C. Meneveau, K. R. Sreenivasan: Simple multifractal cascade model for fully developed turbulence, Phys. Rev. Lett. 59, 1424 (1987).

[8] M. F. Barnsley: Fractals Everywhere, Academic Press, 1988.

[9] H.-O. Peitgen et al.: Chaos and Fractals, Springer, 1993.

[10] D. R. Hofstadter: Energy levels and wave functions of Bloch electrons in rational and irrational magnetic fields, Phys. Rev. B 14, 2239 (1976).

[11] H.-J. Warnecke: Die fraktale Fabrik: Revolution der Unternehmenskultur. Springer, 1992.

Perkolationstheorie

Thomas Filk

Die Perkolationstheorie beschäftigt sich allgemein mit der Entstehung und Beschreibung komplexer, meist ungeordneter Strukturen, die sich aus einfachen Bestandteilen zusammensetzen. Der Name »Perkolationstheorie« leitet sich vom lateinischen »percolare« mit der Bedeutung »durchdringen, durchseihen« oder auch »eindringen« ab. Er wurde 1957 in einer Publikation von Simon R. Broadbent und John M. Hammersley geprägt und deutet auf eine wichtige Fragestellung der Perkolationstheorie hin: Unter welchen Bedingungen entstehen makroskopisch zusammenhängende komplexe Strukturen, die eine Verbindung zwischen meist räumlich entfernten Punkten oder Gebieten schaffen? (Zur Veranschaulichung stelle man sich eine hügelige Landschaft vor, die allmählich mit Wasser gefüllt wird: Mit wachsendem Wasserstand nimmt die Größe isolierter Wasserlachen (die Clustergröße) und deren Flächenanteil (die Wahrscheinlichkeit p) zu, bis sich bei einem kritischen Wert p_c, der Perkolationsschwelle, eine zusammenhängende Wasserfläche (der perkolierende Cluster) bildet.) Wann ist beispielsweise das Röhrensystem in einem porösen Medium so beschaffen, dass eine Flüssigkeit dieses Medium durchdringen kann? Die Perkolationstheorie kann aber nicht nur zur Berechnung der Leitfähigkeit und der Magnetisierung von Substanzen eingesetzt werden, sondern auch bei der Beschreibung von Waldbränden und Epidemien.

Erste Modelle wurden bereits Anfang der 1940er Jahre von Paul J. Flory und W. H. Stockmeyer zur qualitativen Beschreibung der Polymergelierung entwickelt. Gegen Ende der 1970er Jahre hat sich die Perkolationstheorie von einem Teilgebiet der statistischen Mechanik zu einem eigenständigen Forschungsgebiet etabliert. Dies hängt nicht zuletzt mit der Entwicklung schnellerer und größerer Computer zusammen, mit deren Hilfe auch komplexe Modelle der Perkolationstheorie numerisch intensiver untersucht werden können. Die wesentlichen Methoden der Perkolationstheorie sind die Entwicklung mathematischer Modelle, die Anwendung und Erweiterung von Verfahren der statistischen Mechanik und natürlich numerische Verfahren wie die Simulation von Systemen auf einem Computer. Die Perkolationstheorie ist eng mit den Konzepten der Selbstähnlichkeit und der fraktalen Strukturen (↑ Fraktale) verbunden. Neben der Festkörperphysik steht die Perkolationstheorie in engem Kontakt mit der Hydrodynamik, der Physik der Polymere und der Chemie, ihre Anwendungsmöglichkeiten gehen jedoch weit über die Naturwissenschaften hinaus.

Cluster

Ein zentraler Begriff in der Perkolationstheorie ist der Begriff des Clusters. Er kann als Modell eines porösen Mediums dienen, aber auch für andere ungeordnete Strukturen stehen, z. B. für stark verzweigte Makromoleküle, die Verteilung bestimmter Bestandteile in Legierungen, für ein ungeordnetes Netzwerk elektrischer Leiter, oder auch abstrakt für ein komplexes System von Relationen.

Ein Cluster ist mathematisch ein *Graph*, d. h. eine Menge von Punkten (in der Perkolationstheorie oft *Sites* genannt) sowie Verbindungslinien zwischen den einzelnen Punkten (*Bonds*), der in eine Ebene oder den dreidimensionalen Raum eingebettet ist, oder als Teil eines regulären Gitters aufgefasst wird. Verallgemeinerungen zu d-dimensionalen Räumen bzw. Gittern werden ebenfalls untersucht. Für manche Anwendungen werden den Sites oder Bonds des Clusters noch bestimmte Eigenschaften zugeschrieben, z. B. eine mittlere Dicke, der Wert eines elektrischen Widerstands, ein chemischer Reaktions- bzw. Absorptionskoeffizient usw.. Während einzelne Cluster sich je nach Anwendung durch verschiedene Clustereigenschaften beschreiben lassen, ist ein Ensemble von Clustern bzw. eine Clusterkonfiguration durch die Clusterzahlen charaktersisiert.

Für einen zusammenhängenden Cluster kann man generell *intrinsische* und *extrinsische* Clustereigenschaften unterscheiden. Intrinsische Clustereigenschaften lassen sich einzig aus der Struktur des Graphen, d. h. den kombinatorischen Relationen der Nachbarschaftsverhältnisse von Sites, definieren. Extrinsische Clustereigenschaften hingegen beziehen sich auf die Einbettung des Graphen in einer Fläche, einem Raum, oder auf einem regulären Gitter.

Zu den intrinsischen Clustereigenschaften zählt beispielsweise die sog. Masse *s* des Clusters, d. h. die Anzahl der Sites (manchmal auch die Anzahl der Bonds), aus denen der Cluster besteht, während eine wichtige extrinsische Eigenschaft zur Charakterisierung eines Clusters sein *Umfang* (Clusteroberfläche) ist, d. h. die Anzahl der Punkte des einbettenden Gitters, die zu einem Site des Clusters benachbart sind, aber nicht selber zum Cluster gehören.

Zwei Sites eines zusammenhängenden Clusters kann man sowohl intrinsisch als auch extrinsisch einen *Abstand* zuordnen. Intrinsisch definiert man den Abstand der Sites als die *Länge* (= Anzahl der Bonds) eines kürzesten Verbindungsweges auf dem Cluster zwischen den Sites. Extrinsisch wählt man meist den *euklidischen Abstand*, der durch die Einbettung in einen Raum oder ein Gitter definiert ist. Clustereigenschaften, die von einem Abstandsbegriff abhängen, können sich sehr unterscheiden, je nachdem, welche der beiden Definitionen benutzt wird. So gibt es einen intrinsischen bzw. extrinsischen *Durchmesser* eines Clusters (der maximale Abstand zwischen zwei Sites des Clusters) oder auch einen intrinsischen bzw. extrinsischen Gyrationsradius. Beide Größen definieren eine lineare Ausdehnung eines Clusters. Das gleiche gilt für die *Korrelationslänge* ξ, die den exponentiellen Abfall der Clusterkorrelationsfunktion beschreibt.

Man bezeichnet einen Cluster als *perkolierend*, wenn er gegenüberliegende Ränder des einbettenden Raumes bzw. Gitters verbindet. Denkt man sich den Cluster als elektrisch leitendes System, bei dem die Bonds Widerstände repräsentieren, und wird zwischen den Rändern eine Spannung angelegt, so kann durch einen perkolierenden Cluster ein Strom fließen. Die Leitfähigkeit Σ eines perkolierenden Clusters hängt nur von seinem Rückgrat ab, d. h. dem Teil des in Abb. 1 dargestellten Clusters, durch den tatsächlich ein Strom fließt. Das Komplement des Rückgrats bezeichnet man auch als *lose Enden* (*dangling ends*). Innerhalb des Rückgrats kommt den *einfach-zusammenhängenden* Bonds eine besondere Bedeutung zu: Entfernt man einen einfach-zusammenhängenden Bond aus dem Rückgrat des Clusters, so zerfällt er in zwei Hälften, d. h. er ist kein perkolierender Cluster mehr. Für die Zerlegung eines Clusters in einfach-zusammenhängende Bonds des Rückgrats, mehrfach-zusammenhängende Bonds des Rückgrats und lose Enden hat H. E. Stanley den Begriff der »*Rot-Blau-Gelb-Zerlegung*« geprägt.

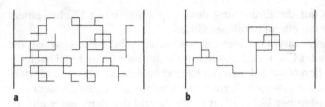

a   b

Abb 1: a) Perkolierender Cluster und b) sein Rückgrat in der Bond-Perkolation.

Viele Clustereigenschaften lassen sich erst im Grenzfall unendlich großer Cluster definieren. Dazu zählen insbesondere verschiedene Dimensionsbegriffe, die sich einem Cluster zuordnen lassen. Die *Clusterdimension D* ist durch eine Skalenrelation der Form $s \sim l^D$ definiert, wobei s die Anzahl aller Sites ist, die sich innerhalb eines Abstands l von einem Referenzpunkt (über den gemittelt wird) befinden. Für große Werte von l erwartet man ein Skalengesetz obiger Form, wobei die Dimension D nicht unbedingt ganzzahlig sein muss. Je nach verwendetem Abstandsfunktional l ist D die intrinsische oder extrinsische Clusterdimension. Ist D nicht ganzzahlig, so handelt es sich bei dem Cluster um ein Fraktal.

Ein weiterer nützlicher Dimensionsbegriff ist die spektrale Dimension eines Clusters, die über die *Rückkehrwahrscheinlichkeit* eines Diffusionsprozesses bzw. *Random Walks* auf dem Cluster definiert wird (↓ Dynamische Prozesse auf Clustern). Auch der anomale Diffusionsexponent ist eine wichtige Clustereigenschaft. Clusterdimension, Spektrale Dimension und anomaler Diffusionskoeffizient lassen sich natürlich auch für wichtige Teilgraphen eines Clusters, beispielsweise das Rückgrat, bestimmen.

Für einen unendlichen Cluster ist seine Größe bzw. Masse nicht mehr definiert. In diesem Fall hat sich die *Clusterstärke P*, die ein Maß für die Größe eines unendlichen Clusters in einer Clusterkonfiguration ist, als sinnvolle Charakterisierung erwiesen. P ist definiert als die Wahrscheinlichkeit, dass ein beliebiger Gitterpunkt Teil des unendlichen Clusters ist. Im Gegensatz zur Clustergröße ist die Clusterstärke eine extrinsische Clustereigenschaft, d. h. sie hängt von der Einbettung des Clusters ab.

Bisher haben wir nur Clustereigenschaften eines einzelnen zusammenhängenden Clusters erwähnt. Oftmals interessiert man sich in der Perkolationstheorie aber für ein Ensemble von Clustern. So liefern die ↓ Perkolationsmodelle meist eine Clusterkonfiguration, d.h. ein Ensemble von unzusammenhängenden Clustern. Für ein solches Ensemble lassen sich Verteilungsfunktionen der Clustereigenschaften angeben, die sog. *Clusterzahlen.* Eine wichtige Clusterzahl ist $n(s)$, die Anzahl der Cluster der Masse s pro Gitterpunkt. Daraus erhält man die Wahrscheinlichkeit $w(s) = sn(s)$, dass ein beliebig herausgegriffener Gitterpunkt Teil eines Clusters der Masse s ist. Die mittlere Clustergröße ist dann durch den Erwartungswert von s

$$S = \sum_{s \geq 0} sw(s) \Big/ \sum_{s \geq 0} w(s)$$

gegeben. Weiterhin ist

$$G = \sum_{s \geq 0} n(s)$$

gleich der mittleren Anzahl von Clustern pro Site, unabhängig von ihrer Größe.

Perkolationsmodelle

Im Idealfall dienen komplexe physikalische Systeme als Vorlage, und die Perkolationstheorie sucht nach einfachen Modellen, Cluster mit den Eigenschaften dieser Systeme zu generieren. Oftmals ist der eingeschlagene Weg jedoch umgekehrt: Die Perkolationstheorie entwickelt bestimmte Verfahren zur Generierung von Clustern und untersucht – analytisch oder numerisch – welche Eigenschaften die so erzeugten Cluster haben.

Die einfachsten Perkolationsmodelle zur Erzeugung von Clusterkonfigurationen sind die *Site-Perkolation* und die *Bond-Perkolation*. Bei der Bond-Perkolation werden die Linien eines regulären Gitters mit einer unkorrelierten Wahrscheinlichkeit p markiert bzw. besetzt und dadurch als Teil eines Clusters definiert, wie in Abb. 2 dargestellt. Bei der Site-Perkolation werden zunächst die Gitterpunkte mit einer Wahrscheinlichkeit p besetzt. Anschließend wird durch eine zweite Vorschrift entschieden, welche der besetzten Gitterpunkte durch Linien

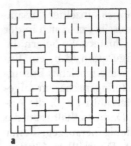 

a   b

Abb. 2: Bond-Perkolation für zwei verschiedene Besetzungswahrscheinlichkeiten: a) $p = 0{,}4$ und b) $p = 0{,}8$.

verbunden werden. Für die »nächste-Nachbar«-Site-Perkolation werden alle Gitterlinien besetzt, für die beide Endpunkte besetzt sind. Eine einfache Verallgemeinerungen dieser Verfahren ist die Site-Bond-Perkolation.

Kompliziertere Modelle berücksichtigen Korrelationen zwischen besetzten Sites oder Bonds. So kann man beispielsweise eine typische Konfiguration des Ising-Modells bei gegebener Temperatur vorgeben, und alle Gitterlinien, an deren Endpunkten die Werte der Spinvariablen positiv sind, als Teil eines Clusters auffassen. Für Ising-Konfigurationen bei unendlicher Temperatur gelangt man zur unkorrelierten Site-Perkolation zurück, wobei das Magnetfeld im Ising-Modell die Besetzungswahrscheinlichkeit steuert.

Die angegebenen Methoden der Site- und Bond-Perkolation sind rein statistischer Natur und sagen oft wenig über die Kinematik der Entstehung von Clustern aus. Es gibt jedoch auch Modelle, die das Wachstum eines Clusters beschreiben. Das folgende iterative Verfahren, das eine diskrete Zeitentwicklung simuliert, ist beispielsweise äquivalent zur Site-Perkolation: Ausgehend von einem Ursprungspunkt werden dessen Nachbarpunkte mit einer Wahrscheinlichkeit p besetzt und die besetzten Sites mit dem Ausgangspunkt verbunden. In einem zweiten Schritt werden alle noch nicht behandelten Nachbarsites von bereits besetzten Sites mit einer Wahrscheinlichkeit p besetzt und wiederum benachbarte markierten Sites verbunden. Dieses Verfahren lässt sich iterativ fortsetzen, bis bei einem Schritt keine neuen Sites hinzugekommen sind. Man simuliert so die schrittweise Entstehung eines einzelnen Clusters aus der Site-Perkolation. Für eine gute Statistik muss dieser Prozess genügend oft wiederholt werden.

Die Perkolationsschwelle

Von besonderem Interesse für die Perkolationstheorie sind die gemittelten Eigenschaften typischer Cluster als Funktion der Modellparameter, beispielsweise der Besetzungswahrscheinlichkeiten p. In allen oben genannten Fällen gibt es eine sog. Perkolationsschwelle p_c, oberhalb derer im thermodynamischen Grenzfall mit Wahrscheinlichkeit 1 ein Cluster unendlicher Größe existiert, wohingegen unterhalb der Schwelle die Wahrscheinlichkeit für einen unendlichen Cluster gleich null ist. Bei endlichen Gittern betrachtet man meist die Wahrscheinlichkeit für das Auftreten eines perkolierenden Clusters. Diese Wahrscheinlichkeit nähert sich im thermodynamischen Grenzfall der scharfen Stufenfunktion.

Im Sinne der statistischen Mechanik handelt es sich bei diesem Phänomen um einen Phasenübergang, bei dem sich qualitative Eigenschaften des Systems verändern. Viele Clustereigenschaften verschwinden bzw. divergieren an der Perkolationsschwelle, sodass man wie in der statistischen Mechanik kritische Exponenten definieren kann (↑ Phasenübergänge und kritische Phänomene). Nähert man sich der Perkolationsschwelle von unten ($p < p_c$), so divergieren z.B. die mittlere Clusterzahl G, die mittlere Clustergröße S und die Clusterkorrelationslänge ξ und definieren die kritischen Exponenten α, γ und ν:

$$G \sim (p_c - p)^{-2-\alpha}, \quad S \sim (p_c - p)^{-\gamma} \quad \text{und} \quad \xi \sim (p_c - p)^{-\nu}.$$

Nähert man sich der Perkolationsschwelle von oben ($p > p_c$), so verschwinden die Clusterstärke P und die Leitfähigkeit Σ und definieren die kritischen Exponenten β und μ:

$$P \sim (p_c - p)^{\beta} \quad \text{und} \quad \Sigma \sim (p_c - p)^{\mu}.$$

Die kritischen Exponenten sind oft von den Details der Modelle wie dem Gittertyp unabhängig, was wie in der statistischen Mechanik auf die Existenz von *Universalitätsklassen* zurückgeführt wird. Während viele Clustereigenschaften, insbesondere die Clusterdimension, oberhalb bzw. unterhalb der Perkolationsschwelle eher auf reguläre Cluster hindeuten, handelt es sich bei den perkolierenden Clustern genau an der Perkolationsschwelle um Fraktale. Daher sind die ersten auftretenden perkolierenden Cluster, wenn man sich von unten der Perkolationsschwelle nähert, auch von besonderem Interesse.

Dynamische Prozesse auf Clustern

Bereits 1976 hat Pierre-Gilles de Gennes Diffusionsprozesse bzw. *Random Walks* auf Clustern untersucht und dafür den Begriff *der Ameise im Labyrinth* geprägt. Von besonderem Interesse sind in diesem Zusammenhang natürlich die fraktalen perkolierenden Cluster unmittelbar an der Perkolationsschwellé. Hier erwartet man anomale Diffusion und nicht-ganzzahlige spektrale Dimensionen.

Unterschiedliche Random-Walk-Vorschriften auf einem Cluster wurden gelegentlich durch die Angabe von Tiernamen bezeichnet. Eine »blinde Ameise« beispielsweise versucht in alle Richtungen zu gehen, die durch das Gitter möglich sind, muss aber stehen bleiben, wenn die gewählte Richtung keinem Bond des Clusters entspricht. Eine »kurzsichtige Ameise« wählt immer Schritte auf dem Cluster, allerdings nur zu benachbarten Sites. Ein »Schmetterling« kann in einem Schritt auch größere Distanzen überwinden und »Parasiten« diffundieren auf Gittertieren (↓ Methoden). Für die kritischen Exponenten sind die Details der Random-Walk-Vorschrift oft nicht relevant.

Ein interessanter dynamischer Prozess auf perkolierenden Clustern ist die sog. *Invasionsperkolation*. Hierbei repräsentiert der Cluster das Röhrensystem eines porösen Mediums. Von einer Seite des Clusters diffundiert eine Flüssigkeit in den Cluster und verdrängt eine andere Flüssigkeit zum gegenüberliegenden Rand hin. Da durch die eindringende Flüssigkeit oftmals Poren besetzt werden, sodass die andere Flüssigkeit nicht mehr abfließen kann, bleiben große Bereiche im Cluster mit der ursprünglichen Flüssigkeit besetzt. Die Invasionsperkolation lässt sich ebenfalls durch Random-Walk-Prozesse auf einem Cluster simulieren.

Methoden

In den vergangenen zwanzig Jahren wurde der Computer zum wichtigsten technischen Hilfsmittel der Perkolationstheorie. Nicht nur die verschiedenen Perkolationsmodelle zur Erzeugung von Clustern oder dynamische Prozesse auf Clustern lassen sich auf dem Computer simulieren, sondern auch die Analyse der Daten, z. B. zur Bestimmung der Clustereigenschaften, wäre ohne die Hilfe von Computern kaum noch möglich. Ein Zweig der Perkolationstheorie beschäftigt sich nahezu ausschließlich mit der Entwicklung von Computer-Algorithmen zur Analyse von Clustern in einem Clusterensemble.

Für viele Perkolationsmodelle lassen sich Näherungen in Form von Reihenentwicklungen angeben. So kann man bei der Site- und Bond-Perkolation eine Entwicklung nach kleinen Werten der Besetzungswahrscheinlichkeiten p vornehmen. Es tragen in diesem Fall nur kleine Cluster bei, sog. *Gittertiere*, deren Formen und Kombinatorik noch analytisch angegeben werden können. Mit Hilfe von Padé-Methoden findet man meist gute Abschätzungen der Konvergenzradien dieser Reihen und damit auch der kritischen Punkte bzw. der Perkolationsschwellen.

In seltenen Fällen sind exakte Lösungen der Modelle in der Perkolationstheorie bekannt. Eine Ausnahme bilden Modelle auf eindimensionalen Gittern oder auf dem (unendlichdimensionalen) *Bethe-Gitter*. Für diese beiden Grenzfälle lassen sich viele Modelle geschlossen lösen, und man erhält so Hinweise auf das qualitative Verhalten mancher Clustereigenschaften als Funktion der Dimension.

Für einige zweidimensionale Modelle sind die exakten Werte der Perkolationsschwelle bekannt, beispielsweise für die Bond-Perkolation auf dem Dreiecksgitter ($p_c = 2 \sin(\pi/18)$), auf dem Quadratgitter ($p_c = 1/2$) und auf dem Sechseckgitter ($p_c = 1 - 2 \sin(\pi/18)$), oder für die Site-Perkolation auf dem Dreiecksgitter ($p_c = 1/2$).

Als sehr fruchtbar zur Beschreibung der Phänomene in der Nähe der Perkolationsschwelle haben sich Methoden der *Renormierungsgruppentheorie* (↑ Renormierung) sowie *Skalenansätze* erwiesen. Ein Skalenansatz für die Clusterzahl $n(s, p - p_c)$ der Form

$$n(s, p - p_c) = s^{-\tau} N((p - p_c) s^{\sigma})$$

mit einer geeigneten Funktion N erlaubt es, die kritischen Exponenten der Momente von n (dazu zählen z. B. die mittlere Clusterzahl, die Clusterstärke und die mittlere Clustergröße) durch die Exponenten τ und σ auszudrücken. Dadurch ergeben sich Relationen zwischen den kritischen Exponenten, die als Test der Skalenhypothese herangezogen werden können.

Aus obigem Skalenansatz lässt sich beispielsweise das *Rushbrooke-sche Skalengesetz* leicht herleiten: $\alpha + 2\beta + \gamma = 2$. Auch Verfahren des *Finite-Size-Scalings* (d. h. Skalenansätze, bei denen die Gittergröße einer der Parameter ist, bezüglich derer die physikalischen Größen wie z. B. die Clusterzahlen oder die Leitfähigkeit einem Skalengesetz genügen) werden mit Erfolg angewandt.

Renormierungsgruppentransformationen können sowohl im Impuls- als auch im Ortsraum durchgeführt werden. Für die Beschreibung der Systeme in der Nähe der Perkolationsschwelle liefern oft einfache Ortsraumrenormierungsgruppentransformationen für kleine Gitterzellen überraschend gute Resultate. In diesen Fällen lassen sich die Renormierungsgruppengleichungen meist noch analytisch aufstellen. Renormierungsgruppentransformationen größerer Zellen können i. A. numerisch behandelt werden.

Zur Untersuchung der fraktalen Eigenschaften von Clustern an der Perkolationsschwelle werden oft »regelmäßige« Fraktale mit bekannten Eigenschaften wie der *Sierpinski-Teppich*, die *Mandelbrot-Given-Kurve* und entsprechende Verallgemeinerungen herangezogen. Wegen der Selbstähnlichkeit dieser Fraktale lassen sich hier Renormierungsgruppentransformationen exakt formulieren und somit die relevanten kritischen Exponenten bzw. Dimensionen berechnen.

Anwendungen

Das Modell der Bond-Perkolation wurde Anfang der 1940er Jahre von Flory und Stockmeyer formuliert und untersucht. Man erhofft sich von diesem Modell ein besseres Verständnis der Mechanismen bei der Gelierung. In Abhängigkeit gewisser äußerer Parameter wie Temperatur, Dichte oder Druck verbinden sich in diesem Fall Moleküle mit mehreren chemisch aktiven Enden zu makroskopischen Clustern, die zu einer Verfestigung der ursprünglichen Lösung führen (siehe Abb. 3). Das Hartwerden eines Eies beim Kochen ist ein Alltagsbeispiel eines solchen Prozesses. Ob diese Mechanismen durch das einfache Modell der Bond-Perkolation jedoch genau beschrieben werden, ist nach wie vor umstritten.

Viele Anwendungen der Perkolationstheorie entstammen natürlich dem Bereich der Physik, insbesondere der Festkörperphysik. Die Site-Perkolation ist beispielsweise ein Modell für die Entstehung spontaner

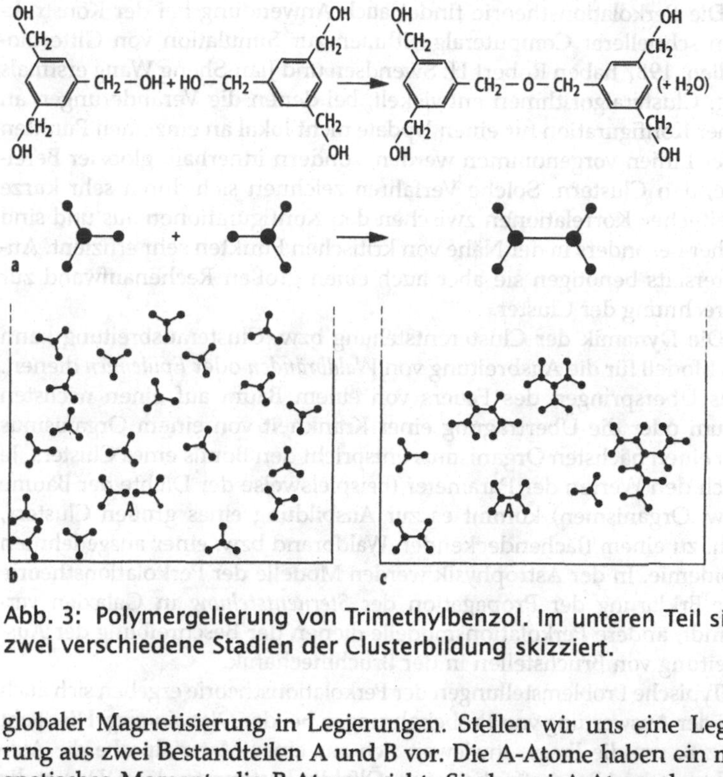

Abb. 3: Polymergelierung von Trimethylbenzol. Im unteren Teil sind zwei verschiedene Stadien der Clusterbildung skizziert.

globaler Magnetisierung in Legierungen. Stellen wir uns eine Legierung aus zwei Bestandteilen A und B vor. Die A-Atome haben ein magnetisches Moment, die B-Atome nicht. Sind zwei A-Atome benachbart, so kommt es bei tiefen Temperaturen zu einer parallelen Ausrichtung der Momente. Es erhebt sich nun die Frage, bei welcher Konzentration der A-Atome in der Legierung es zur Ausbildung von makroskopischen Clustern mit spontaner Magnetisierung kommt. Ist die Wechselwirkung zwischen A-A-Atompaaren dieselbe wie zwischen A-B-Atompaaren, so haben wir hier ein Beispiel für eine unkorrelierte Site-Perkolation. Andernfalls gibt es noch Korrelationen zwischen der Anordnung der A-Atome und B-Atome, und wir finden die oben erwähnte Erweiterung der Site-Perkolation zur Clusterentstehung in einem Ising-Modell. Mit solchen und ähnlichen Modellen hat die Perkolationstheorie ganz allgemein zu einem besseren Verständnis von Phasenübergängen und der Bildung geordneter Strukturen beigetragen.

Die Perkolationstheorie findet auch Anwendung bei der Konstruktion schnellerer Computeralgorithmen zur Simulation von Gittermodellen. 1987 haben Robert H. Swendsen und Jian-Sheng Wang erstmals sog. Clusteralgorithmen entwickelt, bei denen die Veränderungen an einer Konfiguration für einen Update nicht lokal an einzelnen Punkten oder Linien vorgenommen werden, sondern innerhalb globaler Bereiche, den Clustern. Solche Verfahren zeichnen sich durch sehr kurze »zeitliche« Korrelationen zwischen den Konfigurationen aus und sind daher besonders in der Nähe von kritischen Punkten sehr effizient. Andererseits benötigen sie aber auch einen großen Rechenaufwand zur Berechnung der Cluster.

Die Dynamik der Clusterentstehung bzw. Clusterausbreitung kann als Modell für die Ausbreitung von *Waldbränden* oder *Epidemien* dienen. Das Überspringen des Feuers von einem Baum auf einen nächsten Baum oder die Übertragung einer Krankheit von einem Organismus auf einen nächsten Organismus entspricht den Bonds eines Clusters. Je nach den Werten der Parameter (beispielsweise der Dichte der Bäume bzw. Organismen) kommt es zur Ausbildung eines großen Clusters, d.h. zu einem flächendeckenden Waldbrand bzw. einer ausgedehnten Epidemie. In der Astrophysik werden Modelle der Perkolationstheorie zur Erklärung der Propagation der *Sternentstehung* in Galaxien verwandt, andere Perkolationsmodelle dienen der Beschreibung der Ausbreitung von Bruchstellen in der Bruchmechanik.

Typische Problemstellungen der Perkolationstheorie ergeben sich auch bei der Auswertung von Probebohrungen bei der *Ölgewinnung*. Hier geht es z.B. um die Frage, inwieweit sich aus einer Materialprobe die Ausdehnung und Beschaffenheit eines Ölfeldes bestimmten lässt. Deutet die Beschaffenheit einer Probe eher auf ein großes, zusammenhängendes Ölfeld, oder eher auf kleine, unzusammenhängende Cluster hin? Wie groß ist die Wahrscheinlichkeit, dass eine zweite Bohrung in einem bestimmten Abstand von der ersten Bohrung auf dasselbe Ölfeld trifft? Wie müssen die Bohrungen angeordnet werden, sodass ein möglichst großer Anteil des Öls tatsächlich abgepumpt werden kann? Solche und ähnliche Fragen lassen sich mit Hilfe der Perkolationstheorie angehen.

Dynamische Aspekte der Perkolationstheorie treten beim Problem der Kontamination von Erde nach einem Unfall mit giftigen Chemikalien auf. Hier geht es um die Frage, wieweit und wie schnell sich die Chemikalie auf Grund von Diffusionsprozessen in einem porösen Material wie dem Erdreich ausbreiten kann.

Die Perkolationstheorie findet heute in vielen Bereichen auch außerhalb der Naturwissenschaften Anwendung, beispielsweise bei der Beschreibung der Expansion und Verknüpfung bestimmter Industriezweige in den Wirtschaftswissenschaften oder bei der Optimierung des Fließverhaltens des Verkehrs in einer Großstadt. Die hier angegebene Liste von Anwendungsbeispielen kann daher nur einen kleinen Einblick in die Möglichkeiten der Perkolationstheorie geben und ist bei weitem nicht vollständig.

[1] D. Stauffer und A. Aharony: Perkolationstheorie – Eine Einführung; VCH-Verlag, Weinheim, 1995.

[2] J. W. Essam: Percolation Theory; Rep. Prog. Phys. Vol. 43 (1980) 833–912.

[3] H. Kesten: Percolation Theory for Mathematicians, Birkhäuser, Boston, 1982.

[4] G. Grimmet: Percolation, Springer-Verlag, 1999.

3

Besondere Leckerbissen

Bose-Einstein-Kondensation

Tilman Esslinger

Einleitung

Atomgase mit einer Temperatur von weniger als einem Millionstel Grad
über dem absoluten Nullpunkt können in Forschungslabors durch eine
ausgeklügelte Kombination von Kühlmethoden erzeugt werden. Bei
solch niedrigen Temperaturen kommen die Atome praktisch zum Still-
stand und es stellt sich die Frage, ob dann überhaupt noch etwas geschehen kann. Es zeigt sich jedoch, dass gerade in diesem ultrakalten
Regime die Physik eines Gases durch die Quantenmechanik bestimmt
ist und sich ein Fenster auf makroskopische Quantenphänomene öffnet. Es bildet sich ein völlig neuer Materiezustand, das Bose-Einstein-
Kondensat, dessen Eigenschaften sich in fundamentaler Weise von denen eines thermischen Gases unterscheiden. In den letzten Jahren
konnte mit Bose-Einstein-Kondensaten eine Vielzahl physikalischer
Fragestellungen experimentell beantwortet und gleichzeitig grundlegende theoretischer Modelle bestätigt werden. Es ist sogar gelungen
mit einem Bose-Einstein kondensierten Gas eine Art Laser zu bauen,
dessen Strahl nicht aus Lichtteilchen sondern aus Atomen besteht. Für
die Forschung zur Kühlung von Atomgasen und der Realisierung von
Bose-Einstein-Kondensaten wurden 1997 und 2001 Nobelpreise vergeben.

Der Weg zur Bose-Einstein-Kondensation

Was passiert eigentlich wenn ein Gas abkühlt wird? Bei Raumtemperatur schwirren die Atome und Moleküle mit Geschwindigkeiten von

mehreren hundert Metern pro Sekunde umher und stoßen miteinander. Kühlt man ein Gas, so nimmt die mittlere Geschwindigkeit der Teilchen ab. In stark verdünnten Gasen kann der Übergang in eine flüssige oder feste Phase verhindert werden, sodass die Vorstellung kollidierender Teilchen bis hin zu sehr niedrigen Temperaturen richtig bleibt.

Erreicht man Temperaturen, die nur noch ein Tausendstel Grad über dem absoluten Nullpunkt liegen, so muss die Bewegung dieser extrem langsamen Atome quantenmechanisch betrachtet werden. Die Geschwindigkeit und damit auch der Impuls der ultrakalten Atome sind so genau bestimmt, dass aufgrund der Heisenbergschen Unschärferelation der Ort der Atome nicht mehr genau festlegt werden kann. Wir müssen uns die Atome daher als im Ort verschmierte Verteilungen vorstellen, die man durch ein Wellenpaket beschreiben kann. Je niedriger die Temperatur, desto größer ist das Wellenpaket. Die Wellenpakete der einzelnen Atome bewegen sich aber immer noch in verschiedenste, zufällige Richtungen.

Gelingt es, das Gas noch weiter abzukühlen und dessen Dichte zu erhöhen, so kommt man an den Punkt, an dem die Wellenpakete der Atome zu überlappen beginnen und sich die Natur des Gases in fundamentaler Weise ändert. Es tritt ein Phänomen auf, das Albert Einstein aufgrund einer Erkenntnis von Satyendra Nath Bose bereits 1924 vorhersagte. Einstein war zur Überzeugung gelangt, dass ein Großteil der Atome in einen einzigen Quantenzustand kondensieren und eine Einheit bilden sollte. Er berücksichtigte, dass gleiche Teilchen nicht unterscheidbar sind und sich bosonische Teilchen gemäß der von Bose vorgeschlagenen Statistik verhalten. Im Gegensatz zu den Fermionen können zwei oder mehr bosonische Teilchen den gleichen Quantenzustand besetzen. Genau dies führt bei solch niedrigen Temperaturen und ausreichenden Atomdichten zum Phänomen der Bose-Einstein-Kondensation.

Lange Zeit galt Einsteins Vorhersage eher als theoretisches Gedankenspiel, obwohl die Bose-Einstein-Kondensation bei der Beschreibung von suprafluidem Helium bereits eine zentrale Bedeutung hatte. Erst 1995 gelang es in bahnbrechenden Experimenten, die Ideen Einsteins direkt zu realisieren. Die Experimente zur Bose-Einstein-Kondensation in Atomgasen haben unter den Physikern enorme Resonanz gefunden, da ein großer Überlappbereich mit verschiedenen Gebieten der Physik, von der Quanten- und Atomphysik bis hin zur Festkörperphysik, besteht.

Wie kann man diesen Zustand der Materie im Experiment erzeugen? Ein wichtiger Schritt ist dabei die Kühlung des Gases durch Laserlicht. Wenn ein Atom mit Laserlicht wechselwirkt, dann absorbiert es Photonen, wobei gleichzeitig Impuls übertragen wird. Durch diese Lichtkraft ändert das Atom seine Geschwindigkeit. In einer Anordnung von sechs zueinander senkrecht stehenden Laserstrahlen kann man es aufgrund des Dopplereffektes erreichen, dass das Atom, unabhängig davon in welche Richtung es sich auch bewegt, immer eine bremsende Kraft durch das Laserlicht spürt. Auf diese Weise kann man etwa eine Milliarde Atome innerhalb von wenigen Sekunden auf eine Temperatur von weniger als ein Tausendstel Grad über dem absoluten Nullpunkt kühlen. Das Gas ist dann allerdings immer noch viel zu heiß für die Entstehung eines Bose-Einstein-Kondensates.

Anfang der 1990er Jahre gab es einen wissenschaftlichen Wettlauf mit dem Ziel noch niedrigere Temperaturen in Atomgasen zu erzeugen. Die Methode, die sich als erfolgreich herausgestellt hat, folgt einem Prinzip, das man aus dem Alltag kennt: Der Kaffee in einer abgestellten Tasse wird unter anderem dadurch kalt, dass heiße Atome und Moleküle verdampfen und der kältere Rest in der Tasse bleibt. Diese Grundidee wendet man auf Atomgase an. Die mit Laserlicht vorgekühlten Atome werden in eine magnetische Falle geladen, in der die Gasatome nur durch magnetische Kräfte in der Schwebe gehalten und eingeschlossen werden. Die gefangenen Atome befinden sich im Vakuum und sind dadurch von der Apparatur, die Raumtemperatur hat, thermisch isoliert. Gekühlt werden die magnetisch gefangenen Atome, indem man gezielt heiße Atome abdampft. Durch Einstrahlen einer Radiofrequenz wird die magnetische Orientierung der energiereichen Teilchen selektiv geändert, sodass diese aus der Falle entweichen. Stöße zwischen den Atomen führen daraufhin zu einem thermischen Gleichgewicht bei niedrigerer Temperatur. Mit dieser Methode kann man Temperaturen erreichen, die wesentlich kleiner sind als ein Millionstel Grad über dem absoluten Nullpunkt.

Offensichtlich lassen sich solche niedrigen Temperaturen nicht mit herkömmlichen Thermometern, die man in Kontakt mit dem Gas bringt, messen. In den Experimenten wird daher folgendermaßen vorgegangen: Die magnetische Falle wird plötzlich ausgeschaltet, sodass das Gas expandieren kann. Da ein heißes Gas schneller expandiert als ein kaltes Gas, lässt sich die Temperatur des Gases aus der räumlichen Verteilung nach einer festen Expansionszeit bestimmen. Diese Verteilung wird gemessen, indem das atomare Ensemble mit einem resonanten Laser bestrahlt und der Schattenwurf auf einer Kamera festgehalten wird. In Abb. 1 sind Abbildungen von kalten Atomgasen oberhalb und unterhalb der kritischen Temperatur zur Bose-Einstein-Kondensation gezeigt, ähnlich den experimentellen Daten, die Eric Cornell und Carl Wieman 1995 erstmals beobachten konnten. Der Phasenübergang wird unter typischen experimentellen Bedingungen bei einer Temperatur von 300 Nanokelvin erreicht, und die Zahl der Atome im Bose-Einstein-Kondensat liegt zwischen zehntausend und zehn Millionen Atomen. In den ersten Experimenten zur Bose-Einstein-Kondensation wurden bosonische Isotope der Alkaliatome Rubidium, Natrium und Lithium ver-

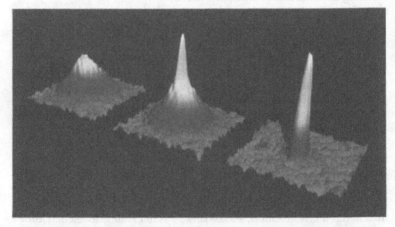

Abb. 1: In den Abbildungen ist die Dichteverteilung kalter Rubidium-Atomwolken nach 17 Millisekunden Expansion gezeigt. Oberhalb der kritischen Temperatur (ganz links) entspricht die Dichteverteilung derjenigen einer thermischen Atomwolke. Knapp unterhalb der kritischen Temperatur (mittleres Bild) führt die Bose-Einstein-Kondensation zu einem dichten Kern in der Verteilung. Bei Temperaturen von weniger als 50 Nanokelvin können fast reine Kondensate erzeugt werden (rechtes Bild). Die drei Bildbereiche haben jeweils eine Größe von 0,6 mm × 0,6 mm. In der dreidimensionalen Darstellung entsprechen die hohen Bereiche einer hohen atomaren Dichte. (Quelle: MPQ und LMU München).

wendet. Inzwischen ist es auch gelungen, verschiedene andere Atomsorten wie gasförmiges Helium und Ytterbium in Bose-Einstein-Kondensate zu verwandeln.

Im Jahre 1997 konnten Wolfgang Ketterle und sein Team am Massachusetts Institute of Technology direkt zeigen, dass sich die Atome eines Bose-Einstein-Kondensates durch eine einzige Wellenfunktion beschreiben lassen. Im Experiment wurden zwei unabhängige Bose-Einstein-Kondensate erzeugt und dann zur Überlagerung gebracht. Die Wellennatur von Bose-Einstein-Kondensaten wurde durch das beobachtete Interferenzmuster, wie es in Abb. 2 gezeigt ist, deutlich.

Bose-Einstein-Kondensate sind Supraflüssigkeiten und bewegen sich, ähnlich wie flüssiges Helium unterhalb von 2,2 Grad Kelvin, reibungsfrei. Der Unterschied zu normalen Flüssigkeiten tritt bei Rotationsbewegungen besonders deutlich zu Tage. Dreht man ein Gefäß, in dem sich eine normale Flüssigkeit befindet, so beginnt sich die Flüssigkeit aufgrund der Reibung mit der Gefäßwand mitzudrehen. Eine Supraflüssigkeit rotiert hingegen bei langsamer Drehung des Gefäßes gar nicht und bleibt in Ruhe. Erst bei Erreichen einer kritischen Rotationsgeschwindigkeit führt die Drehung zur Formation von quanten-

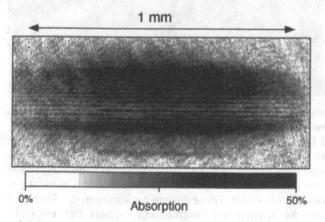

Abb. 2: Interferenzmuster zweier Bose-Einstein-Kondensate nach einer Expansionszeit von 40 Millisekunden. Der Bildbereich hat eine Größe von 1,1 mm × 0,5 mm (mit freundlicher Genehmigung: Wolfgang Ketterle, Science 275, 637 (1997)).

mechanischen Wirbeln, die Vortizes genannt werden. Solche Vortizes und sogar gitterförmige Vortexstrukturen konnten in Bose-Einstein kondensierten Gasen beobachtet und untersucht werden.

In vielerlei Hinsicht hat das Bose-Einstein-Kondensat Eigenschaften, die konzeptionell ähnlich mit denjenigen von Laserlicht sind. In der Tat ist es mit Hilfe von Bose-Einstein-Kondensaten gelungen, gerichtete und kohärente Materiewellen zu erzeugen. Diese so genannten Atomlaser (siehe Abb. 3) eröffnen die Perspektive für bisher nicht zugängli-

Abb. 3: Gemessene Dichteverteilung eines Materiewellenstrahles, der von einem Atomlaser erzeugt wird. Der kohärente Atomstrahl, der im Bild blau erscheint, wird mit Hilfe eines Bose-Einstein Kondensates aus Rubidiumatomen erzeugt. Ein schwaches Radiofrequenzfeld dient als kontinuierlicher Auskoppelmechanismus. Dabei werden Atome des magnetisch gefangenen Kondensates in nicht gefangene Zustände überführt. Diese Atome entkommen der Falle und werden durch die Schwerkraft beschleunigt, sodass sich ein kollimierter und kohärenter Atomstrahl ergibt. Der dargestellte Bildbereich hat eine Ausdehnung von 1,2 mm × 2 mm. Aufgrund der hohen optischen Dichte ist die abgebildete Verteilung des Kondensates (hohe Spitze) gesättigt. (Quelle: MPQ und LMU München).

che Anwendungsbereiche in der Optik und der Interferometrie mit Atomen. So sollte es prinzipiell möglich sein, Atomlaserstrahlen bis an deren Beugungsgrenze, die im Nanometerbereich liegen kann, zu fokussieren. Aufgrund ihrer Phasenkohärenz sind Atomlaser für interferometrische Messungen besonders geeignet, vor allem wenn es auch noch gelingt Atomlaser mit hohen Atomflüssen zu realisieren.

Theoretische Beschreibung von Bose-Einstein-Kondensaten

Die Bose-Einstein-Kondensate werden in magnetischen Fallen erzeugt, deren Potential im Zentrum harmonisch ist und in jede Raumrichtung durch eine Oszillationsfrequenz charakterisiert wird. In einem solchen harmonischen Fallenpotential ist die kritische Temperatur T_c für die Bose-Einstein-Kondensation durch $T_c = 0{,}94\,\hbar\,\omega\,N^{1/3}/k_B$ gegeben, wobei $\hbar$ das Plancksche Wirkungsquantum, ω das geometrische Mittel der Oszillationsfrequenzen in der Falle, N die Gesamtzahl der Atome und k_B die Boltzmann Konstante ist. Die Ausdehnung von Wellenpaketen thermischer Atome wird durch die thermische de-Broglie-Wellenlänge charakterisiert, die sich über $\lambda_T = \sqrt{2\pi\,\hbar^2/Mk_BT}$ berechnet, wobei M für die Masse der Atome steht. Unterhalb der kritischen Temperatur T_c ist die Zahl der kondensierten Atome N_0 in einer harmonischen Falle bei der Temperatur T gegeben durch $(N_0/N) = 1 - (T/T_c)^3$. Für ein homogenes System wäre der Exponent in voriger Gleichung 3/2 statt 3.

Das Bose-Einstein-Kondensat wird durch eine einzige Wellenfunktion $\psi(\mathbf{r})$ beschrieben. Für die Temperatur $T \sim 0$ ist diese Wellenfunktion die Lösung einer nicht-linearen Schrödinger-Gleichung, die als Gross-Pitaevskii-Gleichung bezeichnet wird und folgende Form hat:

$$\left(-\frac{\hbar^2\nabla^2}{2M} + V(\mathbf{r}) + g\,|\psi(\mathbf{r})|^2\right)\psi(\mathbf{r}) = \mu\psi(\mathbf{r}),$$

wobei $\psi(\mathbf{r})$ auf die Gesamtzahl der kondensierten Atome normiert ist: $\int d\mathbf{r}\,|\psi(\mathbf{r})|^2$. Das Potential $V(\mathbf{r})$ beschreibt den Einschluss durch die magnetische Falle, und μ ist das chemische Potential. Die Wechselwirkung der Atome untereinander aufgrund von Stößen ist durch den dichteabhängigen Term $g\,|\psi(\mathbf{r})|^2$ berücksichtigt, wobei die Kopplungskonstante

g mit der Streulänge a durch $g = 4\pi \hbar^2 a/M$ verknüpft ist. Hierbei werden nur binäre Stöße und die s-Wellenstreuung berücksichtigt. Die Zeitentwicklung der Kondensatwellenfunktion wird durch die zeitabhängige Gross-Pitaevskii-Gleichung beschrieben:

$$i\hbar \frac{\partial}{\partial t} \psi(\mathbf{r}, t) = \left(-\frac{\hbar^2 \nabla^2}{2M} + V(\mathbf{r}) + g \left| \psi(\mathbf{r}, t) \right|^2 \right) \psi(\mathbf{r}, t).$$

Aufbruch in neue Regime

Bislang wurden die meisten Experimente mit kalten Gasen in einem Regime durchgeführt, in dem die Stoss-Wechselwirkung der Atome untereinander als kleine Störung betrachtet werden kann. Man spricht dann von einem schwach wechselwirkenden Gas. Ein völlig anderes Regime, das durch die Wechselwirkungen der Atome untereinander dominiert wird, konnte jüngst erreicht werden, indem ein Bose-Einstein-Kondensat in ein optisches Lichtgitter geladen wurde. Dabei erzeugen drei senkrecht zueinander orientierte stehende Laserwellen ein gitterförmiges periodisches Potential für die Atome, mit Gitterplätzen, die einen Abstand von etwa einem halben Mikrometer voneinander haben. Ist die Lichtstärke des Gitters, in dem die Atome gefangen sind, nur gering, so befinden sich alle Atome in der superfluiden Phase des Bose-Einstein-Kondensats. In diesem Zustand ist nach den Gesetzen der Quantenmechanik jedes einzelne von ihnen über das gesamte Lichtgitter hinweg wellenartig ausgedehnt. Die Atome schwingen gleichphasig und es kann ein Materiewellen-Interferenzmuster beobachtet werden (Abb. 4). Erhöht man nun die Stärke des Lichtgitters, so kommt man an den Punkt, an dem für das System eine exakt definierte Teilchenzahl an jedem Gitterplatz energetisch günstiger ist. Die Heisenbergsche Unschärferelation verlangt jedoch, dass eine exakt definierte Teilchenzahl mit Fluktuationen in der Phase einhergeht. Die Atome können somit nicht mehr gleichphasig schwingen und das Materiewellen-Interferenzmuster verschwindet (Abb. 4). Der resultierende Zustand wird als Isolator bezeichnet, da die Bewegung der Atome im Gitter durch die abstoßende Wechselwirkung zwischen ihnen blockiert ist. Der Übergang vom Superfluidum zum Isolator wird durch Quantenfluktuationen in der Teilchenzahl bzw. der Phase getrieben. Ther-

Abb. 4: Materiewellen-Interferenzmuster eines Quantengases, das in einem dreidimensionalen Lichtgitter mit mehr als 100.000 besetzten Gitterplätzen gespeichert wurde. Die Abbildungen von links hinten nach rechts vorne: Interferenzmuster mit hohem Kontrast im superfluiden Regime eines Bose-Einstein-Kondensats; Interferenzmuster nach einem Quantenphasenübergang in einen Mott-Isolator ohne Phasenkohärenz; wiederhergestellte Phasenkohärenz nach einem Quantenphasenübergang von einem Mott-Isolator zurück in ein Bose-Einstein-Kondensat. (Quelle: MPQ und LMU München).

mische Fluktuationen, die normalerweise einen Phasenübergang bewirken, sind dicht am absoluten Temperaturnullpunkt fast ausgefroren. Experimentelle Anordnungen, in denen Atome in Lichtgittern gefangen werden, eröffnen eine Vielzahl von Perspektiven, da es kaum andere Systeme gibt, in denen ein Vielteilchen-Quantenzustand derart präzise präpariert werden kann. Es wurden bereits einige Vorschläge für die Realisierung von Quantencomputern (↑ Quanteninformatik) erarbeitet, die auf Systemen basieren, in denen Atome in optischen Lichtgittern präpariert und manipuliert werden.

Eine aktuelle Herausforderung für die Forschung ist es, Atome, die der Fermi-Statistik gehorchen, in einen superfluiden Zustand zu versetzen. Im Gegensatz zu Bosonen können zwei Fermionen jedoch nicht den gleichen Quantenzustand besetzen, sodass Superfluidität aufgrund von Bose-Einstein-Kondensation nicht unmittelbar möglich ist. Dennoch ist theoretisch vorhergesagt, dass es eine superfluide Phase in fermionischen Atomgasen geben kann. Der zugrunde liegende physikalische Mechanismus sollte ähnlich funktionieren wie derjenige, der zur widerstandsfreien Leitung von Elektronenpaare in bestimmten Materialien, sog. Supraleitern, führt. Hierfür ist es zunächst notwendig, fermionische Atome in ein quantenentartetes Regime zu kühlen, was bereits 1999 gelungen ist. Die derzeit ausstehenden Schritte bestehen darin, noch niedrigere Temperaturen zu erreichen und dabei jeweils zwei fermionische Atome aneinander zu koppeln, sodass diese Paare bilden. Sollte es gelingen, Superfluidität in einem Atomgas zu beobachten, so wäre ein einzigartiges Modellsystem für astro- und kernphysikalische Fragestellungen, sowie für Problemstellungen der Festkörperphysik geschaffen. Es besteht die Hoffnung, dass diese zukünftige Generation von atomphysikalischen Experimenten zu einem tieferen Verständnis für schwer zu knackende physikalische Probleme, wie z. B. die ↑ Hochtemperatursupraleitung, führen wird.

[1] C. J. Pethick und H.Smith: Bose-Einstein Condensation in Dilute Gases, Cambridge, Cambridge University Press 2001.

[2] W. Ketterle: Bose-Einstein-Kondensation, Physikalische Blätter Juli/ August 1997, S. 677, Weinheim, Wiley-VCH Verlag.

[3] T. Esslinger, I. Bloch und T. W. Hänsch: Atomlaser, Physikalische Blätter, S. 47, Februar 2000, Weinheim, Wiley-VCH Verlag.

[4] Graham P. Collins : Das kälteste Gas im Universum, Spektrum der Wissenschaft 2/2001, S. 44, Heidelberg, Spektrum der Wissenschaft Verlag.

[5] Eric A. Cornell und Carl E. Wieman: Die Bose-Einstein-Kondensation, Spektrum der Wissenschaft 5/1998, S. 44, Heidelberg, Spektrum der Wissenschaft Verlag.

Heterostrukturen

Nikolaus Nestle und Karl Eberl

Heterostrukturen zeigen eine Fülle von interessanten und technisch relevanten Quantisierungseffekten bezüglich ihrer elektronischen und optischen Eigenschaften und stellen eine wichtige Basis für die Herstellung neuartiger mikroelektronischer Bauelemente dar. Sie bestehen, wie in Abb. 1 dargestellt, aus monokristallin aufeinander gewachsenen Schichten von Halbleitern oder Metallen unterschiedlicher Zusammensetzung. Die wichtigste Materialkombination für die Herstellung von Halbleiterheterostrukturen ist das System Gallium-Arsenid (GaAs)/Aluminium-Gallium-Arsenid (AlGaAs). Da Halbleiterheterostrukturen im Allgemeinen thermodynamisch nicht stabil sind, müssen sie mit speziellen Epitaxieverfahren hergestellt werden, die außerhalb

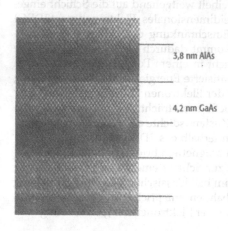

3,8 nm AlAs

4,2 nm GaAs

Abb. 1: Transmissionselektronenmikroskopische Aufnahme einer Halbleiterheterostruktur mit sich abwechselnden Schichten von GaAs und AlAs.

des thermodynamischen Gleichgewichts arbeiten. Die wichtigsten derartigen Verfahren sind die Molekularstrahlepitaxie, die chemische Gasphasenabscheidung und die Flüssigphasenepitaxie. Heterostrukturen aus Metallen können auch mittels elektrochemischer Verfahren hergestellt werden.

Anhand der in Abb. 1 dargestellten, sich abwechselnden Gallium-Arsenid (GaAs)- und Aluminiumarsenid (AlAs)-Schichten erkennt man deutlich die Fortsetzung des Kristallgitters über die Materialgrenzen hinweg. Eine solche Folge mit vielen periodisch angeordneten Schichten unterschiedlicher Halbleitermaterialien wird auch als Übergitter bezeichnet.

Eigenschaften

Die wohl interessanteste Eigenschaft von Halbleiterheterostrukturen ist die Ausbildung von Quantenfilmen an den Grenzflächen verschiedener Materialien. Diese Quantenfilme entstehen auf Grund der unterschiedlichen Verhältnisse in den Energiebändern der beiden Materialien und weil, wie Abb. 2b zeigt, die Fermi-Energie ε_F der Ladungsträger in allen miteinander in Kontakt befindlichen Materialien den gleichen Wert besitzen muss.

Die so vorgegebene Energieverteilung hat zur Folge, dass sich Ladungsträger aus der Umgebung im Quantenfilm sammeln. Dort sind sie dann in ihrer Bewegungsfreiheit weitgehend auf die Schicht eingeschränkt und bilden ein zweidimensionales Elektronengas (2DEG) bzw. ein 2D-Löchergas. Die Einschränkung der Ladungsträgerbewegung auf zwei Dimensionen kommt dadurch zustande, dass sich die Elektronen senkrecht zur Schicht in einem Potentialtopf befinden, in dem ihnen nur bestimmte quantisierte Energiezustände zur Verfügung stehen. Die Bewegungsfreiheit der Elektronen in der Schicht wird aber durch diese Quantisierung nicht beeinträchtigt. Im Gegensatz zum dreidimensionalen Fall ist die Zustandsdichte der Elektronen als Funktion ihrer Bewegungsenergie innerhalb des 2DEGs konstant.

Wenn man ein 2DEG in ein Magnetfeld bringt, so bewirkt die Magnetfeldkomponente senkrecht zur Schicht eine weitere Quantisierung der Elektronenbewegung, die im halbklassischen Bild einer Festlegung der Elektronen auf Zyklotronbahnen entspricht. Durch diese Quantisierung kommt es zur Verteilung der Elektronenenergien auf einige we-

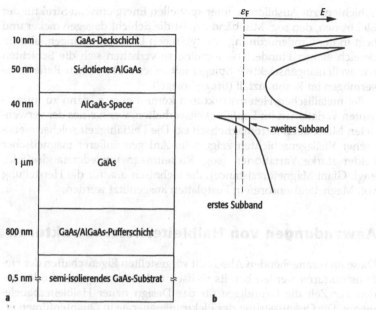

Abb. 2: Potentialverlauf mit Quantenfilm in einer Halbleiter-Heterostruktur.

nige diskrete Werte mit makroskopischen Besetzungszahlen. Dies hat u. a. besonders ausgeprägte Magnetowiderstandserscheinungen beim Quanten-Hall-Effekt und beim Schubnikow-de Haas-Effekt zur Folge. Die hohen Elektronenbeweglichkeiten in 2DEGs in Halbleiterheterostrukturen erlauben also nicht nur die besonders gute Beobachtung von derartigen Quantisierungseffekten, sondern sie sind auch eine wichtige Voraussetzung für die Herstellung von besonders schnellen Halbleiterbauelementen für Höchstfrequenzanwendungen, wie z. B. dem High Electron Mobility Transistor (HEMT), der u. a. in Mobiltelefonen zum Einsatz kommt.

In Halbleiterheterostrukturen mit ihren vielen periodisch angeordneten Schichten entstehen noch weitere Quantisierungserscheinungen: Ist die Schichtperiode in der Größenordnung der Elektronen-Wellenlänge, so kommt es in Wachstumsrichtung, d. h. senkrecht zu den

Schichten, zur Ausbildung einer speziellen Energieniveau-Struktur der Elektronen, den sog. Minibändern. Ist die Schicht dagegen dicker und liegt in der Größenordnung von typischen Lichtwellenlängen, also im Bereich einiger Hundert Nanometer, so verhalten sich die Schichten wie wellenlängenselektive Spiegel mit einem sehr hohen Reflexionsvermögen im Resonanzfall (Bragg-Spiegel).

Bei metallischen Heterostrukturen kommt es v. a. dann zu interessanten Variationen im Leitfähigkeitsverhalten, wenn eines der verwendeten Materialien ferromagnetisch ist. Die Leitfähigkeit solcher metallischer Viellagenschichten zeigt beim Anlegen äußerer magnetischer Felder starke Variationen (sog. Riesenmagnetowiederstandseffekt, engl. Giant Magnetoresistance), die technisch u. a. für die Herstellung von Magnetfeldsensoren in Festplatten ausgenutzt werden.

Anwendungen von Halbleiterheterostrukturen

Diese im vorangehenden Abschnitt vorgestellten Eigenschaften der Heterostrukturen werden bereits vielfach technisch ausgenutzt oder bilden zur Zeit die Grundlage für das Design neuer Halbleiterbauelemente. Die Quantisierung der Elektronenenergie in Quantenfilmen erlaubt z. B. die Steigerung des Wirkungsgrads von Leuchtdioden und Halbleiterlasern, und der Einsatz von Heterostrukturen als Bragg-Spiegel bildet die Funktionsgrundlage des Vertical Cavity Surface Emitting Laser (VCSEL). Diese Halbleiterlaser emittieren ihre Strahlung senkrecht zum p-n-Übergang und besitzen kreisförmige Strahlprofile mit geringer Strahldivergenz. Neben den Multi-Mode-Lasern sind für die Spektroskopie besonders die Single-Mode-Varianten interessant, bei denen die Linienbreite bei einer Wellenlänge von 780 nm lediglich 50 MHz beträgt.

Weitere Effekte mit interessanten Anwendungsmöglichkeiten für Halbleiterheterostrukturen ergeben sich durch die Möglichkeiten der lateralen Mikrostrukturierung dieser Systeme bzw. des in ihnen enthaltenen 2D Elektronengases. Diese ist u. a. durch verschiedene Ätzverfahren wie Plasma-Ätzen oder nasschemische Verfahren, durch Ionenimplantation oder durch das Aufbringen von sog. Gate-Elektroden möglich. Auf diese Weise kann das in der Grenzfäche enthaltene zweidimensionale Elektronensystem noch weiter auf eine Dimension, den sog. Quantendraht, oder gar auf ein kleines, in alle Raumrichtungen be-

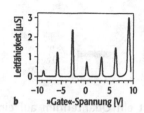

Abb. 3: Durch Gate-Elektroden definierter Quantenpunkt (a) und sein Leitfähigkeitsverhalten (b) in Abhängigkeit von der Steuerspannung. Die breiten Leitfähigkeitsminima sind eine Folge der Coulomb-Blockade.

schränktes Volumen, den Quantenpunkt, eingeschränkt werden. Dadurch kommt es dann zu zusätzlichen Quantisierungserscheinungen, die eine Veränderung der Zustandsdichten bewirken und wiederum auch für die Realisierung neuartiger elektronischer und optoelektronischer Bauelemente, bei denen das Zusammenspiel von Quantisierungseffekten und elektrischer Abstoßung zwischen den Elektronen ausgenutzt wird, herangezogen werden kann. Ein Beispiel ist der in Abb. 3 gezeigte Einzelelektrontransistor, der allerdings derzeit nur bei tiefen Temperaturen funktioniert. Für einen Einsatz bei Raumtemperatur müssen die Strukturen noch weiter verkleinert werden: Dann erst wird die Energie der Coulomb-Blockade so groß, dass die Elektronen sie nicht mehr durch das thermische Rauschen überwinden können.

Perspektiven

Überwachsen vorstrukturierter Substrate

Die Wachstumsgeschwindigkeit von Schichten in der Molekularstrahlepitaxie ist für verschiedene Kristallrichtungen verschieden groß. Dieser Sachverhalt kann zur Herstellung von lateral strukturierten Quantenfilmen besonders hoher Qualität genutzt werden, für deren Herstellung man von einem bereits zuvor strukturierten Substrat ausgeht. So kommt es, wie in Abb. 4 dargestellt, beim Aufwachsen eines Quantenfilms auf eine trapezförmig vorstrukturierte Schwelle aufgrund der unterschiedlichen Wachstumsgeschwindigkeiten des Kristalls senkrecht

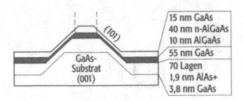

Abb. 4: Wächst ein Quantenfilm auf eine trapezförmig vorstrukturierte Schwelle auf, so kommt es aufgrund der unterschiedlichen Wachstumsgeschwindigkeiten zur Ausbildung eines Quantendrahts.

nach oben und an den Hängen des Trapezes zur Ausbildung eines Quantendrahts ohne ätzbedingte Randeffekte und mit kleinerer Breite als die ursprüngliche Trapezstruktur.

Selbstordnende Quantenpunkte

Bei der Epitaxie von stark verspannten Heterostrukturen kommt es beim Überschreiten bestimmter kritischer Lagendicken zur Bildung von Clustern (↑ Clusterphysik), und unter günstigen Umständen ergeben sich dabei, wie im Fall von Germanium auf Silizium, selbstordnende Quantenpunkte von fast gleicher Größe. Dies eröffnet vor allem bei der Herstellung von optoelektronischen Bauelementen neue Möglichkeiten, da auf diese Weise hergestellte Halbleiterlaser noch höhere Wirkungsgrade aufweisen können als die derzeit verfügbaren.

Neue Materialsysteme

Die Herstellung von Halbleiterheterostrukturen guter Qualität erfordert für jede einzelne Materialkombination besondere Forschungs- und Optimierungsanstrengungen, die um so schwieriger werden je größer die Gitterfehlanpassung zwischen den beteiligten Materialien ist. Und obwohl verschiedene Gleichgewichtskristallstrukturen die Arbeit der Wissenschaftler noch zusätzlich erschweren, sind gerade solche Materialsysteme heute von ganz besonderem Interesse:
   • Heterostrukturen aus Galiumarsenid und Phosphiden bzw. Indiumphosphid und Arseniden: solche Materialien werden vor allem für neue optoelektronische und nachrichtentechnische Bauelemente untersucht.

- Heterostruktruren aus Legierungen von Silizium, Germanium und Kohlenstoff.

- Heterostrukturen aus Galliumnitrid und anderen Nitriden: diese Materialien sind zur Zeit vor allem für Leuchtdioden im blauen Spektralbereich von Interesse. Sie kristallisieren jedoch im Gegensatz zu den meisten anderen technisch genutzten Halbleitern im hexagonalen System und haben außerdem eine deutlich kleinere Gitterkonstante als die anderen III-V-Halbleiter. Trotz der dadurch bestehenden technischen Schwierigkeiten ist es mittlerweile gelungen, mittels dieser Materialien Leuchtdioden und Halbleiterlaser im blauen Spektralbereich und sogar im nahen Ultraviolett zu realisieren, die sich durch eine hohe Lichteffizienz und gute Lebensdauern auszeichnen. Durch die Kombination dieser blauen Lichtquellen mit Lumineszenz-Konversionsmaterialien können auch weiße Lichtquellen erzeugt werden, die wegen ihres höheren Wirkungsgrads und der langen Lebensdauern zunehmend konventionelle Glühbirnen ersetzen, v.a. in mobilen Anwendungen wie Taschenlampen u. ä..

- II-VI-Halbleiter, vor allem Materialien auf Zinkselenid-Basis: diese Materialklasse stellt einen zweiten Zugang zur Herstellung von blau emittierenden Optobauelementen dar. Allerdings ist bei dieser Materialklasse die hohe Giftigkeit einiger Ausgangsstoffe wie Berryllium, Cadmium und Selen problematisch.

[1] M. Jaros: Physics and applications of semiconductor microstructures, Oxford:Clarendon, 1989.

[2] T. Ando, A. B. Fowler, F. Stern, Reviews of Modern Physics 54, 437, 1982.

[3] M. J. Kelly, Low-Dimensional Semiconductors – Materials, Physics, Technology, Devices, Oxford: Clarendon, 1995.

[4] J. H. Davies, The physics of low-dimensional semiconductors, Cambridge University Press, Cambridge, 1998.

[5] W. Mönch, Semiconductor surfaces and interfaces, Springer, Berlin, 1995.

[6] D. Bimberg, M. Grundmann, N. N. Ledentsov, Quantum Dot Heterostructures, John Wiley & Sons, 1998.

Nanoröhrchen

*Siegmar Roth, Catherine Journet, Andrea Quintel,
Michael Schmid*

Kohlenstoff ist mit Abstand das Element, das am häufigsten in den meisten chemischen Verbindungen vorkommt. Deswegen darf es nicht überraschen, dass auch der elementare Kohlenstoff in zahlreichen verschiedenen Erscheinungsformen auftritt. Die Grundformen *Diamant* und *Graphit* sind seit langem bekannt. In den letzten Jahren haben von Graphit abgeleitete Nanostrukturen viel Aufmerksamkeit erregt. Eine Gruppe dieser Nanostrukturen umfasst die ↑ Fullerene, deren Prototyp C-60 eine Hohlkugel aus 60 Kohlenstoff-Atomen mit einem Durchmesser von etwa 1 Nanometer ist. Eine andere Gruppe sind die *Kohlenstoff-Nanoröhrchen* (*Carbon Nanotubes*), die entweder ein- oder mehrwandig sein können, einen Innendurchmesser von einem bis zu zehn oder zwanzig Nanometern und eine Länge von einigen hundert Nanometern bis zu einigen Millimetern haben.

1995 gelang es, Nanoröhrchen in großen Mengen herzustellen, und seitdem arbeiten Forscher weltweit daran, sich die außergewöhnlichen mechanischen und elektronischen Eigenschaften der Nanoröhrchen zu Nutze zu machen. Die Kohlenstoff-Nanoröhrchen sind chemisch sehr stabil und können unter Luftausschluss bis zu 2 000 Grad erhitzt werden. Sie zeichnen sich durch eine hohe Zugfestigkeit, die bis zu zehnmal größer sein kann als die von Stahl, und durch eine Steifigkeit, die fast doppelt so groß ist wie die von Diamant, aus. Nanoröhrchen sind – elektrisch betrachtet – entweder Metalle oder schmalbandige Halbleiter.

Herstellung

Grob gesprochen sind die Nanoröhrchen eine Art *Ruß*. Wann immer Kohlenwasserstoff-Verbindungen unvollständig verbrennen, entstehen auch ein paar Nanoröhrchen. Heute sind drei Herstellungsverfahren bedeutsam:

1. **Kohlenstoff-Bogenlampe (Krätschmer-Generator):**
   Zwei Graphitelektroden werden an einen Schweiß-Transformator angeschlossen. Im Entladungsbogen wird der Graphit verdampft. Wenn man das Kohlenstoff-Plasma durch Kollision mit den Atomen eines inerten Gases wie Helium oder Argon rasch abkühlt, entstehen verschiedene Ruß-Nanopartikel [1]: Fullerene, amorpher Kohlenstoff, Nanoröhrchen [2]. Durch Zugabe von Katalysatoren aus Eisen, Nickel, Kobald u. a. kann man hohe Ausbeuten an einwandigen Nanoröhrchen erreichen [3].

2. **Laser-Ablation:**
   Ein Graphit-Target wird durch Laserbestrahlung im Inertgas verdampft [4]. Wiederum sind Katalysatoren notwendig, um gezielt einwandige Röhrchen zu erhalten. Vermutlich sorgen die besseren Strömungsverhältnisse des Inertgases dafür, dass bei diesem Verfahren längere Röhrchen erhalten werden als im Krätschmer-Generator.

3. **Thermische Zersetzung von Kohlenwasserstoffen:**
   Kohlenwasserstoffe (Acetylen, Benzol u. a.) werden über Katalysatorpartikeln erhitzt [5–9]. Dieses Verfahren hat den Vorteil, dass es am ehesten großtechnisch anwendbar ist. Je nach Wahl der Prozessparameter entstehen einwandige oder mehrwandige Nanoröhrchen oder auch Nanofasern und Übergangsformen zwischen Fasern und Röhrchen. Eine dieser Übergangsformen, bei der die Graphitschichten eher *konische Hütchen* als zylindrische Röhrchen bilden, scheint für die Wasserstoff-Speicherung besonders geeignet zu sein [10].

Für die meisten Zwecke müssen die Nanoröhrchen nach der Herstellung noch »gereinigt« werden. Ein einfaches Reinigungsverfahren besteht darin, heißen Sauerstoff über das Rohmaterial zu blasen. Perfekte ebene Graphitflächen sind ziemlich stabil, aber die Ränder und gekrümmten Teile werden vom Sauerstoff leicht angegriffen und oxidiert. Die Sauerstoff-Behandlung entfernt hauptsächlich die Partikel aus amorphem Kohlenstoff und brennt die Endkappen der Röhrchen ab, sodass eher die glatten zylindrischen Teile übrig bleiben. Meistens geht bei diesem Verfahren allerdings auch ein großer Teil der Nanoröhrchen verloren. Schonender ist das *Kochen in Salpetersäure*. Benötigt man größere Mengen von Röhrchen, so sind zur Trennung eher *Filtrations- und Chromatographie-Verfahren* zu empfehlen. Dazu müssen die Nanoröhrchen zunächst mit Hilfe von Detergenzien in stabile Suspensionen gebracht werden [11, 12].

Nanotubes werden als Pulver, in Suspension oder als »Buckypaper« angeboten. (Die Bezeichnung Buckypaper leitet sich vom Fulleren ab, das nach dem Architekten Buckminster Fuller benannt worden ist, der Kuppelbauten aus Fünfecken und Sechsecken konstruiert hat, die den neuen Kohlenstoff-Modifikationen ähneln). Buckypaper erhält man, wenn man eine gereinigte Suspension langer einwandiger Röhrchen durch einen engporigen Teflonfilter mit einer Porengröße von etwa 0,25 mm saugt. Auf dem Filter scheidet sich dann ein schwarzer Film ab, der sich leicht ablösen lässt.

Abb. 1a zeigt im Rasterelektronenmikroskop eine solche Buckypaper-Probe [13], die große Ähnlichkeit mit einer Portion Spaghetti hat. Was in diesem Bild wie eine einzelne Spaghetti-Nudel aussieht, ist allerdings nicht etwa ein einzelnes Nanoröhrchen, sondern ein Bündel (Rope) aus etwa zehn bis hundert Röhrchen. In Abb. 1b ist ein solches Bündel im hochauflösenden Transmissionselektronenmikroskop ge-

a   b

Abb. 1: a) Buckypaper im Rastertunnelmikroskop. Die spaghettiartigen Fasern sind Bündel aus bis zu hundert einwandigen Nanoröhrchen. b) Querschnitt eines Nanotube-Bündels im hochauflösenden Transmissionselektronenmikroskop.

zeigt [3]. Wo das Bündel durch die Bildebene stößt, sind die einzelnen Röhrchen, die ein regelmäßiges Dreiecksgitter bilden, deutlich zu erkennen. Dieses regelmäßige Gitter führt auch zur Beugung von Röntgenstrahlen. Der Hohlraum im Inneren eines Röhrchens kann mit verschiedenen Stoffen, wie z. B. mit Metallen, gefüllt werden.

Elektronische Bandstruktur

Um einen Überblick über das physikalische und insbesondere das elektronische Verhalten der Kohlenstoff-Nanoröhrchen zu erlangen, betrachtet man am besten das sog. *Graphen*. (Die Endung »en« deutet, wie in der organischen Chemie üblich, die Doppelbindungen an). Das Graphen ist ein abstrakter zweidimensionaler Festkörper, der aus einer einzigen Graphitschicht besteht. Durch regelmäßiges Aufeinanderstapeln von Graphenlagen erhält man Graphit-Kristalle, während das *Rollen* von Graphen zu Nanoröhrchen führt. Beim Rollen kann man nicht nur den Durchmesser variieren, sondern auch *schraubenartig* rollen. Diese Form des Rollens führt zu sog. »helischen« oder »chiralen« Röhrchen. Der »*Aufroll-Vektor*« ist definiert als $C_h = n a_1 + m a_2$, wobei a_1 und a_2 die Einheitsvektoren im hexagonalen Gitter und n und m ganze Zahlen sind. Der Aufroll-Vektor charakterisiert die Nanoröhrchen eindeutig (siehe Abb. 2).

Der Durchmesser und die Orientierung des Graphens zur Röhrenachse sind entscheidend für die elekronische Bandstruktur des Nanoröhrchens. Grob gesprochen verhält sich ein Nanoröhrchen im *Querschnitt* wie ein Molekül und *entlang der Achse* wie ein ausgedehnter Festkörper. Dies ist nicht verwunderlich, da der Durchmesser von einigen Nanometern gerade dem Durchmesser eines größeren Moleküles entspricht und im Vergleich dazu die Länge von einigen Mikrometern schon »unendlich« ist. Die elektronische Zustandsdichte von Nanoröhrchen lässt sich mit Tunnelspektroskopie bestimmen: dazu legt man das Röhrchen auf ein gut leitendes Substrat und lässt Elektronen aus der Spitze eines Tunnelmikroskopes in das Röhrchen tunneln. Da der Tunnelstrom um so größer ist, je mehr Zustände den Elektronen zur Verfügung stehen, kann aus der Tunnelcharakteristik die Zustandsdichte bestimmen.

Die elektronische Zustandsdichte eines (9,0) bzw. eines (10,0) Nanoröhrchens ist in Abb. 3a und 3b dargestellt [14]. Wenn ihre Sechsecke

a) zig-zag

b) chiral

c) armchair

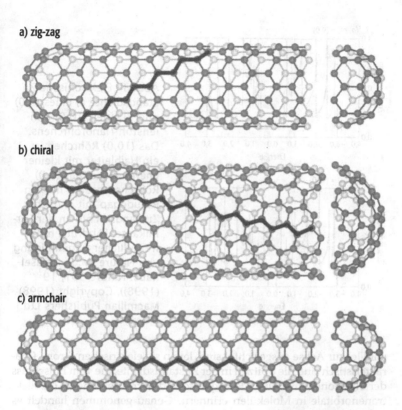

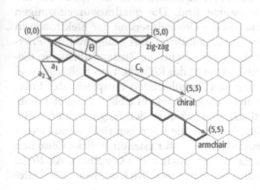

Abb. 2: oben: Grundtypen von einwandigen Nanoröhrchen: a) *zigzag*: (9,0)-Nanoröhrchen, b) *chiral*: (10,5)-Nanoröhrchen und c) *armchair*: (5,5)-Nanoröhrchen. Linke Seite: Einheitsvektoren und Aufroll-Vektor im Honigwabengitter vom Graphen.

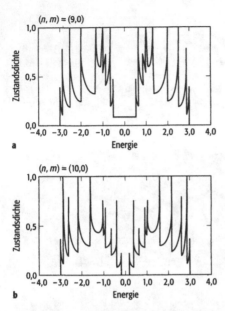

Abb. 3: Elektronische Zustandsdichte a) eines (9,0) und b) eines (10,0) Kohlenstoff-Nanoröhrchens. Das (10,0) Röhrchen ist ein Halbleiter mit kleiner Energielücke, das (9,0) Röhrchen besitzt nur ein Pseudogap mit endlicher Zustandsdichte an der Fermikante. [Abdruck mit freundlicher Genehmigung von Nature (M. S. Dresselhaus: Nature 391, 19 (1998)), Copyright (1998) Macmillan Publishers Ltd.]

parallel zur Achse ausgerichtet sind, leiten sie elektrischen Strom. Charakteristisch sind die Spitzen in der Zustandsdichte, die vom Einschluss der Elektronen im kleinen Rohrquerschnitt herrühren und an die Elektronenorbitale in Molekülen erinnern. Genau genommen handelt es sich bei den Spitzen um Van-Hove-Singularitäten, die typisch für eindimensionale Elektronensysteme sind. Die quadratwurzelförmigen Ausläufer der Spitzen sind auf die Delokalisierung der Elektronen in Richtung der Röhrenachse zurückzuführen. Der Nullpunkt der Energieskala markiert das Fermi-Niveau. Wenn die Zustandsdichte an dieser Stelle wie in Abb. 3b null ist, so ist das Röhrchen ein Halbleiter und der Abstand der beiden inneren Singularitäten entspricht der Energielücke. Ist die Zustandsdichte dagegen wie in Abb. 3a ungleich null, so ist das Röhrchen metallisch, und zwischen den Singularitäten befindet sich nur ein *Pseudo-Gap*. Je dicker die Röhrchen sind, desto kleiner werden die Gaps und Pseudo-Gaps, und für unendlich dicke Röhrchen findet man wieder das metallische Verhalten des Graphens. Als Regel gilt, dass ein (n,m)-Nanoröhrchen dann metallisch ist, wenn die Differenz zwischen n und m gleich null oder einem ganzzahligen Vielfachen von drei ist. Das bedeutet, dass *armchair*-Nanoröhrchen mit (n,n) grundsätzlich metallisch sind und *zigzag*-Röhrchen mit $(n,0)$ nur dann, wenn n ebenfalls ein Vielfaches von drei ist.

Elektrische Leitfähigkeit

Wenn man mit Krokodilklemmen und einem Ohm-Meter die Leitfähigkeit eines Stückes Buckypaper bestimmt (Buckypaper besteht aus Millionen von einzelnen Nanoröhrchen, ist »makroskopisch« und kann deshalb – ohne besondere Experimentierkunst – wie ein Stück Blech behandelt werden), so misst man meistens Leitfähigkeitswerte, die mit Graphit vergleichbar sind, also einige 100 Siemens/cm. Bereits dieser Umstand alleine macht die Nanoröhrchen zu einem sehr nützlichen Material: Man kann sie wie Graphitpartikel oder Leitruß anderen Stoffen zusetzen, um diese leitfähig zu machen. Da die Nanoröhrchen aber ein sehr großes Verhältnis von Länge zu Durchmesser haben, muss man wesentlich weniger Volumenanteile beimengen, um die gleiche Leitfähigkeit zu erhalten.

Man kann den elektrischen Transport aber nicht nur an Buckypaper und anderen Netzwerken messen, sondern auch an einzelnen Nanoröhrchen. Abb. 4 zeigt die rasterkraftmikroskopische Aufnahme eines Nanoröhrchens, das über der mittleren und rechten Platinelektrode liegt [15]. Eine solche Anordnung hat meistens sehr hohe Kontaktwiderstände. Das Nanoröhrchen verhält sich dann wie ein *Quantenpunkt*, und die Elektronen können einzeln injiziert werden. Die Kapazität des Nanoröhrchens liegt in der Größenordnung von einigen Attofarad, sodass sich das Potential bei jedem injizierten Elektron um einige Millivolt oder mehr ändert. Ein weiteres Elektron kann dann nur folgen,

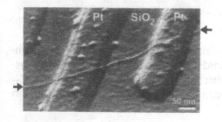

Abb. 4: Rasterkraftmikroskopische Aufnahme eines Nanoröhrchens, das über zwei Platinelektroden liegt [15].

wenn man die Injektionsspannung (»bias«) entsprechend erhöht, da aufgrund der elektrostatischen Wechselwirkung eine höhere Energie aufgewendet werden muss als für das vorherige Elektron. Dieser als Coulomb-Blockade bezeichnete Effekt führt zu stufenförmigen Strom-Spannungs-Kennlinien, wie man sie auch aus der Halbleiter-Nanotechnologie kennt. Steht diese zusätzliche Energie den Elektronen nicht zur Verfügung, so verhält sich die Struktur wie ein Isolator.

Die in Abb. 4 am linken, oberen Bildrand liegende Platinelektrode kann als Gate verwendet und damit der Stromdurchfluss durch das Nanoröhrchen gesteuert werden. Praktischer ist meistens ein sog. Back-Gate, d. h. eine Steuer-Elektrode, die die ganze Unterseite der Anordnung bedeckt. In Abb. 5 ist der schematische Aufbau eines Nanoröhren-Transistor gezeigt. Auf der Oberseite eines Antimon-dotierten Silicium (Si:Sb)-Chips befindet sich eine dünne isolierende Silicium-Oxid (SiO$_2$)-Schicht, auf der mehrere Goldstreifen im Abstand von

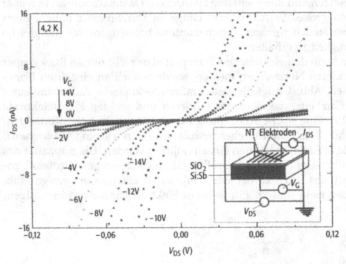

Abb. 5: Schematischer Aufbau eines Feldeffekt-Transistor aus Kohlenstoff-Nanoröhrchen über Goldelektroden und dessen Ausgangskennlinien (Strom I_{DS} durch Röhrchen als Funktion der Spannung V_{DS} zwischen Source und Drain, Parameter ist die Steuerspannung V_G am Gate) [16].

etwa 100 Nanometern angebracht sind [16]. Über den Goldstreifen liegt ein Nanoröhrchen. Zwei der Goldstreifen werden als *Source-* bzw. *Drain-Kontakt* verwendet, und der gut leitende Si:Sb-Chip bildet das Gate. Durch Variation der Gate-Spannung kann der Strom durch das Nanoröhrchen um bis zu fünf Größenordnungen moduliert werden. Je nach Art des Nanoröhrchens und Größe der Kontaktwiderstände findet man einerseits Transistoren mit kontinuerlichen Kennlinien und andererseits solche mit Stufen in den Kennlinien, die auf Einzelelektronen-Effekte, wie z. B. die oben erwähnte Coulomb-Blockade, zurückzuführen sind.

Wenn man die Kontaktwiderstände zwischen den Zuleitungen und dem Nanoröhrchen hinreichend klein machen könnte, so müsste sich das Röhrchen wie ein *Quantendraht* verhalten, d. h. der Widerstand sollte weder vom Querschnitt noch von der Länge abhängen, und der Leitwert müsste ganzzahlige Vielfache des Leitwertquantums, das sich nur aus Naturkonstanten zusammensetzt und etwa 100 Mikrosiemens beträgt, annehmen. Bei Röhrchen, die auf einem Substrat aufliegen, ist dies bisher nicht gelungen. Allerdings konnten Transportmessungen an frei tragenden Nanoröhrchen durchgeführt werden [17]: Dazu wurde ein Ende eines Nanoröhrchen-Bündels an die Spitze eines Tunnelmikroskopes geklebt und das andere in Quecksilber getaucht. Wird der Leitwert als Funktion der Tiefe, die das Bündel in das Quecksilber eingetaucht wird, aufgetragen, so beobachtet man eine deutliche Leitwertsquantelung.

Chemische Selbstanordnung

Es wird vielfach darüber diskutiert, ob man Nanoröhrchen als nanoelektronische Bauelemente einsetzen kann. Als Quantenpunkte, Quantendrähte und Feldeffekttransistoren sind sie schließlich erheblich kleiner als die entsprechenden Bauelemente aus Silicium oder Galliumarsenid, allerdings müssen dazu die Nanoröhrchen gezielt angeordnet werden. Mit Hilfe eines Tunnelmikroskops bzw. dessen Spitze lassen sich z. B. Nanoröhrchen auf einem Substrat verschieben. Allerdings ist diese Verfahren sehr zeitaufwendig und für die Herstellung eines einziges Bauelement bräuchte man Stunden. Um einen Gigabit-Speicher bauen zu können, sind deshalb hochparallele Verfahren erforderlich. Ein Ansatz hierfür ist die chemische Selbstanordnung: dazu werden die

Abb. 6: Chemische Selbstanordnung von
Kohlenstoff-Nanoröhrchen [18].

Nanoröhrchen chemisch so verändert, dass sie sich selbst, z. B. parallel
bzw. senkrecht zu den Leiterbahnen, anordnen. Abb. 6 zeigt ein solches Beispiel für eine Selbstanordnung von Nanoröhrchen bzgl. der
Goldstreifen auf einem Silicium/Siliciumoxid-Substrat [18]. Der Aus-
richtungseffekt wurde durch chemische Oberflächenbehandlung des
Substrats und entsprechende Wahl der Detergensmoleküle erreicht, die
die Nanoröhrchen in der Suspension einhüllen.

Feldemission

Um Elektronen aus einem Festkörper zu entfernen, muss eine Austrittsarbeit aufgebracht werden. Dies geschieht z. B. durch Erwärmen
oder durch Anlegen eines elektrischen Feldes, wodurch die nötige
Energie zu Verfügung gestellt wird. Die Feldemission wird durch bestimmte Geometrien, wie z. B. scharfe Spitzen, begünstigt. Wenn man
nun zwischen Nanoröhrchen, die auf einem leitenden Substrat stehen,
und einem darüberliegenden Gitter einige Volt Spannung anlegt, so
werden aus den Nanoröhrchen Elektronen abgezogen und beschleunigt. Treffen diese Elektronen auf Chromophore, so bringen sie diese
zum Leuchten [19]. Diese Form von kalten Elektronenquellen wird v. a.
im Zusammenhang mit *flachen Bildschirmen* diskutiert.

»Künstliche Muskeln«

In der Molekülphysik ist es nicht ungewöhnlich, dass ein geladenes Molekül eine geometrisch andere Form besitzt als das neutrale. Auch vom Graphit wissen wir, dass sich die Bindungslängen in einer Graphitschicht ändern, wenn man den Graphit interkaliert, d. h. beispielsweise Kalium einlagert. Da das Kalium in den Raum zwischen den Graphitschichten eindringt, quillt der Graphitkristall auf. Zusätzlich bewirken die Elektronen des Kaliums, die beim Interkalieren die Graphitschichten negativ aufladen, eine Vergrößerung der Kohlenstoff-Kohlenstoff-Abstände innerhalb der Graphitschichten. Diese kann bis zu 1% betragen und mit Röntgenbeugung leicht nachgewiesen werden. Diesen Effekt nutzt man beim Bau von Aktuatoren, sog. »künstlichen Muskeln«, die aus einer großen Anzahl von Nanoröhrchen bestehen, aus. Aufgrund der hohen Festigkeit der Nanoröhrchen und der damit erreichbaren mechanischen Bewegung können diese Aktuatoren bei jeder Bewegung mehr Arbeit verrichten und eine höhere mechanische Spannung erzeugen als Aktuatoren, die auf hydraulischen und pneumatischen Zylindern oder piezoelektrischen Vorrichtungen basieren. Wegen der besonderen Hitzebeständigkeit des Kohlenstoffs kann der neue Aktuatortyp zudem bei Temperaturen bis zu 1000 Grad Celsius eingesetzt werden,

Abb. 7 zeigt einen solchen Aktuator schematisch [20]: Ein Tesafilm ist beidseitig mit Buckypaper beklebt und wird in ein elektrolytisches Bad, an dem eine Spannung von etwa 1 V anliegt, getaucht. Dadurch werden beide Seiten elektrisch geladen und dehnen sich aus. Da die

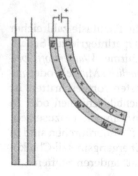

Abb. 7: »Künstliche Muskeln« aus Kohlenstoff-Nanoröhrchen. Ein mit Buckypaper beklebter Plastikstreifen biegt sich, wenn in Salzwasser eine Spannung von etwa 1 V angelegt wird [20].

Ausdehnung aber unsymmetrisch ist, dehnt sich eine Seite mehr als die andere, und folglich krümmt sich der Streifen. Dabei ist der Hub größer und die notwendige elektrische Spannung viel geringer als bei Piezoantrieben. Da die Nanoröhrchen ein großes Elastizitätsmodul besitzen, lassen sich man mit diesen Aktuatoren hohe Gütezahlen erreichen.

Wasserstoff-Speicherung

Wenn man Nanoröhrchen mit Metallen füllen und die Ionen des Salzwassers an oder in Nanoröhrchen einbringen kann, so liegt es nahe, die Nanotubes auch auf ihre Fähigkeit, Wasserstoff zu speichern zu untersuchen. Denn Wasserstoff gilt als der Energieträger der Zukunft und soll in nicht allzu ferner Zukunft Kohle, Benzin und Erdgas als umweltfreundlicher Treibstoff ablösen. Allerdings muss dafür der Wasserstoff auf kleinem Raum gespeichert werden. Dazu wurde das Gas bisher entweder unter hohen Drücken komprimiert, bei tiefen Temperaturen verflüssigt oder chemisch gebunden. Aufgrund ihrer großen spezifischen Oberfläche besitzen Nanoröhrchen eine hervorragende Speicherkapazitäten, die im Fall von Wasserstoff bei mehr als 10 Gewichtsprozent liegt, d.h. mit 80 kg Kohlenstoff lassen sich immerhin 8 kg Wasserstoff speichern. Um das Benzin in unseren Kraftfahrzeugen ohne wirtschaftliche Einbußen durch Wasserstoff ersetzen zu können, benötigt man Speicherkapazitäten zwischen 6 bis 8 Gewichtsprozent.

Ausblick

Es darf nicht wundern, wenn Nanoröhrchen die Phantasie zahlreicher Wissenschaftler beflügeln: *Nanotransistoren* in superintegrierten Schaltkreisen, *kalte Elektronenquellen* für Flachbildschirme, *Wasserstoff-Speicher* für Brennstoffzellen-getriebene Autos, *künstliche Muskeln* oder *nanofaserverstärkte Verbundwerkstoffe*. Am weitesten fortgeschritten ist momentan der Versuch, Nanoröhrchen in Flachbildschirmen oder in besonders energiesparenden und langlebigen Lampen einzusetzen. Angeregt durch die Euphorie um die Kohlenstoff-Nanoröhrchen sind in den letzten Jahren auch Nanoröhrchen aus Übergangsmetall-Chalkogeniden (Wolframsulfid, Vanadiumoxid) und aus anderen Stoffen entdeckt und untersucht worden. Mit Hilfe eines einfachen Verfahrens lassen sich inzwischen auch Nanoröhrchen aus Halbleitern, Metallen oder Polymeren herstellen [10]. Da diese Technik einen schichtgenauen Aufbau und eine gezielte Positionierung der Nanoröhrchen erlaubt, rückt das kontrollierte Design von Nano-Objekten für neue mikro- und nanoelektromechanische Systeme ein ganzes Stück näher.

[1] W. Krätschmer, L. D. Lamb, K. Fostiropoulous, D. Huffmann: Nature 347, 354 (1990).

[2] S. Iijima: Nature 354, 56 (1991).

[3] C. Journet, W. K. Maser, P. Bernier, A. Loiseau, M. Lamy de la Chapelle, S. Lefrant, P. Deniard, R. Lee, J. E. Fischer: Nature 388, 756 (1997).

[4] T. Guo, P. Nikolaev, A. Thess, D. T. Colbert, R. Smalley: Chem. Phys. Lett. 243, 49 (1995).

[5] V. Ivanov, J. B. Nagy, P. Lambin, A. Lucas, X. B. Zhang, D. Bernaerts, G. van Tendeloo, S. Amelinckx, J. Van Landuyt: Chem. Phys. Lett. 223, 329 (1994).

[6] H. M. Cheng, F. Li, X. Sun, S. D. M. Brown, M. A. Pimenta, A. Marucci, G. Dresselhaus, M. S. Dresselhaus: Chem. Phys. Lett. 289, 602 (1998).

[7] S. Huang, L. Dai, A. W. H. Mau: J. Phys. Chem. B 103, 4223 (1999).

[8] S. Fan, M. G. Chapline, N. R. Franklin, T. W. Tombler, A. M. Cassell, H. Dai: Science 283, 512 (1999).

[9] Z. F. Ren, Z. P. Huang, J. W. Xu, J. H. Wang, P. Bush, M. P. Siegal, P. N. Provencio: Science 282, 1105 (1998).

[10] P. Chen, X. Wu, J. Lin, K. L. Tan: Science 285, 91 (1999).

[11] A. G. Rinzler, J. Liu, H. Dai, P. Nikolaev, C. B. Huffman, F. J. Rodríguez-Macías, P. J. Boul, A. H. Lu, D. Heymann, D. T. Colbert, R. S. Lee, J. E. Fischer, A. M. Rao, P. C. Smalley: Appl. Phys. A 67, 29 (1998)

[12] G. S. Düsberg, M. Burghard, J. Muster, G. Philipp, S. Roth: Chem. Commun., 435 (1998).

[13] C. Journet: unveröffentlicht.

[14] M. S. Dresselhaus: Nature 391, 19 (1998).

[15] S. J. Tans, M. H. Devoret, H. Dai, A. Thess, R. E. Smalley, L. J. Geerligs, C. Dekker: Nature 386, 474 (1997).

[16] K. Liu, M. Burghard, S. Roth, P. Bernier: Appl. Phys. Lett., im Druck.

[17] S. Franck, P. Poncharal. Z. H. Wang, W. A. de Heer: Science 280, 1744 (1998).

[18] M. Burghard, G. Düsberg, G. Philipp, J. Muster and S. Roth: Advanced Materials 10(8), 584–588 (1998): »Controlled adsorption of carbon nanotubes on chemically modified electrode arrays.«

[19] W. A. de Heer, A. Châtelain, D. Ugarte: Science 270, 1179 (1995).

[20] R. H. Baughman. C. Cui, A. A. Zakhidov, Z. Iqbal, J. N. Barisci, G. M. Spinks, G. G. Wallace, A. Mazzoldi, D. De Rossi, A. G. Rinzler, O. Jaschinski, S. Roth, M. Kertesz: Science 284, 1340 (1999).

Organische Supraleiter

Jochen Wosnitza

Zunächst scheint es verblüffend, dass organische Materialien, die doch gemeinhin als Prototypen elektrischer Isolatoren gelten, den elektrischen Strom leiten können. Die verschiedenartigen auf Kohlenstoffverbindungen basierenden isolierenden Materialien, wie Fasern, Beschichtungen, synthetischer Gummi, Plastiktüten usw., sind alltägliche Gegenstände unseres Lebens geworden. Dennoch gibt es einige organische Substanzen, die eine metallische Leitfähigkeit, d. h. einen abnehmenden elektrischen Widerstand bei abnehmender Temperatur, zeigen. Diese synthetischen Metalle bergen durch die vielfältigen Synthesemöglichkeiten der organischen Chemie ein einzigartiges Potential, sodass man hoffen kann, neue Materialien mit den gewünschten mechanischen, elektrischen oder magnetischen Eigenschaften Maß zuschneidern.

Ein wichtiger Vorschlag, der die Suche nach metallischen und eventuell auch supraleitenden organischen Substanzen entscheidend motiviert hat, war die Idee von W. A. Little, dass die Kopplung der Elektronen zu Cooper-Paaren in organischen Polymeren mit hoch polarisierbaren Seitenketten möglich sein könnte [1]. Diese exzitonischen Supraleiter sollten dabei ohne weiteres Sprungtemperaturen T_c im Bereich der Zimmertemperatur erlauben. Obwohl dieser von Little vorgeschlagene Kopplungsmechanismus prinzipiell möglich sein sollte, beruht die Supraleitung in allen bisher bekannten organischen Supraleitern nicht auf diesem Mechanismus.

Typische organische Metalle und Supraleiter sind kristalline Verbindungen, basierend beispielsweise auf den organischen Donatoren Tetramethyltetraselenafulvalen (abgek. TMTSF, Abb. 1a) und Bisethylendithiolo-tetrathiofulvalen (abgek. BEDT-TTF oder auch ET, Abb. 1b)

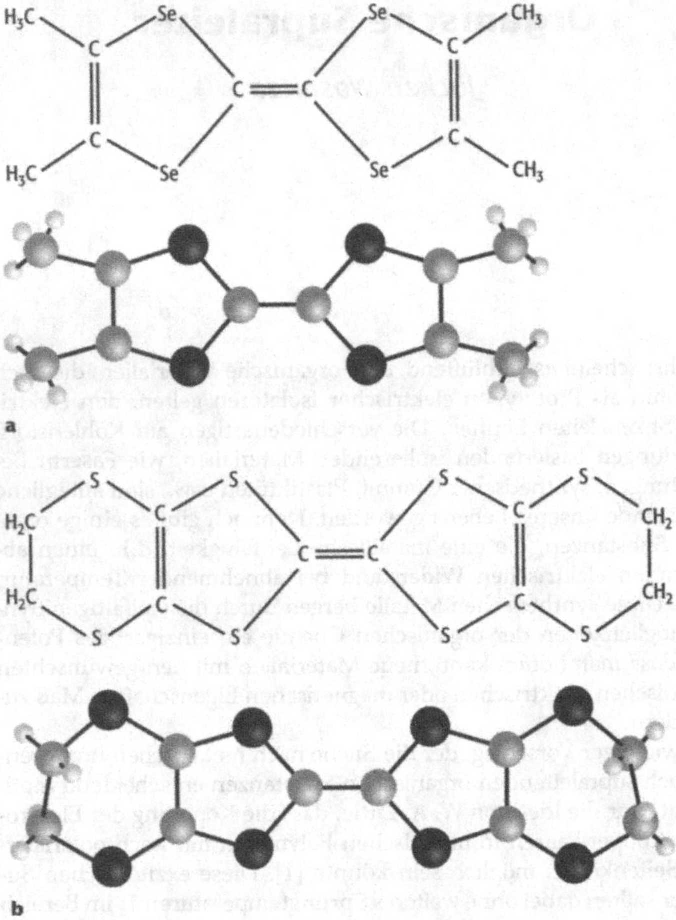

Abb. 1: a) Die Molekülstruktur von TMTSF: Das Molekül ist planar, was eine stapelartige Anordnung der Moleküle im Kristallverband bevorzugt. b) die Molekülstruktur von BEDT-TTF: Das Molekül ist ausgedehnter als TMTSF und nicht vollständig planar.

und mit zumeist anorganischen Anionen (z. B. PF_6^-, I_3^-, $Cu(NCS)_2^-$). Zumeist werden diese Ladungstransfersalze durch Elektrokristallisation hergestellt. Dabei entstehen qualitativ hochwertige Einkristalle bei gleichzeitiger Oxidation der Donatormoleküle, wobei zumeist jeweils zwei Donatormoleküle ein Elektron an das üblicherweise im Elektrolyten vorhandene, monovalente Anion abgeben. Insgesamt existieren zur Zeit (2003) über hundert organische Supraleiter, die aus einem von etwa zehn verschiedenen organischen Donator-Molekülen bzw. einem organischen Akzeptor-Molekül und einem Gegenion aufgebaut sind [2].

Quasi-eindimensionale organische Metalle

Abb. 2 zeigt schematisch die Kristallstruktur des ersten organischen Supraleiters, $(TMTSF)_2PF_6$, der 1979 von K. Bechgaard synthetisiert wurde [3]. Salze diesen Typs werden deshalb auch als Bechgaard-Salze bezeichnet. Die nahezu planaren TMTSF-Moleküle sind entlang der kristallographischen a-Richtung stapelartig angeordnet. Ein ausreichender Überlapp der π-Molekülorbitale in Stapelrichtung führt zur Ausbildung einer Bandstruktur mit teilweise gefüllten Bändern und da-

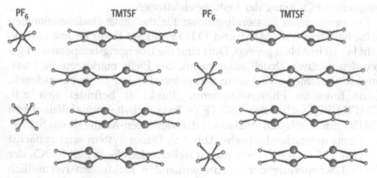

Abb. 2: Die Kristallstruktur des ersten organischen Supraleiters $(TMTSF)_2PF_6$. Die Wasserstoffatome sind der Übersichtlichkeit halber weggelassen. Die TMTSF-Stapel sind durch die PF_6-Anionen voneinander getrennt.

mit zu einer guten elektrischen Leitfähigkeit σ_a entlang dieser Richtung. Die schlechteste Leitfähigkeit σ_c besteht in der c-Richtung, in der die Anionen die Stapelketten trennen. Zwischen den Stapeln, in der b-Richtung (senkrecht zur Zeichenebene in Abb. 2), besteht noch ein geringer Überlapp der Molekülwellenfunktionen und damit eine Leitfähigkeit σ_b, die zwischen σ_a und σ_c liegt. Typischerweise findet man elektrische Leitfähigkeiten im Verhältnis von etwa $\sigma_a : \sigma_b : \sigma_c = 30\,000 : 100 : 1$. Die Bechgaard-Salze werden oft auch als quasi-eindimensionale Leiter bezeichnet. Allerdings ist die Eindimensionalität, wie gerade beschrieben, nicht ideal, was entscheidend für die physikalischen Eigenschaften der TMTSF-Salze ist. Die Anisotropie spiegelt sich gleichfalls in der Morphologie der in langen dünnen Nadeln wachsenden TMTSF-Kristalle wider. Die längste Ausdehnung der Kristalle findet man entlang der a-Richtung, die kürzeste entlang der c-Richtung.

Ideal eindimensionale Metalle sind prinzipiell instabil gegen einen Phasenübergang zum Isolator bei tiefen Temperaturen. Bei diesem sog. Peierls-Übergang bildet sich eine Energielücke auf Teilen der Fermi-Fläche aus, die umso vollständiger ist, je besser eindimensional die elektronische Struktur ist. Die Bechgaard-Salze sind noch eindimensional genug, sodass sie diesen Phasenübergang bei endlichen Temperaturen von einigen 10 K zeigen. Dabei bildet sich jedoch keine Ladungsdichtewelle mit einer entsprechenden Gitterverzerrung, sondern eine Spindichtewelle aus, d.h. es entsteht eine periodische antiferromagnetische Ordnung der Leitungselektronen.

Ein prinzipielles Phasendiagramm für die quasi-eindimensionalen Salze basierend auf TMTSF und TMTTF, das auf Denis Jérome zurückgeht [4], ist in Abb. 3 gezeigt. Dort sind die Übergangstemperaturen gegen den relativen Druck aufgetragen. Die Pfeile markieren die Startpunkte verschiedener Ladungstransfersalze bei Umgebungsdruck. Ganz links im Phasendiagramm (Punkt a) befindet sich z.B. (TMTTF)$_2$PF$_6$, wobei sich TMTTF (= Tetramethyltetrathiafulfalen) von TMTSF nur durch den Austausch der vier Selen-Atome durch Schwefel-Atome unterscheidet (siehe Abb. 1a). Dieses System zeigt zunächst bei etwa 230 K einen Übergang zu isolierendem Verhalten (LOC), der durch Lokalisierung der wechselwirkenden Elektronen (vermutlich durch einen sog. Mott-Hubbard-Übergang) hervorgerufen wird. Bei etwa 15 K dimerisieren zusätzlich die antiferromagetisch geordneten lokalisierten Spins bei dem sog. Spin-Peierls-Übergang (SP), wobei die magnetische Energie des Systems erniedrigt wird. Durch Anlegen eines

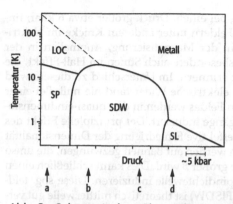

Abb. 3: Schematisches Phasendiagramm der quasi-eindimensionalen Salze basierend auf den Molekülen TMTSF und TMTTF. Die Pfeile deuten Startpunkte bei Umgebungsdruck verschiedener im Text erwähnter Ladungstransfersalze an. Die Abkürzungen bedeuten ladungslokalisierter Isolator (LOC), Spin-Peierls- (SP), Spindichtewellen- (SDW) und supraleitender (SL) Zustand.

äußeren Drucks von etwa 13 kbar wird der Lokalisierungsübergang unterdrückt, und das System bleibt zunächst metallisch, bis bei einem Peierls-Übergang eine Spindichtewelle (SDW) als neuer Grundzustand entsteht. Das Anlegen eines äußeren Drucks ist dabei gleichbedeutend mit einer Erhöhung des Überlapps der elektronischen Wellenfunktionen und damit mit einer Erhöhung der Dimensionalität.

Die Salze $(TMTTF)_2Br$ (Punkt b in Abb. 3) und $(TMTSF)_2PF_6$ (Punkt c) haben bereits bei Normaldruck und entsprechend tiefen Temperaturen eine Spindichtewelle als Grundzustand. Durch einen äußeren Druck von etwa 44 kbar für $(TMTTF)_2PF_6$, 26 kbar für $(TMTTF)_2Br$ und 6 kbar für $(TMTSF)_2PF_6$ kann man die Dimensionalität dieser Systeme soweit erhöhen, dass der Metall-Isolator-Übergang unterdrückt ist und Supraleitung (SL) bei Temperaturen von 1–3 K auftritt. Das einzige Bechgaard-Salz, das bereits bei Umgebungsdruck eine genügend geringe Anisotropie hat, um metallisch zu bleiben und bei etwa 1,4 K Supraleitung zu zeigen, ist $(TMTSF)_2ClO_4$ (Punkt d).

Ein neues Phänomen wurde bei Untersuchungen der Bechgaard-Salze im externen magnetischen Feld B gefunden. Im metallischen Zustand, also für (TMTSF)$_2$PF$_6$ bei einem Druck größer etwa 6 kbar, findet man bei bestimmten B-Feldern unter anderem Knicke im elektrischen Widerstand, Stufen in der Magnetisierung, Anomalien in der spezifischen Wärme und insbesondere auch Stufen im Hall-Effekt, die an den Quanten-Hall-Effekt erinnern. Im Unterschied zu diesem wird allerdings der longitudinale elektrische Widerstand nie null. Bei einer Änderung des magnetischen Feldes werden in den quasi-eindimensionalen Metallen Phasenübergänge induziert. Der prinzipielle Effekt des Magnetfeldes ist dabei eine effektive Erniedrigung der Dimensionalität des Systems. Die Elektronen werden auf Bahnen gezwungen, die umso eindimensionaler werden, je größer B wird. Dies kann schließlich einen Phasenübergang zu einer Spindichtewelle induzieren. Diese sog. feldinduzierte Spindichtewelle (FISDW) ist theoretisch mittlerweile gut verstanden und experimentell glänzend bestätigt worden [2].

Quasi-zweidimensionale organische Metalle

Die größte Gruppe organischer Supraleiter findet man bei den Ladungstransfersalzen, die als Grundbaustein das Molekül BEDT-TTF (siehe Abb. 1b) haben. Der erste BEDT-TTF-Supraleiter, (BEDT-TTF)$_2$ReO$_4$, wurde 1982 entdeckt, benötigte jedoch, wie die meisten TMTSF-Salze, einen Druck von einigen kbar, um bei etwa 2 K supraleitend zu werden. Ebenfalls zu dieser Gruppe gehört der erste vollständig auf organischen Molekülen basierende Supraleiter (BEDT-TTF)$_2$SF$_5$CH$_2$CF$_2$SO$_3$, der unter Umgebungsdruck bei etwa 4,5 K supraleitend wird und erst 1996 entdeckt wurde [2].

Im Gegensatz zu den TMTSF-Salzen gibt es eine Vielzahl möglicher Kristallstrukturen, die sich hauptsächlich in der Anordnung der ausgedehnteren und nicht vollständig planaren BEDT-TTF-Moleküle innerhalb von Ebenen unterscheiden und die mit verschiedenen griechischen Buchstaben bezeichnet werden. Abb. 4 zeigt als Beispiel die Kristallstruktur von β-(BEDT-TTF)$_2$I$_3$. Diese Substanz kristallisiert bei gleicher Stöchiometrie in einer Reihe weiterer strukturell unterschiedlicher Phasen, die sich stark in ihren physikalischen Eigenschaften unterscheiden. In der β-Phase sind die BEDT-TTF-Moleküle innerhalb von Ebenen in Stapeln nebeneinander angeordnet, haben dabei jedoch einen viel besseren Überlap zu benachbarten Stapeln als die quasi-eindimensionalen Bechgaard-Salze. Dadurch zeigt die elektrische Leit-

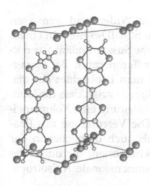

Abb. 4: Die Kristallstruktur von β-(BEDT-TTF)$_2$I$_3$ als Beispiel für die quasi-zweidimensionalen organischen Metalle. Die gut leitfähigen BEDT-TTF-Ebenen, die eine geringe Anisotropie zeigen, werden durch die Anion-Ebenen voneinander getrennt.

fähigkeit innerhalb der Ebene nur eine geringe Anisotropie. Zwischen diesen gut leitenden BEDT-TTF-Ebenen liegen die Anionen-Ebenen, die für eine ausgeprägte Anisotropie der physikalischen Eigenschaften parallel und senkrecht zu den Ebenen sorgen. Ähnlich wie bei den ↑ Hochtemperatur-Supraleitern kann der elektrische Widerstand senkrecht zu den Ebenen um viele Größenordnungen über dem für Stromfluss in der Ebene liegen. Diese quasi-zweidimensionale elektronische Struktur, die sich auch in supraleitenden Kenngrößen widerspiegelt, findet man mehr oder weniger ausgeprägt in allen BEDT-TTF-Phasen. An einer Vielzahl der organischen Metalle, die als qualitativ hochwertige Einkristalle zur Verfügung stehen, kann die genaue Topologie der Fermi-Fläche und weitere Bandstrukturparameter, wie z. B. die effektive Masse, mit Hilfe von Messungen magnetischer Quantenoszillationen (de-Haas-van Alphen-Effekt, Schubnikow-de Haas-Effekt) und unter Ausnutzung der Anisotropie des Widerstands in einem genügend großen Magnetfeld direkt bestimmt und mit theoretischen Berechnungen der Bandstruktur verglichen werden [5].

Basierend auf dem BEDT-TTF-Molekül sind mittlerweile (2003) mehr als fünfzig verschiedene organische Supraleiter bekannt [2]. Die höchste Sprungtemperatur bei Umgebungsdruck wird bei der Verbindung κ-(BEDT-TTF)$_2$Cu[N(CN)$_2$]Br mit T_c = 11,5 K erreicht. Ein etwas höheres T_c von etwa 13 K findet man in der isostrukturellen Substanz κ-(BEDT-TTF)$_2$Cu[N(CN)$_2$]Cl unter einem leichten Druck von 0,3 kbar. Noch höhere supraleitende Sprungtemperaturen werden in den ↑ Fullerenen gefunden, die manchmal auch zur Klasse der organischen Supraleiter gerechnet werden.

Abb. 5 zeigt den spezifischen elektrischen Widerstand, gemessen senkrecht zu den Ebenen, und die mit einem SQUID-System in einem Magnetfeld von 0,1 mT gemessene magnetische Suszeptibilität χ von κ-(BEDT-TTF)$_2$Cu[N(CN)$_2$]Br als Funktion der Temperatur. Bei T_c verschwindet der elektrische Widerstand, und man beobachtet ein diamagnetisches Signal in χ. Die Größe dieses Signals zeigt, dass die komplette Probe supraleitend und damit die Supraleitung eine Volumeneigenschaft der organischen Materialien ist. Die Verrundung des Phasenübergangs, die sowohl im Widerstand als auch deutlicher in der Suszeptibilität zu sehen ist, beruht auf Fluktuationen, die durch die kurzen Kohärenzlängen und die quasi-zweidimensionale Anisotropie begünstigt werden.

Auffallend ist der sehr große spezifische Widerstand, der selbst kurz vor Eintreten der Supraleitung um etwa einen Faktor 10^6 höher ist als der von Kupfer bei Raumtemperatur. Ein Widerstand dieser Größenordnung ist typisch für die kristallinen organischen Leiter und wirft die Frage auf, ob man den Stromtransport senkrecht zu den gut leitfähigen Ebenen noch mit konventionellen Theorien beschreiben kann. Oberhalb T_c verläuft der Widerstand annähernd quadratisch mit der Temperatur, was ebenfalls charakteristisch für viele dieser organischen Metalle ist und einen dominierenden Einfluss der Elektron-Elektron-Stöße vermuten lässt. Allerdings ist der enorm große Absolutwert des quadratischen Widerstandsbeitrags im Rahmen bisheriger Theorien noch unverstanden. Eine große Elektron-Elektron-Wechselwirkung kann letztendlich auch zu einer Lokalisierung der Elektronen, d.h. zu einem sog. Mott-Hubbard-Isolator, führen. Es wird vermutet, dass κ-(BEDT-

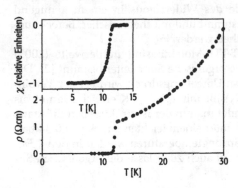

Abb. 5: Temperaturabhängigkeit des spezifischen Widerstands für Stromfluss senkrecht zu den Ebenen. Das Inset zeigt die Suszeptibilität als Funktion der Temperatur.

TTF)$_2$Cu[N(CN)$_2$]Br ein Metall nahe an der Grenze zu diesem isolierenden Zustand und κ-(BEDT-TTF)$_2$Cu[N(CN)$_2$]Cl, das bei tiefen Temperaturen antiferromagnetisch ordnet, bereits ein Mott-Hubbard-Isolator ist.

Die organischen Supraleiter sind Supraleiter zweiter Art, d.h. nur unterhalb eines unteren kritischen Feldes B_{c1} existiert die Meißner-Phase. In der Schubnikow-Phase, also zwischen B_{c1} und dem oberen kritischen Feld B_{c2}, kann magnetischer Fluss in Flussquanten in die Probe eindringen. Oberhalb von B_{c2} befindet sich das Metall im normalleitenden Zustand. Typische Werte für B_{c1} sind einige mT und für B_{c2} einige T. Diese Werte gelten für Magnetfelder, die senkrecht zu den leitfähigen Ebenen angelegt werden. Für Felder parallel zu den Ebenen ist B_{c1} ein bis zwei Größenordnungen kleiner, d.h. viel kleiner als das Magnetfeld der Erde mit etwa 0,05 mT. B_{c2} ist entsprechend um etwa einen Faktor zehn erhöht. Es ergeben sich daraus Kohärenzlängen von etwa 3–10 nm innerhalb der BEDT-TTF-Ebenen und etwa 0,3–1 nm senkrecht dazu, wobei dieser Wert kleiner als der Ebenabstand von etwa 1,5 nm ist. Folglich kann man die organischen Metalle als quasi-zweidimensionale Supraleiter betrachten, die nur aufgrund des Josephson-Effekts, der beim Tunneln von Cooper-Paaren durch eine Isolierungsschicht zwischen zwei Supraleitern auftritt, eine dreidimensionale Kohärenz ausbilden.

Die Natur des supraleitenden Zustands

Ein wichtiger Schwerpunkt der aktuellen Forschung auf dem Gebiet der organischen Supraleiter sind Untersuchungen zur momentan (2003) kontrovers diskutierten Frage nach der Natur des supraleitenden Zustandes. Jüngste Ergebnisse deuten auf einen unkonventionellen supraleitenden Mechanismus in den quasi-eindimensionalen Bechgaard-Salzen hin. So zeigen NMR-Experimente unter Druck, dass im supraleitenden Zustand vermutlich eine Paarung von Elektronen mit parallelem Spin vorliegt [6]. Diese außergewöhnliche sog. Triplett-Paarung ist vermutlich nicht auf die übliche Elektron-Phonon-Kopplung, sondern auf magnetische Wechselwirkungen der Elektronen untereinander zurückzuführen. Im Gegensatz zu den Bechgaard-Salzen ist für die quasi-zweidimensionalen organischen Supraleiter eindeutig klar, dass sich die Cooper-Paare als Spin-Singuletts paaren. Dies konnte mit Hilfe von NMR-Experimenten nachgewiesen werden, die im Unterschied zu den quasi-eindimensionalen Bechgaard-Salzen eine deutlich reduzierte Knight-Verschiebung im supraleitenden Zustand zeigen. Unter der Knight-Verschiebung versteht man eine in der NMR an Metallen beobachtete Verschiebung der Resonanzlinie, die um etwa eine Größenordnung über der chemischen Verschiebung in diamagnetischen Materialien liegt. Diese Verschiebung ist näherungsweise temperaturunabhängig, steigt mit der Kernladungszahl an, ist im Kristall richtungsabhängig und stammt von dem Feld, das der Kern als Ergebnis der Wechselwirkung mit den Leitungselektronen durch die Hyperfeinstrukturwechselwirkung erfährt. Die reduzierte Knight-Verschiebung schließt eine p-Wellen-Symmetrie der Paarwellenfunktion aus, lässt aber die Frage offen, ob es sich um eine konventionelle s-Wellen-Symmetrie, wie in der BCS-Theorie angenommen, oder um eine unkonventionelle d-Wellen-Symmetrie handelt. Ein weiterer ungeklärter Punkt ist der Mechanismus, der zur Supraleitung führt. Die Nähe antiferromagnetischer Ordnung (wie z. B. in einer Spindichtewelle) zum supraleitenden Grundzustand im Druck-Temperatur-Phasendiagramm begründet die Vermutung, dass magnetische Fluktuationen anstelle der konventionellen Elektron-Phonon-Wechselwirkung für die Kopplung der Cooper-Paare verantwortlich sind. Dabei wird insbesondere auf die Analogie zu den Hochtemperatur-Supraleitern hingewiesen [7].

Auf der theoretischen wie auf der experimentellen Seite ist die Situation zur Zeit (2003) uneinheitlich. Ein Schlüsselexperiment, das die Frage einer (un)konventionellen Kopplung eindeutig beantworten könnte, fehlt. Genauso wie es die erwähnten Anzeichen für ausgeprägte elektronische Korrelationseffekte gibt, existieren klare Evidenzen für eine starke Elektron-Phonon-Kopplung. Ein wichtiges Experiment, das die phonon-induzierte Kopplung in den klassischen Supraleitern bewies, war der Nachweis des Isotopeneffekts. Es soll hier jedoch betont werden, dass das Fehlen des Isotopeneffekts, wie z. B. für die konventionellen Supraleiter Zirconium und Ruthenium gefunden, kein Beweis für eine unkonventionelle Kopplung ist. Die quasi-zweidimensionalen organischen Supraleiter zeigen bei Substitution der inneren vier ^{12}C durch ^{13}C und der acht ^{32}S durch ^{34}S eine BCS-artige Erniedrigung von T_c um etwa 1%. Die Substitution der Wasserstoffatome durch Deuterium ergibt eine uneinheitliche Änderung von T_c für verschiedene Materialien, was auf eine gleichzeitige Modifikation der Gitterparameter zurückgeführt wird. Ein weiteres Experiment, das gleichfalls klar das Vorhandensein der Elektron-Phonon-Wechselwirkung in organischen Supraleitern nachgewiesen hat, waren Messungen mit Hilfe der Raman-Spektroskopie, die unterhalb von T_c eine klare energetische Verschiebung der Raman-Moden, also eine Änderung von Phononenfrequenzen, ergaben. Darüber hinaus zeigen Resultate aus Messungen der inelastischen Neutronenstreuung, dass unterhalb von T_c eine Änderung in der Phononzustandsdichte auftritt bzw. dass sich bei Eintreten der Supraleitung die Energie-Impuls-Beziehung eines Phonons verschiebt. Welche Wechselwirkung allerdings letztendlich für die Kopplung der Elektronen zu Cooper-Paaren verantwortlich ist, kann aus den bisherigen Experimenten nicht schlüssig geklärt werden.

Neben der Frage nach dem Mechanismus, der zur Supraleitung führt, gibt es auch zur Größe und zur Symmetrie der supraleitenden Paarwellenfunktion widersprüchliche Meinungen. So zeigen einige Experimente im supraleitenden Zustand eine Energielücke Δ, die zum BCS-Wert $2\Delta/k_B T_c$ für schwache Kopplung passt (k_B: Boltzmann-Konstante). Andere Untersuchungen, wie z. B. Tunnelspektroskopie- und Punktkontaktspektroskopiemessungen, weisen auf einen stark erhöhten Wert hin. Die Temperaturabhängigkeit der Energielücke wurde in einer großen Zahl unterschiedlicher Experimente bestimmt. Eine eindeutige Aussage ist jedoch aufgrund der uneinheitlichen Ergebnisse und konträrer Interpretationen nicht möglich. So deuten z. B. NMR-Untersuchungen an ^{13}C-Kernen der Substanz κ-(BEDT-TTF)$_2$Cu[N(CN)$_2$]Br auf unkonventionelles Verhalten hin. Zum einen wurde nicht das von der BCS-Theorie vorhergesagte Hebel-Slichter-Kohärenzmaximum in der Spin-Gitter-Relaxationsrate $1/T_1$ gefunden. Dies ist allerdings kein Beweis für unkonventionelles Verhalten, da dieses Maximum auch in einigen konventionellen BCS-Supraleitern fehlt. Zum anderen zeigt die Relaxationsrate $1/T_1$ nicht die für eine isotrope Energielücke erwartete exponentielle Abhängigkeit, sondern einen T^3-Verlauf bei tiefen Temperaturen. Im Gegensatz zu diesen Ergebnissen können Daten der spezifischen Wärme sehr gut mit der BCS-Theorie unter der Annahme starker Kopplung beschrieben werden. Insbesondere der elektronische Anteil der spezifischen Wärme im supraleitenden Zustand, der aufgrund des NMR-Ergebnisses bei tiefen Temperaturen proportional zu T^2 verlaufen sollte, verschwindet exponentiell unterhalb T_c. Bis zur Klärung dieser kontroversen Resultate sind noch weitere sorgfältige Untersuchungen nötig.

Ausblick

Die organischen Metalle und Supraleiter zeigen ein ungewöhnlich breites Spektrum grundlegender physikalischer Phänomene, die momentan Gegenstand intensiver Untersuchungen innerhalb der Festkörperphysik sind. Dabei geht es um das Verständnis kollektiver Erscheinungen, die abhängig von äußeren Parametern, wie Druck, Magnetfeld und Temperatur, zu gänzlich verschiedenen Grundzuständen führen können. Eine Herausforderung an die Theorie bleibt es, ein mikroskopisches Modell zu entwickeln, das die experimentell gefundenen Phasendiagramme reproduzieren kann. Insbesondere besteht ein grundsätzlicher Klärungsbedarf zur Natur des supraleitenden Grundzustands in organischen Metallen. Eine Besonderheit der organischen Materialien ist die Möglichkeit, physikalische Eigenschaften in einem weiten Bereich dimensionsabhängig an Volumenproben zu untersuchen. Die Einstellung der Dimensionalität der elektronischen Eigenschaften geschieht dabei durch die Wahl geeigneter Ausgangssubstanzen bei entsprechendem äußeren Druck. Ein fortschreitendes besseres Verständnis des Wechselspiels zwischen molekularer Struktur und physikalischen Eigenschaften kann letztendlich auch der Festkörperchemie den Weg zu neuen Substanzen mit den gewünschten Materialeigenschaften weisen.

[1] W. A. Little: Phys. Rev. A 134, 1416 (1964).

[2] T. Ishiguro, K. Yamaji, G. Saito: Organic Superconductors, 2. Aufl., Springer, Berlin 1998.

[3] D. Jérome, A. Mazaud, M. Ribault, K. Bechgaard: J. Physique Lett. 41, L95 (1980).

[4] D. Jérome: Science 252, 1509 (1991).

[5] J. Wosnitza: Fermi Surfaces of Low-Dimensional Organic Metals and Superconductors, Springer, Berlin, 1996.

[6] I. J. Lee, S. E. Brown, W. G. Clark, M. J. Strouse, M. J. Naughton, W. Kang, P. M. Chaikin: Phys. Rev. Lett. 88, 17004 (2002).

[7] R. McKenzie: Science 278, 820 (1997).

Magnetische Flüssigkeiten (Ferrofluide)

Klaus Stierstadt

Schon seit langem ist bekannt, dass man Wasser durch Zugabe von ferromagnetischen Eisenteilchen magnetische Eigenschaften geben kann. Da sich die Eisenteilchen aufgrund der Schwerkraft relativ schnell am Boden des Gefäßes, in dem das Wasser enthalten ist, sammelten, versuchte man es mit einer Verringerung der Teilchengröße. Diese aber führte lediglich zum Verklumpen der Partikel. Erst 1965 löste S. Papell dieses Problem, indem er sehr kleine Magnetitteilchen durch Anlagerung oberflächenaktiver organischer Kettenmoleküle dauerhaft gegen Koagulation, also das Verklumpen bzw. Zusammenballen, stabilisieren konnte. Die Teilchen müssen sehr klein sein, damit sie weder im Schwerefeld noch in inhomogenen Magnetfeldern oder durch gegenseitige Anziehung merklich sedimentieren oder koagulieren. Das bedingt bei Raumtemperatur einen maximalen Durchmesser von $d \approx$ 10 nm, damit die thermische Energie die Wirkung der genannten Kräfte übersteigt. Papell stellte solche kolloidalen Flüssigkeiten her, um Bedürfnisse der Raumfahrttechnik, wie z. B. Fluidtransport ohne mechanisch bewegte Pumpen und vakuumdichte Durchführungen, zu befriedigen.

Magnetische Flüssigkeiten verhalten sich makroskopisch wie echte, nicht-newtonsche Flüssigkeiten mit hoher magnetischer Suszeptibilität ($\chi \geq 1$) (↑ Flüssigkeitsphysik). Das gilt für Zeitskalen von mehr als 10^{-6} s und Längenskalen von mehr als 10^{-7} m. Magnetische Flüssigkeiten vereinigen normale rheologische Eigenschaften mit starken magnetischen Kraftwirkungen auch schon in schwachen Magnetfeldern. Die Magnetitteilchen sind so klein, dass sie aus einer einzigen magnetischen Domäne bestehen und einheitlich magnetisiert sind: Die Substanz verhält sich superparamagnetisch, d.h. sie erscheint äußerlich paramagnetisch, besitzt jedoch eine vergleichsweise hohen Magnetisierung. Die eingebürgerte Bezeichnung Ferrofluide ist also•unglücklich gewählt.

Herstellung

Für die Herstellung gibt es im Wesentlichen folgende Methoden:

Entweder zerkleinert man makroskopische ferro- oder ferrimagnetische Stoffe in einer Kugelmühle bis auf die gewünschte Teilchengröße. Dabei müssen Trägerflüssigkeit wie Wasser, Kohlenwasserstoffe, Öle, Ester usw. und oberflächenaktive Substanzen wie Ölsäure, Phosphorsäurederivate, Polyamine usw. in geeigneter Konzentration, bei bestimmten Zerkleinerungsgeraden und bei bestimmten Temperaturen zugesetzt werden. Andernfalls koagulieren die Teilchen bereits während der Herstellung durch magnetische oder Van-der-Waals-Kräfte.

Eine alternative Herstellungsmethode ist die Synthese der Teilchen durch Fällen aus geeigneten Salzlösungen, wie z. B. $8\,NaOH + 2\,FeCl_3 + FeCl_2 \rightarrow Fe_3O_4 + 8\,NaCl + 4\,H_2O$, ebenfalls unter geeignet dosierter Zugabe von Trägerflüssigkeit und oberflächenaktiven Substanzen. Das Ergebnis sind mehr oder weniger kugelförmige Teilchen mit einer relativ breiten Größenverteilung (siehe Abb. 1). Ihre Volumenkonzentration in der Trägerflüssigkeit kann bis zu 10% betragen. Das entspricht bei Magnetitteilchen einer Sättigungsmagnetisierung der Flüssigkeit von etwa 50 kA/m (zum Vergleich: reines Eisen besitzt eine Sättigungsmagnetisierung von etwa 1700 kA/m). Man kann heute magnetische Flüssigkeiten mit einem sehr breiten Eigenschaftsspektrum im Handel erhalten.

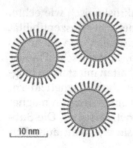

Abb. 1: Kugelförmige Teilchen, wie sie bei der Herstellung magnetischer Flüssigkeiten entstehen.

10 nm

Eigenschaften

Die magnetischen Eigenschaften des Fluids sind durch seine Magnetisierungskurve charakterisiert und lassen sich aus dieser ableiten. Dazu gehören Suszeptibilität und Permeabilität μ_0, sowie seine Fähigkeit, im Magnetfeld Kräfte zu erfahren. Aufgrund der hohen Magnetisierbarkeit der Ferrofluide können schon relativ schwache Magnetfelder große hydrodynamische Kräfte hervorrufen. Die magnetische Kraftdichte beträgt:

$$\left(\frac{F}{V}\right)_m = \mu_0 \, M \nabla H \, ,$$

(H: magnetische Feldstärke, M: Magnetisierung) und der magnetische Druck ist:

$$p_m = \mu_0 \, \overline{M} H \, , \quad \left(\overline{M} = \frac{1}{H} \int\limits_0^H M \, dH \right).$$

Für M und $\overline{M}$ = 2,5 · 10^5 A/m, H = 10^5 A/m und ∇H = 10^6 A/m² ergibt sich $(F/V)_m$ ≈ 2,5 · 10^5 N/m³ und p_m ≈ 2,5 · 10^4 N/m². Die Schwerkraftdichte $(F/V)_g$ = $\varrho \cdot g$ einer solchen Flüssigkeit ist etwa 10^4 N/m³, und der Schweredruck p_g = $\varrho \cdot gh$ einer 10 cm hohen Flüssigkeitsschicht liegt bei 10^3 N/m² (g: Schwerebeschleunigung). Ein frei beweglicher Permanentmagnet erfährt in einem Ferrofluid eine Kraft, die ihn in die Mitte des Flüssigkeitsvolumens zieht. Außerdem erfährt er einen magnetischen Auftrieb, der bestrebt ist, ihn vom Boden des Gefäßes gegen die Wirkung der Schwerkraft anzuheben.

Bei Strömungsvorgängen in Ferrofluiden ist die magnetische Kraftdichte $(F/V)_m$ in der Navier-Stokes-Gleichung zu berücksichtigen und der magnetische Druck p_m in der Bernoulli-Gleichung. Außerdem muss man die magnetischen Randbedingungen an der Oberfläche der Flüssigkeit beachten. Das führt zu einer Fülle neuer Phänomene, die in normalen, dia- oder paramagnetischen Flüssigkeiten nicht existieren. Beispiele sind der magnetohydrostatische Auftrieb in einem inhomogen magnetisierten Ferrofluid, die Stachel- und Labyrinth-Instabilität der Flüssigkeitsoberfläche usw.. Der magnetohydrostatische Auftrieb ist die Kraftwirkung auf ein Fluidelement in einem inhomogenen lokalen Magnetfeld und lässt sich in der Raumfahrt nutzen: Bei Schwerelosigkeit kann er den archimedischen Auftrieb ersetzen, denn er lässt sich durch das magnetische Feld leicht nach Größe und Richtung verändern.

Die Viskosität des Ferrofluides hängt einerseits von der Trägerflüssigkeit selbst und andererseits von der Größe der Magnetitteilchen ab. Aber auch die auf das Ferrofluid wirkende magnetische Feldstärke spielt eine Rolle. Liegt kein äußeres magnetisches Feld an, so verhält sich die magnetische Flüssigkeit wie eine gewöhnliche Flüssigkeit, d. h. die Viskosität ist richtungsunabhängig und in der Regel um so höher, je höher die Siedetemperatur und je größer der Feststoffanteil ist. Durch Verdünnung des Ferrofluids verringert man zwar dessen Viskosität, allerdings gehen dabei auch die magnetischen Eigenschaften verloren. Wirkt ein äußeres Magnetfeld auf das Ferrofluid, so ordnen sich die Magnetitteilchen in ihm zu langen Ketten an, was zu einer Erhöhung der Viskosität führt.

Anwendungen

In der Technik werden Ferrofluide heute v. a. bei gasdichten oder staubdichten Drehdurchführungen verwendet, wobei die Flüssigkeit, die sich verschleißfrei der ständig ändernden Dichtöffnungen anpasst, von Permanentmagneten an der zu dichtenden Stelle gehalten wird. Solche in Abb. 2 gezeigten Dichtungen werden nicht nur in Computern bei sich schnell drehenden Plattenlaufwerken, zur Schwingungsdämpfung und Kühlung von Lautsprecherspulen und zur Bewegungsdämpfung in

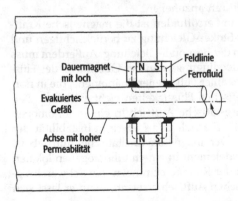

Dauermagnet mit Joch

Feldlinie

Ferrofluid

Evakuiertes Gefäß

Achse mit hoher Permeabilität

Abb. 2: Gasdichte Durchführung.

Schrittmotoren eingesetzt, sondern aufgrund ihrer hohen Zuverlässigkeit auch in der Raumfahrt.

Ferrofluide eignen sich auch zum dichtefraktionierten Sortieren von Schrott, d. h. mit ihnen können nichtmagnetische Stoffe verschiedener Dichte voneinander getrennt werden. Dieses in Abb. 3 dargestellte Verfahren wird u. a. bei der Rückgewinnung von Bunt- und Edelmetallen und bei der Entsorgung von Elektronikschrott eingesetzt. Das Ferrofluid, das sich zwischen den Polen eines Elektromagneten befindet, wird dazu mit den zu trennenden Teilchen gemischt. Im negativen Feldgradienten erfahren sie einen zusätzlichen Auftrieb. Stoffe einer ganz bestimmten Dichte schweben dann, während solche mit einer größeren Dichte auf den Boden sinken und die übrigen an der Oberfläche schwimmen. Durch Variation des Magnetfeldes kann so ein Stoffgemisch in seine Bestandteile zerlegen.

Ferrofluide können auch als Arbeitsflüssigkeit für magnetisch gesteuerte Tintenstrahlschreiber und als Transportmedium für thermomagnetische Wärmekraftmaschinen benutzt werden, allerdings wurden diese Verfahren noch nicht zur Anwendungsreife entwickelt, da sie in Konkurrenz zu bereits bewährten und billigeren Verfahren stehen. Beim Tintenstrahldrucker auf Ferrofluidbasis wird der Strahl in einzelne Tropfen zerlegt und durch Magnetfelder in horizontaler und vertikaler Richtung abgelenkt.

In der Medizin gibt es eine Fülle von Anwendungsmöglichkeiten, die sich jedoch alle noch im Forschungs- bzw. Entwicklungsstadium be-

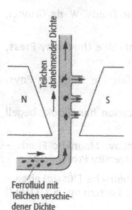

Ferrofluid mit
Teilchen verschiedener Dichte

Abb. 3: Dichtefraktioniertes Sortieren von Schrott.

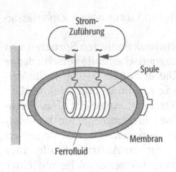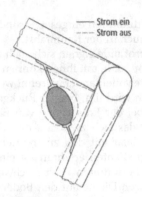

Abb. 4: Magnetischer Muskel.

finden. Da man in die Blutbahn injizierte Ferrofluide durch äußere Magnetfelder an bestimmten Stellen im Körper räumlich und zeitlich konzentrieren kann und auch wieder aus dem Blutkreislauf entfernen kann, lassen sie sich z. B. als Röntgenkontrastmittel oder als Trägersubstanzen für Pharmazeutika benutzen. Man kann mit ihnen den Blutstrom regulieren, ein Aneurisma isolieren und einen wie in Abb. 4 dargestellten magnetischen Muskel herstellen. Erst teilweise gelöst sind die Probleme der Stabilität der Ferrofluide im Blut und ihrer Wechselwirkung mit den Blutbestandteilen.

[1] E. Blums, A. Cebers, M. M. Maiorov: Magnetic Fluids, W. de Gruyter, Berlin, 1997.

[2] R. E. Rosensweig: Ferrohydrodynamics, Cambridge University Press, Cambridge, 1985.

[3] K. Stierstadt: Magnetische Flüssigkeiten – flüssige Magnete, Phys. Blätter 46, 377–382, 1990.

[4] B. M. Berkovsky: Magnetic fluids and application handbook, begell house, New York, 1996.

[5] B. M. Berkovsky, V. F. Medvedev, M. S. Krakov: Magnetic Fluids – Engineering Applications, Oxford, Oxford University Press, 1993.

[6] T. Hähndel, A. Nethe, H.-D. Stahlmann: Magnetische Flüssigkeiten – Eigenschaften und Anwendungen; Forum der Forschung, 5.1 (1997) 53–61.

Quanteninformatik

Max Rauner

Die Quantentheorie hat nicht nur die Physik revolutioniert. Sie warf auch ein neues Licht auf eine Vielzahl von Phänomenen in der Chemie und der Biologie und entfachte heftige Debatten in den Geisteswissenschaften. Immer wieder folgten daraus neue, interdisziplinäre Ansätze. Das jüngste Beispiel dürfte die Quanteninformatik sein, ein Fachgebiet, in dem sich Mathematiker, Physiker, Chemiker und Informatiker mit der Informationsverarbeitung und der Datenübertragung auf der Grundlage der Quantentheorie befassen. Das Gebiet ist noch so jung, dass nicht einmal sein Name etabliert ist – bisweilen spricht man von Quanteninformationsverarbeitung, im Englischen allgemein von *quantum information* und *quantum communication*. Die Dynamik, mit der sich die Quanteninformatik Ende des 20. Jhs. entwickelt, erinnert an die Anfänge des Computerzeitalters, als unter anderem A. Turing und C. Shannon eine (klassische) Informationstheorie begründeten, während die technischen Voraussetzungen für die ersten Rechenmaschinen geschaffen wurden.

Dass die Quanteninformatik in den 1990er Jahren einen ähnlichen Schub erlebt, hat zwei Gründe: Nach grundlegenden Untersuchungen von David Deutsch und Richard Jozsa Anfang der neunziger Jahre gelang es Peter W. Shor nachzuweisen, dass ein nach quantenmechanischen Regeln operierender Computer seinem klassischen Gegenstück im Lösen einer speziellen Rechenaufgabe überlegen wäre. Shor zeigte, dass ein Quantencomputer die Zerlegung einer Zahl in ihre Primfaktoren in exponentiell schnellerer Zeit durchführen könnte als ein klassischer Computer. Dieses Ergebnis demonstrierte erstmals die Überlegenheit eines Quantencomputers für eine praktische – und in der Kryptographie sicherheitsrelevante – Aufgabe. Der zweite Grund für die rasante Entwicklung der Quanteninformatik ist der Fortschritt in der Experimentalphysik. Einzelne Ionen, Atome, Photonen, Kernspins und ähnliche Systeme lassen sich inzwischen kontrolliert manipulieren. Quanteneffekte auf mikroskopischer Skala zu beobachten, gehört zu den Routineübungen in der Grundlagenforschung. In den 1990er Jahren konnten daher einige grundlegende Experimente durchgeführt werden, die wiederum eine Reihe theoretischer Arbeiten stimulierten. Allerdings stieß man dabei auch auf ein Hindernis, das in allen Experimenten der Quanteninformatik eine Rolle spielt: die Dekohärenz, die Zerstörung der quantenmechanischen Kopplungen durch die – unvermeidbare – Wechselwirkung mit der Umgebung. Zukünftige Entwicklungen in Experiment und Theorie müssen dieser potentiellen Fehlerquelle Rechnung tragen.

Quantenkryptographie, Quantencomputer, Quantenteleportation – das sind die wichtigsten Stichworte, die man unter dem Begriff der Quanteninformatik subsumiert. In der Quantenkryptographie geht es darum, verschlüsselte Nachrichten prinzipiell abhörsicher zu übertragen; Quantencomputer sollen eines Tages bestimmte Rechenaufgaben in wesentlich schnellerer Zeit lösen als klassische Computer, und die Idee der Quantenteleportation ist die Übertragung des Quantenzustandes eines Objekts (z. B. eines Elektrons) auf ein entferntes Objekt.

Die herkömmlichen Verfahren der digitalen Informationsverarbeitung und Datenübertragung kodieren Texte, Zahlen und Grafiken in Form von binären Zahlen, die in den Registern von Speicherbausteinen und Mikrochips elektronisch gespeichert und verknüpft werden. Zwar unterliegen auch die elektronischen Prozesse, die dabei eine Rolle spielen, letztlich den Gesetzen der Quantenmechanik. Eine »1« lässt sich beispielsweise durch eine Spannung repräsentieren, die durch einen Elektronenüberschuss an einem Kondensator erzeugt wird, wobei die einzelnen Elektronen sich quantenmechanisch beschreiben ließen. Doch die große Anzahl der Ladungsträger bei vergleichsweise hohen Energien erlaubt nach dem Bohrschen Korrespondenzprinzip eine »klassische« Betrachtungsweise. Die bizarre Natur der Quantenmechanik kann man getrost vernachlässigen. Dies gilt jedoch nicht, wenn kleine Quantenzahlen eine Rolle spielen, wenn z. B. einzelne Atome, Ionen, Elektronen oder Photonen das Speichern von Informationen übernehmen.

Qubits

Die Einheit der Quanteninformation ist das Qubit, ein Wortschöpfung Benjamin Schumachers in Anlehnung an *Quantenbit*, das quantenmechanische Pendant zum klassischen Bit. Das klassische Bit ist die Einheit der Information. Es wird in der Praxis durch zwei verschiedene Zustände verwirklicht, z. B. zwei Spannungspegel in der Elektronik, Licht »an« oder »aus« beim Auslesen einer CD, zwei verschiedene Magnetisierungen auf einer Diskette – symbolisch notiert als »1« oder »0«, wahr oder falsch, ja oder nein. In enger Analogie dazu besteht das Qubit aus zwei quantenmechanischen Zuständen, $|0\rangle$ und $|1\rangle$. Als Qubits kommen generell quantenmechanische Zwei-Niveau-Systeme in Frage. Qubits müssen kontrolliert von einem Zustand in den anderen transferiert werden können, z. B. durch Laserpulse oder Mikrowellenstrahlung. In einem Quantengatter müssen sich Qubits quantenmechanisch verschränken lassen. Diese Zustände können beispielsweise zwei Energieniveaus in einem Atom sein, die horizontale und vertikale Polarisierung eines Lichtquants oder zwei Spinorientierungen eines Elektrons oder Neutrons, wie in Abb. 1 dargestellt.

Viel weiter reicht die Analogie zum klassischen Bit jedoch nicht. Denn die beiden Quantenzustände eines Qubits lassen sich auch nach allen Regeln der Quantenmechanik miteinander verknüpfen. Darauf gründen die Algorithmen der Quantencomputer, die bizarr anmutenden Eigenheiten der Quantenteleportation und die Sicherheit der Quantenkryptographie. Im Formalismus der Quantenmechanik wird das Qubit als Vektor in einem zweidimensionalen Hilbert-Raum beschrieben; n Qubits bilden ein System von orthogonalen Quantenzuständen im 2^n-dimensionalen Hilbert-Raum – ein Quantenregister –, wie zum Beispiel für drei Qubits: $\{|000\rangle, |001\rangle, |010\rangle, |100\rangle, |011\rangle, |101\rangle, |110\rangle, |111\rangle\}$, wobei $|101\rangle$ als Kurzform für das Tensorprodukt $|1\rangle|0\rangle|1\rangle$ steht, usw.. Zu den für die Informationsverarbeitung und -übertragung wichtigsten Eigenschaften der quantenmechanischen Systeme gehören:

- Superposition

- Interferenz

- Verschränkung

- Unschärfe

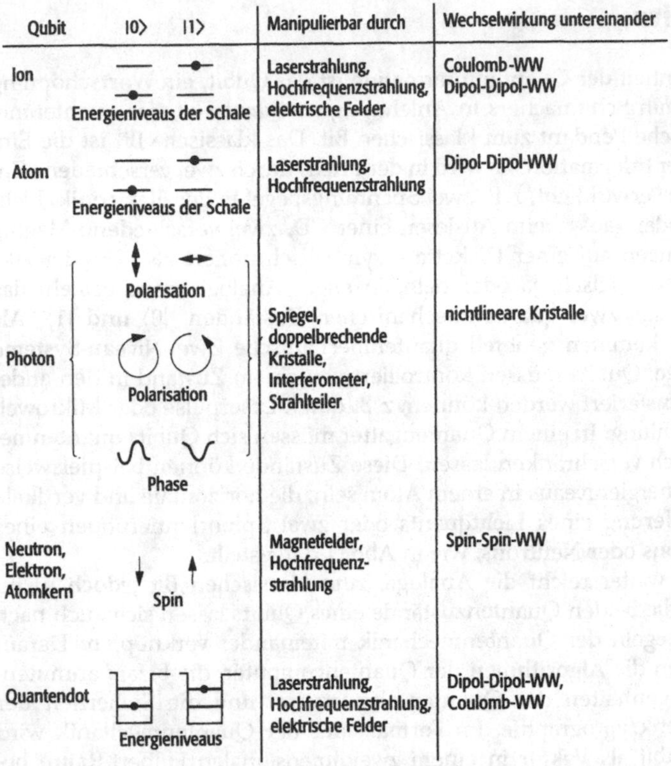

Qubit	|0⟩	|1⟩	Manipulierbar durch	Wechselwirkung untereinander
Ion	—	—•—	Laserstrahlung, Hochfrequenzstrahlung, elektrische Felder	Coulomb-WW Dipol-Dipol-WW
	Energieniveaus der Schale			
Atom	—	—•—	Laserstrahlung, Hochfrequenzstrahlung	Dipol-Dipol-WW
	—•—	—		
	Energieniveaus der Schale			
Photon	Polarisation		Spiegel, doppelbrechende Kristalle, Interferometer, Strahlteiler	nichtlineare Kristalle
	Polarisation			
	Phase			
Neutron, Elektron, Atomkern	Spin		Magnetfelder, Hochfrequenzstrahlung	Spin-Spin-WW
Quantendot			Laserstrahlung, Hochfrequenzstrahlung, elektrische Felder	Dipol-Dipol-WW, Coulomb-WW
	Energieniveaus			

Abb. 1: Das Qubit ist die Einheit der Quanteninformation. Als Qubits kommen generell quantenmechanische Zwei-Niveau-Systeme in Frage.

Nach dem Superpositionsprinzip können die beiden Zustände eines Qubits eine lineare Überlagerung bilden, z. B.

$$|\Psi\rangle = \frac{1}{\sqrt{2}}\,(|0\rangle + |1\rangle). \tag{1}$$

In dieser Situation befindet sich das Qubit gewissermaßen in beiden Zuständen gleichzeitig, in einem merkwürdig anmutenden Zwitterzustand, für den es in der klassischen Physik kein Pendant gibt. Ein Superpositionszustand von zum Beispiel drei Qubits repräsentiert im Binärcode die Zahlen 0 bis 7 *auf einmal*. Eine Funktion, die diesen Superpositionszustand als Argument auswertet, würde alle Ergebnisse in einem einzigen Rechenschritt enthalten, während ein klassischer Computer auf sukzessives Auswerten angewiesen wäre. Daraus resultiert die hohe Geschwindigkeit eines potentiellen Quantencomputers beim Lösen bestimmter Aufgaben. David Deutsch, einer der Pioniere der Quanteninformatik, nannte diese Eigenschaft »Quantenparallelität«.

Interferenz ist ebenso fundamental für die Quanteninformationsverarbeitung wie Superposition: So wie die Lichtwellen in einem Interferometer können verschiedene Rechenwege in einem Quantencomputer einander verstärken oder sich auslöschen. Bei der Verschränkung geht es um die Verbindung von zwei Qubits zu einem unteilbaren, einem verschränkten Zustand. Der prominenteste verschränkte Zustand ist (neben Schrödingers Katze) der Quantenzustand des EPR-Paradoxons:

$$|\Psi_{EPR}\rangle = \frac{1}{\sqrt{2}}\left[|\uparrow\rangle_1 |\downarrow\rangle_2 - |\downarrow\rangle_1 |\uparrow\rangle_2\right].$$

Diesen Zustand kann man nicht als ein Produkt von zwei Ein-Teilchen-Zuständen schreiben. Dadurch sind die beiden Spin-1/2-Teilchen (Indizes: 1,2) derart miteinander verknüpft, dass die Messung an dem einen Teilchen unmittelbare Auswirkungen auf den Zustand des anderen hat, ein Ausdruck der Nichtlokalität (schon das Bild von zwei separaten Teilchen ist genaugenommen irreführend). Aus der Heisenbergschen Unschärferelation schließlich folgt ein prinzipielles »Kopierverbot« für quantenmechanische Zustände, das *no cloning theorem*: Ein quantenmechanischer Zustand lässt sich nicht »klonen«. Das hat wichtige Konsequenzen für die Quantenteleportation und die Quantenkryptographie. Außerdem spielt die Unschärfe eine wichtige Rolle beim Messprozess, der am Ende einer Quantenrechnung unvermeidbar ist, um das Rechenergebnis dem Beobachter in der klassischen Welt zugänglich zu machen.

Quantencomputer

Die Miniaturisierung von Speicherchips und Mikroprozessoren hat eine Grenze: Wenn die Leiterbahnen eines Chips eines Tages nur mehr aus wenigen Atomen und die Schaltströme aus einzelnen Elektronen bestehen, dann lassen sich die Gesetze der Quantenmechanik nicht länger durch klassische Näherungen ersetzen, und die Funktionsweise des Chips gehorcht anderen Regeln als bisher. In den vergangenen 30 Jahren folgte die Miniaturisierung ungefähr einem Exponentialgesetz, dem »Mooreschen Gesetz«: Die Zahl der Transistoren pro Chipfläche verdoppelte sich alle zwei Jahre. Extrapoliert man diesen Trend, so wäre um das Jahr 2015 der Zeitpunkt erreicht, ab dem Quanteneffekte dominieren.

Eine Rechenmaschine zu konstruieren, die nach den Gesetzmäßigkeiten der Quantenmechanik arbeitet, das war der Ausgangspunkt für die ersten theoretischen Überlegungen zum Quantencomputer in den frühen 1980er Jahren. Die Arbeiten fanden relativ wenig Beachtung, bis Shor 1994 nachzuweisen vermochte, dass ein Quantencomputer große natürliche Zahlen ungleich schneller in Faktoren zerlegen könnte als ein klassischer Computer. Während die Rechenzeit des klassischen Computers exponentiell mit dem Logarithmus der zu faktorisierenden Zahl N, also exponentiell mit der Zahl der Ziffern von N anwächst, würde die Rechenzeit des Quantencomputers nur polynomial von der Zahl der Ziffern abhängen, und zwar wie $(\log N)^3$. Diese Entdeckung war aus zwei Gründen spektakulär. Zum einen zeigte sie erstmals die Überlegenheit eines Quantencomputers für eine bestimmte Aufgabe. Zum anderen hat sie weitreichende Konsequenzen für die Verschlüsselung von Nachrichten. Bislang beruht die Sicherheit vieler kryptographischer Systeme nämlich auf der Unmöglichkeit, große Zahlen in absehbarer Zeit zu faktorisieren. Ein Quantencomputer, der dazu in der Lage wäre, würde diese Verschlüsselungsmethode hinfällig machen.

Der Shor-Algorithmus

Shor führte die Primfaktorenzerlegung auf die Aufgabe zurück, die Periode r einer periodischen Funktion $f(x)$ zu finden. Für dieses Problem formulierte er einen effizienten Algorithmus, der auf der Superposition von Qubits basiert und den man wie folgt skizzieren kann: Im ersten Schritt wird das Register eines Quantencomputers – n Qubits zur binären Darstellung der Zahlen 0, 1, 2, ..., $(2^n - 1)$ – in eine Superposition aller Zahlen von 0 bis $Q - 1$ gebracht ($Q = 2^n$). Das geschieht durch eine Transformation jedes Qubits in den jeweiligen Zustand (1). Der

Superpositionszustand enthält dadurch alle Q Zahlen gleichzeitig, darunter den noch unbekannten Wert r für die Periode der Funktion f (durch eine mathematische Abschätzung lässt sich die Anzahl der Qubits groß genug wählen, sodass gilt: $r < \sqrt{Q}$). Nun gilt es, durch eine geeignete Rechenvorschrift den richtigen Wert für r herauszufinden. Dazu wertet der Quantencomputer die Funktion f mit dem Superpositionszustand als Argument aus. Als Ergebnis resultiert eine Überlagerung aller möglichen Funktionswerte, und der Quantencomputer befindet sich in dem Zustand:

$$| \Psi_{QC} \rangle = \frac{1}{\sqrt{Q}} \sum_{x=00...0}^{11...1} |x\rangle \, |f(x)\rangle.$$

Hier enthält $|x\rangle$ den Superpositionszustand des Argument-Registers und $|f(x)\rangle$ den des Funktionswert-Registers. Der Quantencomputer hat die Funktion f gewissermaßen für alle x-Werte auf einmal ausgewertet, in einem einzigen Schritt. Allerdings sind die Funktionswerte nicht direkt zugänglich, da eine Messung an dem System jeweils nur einen Wert ergeben würde. Dennoch lässt sich die Periode der Funktion herausfinden, und zwar durch eine diskrete Fourier-Transformation von $| \Psi_{QC} \rangle$ in den (reziproken) Impulsraum, auch k-Raum genannt. In ihm hat die Fourier-Transformierte ausgeprägte Maxima in einem festen Abstand, der mit der Periode der Funktion f zusammenhängt; der Fouriertransformierte Quantenzustand lautet

$$\frac{1}{Q} \sum_{x,k} e^{2\pi i k x/Q} |k\rangle \, |f(x)\rangle.$$

Eine Messung an diesem System ergibt nun mit hoher Wahrscheinlichkeit einen der charakteristischen Werte im k-Raum, aus denen sich schließlich die Periode r berechnen lässt. Der Quantencomputer ist somit in der Lage, die Periodizität einer Funktion in wenigen »quantenparallelen« Schritten zu bestimmen, während ein klassischer Computer auf ein sukzessives Auswerten der Funktion angewiesen ist.

Quantengatter

Auf dem Weg zu einem realen Quantencomputer gab es eine wichtige Entdeckung: Mitte der 1990er Jahre gelang es, theoretisch zu zeigen, dass jede mögliche Rechenoperation eines Quantencomputers, z.B. die Ausführung des Shor-Algorithmus, zerlegt werden kann in Verknüpfungen von Quantengattern eines einzigen Typs in Kombination mit Einzel-Bit-Operationen. Ein solches Quantengatter ist das kontrollierte Quanten-NICHT-Gatter mit zwei Qubits, kurz CNOT. Es transformiert zwei Qubits nach der Vorschrift

$$\hat{C}: |\varepsilon_1\rangle |\varepsilon_2\rangle \rightarrow |\varepsilon_1\rangle |\varepsilon_1 \oplus \varepsilon_2\rangle,$$

wobei $\oplus$ Addition modulo 2 bedeutet und $\varepsilon_{1,2} = 0,1$: Das »Ziel-Qubit« $|\varepsilon_2\rangle$ wird nur dann invertiert, wenn das »Kontroll-Qubit« $|\varepsilon_1\rangle$ logisch »1« ist. Befindet sich das Kontroll-Qubit im Zustand $|0\rangle$, so bleibt das Ziel-Qubit unverändert. Neben der CNOT-Operation sind Einzel-Bit-Operationen notwendig, wie zum Beispiel die Hadamard-Transformation

$$\hat{H}: \frac{1}{\sqrt{2}} [(|0\rangle + |1\rangle) \langle 0| + (|0\rangle - |1\rangle) \langle 1|].$$

Sie transformiert Eigenzustände in Superpositionszustände: $|1\rangle \rightarrow (|0\rangle - |1\rangle)/\sqrt{2}$ und $|0\rangle \rightarrow (|0\rangle + |1\rangle)/\sqrt{2}$. Die Rechenoperationen eines Quantencomputers bestehen aus sukzessiven Anwendungen unitärer Transformation wie $\hat{C}$ und $\hat{H}$ und sind damit reversibel. Das Ergebnis einer Quantenrechnung wird durch einen (irreversiblen) Messprozess ausgelesen.

Dekohärenz und Fehlerkorrektur

Wie könnte nun die Hardware eines realen Quantencomputers aussehen? Sie muss erstens die Qubits zur Verfügung stellen, zweitens einen physikalischen Mechanismus bereitstellen, der die einzelnen Qubits zwischen $|1\rangle$ und $|0\rangle$ und den Superpositionszuständen hin und her schalten kann, und drittens eine kontrollierte Wechselwirkung zwischen mehreren Qubits erlauben, um Quantengatter verwirklichen zu können. Hier gibt es sehr verschiedene Ansätze. Ignacio Cirac und Peter Zoller schlugen vor, gespeicherte Ionen als Qubits zu verwenden. Die ersten Demonstrationsexperimente mit solchen Systemen wurden 1995 in der Gruppe von Dave Wineland mit gespeicherten, lasergekühlten Ionen durchgeführt. Dabei fungieren jeweils zwei elektronische Zustände eines Ions als »0« und »1« und bilden ein Quantenbit. Im Jahr 1998 gelang der Gruppe die Realisierung eines kontrollierten Quanten-NICHT-Gatters mit zwei Ionen. An die Elektroden einer Miniatur-Ionenfalle wird eine Wechselspannung angelegt, sodass im zeitlichen Mittel ein längliches Potentialminimum entsteht und sich die Ionen in einer Reihe anordnen. Die Energieniveaus der Ionen repräsentieren die Qubit-Zustände. Laserlicht transferierte das äußere Elektron der Ionen zwischen zwei Niveaus hin und her. Um die für das Gatter notwendige Kopplung zweier Qubits zu erreichen, lässt sich die Coulomb-Wechselwirkung zwischen den Ionen ausnutzen.

Andere Forschungsgruppen verwenden hochangeregte, sog. Rydberg-Atome, die sie einzeln durch einen Mikrowellenresonator hoher Güte schicken. Das im Resonator gespeicherte Mikrowellenfeld kann aufeinanderfolgende Atome miteinander verschränken. Jeweils zwei elektronische Zustände eines Atoms fungieren als »0« und »1« und bilden ein Quantenbit. Zwei solche Quantenbits, die kurz nacheinander durch den Resonator fliegen, können miteinander verschränkt werden, indem das erste Atom ein Photon zwischen den Spiegeln deponiert, mit dem das zweite Atom anschließend wechselwirkt. Damit das Photon möglichst lange im Resonator bleibt, sind extrem hohe Spiegelreflektivitäten notwendig. Ein erster, rudimentärer Suchalgorithmus, benannt nach Lov K. Grover, wurde 1997 mit Kernspins in Molekülen verwirklicht. Die Kernspins von Kohlenstoff und Wasserstoff in Chloroform-Molekülen $CHCl_3$ dienten als Qubits, die über die Spin-Spin-Wechselwirkung miteinander gekoppelt waren. Mit Mikrowellenstrahlung verschiedener Frequenzen ließen sich die Qubits gezielt ansprechen und in eine Überlagerung bringen. In einem ähnlichen System wurde Anfang 2002 am IBM Almaden Research Center in San Jose mithilfe der NMR-Technik die Zahl 15 in ihre Faktoren 3 und 5 zerlegt, wobei die Wissenschaftler 10^{18} Moleküle, mit denen sich jeweils 7 Qubits darstellen lassen, verwendeten.

Bislang werden die verschiedenen Ansätze, Quantengatter zu bauen, v. a. durch ein Problem erschwert, nämlich die *Dekohärenz*. Kein Quantensystem kann perfekt von seiner Umgebung isoliert werden, und die Kopplung an die Umgebung stört die quantenmechanischen Superpositionen und Interferenzen. Dadurch verlieren die Quantensysteme ihre Kohärenz – die phasenstarre Kopplung der Qubits – und zerfallen in gemischte Zustände. In Ionenfallen kann diese Dekohärenz beispielsweise durch Schwankungen der Elektrodenspannungen verursacht werden oder durch Stöße mit dem Restgas in der Vakuumapparatur. Andere Systeme reagieren sehr empfindlich auf Temperaturschwankungen, Kernspin-Qubits in Festkörpern wären Stößen mit Phononen und Spin-Spin-Kopplungen mit benachbarten Gitteratomen ausgesetzt.

Angesichts der unvermeidbaren Dekohärenz und der experimentellen Schwierigkeiten, eine größere Anzahl von Quantengattern miteinander zu »verdrahten«, bezweifeln einige Wissenschaftler, dass jemals ein *nützlicher* Quantencomputer existieren wird. Inzwischen gibt es aber auch eine Reihe von Ideen, wie sich Fehler während einer Rechenoperation korrigieren und Superpositionszustände wiederherstellen lassen. Es wird geschätzt, dass ein Quantencomputer mit einer Rate von bis zu 10^{-5} Fehlern pro Qubit und Taktzyklus noch funktionieren könnte, wenn man geeignete Algorithmen zur Fehlerkorrektur implementierte.

Ob Quantencomputer eines Tages vielleicht sogar in Serie gefertigt werden, darüber lässt sich zur Zeit nur spekulieren. Auf keinen Fall werden sie die klassischen Computer auf dem Schreibtisch verdrängen. Derzeit konzentriert man sich auf die Realisierung kleiner Systeme mit bis zu 10 Qubits und deren Vernetzung. Welche »Hardware« sich letztlich durchsetzen wird – Ionenfallen, molekulare Kernspins, verschränkte Atome – ist noch völlig offen. Vielversprechend erscheinen auch Ansätze, einzelne »Quantenpunkte« in Halbleitern als Qubits zu verwenden, oder auch Ideen, einzelne Atome in einen Halbleiter einzubetten und deren Spins gezielt zu manipulieren. Auch der Elektronenspin ließe sich möglicherweise in Halbleitern kohärent steuern. Diese Verfahren würden von dem technologischen Know-How der Chipfertigung und der Halbleiterindustrie profitieren. Während Experimentalphysiker nach geeigneten Qubit-Systemen suchen, beschäftigt die Theoretiker nach wie vor die Frage, ob es eine generelle Klasse von Aufgaben gibt, die Quantencomputer besser lösen könnten, oder ob es sich nur um einzelne Fälle – wie z. B. den Shor-Algorithmus – handelt, auf die man eher durch Zufall stößt.

Quantenteleportation

Zu reisen, ohne sich fortzubewegen, das ist die Vision der Teleportation, das »Beamen« der Science Fiction Literatur: sich in Berlin aufzulösen und plötzlich in New York zu stehen. In der klassischen Physik bleibt das Teleportieren ein unerfüllter Traum, allenfalls eine abgeschwächte Variante ließe sich realisieren: Man könnte die Eigenschaften eines Objekts bestimmen und ein gleiches Objekt in weiter Entfernung identisch präparieren, gleichsam als »Klon«. Doch auf atomarer Ebene stieße selbst dieses Vorgehen an die Grenzen der Heisenbergschen Unschärferelation: Quantenzustände lassen sich nicht beliebig genau vermessen. Im Jahr 1993 zeigten Charles Bennett und seine Kollegen, dass man dennoch einen Quantenzustand übermitteln kann, wenn man einen verschränkten Zustand zu Hilfe nimmt. Sie schlugen ein Experiment vor, in dem ein Quantenzustand auf ein entferntes Quantenobjekt übertragen wird, vermittelt durch einen ursprünglich verschränkten Zustand, der durch eine Messung verändert wird (Abb. 2): Alice möchte einen unbekannten Photonen-Zustand $|\psi\rangle$ an Bob übermitteln. Dies geschieht mit Hilfe von zwei verschränkten Photonen, die in einem von vier sog. Bell-Zuständen präpariert und sowohl an Alice als auch an Bob verschickt wurden. Alice führt eine Messung durch, die den unbekannten Quantenzustand mit ihrem Photon verschränkt. Dadurch ändert sich instantan die Wellenfunktion von Bobs Photon. Das Ergebnis ihrer Messung teilt Alice Bob auf konventionellem Wege mit (d. h. nicht schneller als mit Lichtgeschwindigkeit). Je nach Resultat muss Bob eine von vier unitären Transformationen auf sein Photon anwenden (in der Praxis z. B. die Polarisationsdrehung mit Hilfe eines doppelbrechenden Kristalls) und erhält auf diese Weise den ursprünglichen Quantenzustand $|\psi\rangle$. Für die Quanteninformatik ist diese Quantenteleportation ein wichtiges Konzept, weil sich auf diese

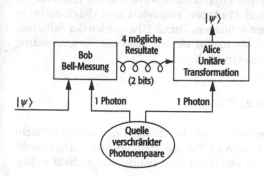

Abb. 2: Das Prinzip der Quantenteleportation nach einem Vorschlag von C. Bennett et al. (Erläuterungen siehe Text).

Weise Superpositionszustände kohärent übertragen ließen, z. B. zwischen einzelnen Quantengattern oder Quantencomputern.

Im Jahr 1997 wurde die Quantenteleportation an den Universitäten Innsbruck (Anton Zeilinger) und Rom (Francesco de Martini) experimentell nachgewiesen. Der Polarisationszustand eines einzelnen Photons konnte von einem Photon auf ein anderes, etwa einen Meter entferntes, Photon übertragen werden. Ein Jahr später gelang es der Gruppe um Jeff Kimble, die Eigenschaften eines Laserstrahls, also Amplitude und Phase, exakt auf einen zweiten Laserstrahl abzubilden, wobei auch hier der Quantenzustand des ursprünglichen Strahls durch eine Messung verändert wurde. Es handelt sich also nicht um eine Kopie, sondern um einen Transfer des Quantenzustands. In diesem Zusammenhang gilt es, zwei häufigen Missverständnissen vorzubeugen: Bei der Quantenteleportation wird erstens nicht das Quantenteilchen selber teleportiert. Vielmehr überträgt man allein die *Eigenschaften* des einen Teilchens auf ein anderes, also z. B. die Phasen- und Amplitudeninformation eines Spins. Allerdings kann man den auf diese Weise erzeugten Zustand nicht von dem ursprünglichen unterscheiden. Zweitens lassen sich durch die Quantenteleportation keine Informationen mit Überlichtgeschwindigkeit übertragen. Zusätzlich zur nichtlokalen Wechselwirkung, die durch den verschränkten Zustand vermittelt wird, müssen auf klassischem Wege Informationen vom Sender zum Empfänger gelangen, um die Quantenteleportation abzuschließen. Dieser Prozess bestimmt die Geschwindigkeit der Quantenteleportation, im Einklang mit der Relativitätstheorie.

Welches Potential die Quantenteleportation mit Photonen birgt, zeigen Experimente, bei denen Physiker um Nicolas Gisin verschränkte Zustände von jeweils zwei Photonen erzeugten und durch mehrere Kilometer lange Glasfasern schickten. Durch Überprüfen der Bellschen Ungleichung vermochten sie nachzuweisen, dass die Verschränkung über die lange Distanz erhalten blieb.

Quantenkryptographie

In der Kryptographie versucht man, Botschaften so zu verschlüsseln und zu übermitteln, dass kein Dritter sie abhören und entschlüsseln kann. Die herkömmlichen Verfahren sind häufig nur deshalb sicher, weil die gegenwärtigen Computer nicht schnell genug sind, die Botschaften in absehbarer Zeit zu dekodieren, oder weil die Botschaft aus trivialen Gründen nicht abgehört werden konnte – etwa bei persönlichen Kurieren. In der Quantenkryptographie geht es nun darum, die Übertragung verschlüsselter Nachrichten mit Hilfe der Quantenmechanik prinzipiell vor einem »Lauschangriff« zu schützen. Nicht technologische Unzulänglichkeit oder mathematische Komplexität, sondern physikalische Gesetzmäßigkeiten sollen die Sicherheit der Datenübertragung gewährleisten.

Die kryptographischen Verfahren lassen sich zwei verschiedenen Klassen zuordnen: solchen mit öffentlichen und solchen mit geheimen Schlüsseln. In der Quantenkryptographie spielt v. a. das 1935 von Gilbert Vernam vorgeschlagene *one time pad* eine Rolle, das einen geheimen Schlüssel verwendet. In der Tabelle wird die Verschlüsselung des Buchstabens »B« mit dem *one time pad* veranschaulicht. Im Ascii-Zeichensatz hat B die Nummer 66, binär 01000010. Zu dem ursprünglichen Nachrichtentext in seiner binären Form addiert man eine zufällige Folge von Nullen und Einsen modulo 2. Die resultierende Bitfolge enthält keine Information und kann getrost über nicht abhörsichere Kanäle verschickt werden. Der Empfänger erhält durch erneute Addition des Schlüssels die Nachricht. Dieses Verfahren ist nur sicher, solange der Schlüssel keinem Dritten in die Hände fällt. Jede Person, die über den Schlüssel verfügt, könnte den chiffrierten Text dechiffrieren. Außerdem darf der Schlüssel nur ein einziges Mal verwendet werden, um vollkommene Sicherheit zu gewährleisten – daher der Name *one time pad.*

Tabelle: Quanteninformatik: Verschlüsselung und Entschlüsselung des Buchstabens B mit dem *one time pad.*

Nachricht	0	1	0	0	0	0	1	0
Schlüssel	1	1	0	1	0	0	0	1
Summe	1	0	0	1	0	0	1	1
Übertragung	↓	↓	↓	↓	↓	↓	↓	↓
Summe	1	0	0	1	0	0	1	1
Schlüssel	1	1	0	1	0	0	0	1
Nachricht	0	1	0	0	0	0	1	0

Die Quantenkryptographie steht somit vor der Aufgabe, eine zufällige Bit-Folge – den Schlüssel – abhörsicher vom Sender – häufig Alice genannt – zum Empfänger namens Bob zu übermitteln, ohne dass ein Spion – Eve (von engl.: *eavesdropping*, Lauschen) – die Leitung unbemerkt abhören kann. Daher spricht man häufig auch von *quantum key distribution*. Ein vielversprechender Ansatz beruht auf einzelnen Photonen als Informationsträgern. Dazu werden z.B. die Lichtblitze eines Lasers so stark abgeschwächt, dass in jedem Lichtpuls mit hoher Wahrscheinlichkeit nur ein Photon übrig bleibt. Die Bitwerte 0 und 1 werden in der Polarisation der Photonen kodiert. Die Sicherheit dieses Verfahrens beruht nun darauf, dass Eve mit einem Lauschangriff die quantenmechanischen Photonenzustände zerstören würde, denn sie müsste eine Polarisationsmessung durchführen. Eve könnte zwar versuchen, ihren Abhörversuch dadurch zu vertuschen, dass sie für jedes abgefangene Photon ein neues Photon an Bob schickte. Doch Alice und Bob würden den Lauschangriff entdecken, weil diese Strategie zu einer erhöhten Fehlerrate führen würde.

Zum ersten Mal wurde die Quantenkryptographie mit einzelnen polarisierten Photonen 1989 demonstriert, und zwar über einen Luftweg von 30 cm. Einige Jahre später konnten Wissenschaftler um Nicolas Gisin die quantenmechanische Schlüsselübertragung mit einzelnen Photonen durch eine 23 km lange Glasfaser unter dem Genfer See realisieren. Allerdings kann sich bei der Übertragung in Glasfasern die Polarisation der Photonen geringfügig ändern und Übertragungsfehler verursachen. Gisin und Mitarbeiter lösten dieses Problem, indem sie die Bitwerte nicht in der Polarisation, sondern in der Phase der Photonen kodierten. Im Frühjahr 2002 gelang den Genfer Forschern die Schlüsselübertragung über eine 67 km lange Glasfaser. Andrew Shields und Kollegen von Toshiba Research Europe stellten ein Jahr später mit einer gesicherten Verbindung über mehr als 100 km einen neuen Rekord auf.

In einem weiteren Experiment erzeugten sie verschränkte Photonenpaare, die sie über Glasfasern zu zwei mehr als 10 km voneinander entfernten Detektoren schickten. Die Messungen an dem einen Teilchen haben unmittelbare Auswirkungen auf den Zustand des zweiten, entfernten Photons. Auch dieses System eignet sich für die Quantenkryptographie. Ein unerwünschter Lauscher würde die verschränkten Zustände zerstören, was sich durch Korrelationsmessungen zur Bellschen Ungleichung nachprüfen ließe.

Eine Forschergruppe um Richard Hughes untersucht die Möglichkeit, quantenkryptographische Verfahren im Freien einzusetzen. Im Juli 2002 berichtete die Gruppe von einer Schlüsselübertragung über zehn Kilometer, und zwar bei Tageslicht, um den praktischen Nutzen der Quantenkryptographie zu zeigen. Mithilfe von zeitlicher, räumlicher und spektraler Filterung gelang es ihnen, die einzelnen Lichtteilchen für die Datenübertragung von den Trilliarden von Photonen des Sonnenlichts zu unterscheiden und innerhalb von einer Stunde einen geheimen Schlüssel aus 70.000 Bits übertragen. Christian Kurtsiefer und Harald Weinfurter gelang eine solche Schlüsselübertragung immerhin über mehr als 23 km, allerdings bei Nacht und guter Sicht. Fernziel solcher Experimente ist die Erweiterung auf die Satelliten-Satelliten- und Erde-Satelliten-Kommunikation.

Die Herausforderungen, die es in naher Zukunft für die Quantenkryptographie zu bewältigen gilt, sind die Schlüsselübertragung über weite Distanzen und die Erhöhung der Übertragungsrate. Neue Ansätze zielen dabei auf eine Quantenkryptographie mit verschränkten Photonenpaaren, wobei eine wiederholte »Verschränkungsreinigung« entlang der Übertragungsstrecke den Erhalt der Quantenkorrelationen gewährleisten soll. Für diesen Prozess sind ähnliche Messprotokolle wie bei der Quantenteleportation erforderlich. Die Übertragungsrate ist v. a. dadurch limitiert, dass sich einzelne Photonen oder verschränkte Photonenpaare noch nicht mit hoher Frequenz erzeugen lassen. Die schnellen Fortschritte auf dem noch jungen Gebiet lassen allerdings erwarten, dass man auch diese Schwierigkeiten in den Griff bekommt, sodass in absehbarer Zeit erste Anwendungen zur Verfügung stehen könnten.

[1] C. H. Bennett, Quantum Information and Computation, Physics Today, Oktober 1995, S. 24.

[2] S. Lloyd, Quanten-Computer, Spektrum der Wissenschaft, Dezember 1995, S. 62.

[3] H. Weinfurter und A. Zeilinger, Informationsübertragung und Informationsverarbeitung in der Quantenwelt, Physikalische Blätter, März 1996, S. 189.

[4] Physics World, März 1998, Schwerpunktheft Quantum Information.

[5] N. Gershenfeld und I. L. Chuang, Quantum Computing with Molecules, Scientific American, Juni 1998, S. 50.

[6] V. Vedral und M. B. Plenio, Basics of quantum computation, Progr. in Quant. Electron. 22, 1–39 (1998), auch: quant-ph/9802065 unter xxx.lanl.gov.

[7] A. Steane, Rept. Prog. Phys. 61, 117–173 (1998), auch: quant-ph/9708022 unter xxx.lanl.gov.

[8] W. Tittel, J. Brendel, N. Gisin, G. Ribordy, H. Zbinden, Quantenkryptographie, Physikalische Blätter, Juni 1999, S. 25.

[9] H. Briegel, J. I. Cirac, P. Zoller, Quantencomputer, Physikalische Blätter, September 1999, S. 37.

[10] J. Audretsch (Hrsg.), Verschränkte Welt. Faszination der Quanten, Wiley-VCH, Weinheim 2002.

Messprozesse in der Quantenmechanik

Erich Joos

> »Ich bin nicht damit zufrieden,
> dass man eine Maschinerie
> hat, die zwar zu prophezeien
> gestattet, der wir aber keinen
> klaren Sinn zu geben vermö-
> gen.« (Albert Einstein)

Der Begriff der Messung ist seit der Formulierung der Quantentheorie in den zwanziger Jahren ein zentrales und umstrittenes Thema. Er hängt unmittelbar mit dem Problem der Interpretation der Quantentheorie zusammen und damit auch mit der Frage nach der Beziehung zwischen klassischer und Quantenphysik.

In der – in den gängigen Lehrbüchern benutzten – sog. Kopenhagener Interpretation der Quantentheorie wird streng zwischen klassischen Objekten und Quantenobjekten unterschieden. Erstere sind per Postulat in klassischen Begriffen zu beschreiben, während Quantenobjekte durch Wellenfunktionen oder Dichtematrizen charakterisiert werden, welche durch geeignete (wiederum klassische) Präparationsvorschriften definiert sind. Dieser Bruch hat sich pragmatisch außerordentlich bewährt, wie die Erfolge in der Anwendung der Quantentheorie zeigen. Häufig wird die Wellenfunktion daher nicht als Beschreibung realer Objekte, sondern lediglich als Hilfsmittel zur Berechnung von Wahrscheinlichkeiten für Messergebnisse betrachtet.

Diese Situation ist aber aus mehreren Gründen unbefriedigend: Zunächst stellt die (von Niels Bohr und anderen nie klar definierte) Trennung zwischen Mikro- und Makrowelt ein *begriffliches* Problem dar, das leicht zu Inkonsistenzen führen kann, da makroskopische Objekte aus mikroskopischen aufgebaut sind. Es würde z. B. zu Widersprüchen führen, wenn nicht alle Objekte der Unschärferelation unterlägen. Schließlich sollte sich der Prozess der Messung (ebenso wie eine Präparation) als Wechselwirkung quantenmechanischer Systeme beschreiben lassen. Das hat John von Neumann in seinem Buch (im Gegensatz zu Bohrs Vorstellungen) versucht, wozu er aber die Schrödinger-Dynamik durch den »Kollaps der Wellenfunktion« ergänzen musste (ebenfalls ohne eine genaue Trennline zu definieren). Bohrs pragmatische Einstellung wird zunehmend als unbefriedigend empfunden, v. a. seitdem der Bereich zwischen mikroskopischen und makroskopischen Phänomenen dem Experiment besser zugänglich wird. Aufgrund neuer experimenteller Möglichkeiten erscheint die Grenze zwischen »mikroskopisch« und »makroskopisch« immer mehr verschiebbar.

Phänomenologische Beschreibung

Die übliche Formulierung lautet folgendermaßen: Wird die Observable $A = \sum_k a_k |k\rangle \langle k|$ an einem im Zustand $|\Psi\rangle = \sum_k c_k |k\rangle$ präparierten System gemessen, so findet man den Eigenwert a_k mit einer Wahrscheinlichkeit $|c_k|^2$. Da im Falle reproduzierbarer (»idealer«) Messungen eine unmittelbar nachfolgende Messung dasselbe Resultat liefert, ist der Zustand des Systems nach der Messung nicht mehr $|\Psi\rangle$, sondern der dem Messwert a_k entsprechende Eigenzustand $|k\rangle$. Während einer Messung wird daher die unitäre Entwicklung gemäß der Schrödinger-Gleichung

$$|\Psi\rangle \xrightarrow{t} U(t)|\Psi\rangle \quad \text{mit} \quad i\hbar \frac{dU}{dt} = HU$$

durch einen stochastischen Übergang der Form

$$|\Psi\rangle = \sum_n c_n |n\rangle \to |k\rangle$$

ersetzt (H ist der Hamiltonoperator). (Für sog. »unvollständige« Messungen ist analog eine Projektion auf den entsprechenden Unterraum vorzunehmen.) Diese zweite Dynamik wird meist als *Kollaps* oder *Reduktion* der Wellenfunktion bezeichnet; ihre physikalische Bedeutung ist umstritten.

Fasst man die möglichen Endzustände $|k\rangle$ zu einem Ensemble zusammen, so kann man diesen Prozess auch als Übergang von einem reinen Zustand in ein Gemisch,

$$\varrho = |\Psi\rangle \langle\Psi| \to \varrho = \sum_n |c_n|^2 |n\rangle \langle n|$$

formulieren. Trivialerweise gibt es hier keine Interferenz-(Nichtdiagonal-)Terme zwischen verschiedenen Ergebnissen mehr, da ja im Einzelexperiment immer nur ein Element des Ensembles realisiert ist und die Ergebnisse vieler Einzelexperimente zu addieren sind.

Der Kollaps der Wellenfunktion kann aber nicht als das Herausgreifen eines Elements aus einem Ensemble interpretiert werden, da eine Superposition der Form $|\Psi\rangle$ Eigenschaften zeigt, die keiner ihrer Komponenten $|k\rangle$ zukommt. Daher ist der Kollaps ein nicht-triviales dynamisches Axiom und beschreibt nicht, wie oft suggeriert wird, lediglich einen Zuwachs an Information über eine bereits vorliegende Situation.

Die Tatsache, dass die Quantentheorie nur Wahrscheinlichkeitsaussagen liefert, hat zu dem Mythos geführt, es handele sich um eine »statistische« Theorie. Häufig wird auch behauptet, das stochastische Verhalten von Quantenobjekten beruhe auf »Störungen« während der Messung. Dieses Argument würde jedoch eine (in sich konsistente) dynamische Analyse erfordern, dies wurde aber nie gezeigt. Für den Fall, dass sich das System anfangs in einem Eigenzustand zur gemessenen Observablen befindet, bleibt sein Zustand offensichtlich ungestört.

Viele »axiomatische« oder »operationalistische« Zugänge zur Quantentheorie bleiben auf diesem phänomenologischen Niveau stehen, ohne die zugrundeliegenden Begriffe weiter zu analysieren (oder ihre Inkonsistenz zu erkennen). Beispielsweise wird ein physikalischer »Zustand« häufig durch eine Präparationsvorschrift definiert, obwohl Operationen dieser Art als dynamische Vorgänge beschreibbar sein müssten. Dieser Zustand wird dann als ein *formales* Ensemble behandelt, ohne die tiefgreifenden Konsequenzen für dessen mögliche Elemente zu prüfen. Ein typisches Beispiel ist der Rückzug auf formale »Erwartungswerte«.

Dynamische Beschreibung

Will man das Geschehen während eines Messprozesses dynamisch verstehen, so erfordert dies eine quantentheoretische Beschreibung sowohl des Messobjekts als auch der (makroskopischen) Messapparatur. Die Grundlage für eine Theorie des Messprozesses wurde bereits durch von Neumann im Jahre 1932 formuliert. Die Mess-Wechselwirkung muss so konstruiert werden, dass sie ein eindeutiges Resultat liefert, falls sich das System anfangs in einem Eigenzustand $|n\rangle$ der gemessenen Observablen befindet.

Seien $|\Phi_n\rangle$ die dem Messergebnis n entsprechenden *Makrozustände* (z. B. beschrieben durch Wellenpakete für einen »Zeiger«), so muss bei einer sog. *idealen* (d. h. mit demselben Ergebnis wiederholbaren) Messung die Kopplung derart sein, dass die Dynamik durch

$$|n\rangle\,|\Phi_0\rangle \xrightarrow{t} |n\rangle\,|\Phi_n\rangle$$

beschrieben wird. Hierbei ist $|\Phi_0\rangle$ der (i. A. thermodynamisch *metastabile*) Anfangszustand des Messgeräts, und die $|\Phi_n\rangle$ beschreiben die je nach Messergebnis resultierenden Endzustände. Diese sind – da makroskopisch verschieden – immer praktisch orthogonal. Für dieses Schema brauchen weder Anfangs- noch Endzustände des Messapparats *im Detail* bekannt zu sein. Dynamisch (und realistisch) erforderlich ist lediglich die makroskopische Unterscheidbarkeit der Zeigerstellungen $|\Phi_n\rangle$.

Für eine solche (idealisierte) zeitliche Entwicklung geeignete Hamilton-Operatoren haben die Form

$$H = \sum_n |n\rangle\langle n| \otimes \hat{W}_n.$$

Diese sind immer diagonal in der durch die Zustände $|n\rangle$ definierten Basis; die Operatoren W_n bewirken die Änderung des Apparatzustands in Abhängigkeit von n. Umgekehrt wird durch die Angabe der Wechselwirkung schon eine Observable definiert; dieser Begriff ist damit *ableitbar* (die Eigen*werte* einer Observablen entsprechen nur einer Kalibrierung und sind daher eher von sekundärer Bedeutung). Wechselwirkungen dieser Form sind etwa in quantenoptischen Experimenten geradezu »konstruierbar«.

Das Problem des Messprozesses

Der entscheidende Unterschied zur klassischen Physik besteht nun darin, dass die Quantentheorie eine Vielzahl weiterer Objektzustände erlaubt, nämlich Superpositionen verschiedener $|n\rangle$. Aufgrund der Linearität der Theorie ergibt sich sofort die entsprechende Dynamik für einen allgemeinen Anfangszustand des Objektsystems:

$$\left(\sum_n c_n |n\rangle\right)|\Phi_0\rangle \xrightarrow{t} |n\rangle\,|\Phi_n\rangle.$$

Der resultierende Zustand beschreibt offensichtlich nicht das, was beobachtet wird: Statt einer Komponente $|k\rangle\,|\Phi_k\rangle$ mit Wahrscheinlichkeit $|c_k|^2$ entwickelt sich deterministisch eine Superposition aller möglichen »Resultate«. Diese Diskrepanz wird als das »*Problem (oder Paradoxon) des quantenmechanischen Messprozesses*« bezeichnet.

Die übliche Antwort auf das Problem besteht in der Behauptung, dass die Wellenfunktion nur Wahrscheinlichkeiten beschreibe. Unabhängig davon, dass meist nicht weiter spezifiziert wird, ob dies Wahrscheinlichkeiten für quantenmechanische Zustände, klassische oder andere (»versteckte«) Größen sein sollen, besteht der entscheidende Einwand darin, dass sich eine Superposition in allen nachprüfbaren Fällen als verschieden von einem Ensemble seiner Komponenten erweist. Sie definiert völlig neue Eigenschaften. Insbesonders zeigen solche korrelierten (»verschränkten«) Zustände teilweise überraschende Merkmale, wie die Verletzung der Bellschen Ungleichungen, d.h. der verallgemeinerten Ungleichungen für die Spinkorrelation räumlich beliebig weit separierter, kohärenter Zweiteilchen-Zustände im Rahmen lokaler Theorien verborgener Parameter. Aus diesem Grund hat sich auch Werner Heisenbergs ursprüngliche Vorstellung von lediglich unscharf bestimmbaren klassischen Größen als unzureichend erwiesen. Ebenso ist das Argument nicht aufrechtzuerhalten, eine Messung bedeute eine »unkontrollierbare Störung« des Systems.

Die makroskopische Natur des Messapparats hilft hier auch nicht weiter. Die mikroskopische Dynamik innerhalb jeder Komponente $|\Phi_n\rangle$ mag sehr kompliziert (z.B. ergodisch) sein, trotzdem entsteht notwendigerweise immer ein verschränkter Zustand obiger Form; ein berühmtes Beispiel ist das Schrödingersche Katzen-Experiment. Erwin Schrödinger beschäftigte sich mit der quantenmechanischen Beschreibung eines Objekts durch die Wellenfunktion Ψ im Kontrast zur klassischen Beschreibung sowie mit dem quantenmechanischen Messprozess und konstruiert folgende Situation: »Eine Katze wird in eine Stahlkammer gesperrt, zusammen mit folgender Höllenmaschine (die man gegen den direkten Zugriff der Katze sichern muss): in einem geigerschen Zählrohr befindet sich eine winzige Menge radioaktiver Substanz, so wenig, dass im Lauf einer Stunde vielleicht eines der Atome zerfällt, ebenso wahrscheinlich aber auch keines; geschieht es, so spricht das Zählrohr an und betätigt über ein Relais ein Hämmerchen, das ein Kölbchen mit Blausäure zertrümmert. Hat man das System eine Stunde lang sich selbst überlassen, so wird man sich sagen, dass die

Katze noch lebt, wenn inzwischen kein Atom zerfallen ist. Der erste Zerfall würde sie vergiftet haben. Die Ψ-Funktion des ganzen Systems würde das so zum Ausdruck bringen, dass in ihr die lebende und die tote Katze zu gleichen Teilen gemischt oder verschmiert sind«.

Die Beschreibung des Objektsystems allein mit Hilfe der Dichtematrix, wobei obige Dynamik sich in der Form

$$\varrho = |\Psi\rangle\langle\Psi| = \sum_{n,\,m} c_m^* c_n |n\rangle\langle m| \xrightarrow{t} \sum_{n,\,m} c_m^* c_n |n\rangle\langle m|\langle\Phi_m|\Phi_n\rangle$$

$$\approx \sum_n |c_n|^2 |n\rangle\langle n|$$

darstellt, zeigt ein Verschwinden der Nichtdiagonalelemente, da die Zeigerzustände näherungsweise orthogonal sind. Dies scheint zunächst die phänomenologische Theorie zu bestätigen. Es ist jedoch keine Ableitung des Kollapses der Wellenfunktion, sondern lediglich eine Konsistenzbetrachtung. Eine Ensembleinterpretation dieser Dichtematrix ist unzulässig, da das Objektsystem gar keinen Zustand (Wellenfunktion) besitzt (auch keinen unbekannten). Dichtematrizen für Teilsysteme werden daher auch als *uneigentliche Gemische* (engl. improper mixtures) bezeichnet. Diese Unterscheidung ist nicht nur formal, sondern hat ihren ganz wesentlichen physikalischen Hintergrund in der Nichtlokalität der Quantenzustände.

Für den Messapparat gelten formal analoge Resultate. Wendet man die Wahrscheinlichkeitsregeln auf ihn an, so ergibt sich wie erwartet das Resultat n mit Wahrscheinlichkeit $|c_n|^2$. Dies ist die sog. »Verschiebbarkeit des Schnitts« zwischen Objekt und Beobachter. Aufgrund dieser Freiheit ist es empirisch sehr schwer – wenn nicht unmöglich – zu entscheiden, ob und an welcher Stelle ein Kollaps tatsächlich eintritt. Man darf den Schnitt lediglich nicht zu nahe ans Objekt legen. Solange noch Interferenzen beobachtbar sind, würden Widersprüche auftreten. Auf der anderen Seite kann man ihn beliebig in Richtung zum Beobachter verschieben – im Extremfall in den subjektiven Beobachter selbst, wie u. a. John von Neumann oder Eugene P. Wigner vorgeschlagen haben.

Lösungsvorschläge

Die Wege aus diesem Dilemma lassen sich grob in drei Kategorien einteilen.

1.) solche, die die quantenmechanische Kinematik verlassen bzw. erweitern,
2.) Theorien, welche die Dynamik (die Schrödingergleichung) ändern, und
3.) Vorschläge für eine Interpretation der sich formal ergebenden verschränkten »nichtklassischen« Zustände.

Zur 1. Gruppe zählt die *Bohm-Theorie*, die neben der Wellenfunktion, die sich gemäß der Schrödingergleichung entwickelt (und daher auch alle problematischen Superpositionen enthält), noch Teilchen und ihre Bahnen als wesentliches Element hinzufügt. In dieser Theorie wird angenommen, dass nur die Teilchen für die Beobachtung relevant sind (wahrgenommen werden), während die Wellenfunktion die Rolle eines Führungsfeldes übernimmt. Der Kollaps der Wellenfunktion wird durch eine statistische Annahme über die Verteilung der Teilchen ersetzt. Wie John S. Bell betont hat, ist die Bezeichnung »verborgene Parameter«, die allgemein für Größen benutzt wird, die die quantenmechanische Beschreibung durch Wellenfunktionen ergänzen sollen, hier irreführend, da ganz im Gegenteil die Wellenfunktion »verborgen« ist.

Von den Theorien der 2. Gruppe ist besonders die von Ghirardi, Rimini und Weber entwickelte Theorie der *spontanen Lokalisierung* untersucht worden. Diese Versuche ändern die Schrödinger-Gleichung ab (meist durch einen stochastischen Korrekturterm), um einen Kollaps oder äquivalente Effekte zu erhalten, und sind daher im Prinzip experimentell unterscheidbar. Der subjektive Beobachter spielt keine ausgezeichnete Rolle, da die Wahrnehmung als parallel zu Zuständen gewisser Objekte (z. B. Teilen des Gehirns) angenommen werden kann. Ein solcher »psycho-physischer Parallelismus« war ursprünglich für von Neumann auch der Grund, den Kollaps als Ergänzung zur Schrödinger-Dynamik einzuführen. Darauf beruht sicherlich die Attraktivität solcher Modelle.

Allerdings werden die Abweichungen von der Quantenmechanik gerade im interessanten makroskopischen Bereich durch den weiter unten beschriebenen *Dekohärenz-Effekt* überlagert.

Die dritte Gruppe behält sowohl die Kinematik (also die Wellenfunktion) als auch ihre Dynamik bei. Dazu gehören v. a. die auf Hugh Everett zurückgehenden Interpretationen, die manchmal auch als *Vielwelten-Theorien* bezeichnet werden. In diesen wird als alleinige Dynamik die Schrödingergleichung verwendet. Als Folge entstehen notwendigerweise die obigen Superpositionen makroskopisch verschiedener Zustände. Schrödingers Katze ist also *sowohl* tot *als auch* lebendig. Dasselbe gilt auch für jeden Beobachter, der dann notwendigerweise in verschiedenen Versionen (in jeder Komponente der globalen Wellenfunktion) existiert, die sich allerdings nicht gegenseitig wahrnehmen können.

Neuere Entwicklungen

In den letzten Jahrzehnten wurde zunehmend klar, dass das oben beschriebene von Neumannsche Schema eines Messprozesses in einem entscheidenden Punkt unrealistisch ist: Die Beschreibung des Messapparats als *isoliertes* System, das sich (evtl. in Kopplung an ein Messobjekt) gemäß der Schrödinger-Gleichung entwickelt, entspricht einer Situation, die wir in der realen Welt nie vorfinden. Denn es zeigt sich, dass makroskopische Körper sehr stark mit ihrer natürlichen Umgebung wechselwirken. Dies führt dazu, dass sich in extrem kurzer Zeit ein verschränkter (*quantenkorrelierter*) Zustand entwickelt, und zwar so, dass Interferenzen zwischen verschiedenen Makrozuständen nicht mehr beobachtbar sind. Dieses Phänomen wird als *Dekohärenz* bezeichnet.

Zum Beispiel wird der Ort eines makroskopischen Körpers ständig und unvermeidbar durch Streuung von Photonen oder Molekülen »gemessen«, d. h. die Streuzustände enthalten Informationen über den Ort des Objekts. Dies geschieht völlig analog zu der oben beschriebenen unitären Messprozess-Dynamik, weshalb man hier auch von *messprozessartigen* Wechselwirkungen spricht. Alle makroskopischen Objekte sind daher immer stark mit ihrer Umgebung quantenkorreliert. Quantitative Abschätzungen zeigen, dass diese Nicht-Isolierbarkeit gegenüber der natürlichen Umgebung bis hinein in den Bereich von Molekülen wesentlich ist. In der Tat wird voll quantenmechanisches Verhalten nur bei sehr kleinen Molekülen wie Wasserstoff oder Ammoniak beobachtet.

Dekohärenz führt dazu, dass sehr viele Systeme nicht mehr in Superpositionen bestimmter Zustände gefunden werden können. Schrödingers Katze erscheint daher immer *entweder* tot *oder* lebendig; der nicht-klassische Superpositionszustand ist dynamisch instabil und äußerst kurzlebig. Die Effekte dieser irreversiblen Kopplung an die Umgebung sind im makroskopischen Bereich sehr viel schneller als thermische Relaxationsprozesse.

Für bestimmte (»klassische«) Freiheitsgrade folgt daher eine effektive Einschränkung des Superpositionsprinzips der Quantentheorie aus der Nichtlokalität von Quantenzuständen (wobei letztere ironischerweise gerade eine Konsequenz des Superpositionsprinzips ist). Solche Superauswahlregeln scheinen also dynamisch begründbar zu sein – im Gegensatz zu Theorien, in denen sie axiomatisch postuliert werden.

Diese realistischen und quantitativen Betrachtungen zeigen, dass klassisches Verhalten (im Sinne von Abwesenheit von Interferenzen) weniger mit der »Größe« eines Systems zu tun hat, als mit der dynamischen Offenheit der meisten Objekte.

Die Möglichkeit, Dekohärenz-Effekte im mesoskopischen Bereich experimentell zu studieren, erlaubt wichtige Tests der Quantentheorie. Andererseits stellt die Unvermeidbarkeit der Kopplung an die Umgebung ein gewaltiges Hindernis für Konstrukteure von Quanten-Computern dar, da diese eine kontrollierte und dauerhafte Manipulation von (zumindest mesoskopischen) Superpositionen erfordern (↑ Quanteninformatik).

Die starke Kopplung makroskopischer Objekte führt konsequenterweise zur Entwicklung einer Quantenkosmologie. Dies muss auch eine – bisher in Ansätzen vorhandene – Quantentheorie der Gravitation einschließen (↑ Quantengravitation). Aus Konsistenzgründen führen solche Betrachtungen notwendigerweise auf das Konzept einer »Wellenfunktion des Universums«. Das Universum enthält aber per definitionem auch alle seine Beobachter. Hier zeigt sich das Interpretationsproblem der Quantentheorie in voller Schärfe.

[1] J. von Neumann: Mathematische Grundlagen der Quantenmechanik, Springer, 1932, 1981.

[2] M. Jammer: The Philosophy of Quantum Mechanics (Wiley), 1974.

[3] J. A. Wheeler und W. H. Zurek: Quantum Theory and Measurement, Princeton University Press, 1983.

[4] B. d'Espagnat: Veiled Reality, Addison-Wesley, 1995.

[5] D. Giulini, E. Joos, C. Kiefer, J. Kupsch, I.-O. Stamatescu und H. D. Zeh: Decoherence and the Appearance of a Classical World in Quantum Theory, Springer, 1996.

Holographie

Patrick Voss-de Haan

Die Holographie ist ein Verfahren zur Aufzeichnung von kohärenten Wellenfeldern nach Frequenz, Amplitude und Phase, und im weiteren Sinne der gesamte Bereich in Physik und Technik, der sich mit der Aufnahme, Speicherung, Verarbeitung und Wiedergabe von Phasen-Informationen in *Hologrammen*, die eine dreidimensionale Abbildung eines untersuchten Objekts ermöglichen, beschäftigt. Sie wird meistens mit sichtbarem Licht durchgeführt. Die Gründe hierfür sind v. a. die kurze Wellenlänge des sichtbaren Lichts, die höhere erreichbare Auflösungen gegenüber z. B. Mikrowellen erlaubt, und die Verfügbarkeit einer geeigneten kohärenten Lichtquelle, dem Laser. Prinzipiell aber können Hologramme im gesamten elektromagnetischen Spektrum (auch mit Röntgenstrahlen und Mikrowellen) oder z. B. auch mit Schallwellen aufgenommen werden.

Während Hologramme im Alltag v. a. mit Kunstobjekten oder den Kennzeichnungen auf Scheckkarten und Geldscheinen in Verbindung gebracht werden (wobei Letztere keine Hologramme im eigentlichen Sinne sind, aber auf dem Prinzip der Holographie beruhen), liegt die enorme Bedeutung der Holographie heute in wissenschaftlich-technischen Anwendungen. Die *holographische Datenspeicherung* ist wegen der Packungsdichte und der Unempfindlichkeit der Informationen gegen mechanische Zerstörung eine interessante Alternative zur herkömmlichen magnetischen oder magnetooptischen Methode. Die industrielle Umsetzung dieses Datenspeichers scheiterte bisher jedoch am komplizierten Aufnahmesystem und den relativ ungeeigneten holographischen Materialien. Schließlich ist auch die hochauflösende Abbildung kleinster Objekte durch Holographie interessant, weil ein Hologramm keine eingeschränkte Schärfentiefe besitzt.

Prinzip

In der Holographie wird bei der Aufnahme eines Hologramms mit einer Strahlungsquelle (meist einem Laser) eine kohärente, monochromatische Welle erzeugt, die in eine Referenz- und eine Objektwelle geteilt wird (Abb. 1 oben). Letztere wird vom Objekt gestreut und mit der ungestreuten Referenzwelle auf dem zu belichtenden holographischen Material zur Interferenz gebracht, sodass sich ein der Phaseninformation der Objektwelle entsprechendes Interferenzmuster bildet. Beleuchtet man das entwickelte Hologramm mit einer identischen Referenzwelle, so wird aus dem im Hologramm gespeicherten Interferenzmuster das ursprüngliche Wellenfeld rekonstruiert (Abb. 1 unten). Hierbei erscheint einem Betrachter in der Verlängerung der aus dem

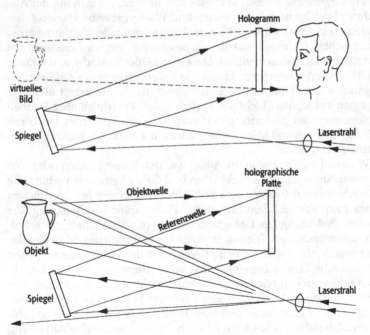

Abb. 1: Schematischer Aufbau zur Aufnahme (oben) und Rekonstruktion (unten) eines Hologramms.

Hologramm austretenden Strahlenbündel ein virtuelles Bild des Objekts am ursprünglichen Ort.

Da das gesamte aufgenommene Wellenfeld wiederhergestellt wird, kann man den Beobachtungspunkt innerhalb des Wellenfeldes verändern und das aufgenommene Objekt (im Gegensatz zur Photographie) aus verschiedenen Richtungen ansehen. Ein weiterer bedeutender Unterschied zu zweidimensionalen Aufnahmen liegt in der »Informationsverteilung« im Hologramm: Bei der Belichtung wird jeder beleuchtete Punkt des Objekts Licht auf die gesamte Oberfläche des holographischen Materials streuen, sodass in jedem Teil des entstehenden Hologramms Informationen über das gesamte sichtbare Objekt enthalten sind. Der dritte wichtige Unterschied zur Photographie liegt im Fehlen eines Schärfentiefebereichs, außerhalb dessen die Abbildung unscharf wird: Bei der holographischen Aufnahme wird das gesamte Objekt gleichmäßig abgebildet, sodass ein Betrachter jeden Teil des Hologramms scharf wahrnehmen wird, auf den er seine Augen »scharfstellt«.

Wichtige Voraussetzung für die Holographie ist eine kohärente Strahlungsquelle, meist ein schmalbandiger Laser mit sichtbarer Emissionslinie, und eine extrem hohe mechanische Stabilität des gesamten Aufbaus – Objekt, optische Elemente und holographische Platte dürfen sich nicht um mehr als ein Viertel der verwendeten Wellenlänge, also höchstens etwa 150 nm (!), gegeneinander verschieben. Das holographische Material muss, je nach Anwendung, Auflösungen des Interferenzmusters von 500 bis 10 000 Linien pro Millimeter erlauben.

Holographie-Typen

Die erste entwickelte Form, die *Gabor-In-Line Holographie*, bei der sich das Objekt auf der Achse zwischen Strahlungsquelle und holographischer Platte befindet, konnte sich wegen einer ganzen Reihe von Nachteilen nicht durchsetzen. Da sie mit Quecksilberdampflampen als Strahlungsquelle betrieben wurde, waren ihre Möglichkeiten aufgrund der geringen Kohärenzlängen und relativ schlechten erreichbaren Monochromasie sehr eingeschränkt. Außerdem sind für den Betrachter zwei virtuelle Bilder zu sehen, sowohl das gewünschte, dem Objekt entsprechende orthoskopische Bild als auch ein störendes, perspektivisch invertiertes, pseudoskopisches Bild.

Mit der Entwicklung des Lasers ergab sich die Möglichkeit zur *Seitenband-Holographie* (auch *Off-Line-Holographie*), bei welcher der Objektstrahl vom Gegenstand reflektiert wird und das Licht der Referenzwelle nicht senkrecht, sondern unter dem Brewster-Winkel auf die holographische Platte einfällt (Abb. 2 und Abb. 3). Auf diese Weise wird eine Blendung des Betrachters vermieden, und es können beliebige, auch nicht-transparente Objekte abgebildet werden. Die Seitenband-Holographie erlaubt die Rekonstruktion des Hologramms nur mit monochromatischem Licht, weil unterschiedliche Wellenlängen unterschiedlich stark am Interferenzmuster gebeugt werden. Wünschenswert ist jedoch – insbesondere für künstlerische oder kommerzielle Hologramme – die mögliche Beleuchtung mit weißem Licht, was zur Entwicklung der Methoden der *Display-Holographie* geführt hat.

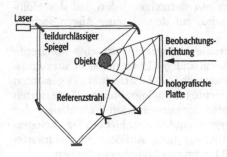

Abb. 2: Schematischer Aufbau der Hologramm-Belichtung in der Seitenband-Holographie.

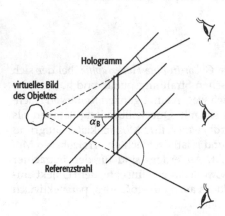

Abb. 3: Rekonstruktion des Seitenband-Hologramms.

So wurde 1969 das Konzept des *Benton-* oder *Regenbogen-Hologramms* entwickelt, wobei zuerst ein *Master-Hologramm* nach der Seitenband-Methode angefertigt wird, von dem dann Kopien hergestellt werden. Hierzu wird das Master-Hologramm mit einem Referenzstrahl beleuchtet und am Ort des entstehenden reellen Bildes des Objekts die holographische Platte für die zu erstellende Kopie positioniert. Zusätzlich wird eine schmale Schlitzblende zwischen Master und Kopie aufgestellt und die Kopie mit einem eigenen Referenzstrahl beleuchtet, der mit dem reellen Bild am Ort der Kopie interferiert. Wird diese Kopie mit dem Referenzstrahl beleuchtet, dann entsteht ein Abbild des originalen Objekts und der Schlitzblende, sodass das Objekt im Kopie-Hologramm von einem Beobachter immer nur durch diesen virtuellen Schlitz beobachtet werden kann. Bei der Beleuchtung aus derselben Richtung, aber mit einer anderen Wellenlänge verschiebt sich dieser Schlitz aufgrund der veränderten Beugungswinkel, und dieselbe Perspektive des Objekts ist nun aus einer anderen Höhe mit einer anderen Farbe zu betrachten (was dem Regenbogen-Hologramm seinen Namen gab). Während die vertikale holographische Wirkung somit verloren gegangen ist, bleibt sie aber horizontal, entlang des Schlitzes, erhalten, und bei der Beleuchtung mit Weißlicht sieht der Betrachter ein reduziertes Hologramm, dessen Farbe sich bei einer vertikalen und dessen Perspektive sich bei einer horizontalen Änderung seines Standpunktes ändert (Abb. 4).

Eine Weiterentwicklung des Regenbogen-Hologramms ist das *Multiplex-Hologramm.* Hierzu werden mit einer normalen photographischen Kamera bewegte Objekte oder Rundumsichten starrer Objekte aufge-

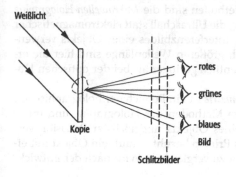

Weißlicht

- rotes
- grünes
- blaues

Kopie

Bild

Schlitzbilder

Abb. 4: Weißlichtrekonstruktion eines Regenbogenhologramms. Die den verschiedenen Farben entsprechenden Bilder des Objektes sind aus verschiedenen vertikalen Richtungen zu beobachten.

nommen, die dann später mit einem geeigneten Laserprojektor als Standbilder auf eine Mattscheibe projiziert werden. Von diesen Standbildern werden nach dem Prinzip des Regenbogen-Hologramms mittels einer vertikalen Schlitzblende nebeneinander Abbilder auf dem Hologramm produziert, sodass man unterschiedliche (Stand-)Bilder sieht, wenn man den horizontalen Blickwinkel verändert. Diese Multiplex-Hologramme sind keine Hologramme im eigentlichen Sinn mehr, da sie nicht die dreidimensionale Information über ein Objekt beinhalten, sondern lediglich unabhängige Bilder bei unterschiedlichen Betrachtungsrichtungen zeigen. Bei geeignet abgebildeten Rundumsichten kann dies trotzdem zu einem räumlichen Eindruck führen, da das linke und das rechte Auge unterschiedliche Perspektiven desselben – scheinbar dreidimensionalen – Objektes sehen. In diesem Fall spricht man von einem *holographischen Stereogramm*, wie es inzwischen auf den meisten Scheck- und Kreditkarten zu finden ist. Der große Vorteil der Multiplex-Methode ist, dass man normale photographische Aufnahmen oder sogar computergenerierte Bilder verwenden und bearbeiten und dann unterschiedlichste Aufnahmen in einer standardisierten Prozedur zu Stereogrammen kombinieren kann.

Aus einer Kombination der Methoden der Holographie und der Röntgen-Diffraktometrie ist die *Röntgen-Holographie* entstanden, die wegen der wesentlich kürzeren Wellenlänge von Röntgenstrahlen (10^{-8} bis 10^{-12} m) eine größere Auflösung als die optische Holographie erlaubt. Ziel ist hier die kristallographische Untersuchung von Festkörpern bis hin zur dynamischen dreidimensionalen Abbildung der Position einzelner Atome bei Phasenübergängen in einem Kristallgitter. Allerdings gibt es zur Zeit nur wenige geeignete Quellen für kohärente Röntgenstrahlung von ausreichender Intensität und Brillanz.

Weitere holographische Methoden sind die *Mikrowellen-Holographie* und die *akustische Holographie*, die Ultraschall statt elektromagnetischer Strahlung zur Erstellung des Interferenzbildes eines Objekts verwendet. Aufgrund der wesentlich größeren Wellenlänge sind hier die erreichbaren Auflösungen wesentlich geringer als bei der optischen Holographie.

Die *holographische Interferometrie* ist ein Bereich der holographischen Messtechnik, bei der mit den Methoden der Holographie und Interferometrie Veränderungen eines Objekts mit höchster Präzision vermessen werden können. Das Prinzip beruht darauf, ein Objekt mit einem Hologramm seiner selbst zu vergleichen. Wird nach der Entwicklung des Hologramms eines Objekts im »Originalzustand« das Objekt wieder genau so positioniert wie bei der Belichtung, dann werden die Wellenfelder von Objekt und Hologramm bei der Beleuchtung mit dem Referenzstrahl überlagert. Ist das Objekt gegen den Originalzustand verdreht, verschoben oder verformt, dann entsteht für den Betrachter ein Bild des Objekts mit einem Interferenzmuster auf der Oberfläche, das den Abweichungen zwischen Hologramm und Objekt entspricht. In diesen Interferenzmustern, die Höhenlinien auf einer Landkarte ähneln, bedeuten helle Zonen eine relative Verschiebung der Oberfläche um ein ganzzahliges Vielfaches der Referenzstrahlwellenlänge, sodass sich die Verschiebungslängen für jeden einzelnen Punkt des Objekts berechnen lassen.

Der erste große Vorteil der holographischen Interferometrie gegenüber der herkömmlichen Messtechnik (Photogrammmetrie) ist, dass die Oberflächen nicht extrem plan geschliffen sein müssen, sondern jede beliebige Form und Struktur haben können, was insbesondere für die meisten industriellen Anwendungen notwendig ist. Der zweite große Vorteil ist die erreichbare Auflösung, die weit jenseits aller photometrischen Methoden liegt. Auch ohne spezielle hochauflösende Methoden lassen sich elastische Oberflächenveränderungen im Submikrometerbereich untersuchen, die in der industriellen Qualitätskontrolle und in der Analyse von dynamischen Prozessen (z. B. Vibrationen) von besonderer Bedeutung und mit nicht-holographischen Methoden kaum nachzuweisen sind.

Die *Real-Time-Holographie* erlaubt die dynamische Abbildung minimaler Objektbewegungen: Bei der Verschiebung (bzw. Drehung oder Verformung) des mit dem Originalhologramm überlagerten Objekts kommt es für den Betrachter zum »Wandern« der Interferenzstreifen entsprechend der jeweiligen Abweichung vom Originalhologramm, wodurch sich beispielsweise geringste thermische Ausdehnungen von Werkstücken im zeitlichen Verlauf messen lassen. Flexibler ist die *Time-Average-Holographie*: Lineare Bewegungen und harmonische Oszillationen des Objekts bei der holographischen Aufnahme führen zu amplitudenabhängigen Intensitätsschwankungen. Die Time-Average-Holographie ist zur Analyse all solcher komplexer mechanischer Systeme fast unersetzlich geworden, deren Schwingungen sehr störend sein können, sich aber nicht berechnen oder anderweitig messen lassen, wie z. B. bei der Optimierung der Klangkörper musikalischer Instrumente, der Entwicklung von effizienteren und geräuschärmeren Motoren im Automobilbau oder der Beseitigung von Vibrationen in Präzisionsfertigungssystemen (etwa beim Schleifen von Brillen und Linsen).

[1] H. I. Bjelkhagen: Silver-Halide Recording Materials for Holography and their Processing, Springer Series in Optical Sciences Vol. 66 (1995), Springer-Verlag.

[2] J. I. Ostrowski, W. Osten: Holographie. Grundlagen, Experimente und Anwendungen, Verlag Harri Deutsch, 1989.

[3] P. Hariharan: Optical Holography : Principles, Techniques, and Applications, Cambridge University Press (Cambridge), 1996.

[4] J. Eichler, G. Ackermann: Holographie, Springer-Verlag (Wien), 1993.

Index